Construction Management Best Practices 2

CM 프로젝트! 이것이 최고의 성공사례다

Construction Management Best Practices 2
CM 프로젝트! 이것이 최고의 성공사례다

1판1쇄 인쇄 2011년 6월 25일
1판1쇄 발행 2011년 6월 30일

지은이 | 한미글로벌
발행인 | 김병계
발행처 | 도서출판 보문당
등록 | 1990년 6월 15일(제1-1066호)
주소 | 서울시 마포구 신수동 448-6 우) 121-110
전화 | 704-7025 / 704-0635
팩스 | 704-2324
홈페이지 | http://www.bomoondang.co.kr
전자우편 | bmdpub@naver.com

값 25,000원

ISBN 978-89-8413-183-5 93530

CM 프로젝트!
이것이 최고의 성공사례다

CONSTRUCTION MANAGEMENT BEST PRACTICES 2

한미글로벌 지음

普文堂

권 / 두 / 언

한미글로벌은 지난 2006년 국내 건설사업관리(CM) 도입 및 창사 10주년을 기념하여 국내외 CM 도입의 성공사례를 소개한 「CM Best Practices 1」을 발간하였습니다. 이 책에는 우리나라 최초의 공공분야 CM 적용사례인 서울월드컵주경기장 건설프로젝트를 비롯하여 다수의 건설사업관리 프로젝트에 적용되었던 기술적 노하우가 포함되어 있습니다. 책자에 소개된 건설사업관리 성공사례는 CM 방식이 프로젝트의 효율성과 건설 산업의 경쟁력을 향상시킬 수 있는 매우 유력한 대안이라는 점을 입증하였습니다. 또한, 「CM Best Practices 1」의 발간은 프로젝트 수행 과정에서 발생하는 생생한 현장 지식을 체계적으로 정리하여 기록 문화에 익숙하지 않았던 국내 건설업계에 유용한 지식을 제공했다는 평가를 받았습니다. 그 결과 관련 업계 종사자뿐만 아니라 건설 분야에 관심이 있는 모든 독자들에게 실제 현장에서 건설사업관리 업무가 어떻게 수행되는지에 대한 이해를 증진시킬 수 있는 기회를 제공하였습니다.

기존 책을 발간한 지 5년이 지난 지금, 한미글로벌은 일반적인 건설 사업군에서 탈피하여 친환경 건설 및 대규모 복합개발사업 등과 같이 더욱 확장된 건설영역에서도 CM의 우수성을 알리는 선두주자로서의 역할을 수행하고 있습니다. 최근 국내외의 사회 · 경제적 변화에 따라 건설업계에도 변화의 바람이 일고 있고 그만큼 CM의 진출 분야도 다양해지고 있습니다. 이러한 흐름에 발맞추어 한미글로벌에서는 「CM Best Practices 2」 발간을 통해 전통적인 CM 분야의 기술적 진보뿐만 아니라, 최근 이슈가 되고 있는 친환경 건설사업관리, 대규모 복합개발사업 및 프로그램 매니지먼트 영역까지 아우르는 다양한 측면의 CM 성공사례를 소개하고자 합니다.

한미글로벌의 창립 15주년을 맞아 발간한 이 책은 「CM Best Practices 1」 발간 이후 한미글로벌이 수행한 CM 성공사례와 실제 경험을 엮어 독자에게 가능한 많은 정보와 유익한 지식을 제공할 수 있도록 구성하였습니다. 책의 내용은 실제 현장에서 적용되었던 업무 처리절차, 각종 양식이나 서식, 도면, 비교표 등 구체적인 자료들을 수록하고 있어, 현장에서 CM업무를 수행하고 있는 실무자뿐만 아니라 건설프로젝트의 발주자에게도 도움을 줄 수 있습니다.

「CM Best Practices 2」는 공공프로젝트에서 CM의 사업관리능력을 극대화 한 "4대강 통합사업관리 프로젝트"와 LEED(미국친환경건축물인증제도)인증 컨설팅을 통해 친환경건설관리 분야로 CM의 역할을 확대한 "을지로 Center 1 프로젝트"를 비롯한 국내외의 총 12개 프로젝트에 대하여 상세하게 기술하고 있습니다. 특히 이 책에는 각 프로젝트 단계별로 한미글로벌이 수행하는 설계관리, VE(Value Engineering), 원가관리, 공정관리, 품질관리, 안전관리 등 모든 제반 관리활동의 절차와 방법 등이 수록되어 있어 프로젝트 관리 업무의 생산성이나 효율성을 향상시키는데 좋은 본보기가 될 것이라 생각합니다.

「CM Best Practices 2」를 준비하는 과정은 1편을 작성하면서 겪었던 유사한 어려움들로 인해 쉽지 않았습니다. 회사의 내부 자료를 공개하는 것에 대한 어려움, 프로젝트 관련 정보의 유출에 대한 발주처의 부정적 인식 등에 따른 정보 공유의 어려움으로 인해 보다 실질적이고 구체적인 현장 정보를 담지 못한 것은 못내 아쉬움으로 남습니다. 최근 들어 프로젝트 참여자들의 의식이 향상되고, 건설 분야의 투명성 또한 어느 정도 높아졌다고는 하지만, 우리 건설업계나 사회 전체의 투명한 정보공유 문화는 여전히 개선의 여지가 많다는 것을 알 수 있었습니다.

한미글로벌은 향후에도 이러한 형태의 서적 발간을 지속적으로 추진해 나갈 계획입니다. 물론 여기에는 여전히 해결되지 않는 정보 공개에 대한 여러 제약들이 따르지만, 우리나라 건설 산업의 선진화를 위한다는 목적과 굳은 의지가 있는 한 그러한 난관은 충분히 극복될 수 있으리라 믿습니다.

이 책에 담긴 내용들은 한미글로벌의 CM단장들이 직접 참여하여 작성하였습니다. 바쁜 시간을 쪼개어가며 발간 작업에 참여하다보니 표현이나 기술 방법에 있어 다소 정제되지 못한 부분도 있습니다. 하지만 CM에 대한 깊은 열정을 가지고 작성한 글인 만큼 독자 여러분들께서 넓은 마음으로 이해해 주시기 바랍니다. 아울러, 부족한 부분은 증보판을 발간하면서 지속적으로 보완해 나갈 것임을 약속드립니다.

2011년 6월

한미글로벌 회장 김 종 훈

CONTENTS

Part 01

해운대 I-PARK 프로젝트

C·O·N·T·E·N·T·S

chapter

01 머리말

1.1 부산지역 초고층 건축 현황

전체 토지면적(765.94km²)의 70% 이상이 산과 구릉지인 부산은 국내에서 초고층 건축물이 가장 밀집해 있는 지역이다. 부산 초고층 건축물의 상징이라 할 수 있는 센텀 월드비즈니스센터(108층), 해운대 관광리조트(117층), 부산 제2롯데월드(107층)가 완공되는 2015년에 부산은 한 도시에 3개의 100층급 초고층 건물이 들어서는 세계 유일의 초고층 도시로 성장하게 된다. 부산지역에 위치한 50층 이상 초고층 건물의 대부분은 주로 해안 경관이 뛰어나고, 생활이 편리한 해운대 지역에 집중돼 있으며, 도심지인 서면과 동래 지역에 일부 분포하여 아름다운 부산의 스카이라인 형성과 지역의 랜드마크 역할을 하고 있다.

부산의 대표적 초고층 건축물로는 50~60층 규모의 해운대 센텀스타(60층), 온천동 벽산아스타(52층), 해운대 센텀파크(51층), 서면 센트럴스타(58층), 센텀 WBC the Palace(51층) 등이 있으며 대부분이 이미 공사가 완료되어 입주 중이거나 시공 중에 있다. 또한, 국내 최고 높이의 주거 건축물인 해운대 위브더제니스(80층), 해운대 I-PARK(72층)가 2011년 말 입주를 목표로 거의 동시에 진행되고 있는 상황이다.

표 1-1 부산지역 50층 이상 초고층 건축물 현황

건물명	높이	층수	위치	준공연도
월드비즈니스센터(WBC)	560m	108층	해운대 센텀지구	2015(예정)
해운대 관광리조트	511m	117층	해운대구 중동	2015(예정)
부산 제2롯데월드	510m	107층	중구 광복동	2014(예정)
해운대 위브더제니스	299m	80층	해운대 마린시티	2012
해운대 I-PARK	292m	72층	해운대 마린시티	2011
해운대 센텀스타	208m	60층	해운대 센텀지구	2008
서면 센트럴스타	199m	58층	부산진구 서면일대	2010
센텀 WBC the Palace	197m	51층	해운대 센텀지구	2011
온천동 아스타	163m	52층	동래구 온천동	2008
해운대 센텀파크	154m	51층	해운대 센텀지구	2006

1.2 국내 초고층 주거 건축물 구조형식의 변화

초고층 건축물이 실현되기 위해서는 구조시스템 및 다양한 제반기술의 지원이 필수적이라 할 수 있으며 초고층 건축물의 등장으로 여러 구조시스템 및 자재, 공법 등의 기술발전이 가능했다.

국내 초고층 주거건축의 효시라 할 수 있는 도곡동 타워팰리스 1~3차와 목동 하이페리온 등의 초기 주상복합건축물의 구조형식은 RC조의 코어와 철골구조의 외주부 합성구조로 이루어져 있으며, 데크 플레이트 슬래브(deck plate slab)를 설치하여 구조물을 완성하는 방식이었다. 그러나, 구조설계기술의 발달과 자재성능의 향상으로 인해 건축높이가 증가하고 건물형태의 변화에 보다 유연하게 대응할 수 있게 되면서 점차 거주성과 경제성이 우수한 플랫 플레이트 슬래브(flat plate slab)를 채용한 철근콘크리트 라멘구조형식이 주종을 이루게 되었다.

또한, 아웃리거(outrigger)와 벨트 트러스(belt truss)의 채용으로 건물이 높은 횡력 저항성을 가질 수 있게 되었고, 건물의 밸런스를 유지하는 제진장치(damper)의 설치와 부등축소량(column shortening) 등의 변위에 대한 대응시공으로 구조적인 제어가 가능하도록 설계

가 이루어지고 있다.

1.3 워터프론트(Waterfront) 지역의 건축 및 공사 특성

대부분의 부산지역 초고층 건축물들은 해운대 지역의 워터프론트와 접해 있거나 그 인근에 위치하고 있다. 워터프론트 지역의 건축공사는 내륙지역과는 다른 지형적, 기후적 특성을 갖기 때문에 계획단계부터 이를 예방할 수 있는 설계와 자재선정, 시공법의 검토가 필요하다. 단순히 미관과 경관만 고려하여 계획이 이루어질 경우 자연재해 등으로 인하여 공사 중 뿐만 아니라 입주 후에도 많은 피해와 손실을 입을 수 있다.

대표적인 예가 태풍 '매미' 에 의한 피해로, 해운대 지역에 발생한 태풍으로 해안일대가 너울파도에 의해 제방 유실과 침수 피해를 입었고, 강풍에 외장 알루미늄 패널이 유실되거나 유리가 파손되기도 하였으며, 일부 지역은 크레인이 붕괴되는 사고가 발생하기도 하였다. 특히, 공사 중에는 해안에서 불어오는 강풍으로 인해 종종 크레인의 작업 중단과 도괴 등, 강풍

그림 1-1 해안가 인접지역 초고층 건축공사

에 의한 작업의 영향을 받게 되며, 또한 잦은 해무와 장마의 영향, 그리고 여름철 고온지속과 해수면의 반사 등으로 내륙지방에 비해 작업의 어려움이 배가되고 있는 실정이다.

이처럼, 워터프론트 지역에서 건축공사를 수행함에 있어서는 공사 진행단계 뿐만 아니라 건물의 사용단계에서 발생할 수 있는 다양한 영향요인을 고려하여 피해를 최소화하고, 건물의 안전성을 확보할 수 있는 별도의 대책 마련이 필요하다.

chapter

02 프로젝트 개요

2.1 건축 개요

해운대 I-PARK는 해운대구 우동 마린시티 택지지구 부지 중에서도 해안가와 가장 근접한 지역에 위치하고 있으며, 수영만 요트경기장과 마주하고 있다. 정면은 남해바다, 오륙도, 광안대교를, 동쪽은 동백섬과 해운대해수욕장을 조망할 수 있다.

본 프로젝트는 대지면적 36,918m²(11,170평)에 건축면적 13,694m²(4,142평), 연면적 511,802m²(154,820평)으로, 지하 6층, 지상 72층 최고 292m높이의 초고층 공동주택 3개동과 34층 규모의 호텔, 9층 규모의 업무시설 그리고 3층 규모의 판매시설로 이루어져 있다. 초고층 공동주택은 전체 1,631세대로 118m²(35평형)부터 423m²(128평형)까지 총 199타입(type)의 다양한 평면으로 구성되어 있고, 215실 규모의 호텔이 단지 내에 함께 위치하고 있다.

건축설계는 세계적인 건축가 다니엘 리베스킨트(Daniel Libeskind)가 해운대의 파도와 부산의 상징인 동백꽃을 형상화하여 역동적이고 우아한 한국적 곡선미를 표현하여 디자인하였고, 홍콩 IFC 국제금융센터빌딩에 참여하였던 오비아랍(Ove&Arup Partners)이 구조설계를 담당하였다. 또한, 요코하마 랜드마크 빌딩 등의 설계에 참여한 바 있는 시스카 헤네시 그룹(Syska Hennessy Group)이 기계전기설계를 담당하였으며, 내부 인테리어는 뉴욕 포시즌 호텔(Four Seasons Hotel) 등 특급호텔 전문가인 피터 레미디오스(Peter Remedios)를 포함하여 국내외 유명 건축디자이너가 함께 참여하였다.

그림 2-1 해운대 I-PARK 조감도

표 2-1 해운대 I-PARK 프로젝트 개요

구 분	내 용
사업명	해운대 우동 주상복합 및 호텔 신축공사
사업기간	2007년 12월 ~ 2011년 10월(47개월)
시행	현대산업개발
설계	Studio Daniel Libeskind, (주)종합건축사사무소건원, (주)한미종합건축(호텔)
시공	현대산업개발
감리	(주)다인건축그룹, (주)천일건축, (주)원양건축컨소시엄, (주)한미종합건축(호텔)
CM	한미글로벌(주)
규모	지하 6층, 지상 72층 아파트 3개동(최고높이 292.05m), 34층 호텔(169.8m)
용도	주거시설(APT 1,631세대), 숙박시설(호텔 215실), 업무시설, 판매시설
대지면적	주상복합 36,918m²(11,170평), 호텔 4,300m²(1,300평)
건폐율	주상복합 37%, 호텔 39.5%
건축면적	주상복합 13,694m²(4,142평), 호텔 1,713m²(518평)
용적률	주상복합 899%, 호텔 764%
연면적	주상복합 511,802m²(154,820평), 호텔 49,218m²(214,888평)

2.2 토목 개요

해운대 I-PARK가 위치한 마린시티지역은 해안가 매립지역으로 지반조사결과 해수, 매립층, 충적층인 점토층, 모래층, 자갈층, 풍화암층, 기반암인 연암층의 순으로 구성되며 층별 두께가 다소 불규칙한 양상을 갖고 있었다. 또한, 굴착지반의 대부분이 매우 연약한 점토질의 충적층으로 이루어져 있고, 기반암층 출현심도의 변화가 크기 때문에 각별한 주의가 요구되었다. 지하수위는 GL±0~(−)3.9m의 심도로 매립층 상부에 위치하고 있다.

지질조사는 기초구간 14개소, 주차장구간 6개소 시추공에 대하여 표준관입시험, 지하주위측정, 현장투수시험, 현장수압시험, 공내재하시험, 공내전단시험, 수질분석, 실내토질시험, 실내암석시험 등을 실시하였고, 기초 및 토목구조 설계시 반영토록 하였다.

흙막이벽체는 800~1,000mm 두께의 지하연속벽(diaphragm wall)으로 설계하였고, 제거식 어스앵커(earth anchor)를 설치하여 지지하도록 하였다.

표 2-2 기초 및 토목구조물 설계 요약

구 분	내 용
지층구성	매립층, 충적층, 풍화암, 연암, 경암
지하수위	G.L±0~(−)3.9m, E.L(−)0.334~(+)1.714m
출현심도	풍화암 G.L(−)13.1~31.8m, 연암G.L(−)13.5~61.6m
굴착면적	39,140m²
굴착깊이	지표하 19.72~24.38m(평균 약 21m)
지하연속벽	기존 : Thk 800mm, 신설 : Thk 800mm 및 1,000mm
어스앵커	제거식 앵커 Φ12.7mmx4~6ea, 설계축력 22~60ton/공, 5~11단
언더피닝	H−250×250×9×14(C.T.C 1,600), Rock Bolt : SD400, D29mm, L=5.0
지반보강, 차수	RJP Φ1,500 해안측 기존 D/W부위보강, JSPΦ800 : D/W 이음부보강
RCD Pile	T−1~3 : Φ2,500, 업무시설 : Φ2,000 설계하중 3,900~6,000ton
주차장 말뚝	PHC Φ600(EXT), L=6~18m, 설계하중 210ton/ea

2.3 구조 개요

해운대 I-PARK의 주요 구조형식은 두께가 1,000mm인 RC 코어월(core wall)과 외주부 RC기둥, 핀월(fin wall) 그리고 250mm 두께의 플랫 플레이트 슬래브로 설계되어 있다. 또한, 25층과 50층에 아웃리거(outrigger) & 벨트 트러스(belt truss)를 두어 횡하중에 대한 내력을 증대시켰다.

타워동은 하중을 안전하게 지반에 전달하도록 Φ2,500mm의 대구경 RCD파일로 설계하여 연암 10~11m까지 근입되어 지지토록 하였고, 최대 4,000mm두께로 매트기초를 설계하였다. 코어벽체와 RC기둥 등의 수직부재는 수직구간별로 45~60MPa의 고강도 콘크리트가 적용되었고, SD40, 50의 고강도 철근이 사용되었다. 또한 중저층부와 아웃리거층에는 부족한 내력을 확보하기 위해 SRC구조로 보강 설계하였고 최대 80mm 두께의 SM520, 570TMC강이 사용되었다.

2.4 설계풍속 및 풍하중

풍동실험은 건물이 풍하중에 얼마나 견딜 수 있는 지를 예측하는데 가장 신뢰할 수 있는 방법 중 하나이다. 본 프로젝트는 세계적인 풍동실험 업체인 RWRI(캐나다)에서 실시한 풍동실험을 통해 100년간 발생할 수 있는 태풍 등 모든 재해 가능성에 대비하여 설계하였으며, 주변지역에 바람을 막아 주는 장애물이 거의 없는 수준의 노풍도 D를 기준으로 하여, 구조설계기준상의 동남해안 기본풍속인 40m/sec를 적용하였다.

표 2-3 타워별 풍하중 조건

동 구분	풍하중 분포(단위:KPA) Min. ~ Max.	평균 풍하중 조건
타워 1 (T-1)	Negative Pressures -4.0kpa ~ -9.0kpa	-4.0kpa ~ -6.0kpa
	Positive Pressures 4.0kpa ~ 8.0kpa	+4.0kpa ~ +5.5kpa
타워 2 (T-2)	Negative Pressures -4.0kpa ~ 9.5kpa	-4.0kpa ~ -6.0kpa
	Positive Pressures 3.0kpa ~ 8.5kpa	+4.0kpa ~ +5.5kpa
타워 3 (T-3)	Negative Pressures -3.75kpa ~ 9.25kpa	-3.75kpa ~ -4.75kpa
	Positive Pressures 2.75kpa ~ 7.25kpa	+3.75kpa ~ +5.75kpa

2.5 건물 구성 및 외부마감

주상복합아파트는 72층, 66층, 46층의 공동주택 3개동과 9층의 업무시설 및 3층의 판매시설, 34층의 호텔과 지하 6층의 주차장으로 구성된다. 타워부 1~2층은 근린생활시설과 주민공동시설로 사용되며, 25층은 주민대피공간과 중간기계실로, 50층은 헬스장 등의 주민 편의시설과 기계실 용도로 사용된다.

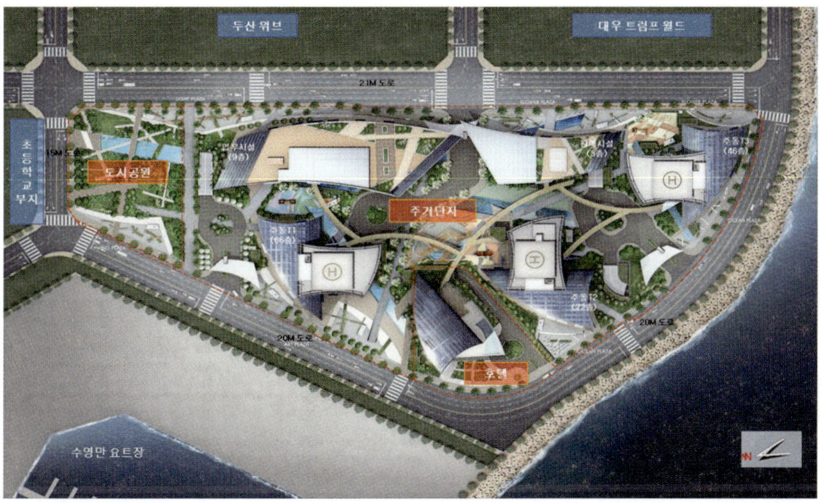

그림 2-2 배치도

기준층의 층고는 3,200~3,500mm이며, 기준층 바닥면적은 2,147m²로 코어를 중심으로 외주부에 10세대씩 배치하였다. 수직이동을 위한 엘리베이터는 총 14대가 설치되었으며, 고층용 24인승 6대, 저층용 24인승 6대, 비상용 2대로 구성하여 코어내부에 배치되었다.

건물의 외장은 알루미늄커튼월이 외장 전체를 감싸는 fully-unitized 커튼월 방식으로 제작하여 설치하였고, 케이스먼트(casement)창과 24~28mm 저반사 로이(Low-E), 양면반강화 칼라복층유리가 사용되었다.

chapter

03 재해 및 수해방지 대책 수립

3.1 부산지역 기후 분석

2003년 발생한 태풍 '매미'에 의해 해안일대 지역의 건물들이 큰 피해를 입으면서 워터 프론트 지역의 건축물 재해방지대책 수립이 강화되었다. 본 프로젝트 역시 재해방지 및 수해 대책을 수립함으로써 장마기간과 태풍 내습시 예상되는 물적, 인적자원의 피해를 사전에 예방하고, 침수 발생으로 인한 피해를 최소화할 수 있도록 대비하였다.

표 3-1 연도별 장마 시종시기 및 기간(10년간)

구분	제주도			남부지방(부산)			중부지방		
	시작	종료	기간	시작	종료	기간	시작	종료	기간
1998	6.12	7.28	47	6.24	7.28	35	6.25	7.28	34
1999	6.17	7.20	34	6.17	7.20	34	6.23	7.10	18
2000	6.16	7.16	31	6.21	7.16	26	6.22	7.19	28
2001	6.21	7.20	30	6.22	7.21	30	6.24	8.1	39
2002	6.19	7.22	34	6.23	7.23	31	6.23	7.24	32
2003	6.22	7.23	32	6.23	7.25	33	6.23	7.25	33
2004	6.24	7.11	18	6.24	7.17	24	6.25	7.18	24
2005	6.25	7.15	21	6.26	7.18	23	6.26	7.18	23
2006	6.14	7.26	43	6.21	7.29	39	6.21	7.29	39
2007				6.21	7.24	34	6.21	7.29	39

표 3-2 기후특성을 반영한 작업가동률 산정

구분	월	기준일수	작업불능 유형 및 업수 (1997년~2006년 부산 거주자료 적용)						중복일수			순작업가동률					
			(a) 평균풍속 5m/s 이상	(b) 일평균 -10℃ 이하	(b′) 일평균 -10℃~-5℃	(c) 강수량 10mm 이상	(d) 강설 10mm 이상	(d′) 일최고기온 32℃이상 50%적용	①	②	③	① 〈실외〉 실외에서 양중에 의존하거나 습식인 작업		② 〈지하/반실내〉 지하/실내 작업이지만 우수, 외기유입이 있는 경우		③ 〈마감작업〉 실내마감작업중 온도에 민감한 작업	
			①	①	①	①	①	①	●			철골/골조/조적/미장/방수/조경/외장/부대토목/외벽창호/타워크레인/외부도장		지하 골조/토목 실내 Con′c타설/조적/미장/타일/방수(액방)		실내흡음뿜칠/내화피복/타일/도배/방수(쉬트, 도막)/쉬트/에폭시/비닐타일	
				②		②	②			●							
				③	③						●	작업불능일	평균가동률	작업불능일	평균가동률	작업불능일	평균가동률
월평균 작업불능일	1월	31	4.20	0.00	0.60	0.90	0.50	0.00	0.7	0.0	0.00	5.5	82.3%	1.4	95.5%	0.6	98.1%
	2월	28	2.70	0.00	0.10	1.20	0.10	0.00	0.6	0.0	0.00	3.5	87.5%	1.3	95.4%	0.1	99.6%
	3월	31	4.30	0.00	0.00	2.60	0.30	0.00	0.8	0.2	0.00	6.4	79.4%	2.9	90.6%	0.0	100.0%
	4월	30	6.10	0.00	0.00	3.70	0.00	0.00	1.2	0.0	0.00	8.6	71.3%	3.7	87.7%	0.0	100.0%
	5월	31	4.30	0.00	0.00	4.50	0.00	0.00	0.7	0.0	0.00	8.1	73.9%	4.5	85.5%	0.0	100.0%
	6월	30	2.30	0.00	0.00	4.60	0.00	0.00	0.8	0.0	0.00	6.1	79.7%	4.6	84.7%	0.0	100.0%
	7월	31	5.00	0.00	0.00	6.50	0.00	0.70	2.0	0.0	0.00	10.2	67.1%	6.5	79.0%	0.0	100.0%
	8월	31	3.60	0.00	0.00	6.50	0.00	2.70	1.7	0.0	0.00	11.1	64.2%	6.5	79.0%	0.0	100.0%
	9월	30	5.50	0.00	0.00	4.00	0.00	0.15	1.8	0.0	0.00	7.9	73.8%	4.0	86.7%	0.0	100.0%
	10월	31	1.60	0.00	0.00	1.70	0.00	0.00	0.3	0.0	0.00	3.0	90.3%	1.7	94.5%	0.0	100.0%
	11월	30	2.30	0.00	0.00	1.20	0.00	0.00	0.3	0.0	0.00	3.2	89.3%	1.2	96.0%	0.0	100.0%
	12월	31	2.30	0.00	0.00	0.50	0.20	0.00	0.2	0.0	0.00	2.8	31.0%	0.7	97.7%	0.0	100.0%
합계		365	44.20	0.00	0.70	37.90	1.10	3.55	11.1	0.2	0.00	76.4	79.1%	39.0	89.3%	0.7	99.8%

먼저, 부산지역의 기후특성을 파악함으로써 피해가 예상되는 시기 및 정도를 예측하였다. 부산은 해양성 기후의 영향으로 여름과 겨울의 기온차가 적고, 사계절의 변화가 뚜렷하다. 연평균 기온은 13.8℃, 연간 강수량은 1,383.9mm, 맑은 날은 131일로 다른 지역에 비해 바람이 비교적 강하게 부는 특성이 있다. 또한, 장마기간은 평년 6월 23일부터 7월 22일까지로 볼 수 있으며, 최근 3년간 태풍영향일수(열대성 저기압 포함)는 약 2.1일로 발생 시기는 여름철 7~9월에 집중적으로 영향을 주었다.

3.2 태풍, 해일 방지 대책

기후특성에 대한 정보를 바탕으로 본 프로젝트의 작업 가동률을 산정하였으며, 현장 주변현황을 파악하여 태풍 및 해일이 발생하였을 경우 피해를 최소화할 수 있는 파쇄대, 방호옹벽, 암거, 현장 내부 옹벽 등의 차단장치 설치 계획을 마련하였다.

그림 3-1 현장 주변 현황

피해 방지 대책으로 태풍 또는 해일이 발생하였을 경우 피해를 단계적으로 최소화할 수 있는 3중 차단장치를 마련하였다. 높은 파랑을 1차적으로 차단할 수 있는 10m 너비의 파쇄대를 설치하고, 2차적으로는 도시계획도로(B=20m)를 호안의 천단고로 사용하는 면적공법(zonal protection method)을 적용하여 자연배수가 가능하도록 하였다. 마지막으로 방음벽과 합벽으로 현장 내 콘크리트 옹벽(H=4.0m 방음벽+W:250mm, H=1.7m)을 설치함으로써 태풍 및 해일에 대비할 수 있는 차단장치를 확보하였다.

그림 3-2 태풍, 해일 방지를 위한 3중 차단장치

3.3 수방시설계획 설계 반영사항

부산지역에 발생하는 수해를 방지하기 위해 건물 내외부의 대비시설을 설계 계획시 반영함으로써 추후 발생 가능한 자연재해에 의한 피해를 대비하였다. 이 과정에서 기계실과 전기실의 위치를 상부층으로 이동하였고, 지하 6층에 저류시설을 설치하여 담수량이 0.3m 이상시 배수펌프가 가동되게 하였다. 또한, 부유물 차단을 위해 현장 외부에 조경 식재(가시나무, 해송 149주)를 심도록 계획하였다. 집중호우 및 태풍 해일로 인한 월류수에 의하여 지하주차장이 침수 되는 것을 방지하기 위하여 주차장 진입에 차수문을 설치하는 계획도 포함하였다.

chapter

04 주요 CM 수행사례 및 성과

4.1 CM 업무 개요

1) 업무 범위

본 프로젝트는 발주처인 현대산업개발에서 프로젝트의 시행과 시공을 담당하였기 때문에 CM단과 발주처 관리조직과의 명확한 업무 분장이 요구되었다. 당사가 보유하고 있는 건설사업관리 전반의 전문성을 바탕으로 하여 CM단은 설계도서의 적정성 검토와 공정 관리, 시공계획과 VE 업무를 기본으로 하되, 초고층 프로젝트에 필요한 요소기술이 현장에 적용될 수 있도록 기술과 공법 검토를 제안하는 것으로 업무 범위를 설정하였다.

이 과정에서 설계관리, VE 업무가 발주처의 본사 설계관리조직과 중복이 발생하게 되었고, CM단은 실시설계 검토용 도면이 현장에 납품된 이후에 현장 도면 검토 업무를 지원하는 범위로 역할을 조정하게 됨으로써 결국 설계단계에 집중되어야 하는 CM의 역할이 설계 이후로 분산되게 되었다. 그러나, 프로젝트 전 단계에 걸친 CM의 역할과 필요성을 발주처에 충분히 이해시킨 후 현장팀과의 협의를 거쳐 CM 투입기간을 커튼월 종료시점까지로 조정하였고, 이와 동시에 프로젝트 초기단계에 CM단의 집중적인 투입을 가능하게 함으로써 CM의 효과를 최대화할 수 있는 긍정적인 방향으로 제안하였다.

2) CM단 운영

CM단은 토공사 착공시 프로젝트에 투입되어 골조공사와 커튼월 공사가 마무리되는 시점에 업무를 종료하는 것으로 계획되었다. 따라서, 효율적인 CM단을 운영하기 위해서는 탄력적으로 CM인력을 운용하는 계획이 필요하였고, 전체 CM 투입기간 동안의 마스터 스케줄을 작성하여 CM 업무를 총 2단계로 구분한 인력활용계획을 수립하게 되었다.

(1) 1단계(Pre-Construction 단계)

프로젝트 전반의 초기업무 수행계획, 마스터 스케줄, 설계관리, 기술검토 및 시공계획 작성 등을 대상으로 하는 사업 초기단계의 CM 업무 중요성을 고려하여 일반적인 현장 상주 CM단과 특수 분야 전문가 그룹을 포함한 비상주 CM단을 이원화하여 CM단을 구성하였고, 초고층 프로젝트의 다양한 경험을 보유하고 있는 프로젝트 매니저가 총괄 운영할 수 있도록 하였다.

(2) 2단계(Construction 단계)

현장의 상주 CM단을 중심으로 설계관리, 기술검토, 시공계획 작성 등의 시공이전단계

그림 4-1 CM단 조직도

의 업무와 함께 협력업체의 세부시공계획서 검토 및 지도, 샵 드로잉(shop drawing) 및 모크업(mockup) 관련사항 검토, 부재 제작 및 조달과 관련된 공장검수, 계획 대비 실적의 모니터링과 추종계획, 기타 현장 기술지원 업무 등을 수행하였다.

4.2 초기업무 수행계획

1) 수립 목적

오랜 기간 프로젝트를 준비하는 과정을 통해 사업에 대해 전반적으로 파악하고 있는 발주처의 관리조직에 비해, 새로 프로젝트에 참여한 CM단은 빠른 시간 내에 프로젝트에 대한 이해와 함께 중점 관리요소를 파악하여 업무에 착수하여야 하는 부담을 안게 된다.

이러한 이유로 초기업무 수행계획 작성의 첫 번째 목적은, CM단의 프로젝트 전반에 대한 이해 및 중점 관리요소를 파악하여 프로젝트의 성공적인 전략을 수립하는 데에 있다고 할 수 있다. 또한, 유사 프로젝트의 성공사례에서 얻은 경험을 바탕으로 CM단이 정의한 프로젝트의 성공요소와 주요 이슈를 발주처 조직과 공유하는데 또 다른 목적이 있다. 이러한 과정을 통해 업무 착수 초기에 보다 합리적이고 현실적인 프로젝트 운영 전략을 수립하고, 궁극적으로는 발주자 조직과 설계사, 현장 엔지니어, CM단이 이슈를 공유해 나갈 수 있게 된다.

2) 경과 및 구성

현장 업무 착수 후 약 1개월 정도에 걸친 집중작업을 통해 초기업무 수행계획서를 작성하고, 이후 발주처 조직과 설계사 등이 참석한 자리에서 검토내용을 공유하여 프로젝트 초기단계의 운영기준으로 활용하였다.

초기업무 수행계획은 ① 프로젝트 개요 ② 설계 추진 방향 ③ 공정계획 ④ 토공사계획 ⑤ 골조공사계획 ⑥ 마감공사계획 ⑦ 가설장비계획 ⑧ CM업무추진계획으로 구성되었다. 구성 내용 중 초기공사 및 초기업무에 해당하는 설계 추진 방향, 공정계획, 토공사계획은 상세히 기술함으로써 실질적이고 체계적인 계획서가 될 수 있도록 하였다.

4.3 설계관리

1) 인허가 경과 사항

사업 인허가를 받기 위해 최종 지구단위 변경시점으로부터 3년 여의 기간이 소요되었으며, 이 기간 중 지구단위계획 변경 3회, 주택건설사업계획(변경) 승인 3회, 각종 영향평가 심의 3회, 호텔 사업승인 및 건축(변경) 허가 3회 등이 이루어졌다.

2) 설계관리 조직

초고층, 초대형프로젝트의 경우 기본설계가 80~90% 진행되는 시점에 공사에 착수하여 공사진행단계에 따라 실시설계를 완성해가는 패스트 트랙(fast track) 기법을 사용하게 된다. 이 경우 패스트 트랙 패키지별로 설계, 발주, 시공, 유지관리 측면의 설계 완성도 제고를 위해 다양한 참여그룹이 발생하게 되고, 참여 조직간의 코디네이션기능이 중요해지므로 이에 부합하는 설계관리 조직이 필요하게 된다. 본 프로젝트의 설계관리 조직은 전체 마스터 스케줄을 기준으로 타당한 설계일정관리를 수행하고, 경제성, 시공성, 품질관리 및 유지관리상의 설계완성도 제고를 주된 목적으로 업무를 수행하였다.

표 4-1 설계관리 조직구성 및 운영기간

조직구성	발주처	현대산업개발 본사 설계팀 + 현장 설계관리 조직
	CM단	설계관리조직 5인(단장, 건축, 토목, 기계, 전기), 비상주 전문가 그룹
	설계사	국내 설계사 현장 파견조직 5인
운영기간	발주처 본사 설계팀	2007년 12월 ~ 2009년 2월
	CM단 설계관리조직	2007년 12월 ~ 2010년 1월
	현장 설계관리조직	2008년 12월 ~ 2011년 10월

3) CM단 설계관리 업무 실적

설계단계별로 총 9회의 설계검토를 실시하여 각 분야별로 총 1,485항목에 대해 검토 의견을 제시하였다.

표 4-2 CM단 설계검토 수행 실적

구 분		검토 항목				
차수	기준도면	건축	구조	기전/소방	기타	소계
1차	착공 도면 (07. 11)	–	37	19	–	56
2차	모델하우스 건립 도면	–	–	–	38	38
3차	지하층 도면 (08.5)	68	55	59	59	241
4차	지상층 도면 (08.8)	80	36	199	80	395
5차	커튼월 모크업 도면	–	–	–	32	32
6차	실시설계 (08.11)	143	138	–	–	281
7차	실시설계 (09.02)	155	157	47	–	359
8차	호텔지하층 실시설계 (10.01)	48	15	–	–	63
9차	호텔지하층 실시설계 (10.10)	20	–	–	–	20
합 계		514	438	324	209	1,485

(1) 건축분야

CM단의 설계관리 전문가는 2007년 12월부터 2010년 1월까지 26개월간 현장에 상주로 근무하며 설계관리업무를 담당하였고, 발주처의 설계관리조직과의 업무중복을 피하기 위해 현장의 실시설계 검토 및 관리업무의 지원에 중점을 두었다.

• 통합 설계실 운영 방안에 관한 검토

CM단은 패스트 트랙에 의한 설계품질의 제고를 위하여 현장 상주 통합 설계실 운영 방안을 제안하였다. 즉, 실시설계 관리에만 국한되었던 현장업무에서 한 걸음 나아가 통합 설계실 운영 전략 모델을 제시함으로써 통합적인 설계관리가 이루어질 수 있는 환경을 구축하였다.

• 실시설계 예상목록 및 패스트 트랙 도면 출도 일정 검토

분야별 실시설계 도면의 필요 목록을 작성하여, 납품된 도면의 완성도와 설계 진도를 검토하는데 유용한 기준을 제시하고, 공종별 패스트 트랙 진행을 위한 출도일정의 관리기준을 제안하였다.

• 수방대책 검토

해안에 근접한 부지 조건으로 인해, 태풍과 해일에 의한 수해가 우려되는 시설에 대해 검토 및 보완대책을 제안하고, 반영하였다.

• 세대 내 대피공간 검토

초고층 주거건축 방재대책의 일환으로 설치된 세대 내 대피공간과 관련된 법규와 설계 사항을 검토하여 대피공간의 기능성 확보와 법적 기준 만족에 대한 조건을 제안하였다.

• 방수, 단열성능 검토

부위별 방수공법의 자재, 시공 상세의 적정성 검토 및 실공간 단열성능과 관련된 단열재, 시공 상세의 검토를 통한 방수, 단열 품질관리 방안을 제안 · 반영하였다.

(2) 토목분야

CM단의 토목분야 전문가는 2007년 12월부터 2009년 1월까지 14개월간 현장에 상주로 근무하며, 착공도면 및 세부공종별 토목설계도서 검토, 시공계획서 작성, 목구조물 계측관리 지원, 토목 관련 현장 기술지원요청 대응과 VE 등을 주요 업무로 수행하였다. 또한, 토공사의 제반 공종을 포함하는 시공계획서와 안전방재계획서의 작성 이외에 RCD, D-Wall, 어스앵커, 영구배수공법 등의 적용사례 분석과 품질관리 방안에 대하여 18차례에 걸쳐 기술검토를 수행하였고, 위험구간별 계측관리에 대한 현황분석 등의 업무를 진행하였다.

• 부력제어공법 적용안 검토

높은 지하수위에 의한 지하주차장, 판매시설 구간의 부력제어공법의 적정성을 검토하기 위해 인장파일, 록앵커(rock anchor) 및 영구배수공법의 대안 분석과 인근 현장의 적용사례 분석을 실시하고, 분석 내용을 바탕으로 현장 조건에 적합하고 공기 · 품질 · 원가 측면에서 유리한 영구배수공법의 재설계안을 제안 · 반영하였다.

• 지하주차장 외벽 지진하중 적정성 검토

부지 내에 기 설치되어 있던 기성 D-Wall 구간의 지하주차장 외벽 지진하중을 재검토하여 적정 하중 조건을 도출함으로써 구조분야의 지하주차장 외벽 재설계의 근거를 제안 · 반영하였다.

• 토공사 시공계획서 작성

토공사의 존(zone) 분할과 단위공정계획 및 굴착공사, D-Wall, 어스앵커, RCD, 계측관리분야의 시공계획과 시공단계별 시뮬레이션이 포함된 토공사 시공계획서를 작성하였다.

• 토공사 안전방재계획서 작성

현장의 공정계획 및 시공계획 단계별 시뮬레이션을 통해, 공사단계별 안전관리 요소와 수해, 태풍, 해일을 포함하는 하절기 자연재해 대책, 연약한 점토질 토사의 굴착에 따른 소단관리계획과 굴착 진도에 따른 흙막이 가시설의 계측관리 방안 등의 내용을 포함하는 안전방재계획서를 작성하였다.

(3) 구조분야

CM단의 구조분야 전문가는 2007년 12월부터 2009년 12월까지 25개월간 현장에 비상주로 근무하며 납품단계별 구조 실시설계 검토, 구조분야 기술 검토, 구조 관련 현장 기술지원요청 대응 등을 주요 업무로 수행하였으며, 주요 구조요소에 대한 VE 업무를 진행하였다. 납품된 구조도면에 대해 총 10회에 걸친 설계검토를 실시하여 개선방안을 제시하였으며, 34회의 구조분야 기술 검토를 실시함으로써 시공성과 품질향상, 원가절감에 기여하였다.

• RCD 파일과 매트(Mat) 기초 철근 간섭 회피 방안 검토

주동부 매트 기초 철근과 RCD 파일 주근의 상호 간섭구간에 대한 시뮬레이션과, RCD 파일의 내력을 추가로 검토하여 시공성과 경제성을 반영한 배근 간섭 회피 방안, RCD 철근의 재설계안을 제안하였다. 이는 이후 프로젝트에서 반복적인 발생이 우려되는 부분으로 지속적인 활용을 기대할 수 있는 검토 항목이다.

• 지하주차장 기초 설계안 검토

CM단 토목분야 전문가와의 협업으로, 지하주차장 부력제어공법의 변경과 이에 따른 주차장기초의 두께 및 배근 재설계를 실시하여 공사기간, 시공성, 원가절감 방안을 제안 · 반영하였다.

• 지하주차장 기둥 설계의 적정성 검토

지하주차장 기둥의 콘크리트 강도와 배근량의 상관관계에 대한 검토를 진행하여 기둥 부위에 고강도콘크리트를 적용하는 적정배근에 대한 재설계 방안을 제안 · 반영하였다.

• 지하주차장 외벽 지진하중의 적정성 검토

CM단 토목분야의 지진하중에 대한 검토 결과를 기초로 지하주차장 외벽의 두께 및 적정 배근량에 대한 재설계안을 제안 · 반영하였다.

• 고강도 철근 확대 적용안 검토

당초 적용범위가 제한적이었던 SD50 고강도 철근의 부위별 적용 가능 범위에 대한 검토를 통해 SD50 철근의 적용 규격과 범위의 확대를 제안 · 반영하였다.

• 기성 철제 집수정의 적용성 검토

현장에서 시공성이 떨어지는 철근콘크리트 현장타설 집수정구조를 기성 철제 집수정으로 변경할 것을 제안하고, 설계 수량 전체에 대해 변경된 안을 반영토록 하였다.

• 기타

초고층건축의 주요 구조요소인 매트 기초, 아웃리거 & 벨트 트러스, 코어월, 링크 빔(link beam), 플랫 플레이트 슬래브, 옥탑 철골 구조물 등에 대하여 구조재료 및 설계안의 적정성 검토와 대안을 제시하였고, 익스팬션 조인트(expansion joint) 등의 필요성 여부 검토와 다양한 현장 실무 차원의 기술 지원 요청에 대응하였다.

(4) 기계/전기분야

CM단의 기계/전기분야 전문가는 각각 2007년 12월부터 2009년 2월까지 15개월간 현장에 비상주로 근무하며 기계/전기분야의 설계관리와 기술검토 업무를 진행하였고, 기계분야 17회, 전기분야 12회의 기술검토를 실시하였다.

• 기계분야

기계분야에서는 현장 개설 초기의 가설 설비계획을 수립하고, 도면 출도에 따라 양수 장비 및 배관, 급수급탕시설, 소화배관설비, 오배수설비 및 비상저류시설의 조닝 플랜(zoning plan)과 장비 용량 및 위치, 배관 재질 및 설치경로 등의 설계안 검토, 대안 제시 등을 통해 기계 설비분야의 설계완성도, 시공성, 경제성 등을 개선하였다. 또한, 초고층 주거부 내의 운동시설, 주민공동시설, 기전실의 방진공법의 적용성과 원가 분석을 통하여 현장에 적합한 발주방식을 제안하고, 기계실 장비의 반입 설치계획 등의 시공계획 업무도 함께 수행하였다.

• 전기분야

전기분야는 현장 개설 초기의 가설 전기계획을 수립하고, 도면 출도와 적용 시스템의 선정에 따라 엘리베이터의 교통량 검토 및 유사 프로젝트 적용 실적의 분석에 따른 대안을 제시하였고, 엘리베이터의 자재, 운행구간, 비상시 구출운전에 대한 검토를 진행하였다. 또한, 초고층건축의 주요 설계요소인 엘리베이터 샤프트의 연돌효과에 대한 검토와 피뢰설비, 전기통신, 주차설비, 버스덕트와 비상발전기 장비계획에 대한 기술검토를 수행하였다.

4.4 토공사

1) 지반 현황

해운대 I-PARK 현장의 지반은 토사층, 풍화대, 암반으로 구성되어 있으나 굴착구간의 대부분이 토사층으로 형성되어 있고, 이 토사층은 부지 조성시 매립한 매립층과 점토, 실트, 모래, 자갈이 혼재되어 매우 연약한 충적층으로 구성되어 있다. 또한, 지하수위는 G.L(−)0~3.9m로 매립층 상부에 위치하고 있다.

2) 공정계획

토공사의 공정계획은 전체 프로젝트의 크리티컬 패스(critical path)를 전제로 계획되었다. 최고층동인 T-2(72층)가 본 프로젝트의 크리티컬 패스이고, T-1(66층)과 T-3(46층)가 서브 크리티컬 패스이다. 공정계획 수립단계에서는 마일스톤 일정에 명시되어 있는 T-1, T-2, T-3의 건축 핸드오버(hand-over) 일정을 준수할 수 있도록, 토공사용 가설램프의 위

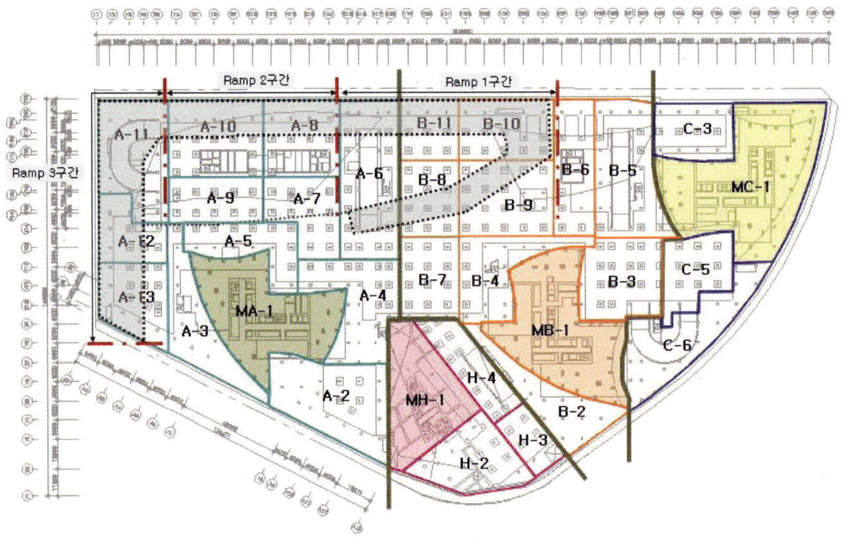

그림 4-2 토공사 가설램프 계획

치 선정과 다른 모든 토공사 일정이 일관된 흐름을 유지하도록 계획하였다.

T-1을 기준으로 수립한 T-2, T-3의 건축공기는 각각 1개월, 5.5개월의 편차가 발생하

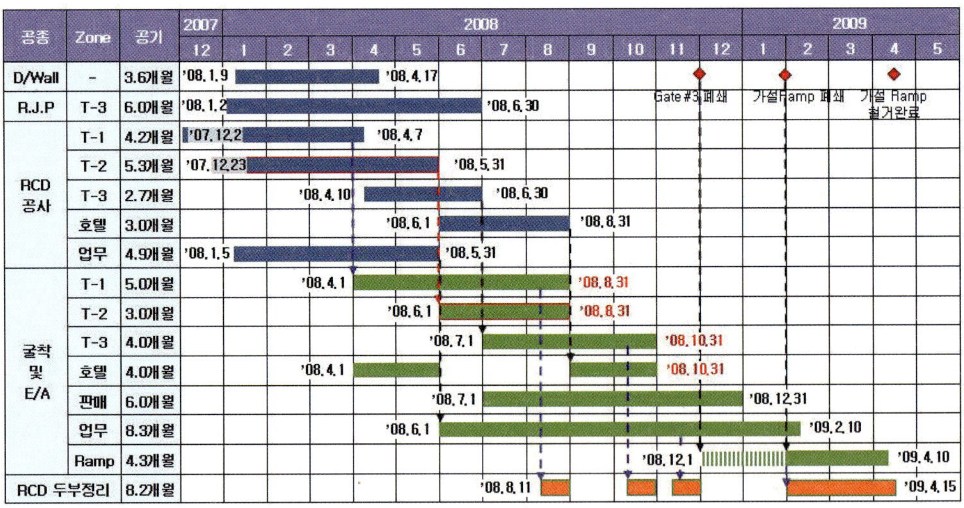

그림 4-3 토공사 요약 공정표

므로, 각 동의 건축 기초 착수일이 이 기간 이상 이격될 경우에는 3개동 모두 프로젝트의 크리티컬 패스가 되거나, 크리티컬 패스가 변경되므로 공기 운영에 차질을 가져오게 된다. 따라서 T-1, T-3의 건축공사에 1개월, 3.5개월의 여유를 부여하여, T-1과 T-2의 건축 기초가 동시에 착수할 수 있도록 하고, 2개월 후 T-3의 기초 착수를 전제로, 토공사의 세부공종별 상세 시공계획과 장비투입계획을 수립하여 관리하였다.

3) 시공 실적

당 현장은 39,140m²의 굴착면적에 평균 21m(최대 24.38m)의 깊이로 총 910,000m³ 만큼의 물량을 굴착해야 하는 대공사였다. 반면, 사토장 조건이 여의치 않은 상황과 부지에 인접한 해수 유입의 가능성, 매립토와 충적토가 대부분인 연약한 지반여건 등으로 인해 토공사 조건이 매우 열악한 상황이었다. 굴착공사는 이러한 조건을 감안하여, 현장에서 36km에 위치한 양산 방향의 사토장 운영과 병행하여 부지 내에 해상 반출을 위한 토사 반출용 컨베이어 시스템을 운영하였으며, 그 결과 육상/해상운반을 통한 토사 반출은 피크시에 일평균 6,400m³ 정도 수준의 작업량을 달성할 수 있었다.

그림 4-4 초고층동 기초 시점의 토공사 진행 현황

4.5 골조공사

1) 공사개요

292m의 72층 동의 하부구조는 87공의 RCD 파일 위에 4m 두께의 매트 기초로 건물의 하중을 지지할 수 있게 설계되었고, 플랫 슬래브 구조의 지하 5개층, 플랫 플레이트 슬래브 구조의 지상 72층으로 상부가 설계되어 있다.

주동부 지상층 기준층의 층고는 3,200~3,500mm로, T-2 기준으로 전체 72개층 중 기준층 64개층, 비기준층 8개층의 비율로 구성되어 있고, Thk 1,000 두께의 L형 코어월을 중심으로 외주부 기둥과 플랫 플레이트 슬래브로 설계되었다. 또한 코어월을 중심으로 동일한 곡선형의 평면이 수직적으로 반복되나, 초고층부의 12개층 슬래브가 곡면으로 set back 되어

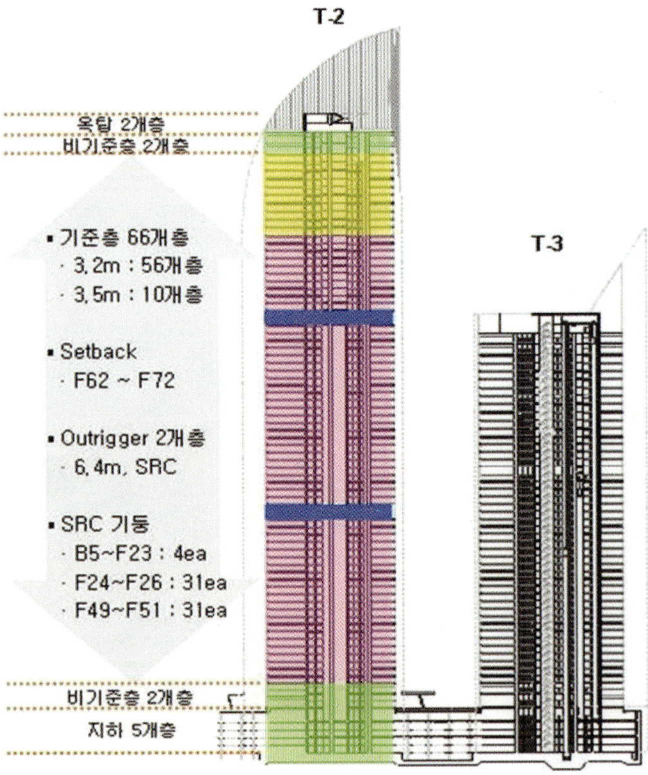

그림 4-5 초고층동 단면 개요

있고, 25층과 50층 2개소에 대형 철골구조의 아웃리거 & 벨트 트러스층이 설계되어 있다.

골조공사는 초고층건축공사의 가장 핵심이 되는 공종으로 기초, 지하 5층, 지상 72층에 달하는 골조 공정의 원활한 진행은 후속마감공사뿐만 아니라 전체 프로젝트의 공정에 절대적인 영향을 끼친다. 원활한 현장 공사관리를 위해 주동 T-1, T-2, T-3를 기준으로 부속동과 지하주차장을 포함하여 전체를 3개 공구로 분할하였고, 작업물량과 면적을 고려하여 지하주차장 조닝을 세분화하였다. 또한, 주동부 구간의 선행 굴착 및 매트 기초공사를 최우선적으로 진행하여 지하층 및 지상층 골조공사가 진행되도록 계획하였다.

2) 기초공사

초고층동의 매트 기초는 기초면적 2,743m²에 설계기준강도 40MPa로 콘크리트 물량이 10,000m³를 상회한다. 많은 양의 콘크리트를 대량으로 타설하기 위해, 수화열 등의 품질관리 목표와 심야 타설 소음에 의한 민원 방지 차원에서 다양한 방법의 분리타설 계획이 검토되었다. CM단에서는 관련분야 전문가 자문을 통해 응결지연차공법 개념을 바탕으로 한 수평 분리타설 공법과 배근의 품질 및 안전을 위한 바 체어(bar chair)[1] 설치 방안을 제안하였

그림 4-6 **매트 기초 타설 전경**

1) 콘크리트 타설 전 또는 타설 중에 철근의 위치를 고정하는 장치.

고, 현대산업개발의 품질관리팀의 모크업 테스트 등의 사전준비과정을 거쳐 결국 2일간의 주간 타설로 매트 기초공사를 마무리할 수 있었다. 뿐만 아니라, 양생 중 측정된 내부최고온도도 사전 해석치와 동일한 68℃로 관리되었고, 유해한 균열의 양상 또한 나타나지 않았다.

3) 아웃리거(Outrigger)층 골조공사

초고층동 3개동 5개소에 각각 6.4m 층고로 총 13,490톤의 철골을 해안가 고소작업으로 진행해야 하는 아웃리거층의 골조공사는 공기와 안전 측면에서 가장 이슈가 되는 작업이었다. 이러한 아웃리거층의 사전 시공계획 수립을 위해 현장에서는 CM단, 현장팀, 협력업체의 협의체를 구성하여 약 2개월간에 걸쳐 3회의 워크샵을 진행하였고, 현장팀과 협력업체 직원을 대상으로 SM570TMC강의 제작, 설치, 용접의 품질확보를 주제로 2일에 걸친 CM단 철골 전문가의 특별 강의와 2회의 철골 제작공장의 검수를 실시하기도 하였다. CM단에서는 타워크레인의 양중능력과 부위별 철골부재 검토를 통한 철골분절계획 및 유닛화 방안, N공법을 적용한 설치공법, 용접작업의 RC공사와의 병행작업안 등에 대한 시공계획을 수립하고, 현장팀과 협력업체의 상세 시공방안의 협의 등을 거쳤다. 그 결과 개소당 1.5개월 정도의 공기를 예상했던 외주부 아웃리거층 공사를 당초 계획대로 25층 구간(24, 25층)을 45일, 50층 구간

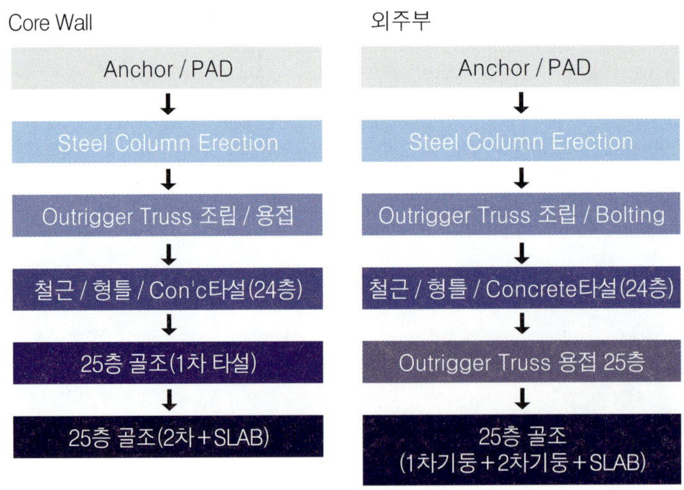

그림 4-7 구간별 아웃리거 시공 프로세스

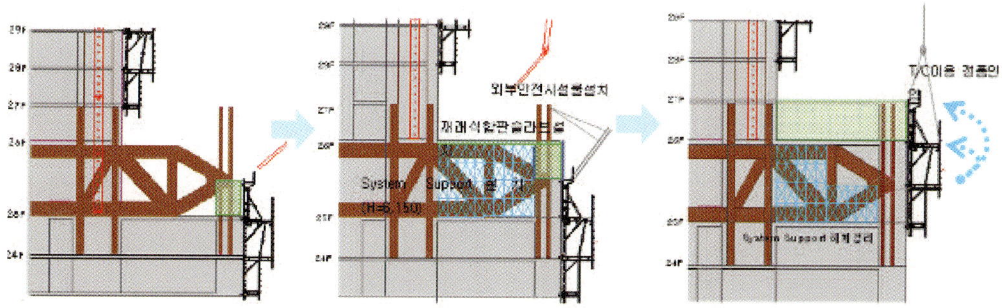

<1단계 : 철골설치> <2단계 : 25층/50층 골조작업> <2단계 : RCS T/C인양 후 26층/51층 골조진행>

그림 4-8 **단계별 아웃리거 골조공사 진행**

(49, 50층)을 50일의 소요공기로 완료할 수 있었다.

4) 옥탑 Tip 철골공사

초고층동의 옥탑구간에는 구조물의 조형성을 위하여 옥상층 바닥에서 43m의 철골구조물을 설치하고 외부커튼월이 tip 최상부까지 마감하도록 설계되었다. tip 철골에 대한 구조

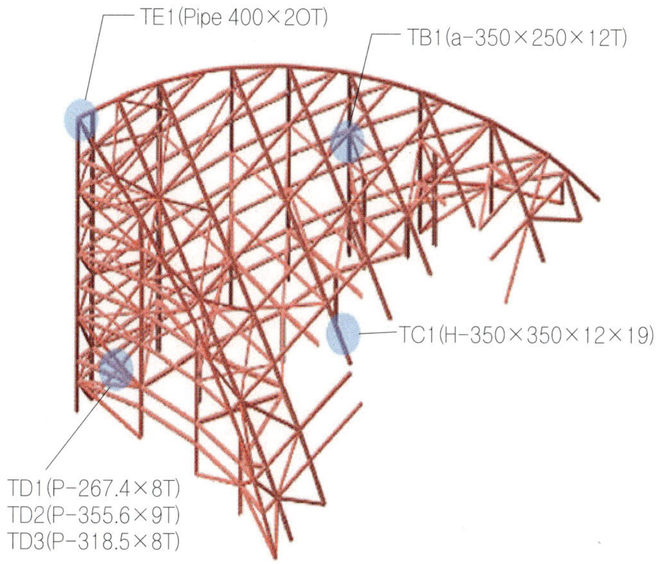

그림 4-9 **옥상 Tip 철골 구조형태**

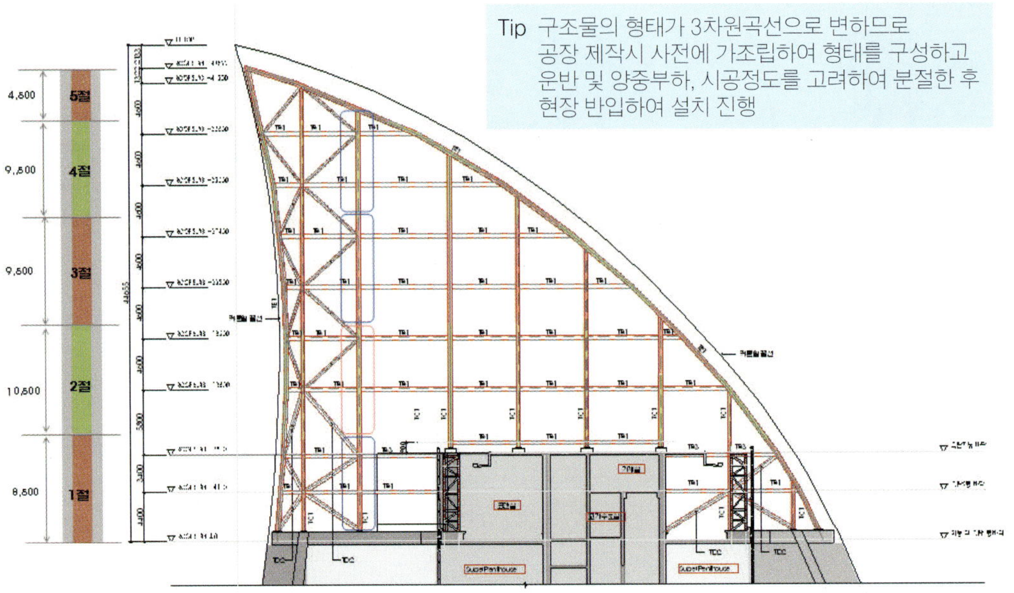

그림 4-10 Column 분절계획

설계는 수직재인 기둥철골의 경우 원형 파이프와 H형강을 혼용하고, 수평재(beam)는 ㅁ-파이프/H형강/원형 파이프로, 가새(bracing)는 원형 파이프 등으로 구성하였다. 강종은 SM490으로 설계되었으며, 구조물의 안정성을 위해 수평 8단의 트러스형태로 지지하는 방식을 채택하였다.

초고층에서의 철골공사는 타워크레인 양중부하와 작업의 위험성 등으로 많은 제약조건이 따르며, 옥상 tip 철골공사는 최상부 커튼월공사와 타워크레인의 해체시기의 지연 등에도 영향을 줄 수 있는 시공 구간이다. CM단은 타워크레인의 작업반경별 양중 능력과 철골 조립 부재의 중량을 고려하여 분절계획, 부재별 접합상세, 공정계획 등을 포함하는 tip 철골 시공 계획을 제안하였다.

4.6 커튼월공사

1) 공사개요

해운대 I-PARK 현장은 본구조물에서 옥상의 tip까지 알루미늄커튼월로 마감되었다. 건물의 외피를 모두 커튼월로 감싸는 형태를 적용한 해운대 I-PARK는 저층부 일부와 옥탑구간의 비정형구간을 제외한 기준층구간을 공장에서 제작하여 반입하는 유닛(unit)공법을 적용하였으며, 커튼월에 사용된 저반사 로이복층유리와 알루미늄바와의 부착은 2 sided 버티칼 실란트로 작업하였다.

표 4-3 커튼월 공사 개요

공사명	해운대 I-PARK 신축공사
규모	T1 : 66층, T-2 : 72층, T-3 : 46층
형태	기준층 : 유닛 타입, 저층부 : 스틱타입
물량	유닛 : 168,348m², 스틱 : 7,359m²
층고	기준층 : 3,200mm~3,500mm
유닛	188EA(1개층)
Spec.	AL Bar : 200mm(PVDF-3Coat) Polyurethane(Azone) Thermal Breaker
유리사양	24mm 저반사로이양면반강화칼라 / 투명복층유리
앵커	Embed 앵커(Cast in channel)
작업방법	호이스트 층별 운반 후 윈치 설치

2) 커튼월 설계/시공

초고층건축의 커튼월공사는 설계에서 발주, 제작, 현장반입까지 10개월 이상이 소요되는 대표적인 롱 리드 아이템(long lead item) 중의 하나로, 현장반입 이전단계의 설계 완성도와 일정관리는 전체 프로젝트의 공기와 밀접한 관련이 있다. 커튼월공사의 중요성을 감안하여 발주처인 현대산업개발에서는 설계팀과 시공팀 별도로 커튼월 전문 컨설턴트를 고용하여 설계부문과 시공부문의 사전 검토를 진행하였으며, CM단도 사내 전문 인력과 함께 별도의 전문 컨설턴트를 활용하여 업무를 수행했다.

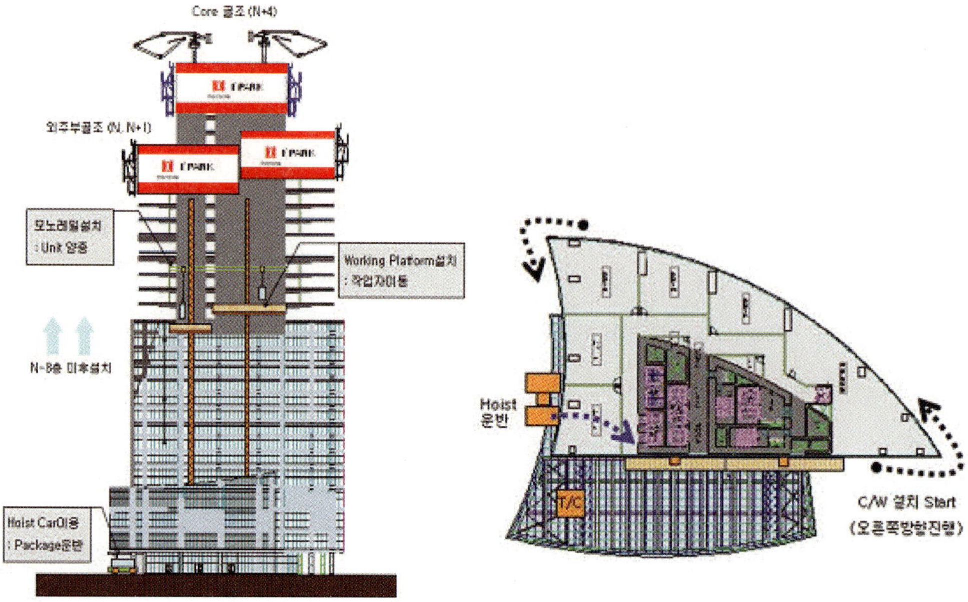

그림 4-11 호텔 커튼월 설치 개요

먼저, 초기단계에 항목별 리드 타임을 분석하여 설계일정에 대한 기준을 제시하였고, 단계별로 출도된 도면과 모크업 도면에 대한 설계 검토를 진행하여 각종 디테일과 접합부, 시험방법에 대한 제안을 실시하였다. 또한, 풍하중조건 및 유리의 접합부 디테일을 검토하여 디테일의 형태와 부착 성능 확보를 위한 구조용 실란트의 접합 조건 등을 제안·반영하였다.

호텔의 경우에는 커튼월의 설치부위가 슬래브 단부 구간과 코아월 구간으로 구분되어, 윈치와 워킹 플랫폼(working platform)을 병행하는 장비운용계획을 포함하여 공정계획, 부위별 시공계획, 품질관리 방안 등의 상세 시공계획을 수립하였다.

4.7 내부마감공사

1) 내부마감공사 시공계획

발주처인 현대산업개발은 국내 주택건설업계의 선두주자로 아파트의 내부마감공사의 설계, 시공에 있어서 다양한 경험과 우수한 인력을 보유하고 있기 때문에, CM단은 시공팀과의 협의를 통해 초고층 주거건축의 마감공사에 적합한 Crew Organization 기법을 적용하여 공정계획을 수립하였다. 또한, 초고층 주거건축의 특징이라고 할 수 있는 건식벽체의 부위별 디테일과 사용자재의 적정성에 대한 검토, 실외기실 방음 등의 품질관리방안에 대한 설계와 기술 검토를 중점적으로 실시하였다. 뿐만 아니라, 일반적인 벽식 구조의 아파트와 차이가 있는 방수공사의 설계와 적용공법, 적용 디테일을 제안하였으며, 사내 방수 전문 컨설턴트에 의한 품질관리 강의를 진행하기도 하였다.

2) 공정계획

(1) 작업 분할

커튼월 완료 이후의 기준층 마감공사를 층당 116개 액티비티로 분할하고, 이를 선행마감공사, 바탕마감공사, 최종마감공사의 3개로 조직화하여 그룹의 특성에 적합한 공정계획을 수립하였다. 층별 공사 진행 및 기준 사이클의 적용은 바탕마감공사에 중점을 두고 관리하였으며, 최종마감공사는 입주 전의 오염 및 손상을 최소화하기 위해 1개동을 저층부와 고층부의 2개 존으로 분할하고 동시작업으로 진행하는 공정계획 컨셉을 적용하였다. 또한, 바탕마

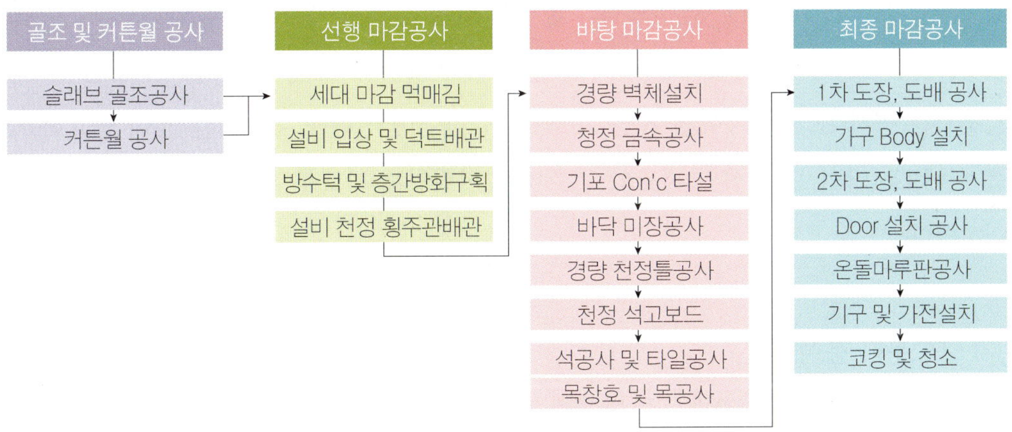

그림 4-12 내부 마감공사의 작업 분할

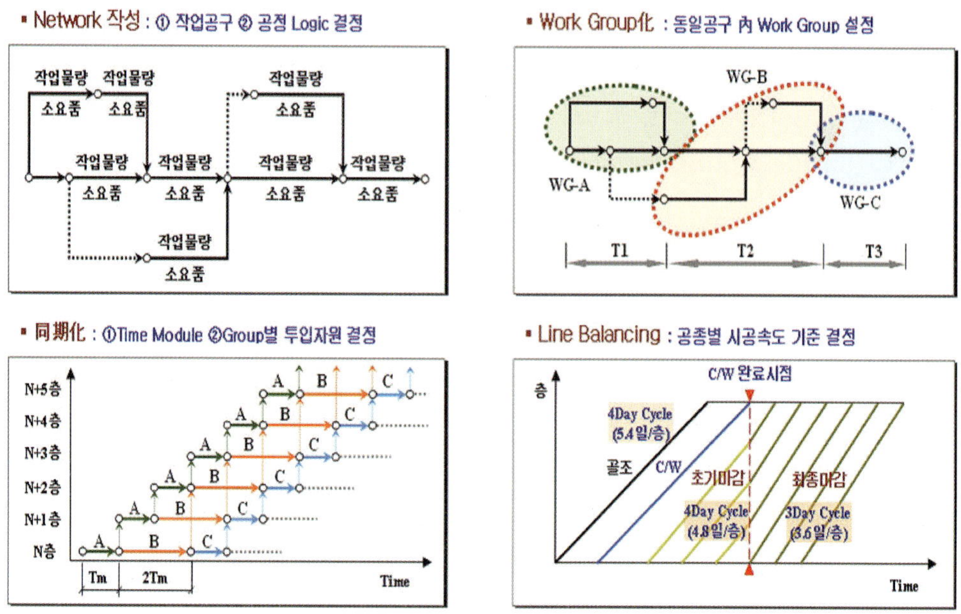

그림 4-13 마감공사 Crew Organization 기법

감공사 중 바닥 난방공사의 경우 1회 작업층수를 5개 층으로 제한하여 후속 공종의 조기 착수와 공사기간 단축을 유도하였다.

(2) Crew Organization 기법

내부마감공사는 ① 기준층 네트워크 공정표 작성 ② 세부작업의 그룹핑 ③ 층당 사이클 설정 및 투입노무 조정 ④ 단계별 라인 밸런스(line balance) 조정의 순서로 진행한다. 특히 마감공사는 공사 초기에 계획된 시공속도와 적합한 시공인력을 투입하는 것이 중요하므로 이를 위해 CM단의 보유 실적 자료와 발주처의 협력업체 자료를 활용하여 투입노무계획을 작성하였다.

(3) 양중부하 분석

마감공사 공정계획을 기준으로 단계별 양중부하를 산정하고 양중장비의 운영효율을 분석하여 마감공정의 적정성을 검토하였다. 현장에 계획된 양중장비(고속 호이스트 4대+Step

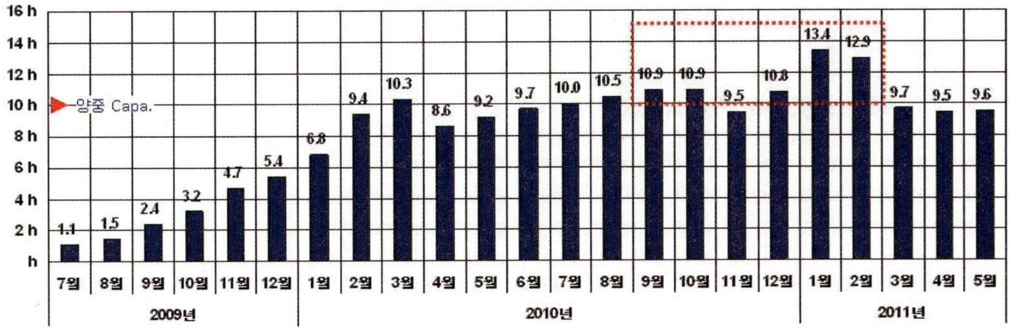

그림 4-14 마감공사 양중부하 분석

Up 엘리베이터 2대)의 양중부하 분석 결과, 피크시의 2개월 정도에 과부하가 예상되었으나, 단기간의 과부하로 오버 타임 등에 의한 회피가 가능할 것으로 협의하였다.

chapter

05 맺음말

본 프로젝트는 부산 해운대 지역의 대표적인 초고층 주거건축물 프로젝트로, 한미글로벌의 초고층 프로젝트 기술력 및 건설사업관리 능력과 발주처의 시공능력간의 유기적인 결합으로 성공적인 사업을 이끈 대표적 사례이다.

토공사가 착수할 무렵 프로젝트에 투입된 **CM**단은 본 프로젝트가 갖는 지리적 특수성과 기술적 요구사항을 고려하여 프로젝트 전반에 걸친 설계관리 및 시공관리 업무를 수행하였다. 또한, 대형 건설사를 발주처로 하는 프로젝트의 특성을 바탕으로 **CM**사와 건설사의 강점 요인을 최대한 고려하여 **CM** 서비스의 형식과 내용, 범위를 적절히 조절함으로써 **CM**과 건설사의 시너지 효과를 극대화하였다. **CM**인력을 프로젝트에 최적화시키기 위해 프로젝트 진행단계에 따라 **CM** 업무 효율성을 고려한 탄력적인 **CM**인력 운용이 이루어졌고, 프로젝트 초기에 집중되는 **CM** 업무에 대응하기 위해 계약기간의 단축 조정과 병행하여 프로젝트 초기 **CM**단 투입인원의 확충 등의 운용전략이 수립, 반영되었다.

뿐만 아니라, 현장 시공팀과의 협업체계를 구축하여 현장에서의 실시설계 검토와 발주, 시공단계 업무 과정상 토목, 구조, 건축, 기전분야의 미진한 초기설계안에 대한 다양한 대안을 제시하여 반영하였고, 그 결과 시공성과 품질, 경제성 측면에서 많은 성과를 거두었다. 발주자의 약점이었던 초고층공사의 공정계획과 시공계획 부문에서 신뢰도 높은 마스터 스케줄과 시공계획을 수립함으로써 사전예측이 가능한 안정적인 현장관리에 기여하였다고 생각한다.

특별한 전문성을 요하는 토질, 철골, 방수, 커튼월 분야에 최고 전문가들로 구성된 비상주 전문가그룹을 활용하여 설계검토와 시공 자문, 현장기술자 및 협력업체 직원을 대상으로 특강을 실시한 것도 매우 효과적이었다고 생각한다.

다만, 발주처의 프로젝트관리 경험이 부족했던 초고층 건축 분야에 대해, CM사의 설계관리, 시공관리, 품질관리 분야의 다양한 경험을 활용하고자 하는 목적에서 도입한 당초의 CM 적용 의도와는 달리, 발주처의 본사 설계관리조직과의 업무중복으로 인해 설계단계에서 CM의 참여가 제한적이었던 부분은 아쉬움으로 남으며, 유사프로젝트 수행시 해결해야할 숙제라고 생각한다.

그러나, 발주처와의 지속적인 협의, 업무범위 및 참여범위의 조정과정을 거치면서 본 프로젝트에서 CM의 역할 및 효과를 극대화하기 위해 상호 노력하였으며, 그 결과 발주처가 기대하였던 당초의 CM 서비스 이상의 효과를 얻을 수 있었다고 할 수 있다.

Part 02

분당 NHN 그린팩토리 프로젝트

C·O·N·T·E·N·T·S

chapter 01

머리말

분당 NHN 그린팩토리 프로젝트는 국내 최고의 인터넷 포털기업인 NHN이 글로벌 기업으로 도약하기 위해 추진한 기반시설 건립사업의 일부분으로, 발주처 최초의 사옥건립이라는 측면에서 발주처의 큰 관심이 모아졌던 프로젝트이다. NHN은 국내뿐만 아니라 일본, 중국 등에 진출하여 사업영역을 확장하고 있으며, 이에 따라 향후 급증이 예상되는 직원의 수용 가능한 사무 공간 및 부대시설을 확보하고자 본 프로젝트에 착수하였다.

본 프로젝트에서 CM단은 쾌적하고 효율적인 공간 내에서 업무효율을 높일 수 있는 환경을 제공하고, 글로벌 네트워크의 중심부로서 상징적인 헤드쿼터(head quarter)를 건립함과 동시에 새로운 가치창출을 바탕으로 발주자의 자산 가치를 극대화하는 것에 주력하였다. 또한, 인터넷기업의 이미지를 최대한 구현하고자 한 발주자의 건축 의도를 반영하여 구성원들의 상호 유기적인 커뮤니티를 형성하는 업무환경을 조성하였고, 궁극적으로 '오피스 디지털 라이프(office digital life)' 를 실현하고자 하였다. 따라서, 기존의 국내 오피스 건물에 도입되지 않았던 가변형 수직전동루버와 같은 첨단 시스템을 적용하여 차별화된 오피스환경을 구축하고자 다양한 시도를 하였다.

환경과 인간에 친화적인 공간을 창조하여 기능적 효율성과 편의성을 추구한 분당 NHN 그린팩토리는 2010년 2월, 오피스건축의 미래지향적인 트렌드를 반영하고, 확장성과 경제성을 갖춘 생명력 있는 건축물로 탄생하였다.

chapter

02 프로젝트 개요 및 주요 특징

NHN 그린팩토리 프로젝트는 2004년 부지확보 및 관련부처와의 협의를 거쳐 2007년 공사에 착수하였으며, 2010년 최종 준공에 이르기까지 총 35개월 동안 공사가 진행되었다. 건설사업관리 수행실적과 전문성을 보유한 한미글로벌은 최초의 사옥을 건립하는 NHN을

그림 2-1 조감도

대신하여 건설사업관리자이자 감리자로서 역할을 수행하였으며, 이 과정에서 참여주체간의 긴밀한 협력관계를 유지하였다.

표 2-1 프로젝트 개요

구분		내용
프로젝트명		분당 NHN 벤처타운 신축공사
발주처		NHN(주)
현장 위치		경기도 성남시 분당구 정자동 178-1번지
공사 기간		2007년 4월~2010년 2월(35개월)
CM + CS 용역기간		2005년 9월~2010년 2월(41개월)
CM 업무 참여단계		설계 전(前)단계, 설계단계, 시공단계
참여업체	설계사	(주)삼우종합건축사사무소
	시공사	현대건설(주)
	IBS 시공사	한화 S&C
	CM + CS	한미글로벌(주)
	PM사	명상 C&D
프로젝트 규모	건축면적	3,922.69㎡ (1,186.61평)
	대지면적	6,600.00㎡ (1,996.5평)
	연면적	101,598,392㎡ (30,733.67평)
	건축규모	지하 7층, 지상 28층
	최고높이	134.4m
	구조	철골철근콘크리트(SRC)조
주요 설비	승강기	승용 14대(27인승), 비상 2대(2ton), 셔틀용 3대(24인승)
	열원설비	빙축열용 터보 냉동기 480RT×2대 / 흡수식냉동기 600RT×2대 난방열교환기 (저) 1,700,000kcal/h×2, (고) 1,000,000kcal/h×2
	공조설비	관람집회, 공용시설 : 천정공조방식 사무시설 : 바닥공조 챔버방식
	에너지 절약설비	지열설비, 중우수설비
	수변전설비	22.9kV 2회선 수전(1회선 예비), 수전용량 3Ø12,500kVA 비상발전기 3Ø2,000kw×2대
	IBS 시스템	설비자동제어, 전력자동제어, 조명자동제어 SI(System Integration)

본 프로젝트는 〈그림 2-2〉와 같이 발주자를 비롯한 CM 및 감리사, 설계사, 시공사 및 다수의 관련 전문 업체들로 구성되어 있으며, 각 주체별 역할과 책임을 명확히 함으로써 발생 가능한 갈등요인들을 미연에 방지할 수 있도록 협의체를 통한 쌍방향 운영체계를 확립하였다.

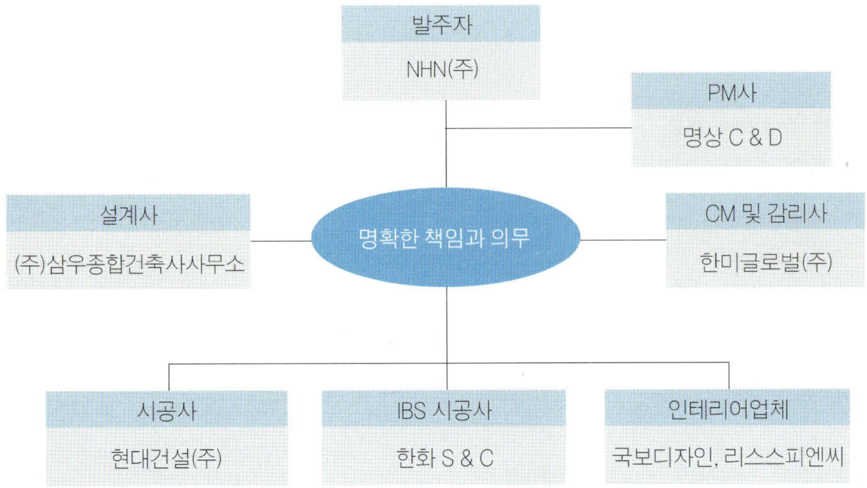

그림 2-2 **프로젝트 참여 조직**

2.1 프로젝트 대지 현황

분당 정자동에 위치한 본 프로젝트의 대지는 동-서, 남-북 방향의 자연축이 대지축과 동일한 방향으로 형성되어 있으며, 서측/북측/동측의 3방향으로 도로가 놓여있다. 또한, 분당-수서 고속화도로, 경부고속도로, 성남대로와 인접한 위치에 자리 잡고 있어 지역의 랜드마크로 건축될 시 기업 홍보효과를 극대화할 수 있는 지리적 이점을 갖고 있다.

서측은 경부고속도로의 오픈뷰(open view)가, 남측은 공공청사 예정지로 저층 건물들이 위치해 있어 비교적 양호한 조망권을 확보하고 있지만, 북측과 동측으로는 고층주상복합 밀집지역이 형성되어 있어 상대적으로 조망권 확보가 어려웠기 때문에 이러한 여러 상황을 고려한 조망계획이 수립되어야 했다.

그림 2-3 남측에서 바라본 프로젝트 대지

본 프로젝트는 도시계획법상 중심상업지역에 속하고 건폐율 80%, 용적률은 930%(연면적과 높이를 극대화한 계획, 인센티브 포함)로 제한되었으며, 서울공항과 인접해 있어 항공고도제한의 영향을 받았다. 〈표 2-2〉는 프로젝트 수행에 있어 검토하여야 하는 법적 제한사항이다.

표 2-2 법적 제한사항

건축물 용도	업무시설, 문화관련시설, 근린생활시설
건폐율	80%(5,280m^2) 이하
용적률	최대 930%(61,380m^2)
건축물의 높이	최고 137.3m 이하(항공고도제한 180.3m, 대지기준해발고도 43m)
대지안의 조경	대지면적의 20%(1,320m^2) 이상 확보(순수 식재면적 10% 이상)
공개공지의 확보	대지면적의 10%(660m^2) 이상 확보(공개공지의 2/3가 조경면적으로 산입)
부설주차장 설치	옥외 주차비율 : 법정주차대수의 5% 이상(33대 이상) 장애인전용주차장 : 부설주차장의 주차대수 2%를 설치(16대 이상)
직통계단 및 피난계단	특별피난계단 2개소 이상 적용
승용 승강기	12대 이상 설치(20인승 기준)
비상용 승강기	2대 이상 설치
계단 및 복도	문화 및 집회시설은 관람석 양쪽 및 뒤쪽에 각각 복도설치
옥상	헬리포트 설치
건축한계선 준수	건축물의 1층 또는 특정층에 있어서 벽면의 위치가 넘을 수 없음

2.2 발주자의 건축요구사항

프로젝트 초기단계에는 발주자의 건축의도를 파악하여 이를 적절히 반영하는 것이 매우 중요하다. 건설사업의 수행경험이 없는 발주자의 경우 건설프로젝트에 대한 전문지식이 부족하기 때문에 초기단계에서 발주자 요구사항(owner' s requirements)을 명확히 하여야 한다. 발주자의 요구사항이 명확하지 않을 경우, 사업진행이 원활히 이루어지기 어려우며 사업진행 과정 중 중대한 변경사항이 발생하기도 한다. CM단은 본 프로젝트의 건설사업관리자로서 발주자와의 지속적인 협의를 바탕으로 발주자의 요구사항을 구체화하였으며, 이러한 과정을 통해 발주자의 건축의도를 명확히 하였다.

먼저, 주변 환경과 조화를 이루는 상징적인 건물을 건립하고자 한 발주자의 의도에 따라 충분한 녹지공간을 확보하여 자연친화적인 공간을 마련하고, 인접한 고속도로변의 오픈뷰를 활용하여 기업이미지 홍보를 최대화 할 수 있는 건축적 장치를 제안하였다.

내부는 오피스 건물이 갖는 특징적 요소를 고려하여 기업의 조직 변화에 유기적으로 대응할 수 있는 개방형 구조와 공간 활용상 전 면적을 유효하게 이용할 수 있는 평면계획이 요구되었다. 이에 따라 코어로부터 공간 깊이, 폭 등의 공간 활용성 확보 측면을 중점 고려한 계획이 수립되었으며, 건물의 형태와 기능을 고려한 코어시스템과 기준층 평면을 제안하였다. 기준층 계획시 직원들의 업무능률 향상을 위한 휴게 및 복지공간에 대한 요구를 반영하여 다양한 커뮤니티 공간을 배치하였고, 지역주민과 임직원을 위한 문화시설을 건축계획의 고려사항으로 추가하였다.

〈표 2-3〉은 발주자의 요구사항을 반영한 스페이스 프로그램으로 각 시설계획의 지침을 정리한 것이다.

표 2-3 스페이스 프로그램(Space Program)

시설명		시설계획 지침
사무실		- 자유로운 레이아웃(layout) 및 조망과 채광을 위한 충분한 천정고 확보 - 적절한 서비스공간(회의실, 화장실, 휴게실) 확보
로비		- 오픈스페이스를 고려한 넓은 공간 확보(수직 오픈 포함) - 고객 및 직원의 건물 내 출입이 용이하고 상하 이동이 편리하도록 고려 - 시큐리티(security) 확보가 가능하도록 계획
부대시설	다목적 강당	- 전시, 공연, 영화상영, 강의 등 다양한 행사에 대응하도록 계획(대전용 게임관람 등 각종 이벤트 행사 가능, 좌석배치가 편리한 이동식 좌석 설치)
	직원식당	- 직원수 증대에 따른 면적의 가변성 확보(시설 주변에 충분한 휴게공간과 연계) - 고층부 전망이 양호한 곳에 위치하도록 계획 - 식사시간 이후에 카페로 활용 가능토록 계획
	Fitness & Refresh center	- 라커룸/샤워시설(남녀구분)을 갖추고, 웨이트 트레이닝(weight training), 실내골프, 에어로빅 및 기타 운동 시설과 각종 동호회, 게임 등 레크레이션 시설 고려 - 직원식당과 동선이 연계된 공간 구성 - 각 시설과 연계된 조깅트랙 고려
	보육시설	- 1층~3층(저층부)에 별도의 동선으로 계획 - 영유아의 안전에 지장이 없는 구조로 계획 - 별도의 공기조화가 가능하도록 전체 시스템과 구분하여 계획
	Show room	- 고객 서비스공간, 전시 및 휴게공간 구성(고객접견실과 연계성 확보)
	고객 접견실	- 고객과의 만남을 위한 독립된 공간으로 편리성과 시큐리티 확보가 용이하도록 계획
	근린생활시설	- 기본적인 근린생활시설 배치
기타시설	MDF실 전산 서버룸	- 비상시에도 안전하도록 구조계획을 수립하고, 2중화 선로(line)구성을 원칙으로 설계하여야 함 - 발생되는 기계열, 소음, 진동에 견디는 구조로 하며 사용이 편리한 바닥 등을 고려
	기타	- 표기 없는 기타 필요한 시설과 그 면적은 설계자의 계획에 의해 제안될 수 있으며 설계 설명서에 계획내용과 그 면적을 표기

2.3 건축 계획

NHN 그린팩토리는 IT 벤처기업의 창조적이고 도전적인 이미지를 극대화하고, 주변지역과의 연계를 통한 복합문화공간으로 자리매김하기 위해 자유로운 소통의 공간을 창조하는데 주력하였다. 뿐만 아니라, 직원들간의 커뮤니티를 활성화하기 위한 휴게공간을 확보하고, 지역주민과 소통하기 위한 문화시설을 설치하여 기존의 틀에 박힌 오피스공간에서 탈피하였다.

동선 및 시큐리티, 관리 등의 요소를 고려하여 기능별 조닝배치를 하였으며, 전체 연면적 30,733.67평 중 업무시설 19,531.94평, 문화 및 집회시설 535.69평, 근린생활시설(2종) 730.07평, 기계실 1,092.84평, 주차장 8,843.12평으로 배치하여 업무 외(外) 공간에 대한 여유 공간을 충분히 확보하였다.

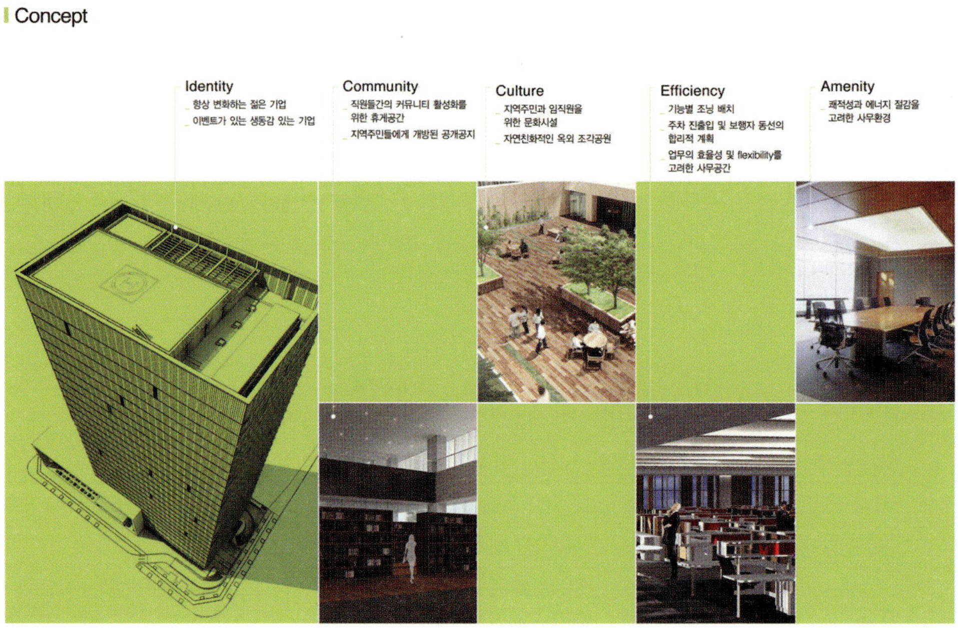

그림 2-4 분당 NHN 그린팩토리 설계 컨셉(Design Concept)

분당 NHN 그린팩토리는 끊임없이 변화하는 젊은 기업 이미지를 표현하기 위해 건물 입면을 로테이팅(rotating)과 슬라이딩(sliding)이 가능한 수직루버로 적용하였으며, 전동수직루버의 도입은 차양으로서의 기능 이외에도 건축디자인의 일부로서 다양한 이미지를 성공적으로 표현하였다는 평가를 받았다.

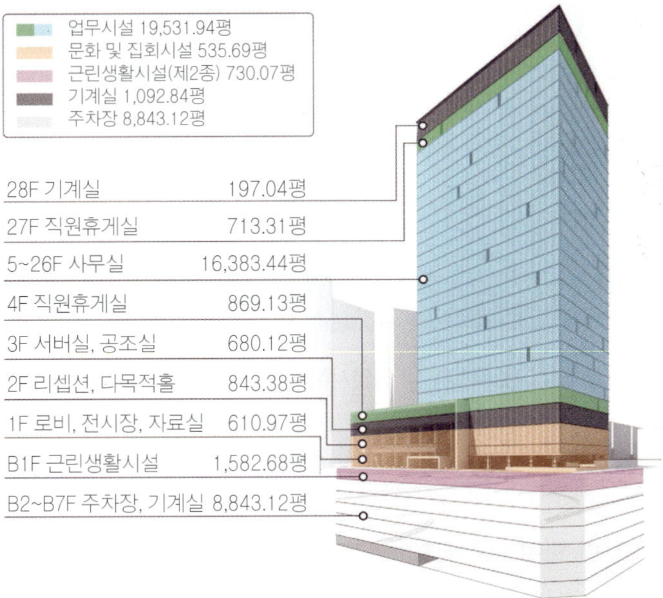

그림 2-5 분당 NHN 그린팩토리 프로그램 배치도

2.4 건축분야 주요 시설물

분당 NHN 그린팩토리는 기존의 오피스 건물이 가지고 있는 틀에서 벗어나, 자유로운 IT 기업이미지를 극대화하기 위하여 차별화된 내부 공간계획을 수립하였다. 오피스 건물임에도 불구하고 건물 연면적의 40% 이상을 공연장, 도서관 등의 문화 및 집회, 근린생활 시설로 계획하는 파격적인 공간계획을 수립하여 자유로운 업무환경을 구축하였다.

1) 공연장

컨퍼런스, 영화 상영, 공연 등이 가능한 공연장은 총 262석(장애인 9석 포함) 규모의 다목적홀로서 상하이동식 무대장치를 설치하여 다양한 효과가 가능하도록 계획되었다. 천정과 벽, 바닥 등은 공연장 내부의 음향효과를 고려한 마감재료를 선정하였다.

그림 2-6 분당 NHN 그린팩토리 내 공연시설

2) 도서관

NHN 그린팩토리 내의 도서관은 사내 직원뿐만 아니라 일반인도 이용할 수 있도록 공개함으로써 지역사회발전에 이바지하고자 노력하였다. 복층구조로 설계된 도서관은 1층에는 도서를 전시할 수 있는 도서실을, 2층에는 도서 검색 및 열람을 위한 공간으로 설계하고, 1, 2층의 오픈 스페이스를 만들어 개방감을 확보하였다.

그림 2-7 분당 NHN 그린팩토리 내 도서관 전경

3) 내부계단

NHN은 인터넷 포털회사의 특성상 부서별 수시미팅이 잦기 때문에 건물 내에서 층별 수직이동이 많은 특성이 있다. 따라서 층별 수직이동 동선이 엘리베이터에 집중되는 현상을 해소하기 위해 층간 보행동선을 내부계단으로 유도하는 설계를 제안하였고 그 결과 엘리베이터를 이용하기 위한 대기시간을 절감할 수 있었다. 바닥은 내부계단의 쾌적한 환경을 조성하기 위하여 콩 자갈면에 친환경 무기질 코팅제를 바르고, 벽과 천정은 노출콘크리트 면처리를 하여 깔끔한 실내 환경을 조성하였다.

그림 2-8 분당 NHN 그린팩토리 내부계단

chapter

03 프로젝트 주요 과업 내용

3.1 건설사업관리 업무 개요

본 프로젝트의 발주자는 최초로 자사 빌딩을 보유하게 되는 고객이기 때문에 CM사의 건설사업관리 전문기술을 통해 발주자의 대리인 역할 뿐만 아니라 최적의 의사결정을 지원하는 파트너로서의 역할을 요구하였다. 발주자가 본 프로젝트에 건설사업관리를 적용함으로써 기대했던 것은 크게 네 가지로, 사업전반에 대한 통합관리 실현, 공정하고 투명한 사업 운영, 합리적인 의사결정 지원, 품질 수준 및 공기 준수 등의 사항이었다.

이러한 발주자의 요구에 부응하기 위해 CM단은 프로젝트 전반의 체계적인 일정계획을 수립하여 각 단계별로 요구되는 관리기술에 대한 대책을 마련하였으며, 프로젝트에 참여하는 여러 주체들의 이해관계 및 주요 관심사항을 파악함으로써 갈등요인을 사전에 분석하여 프로젝트 참여자간의 원활하고 유기적인 협업을 지원하였다.

본 프로젝트를 수행하기 위해 수립한 건설사업관리 주요전략은 다음과 같다.

1) 발주자의 요구분석을 통한 건설사업의 각 단계를 연계한 통합 관리

- 설계와 시공의 적절한 관리책임을 부여하여 분리발주에 따른 리스크 경감
- 선행단계에서 후속단계를 고려한 예측관리활동

• 설계 시공 통합관리에 의한 공기단축 요소 분석 및 적용

2) 발주자의 적기 의사결정 시스템 구축 운영

• 발주자 상호간의 사전 의견 조정으로 설계변경 예방

• 다양한 대안제시를 통한 발주자의 의사결정 폭 확대

• 적기 의사결정에 의한 사업운영상의 시간손실 배제

3) 설계 및 발주단계의 CM 기능 강화

• 사업일정 및 비용에 있어 프로젝트에 미치는 영향이 큰 설계단계의 관리기능 강화

• 최적의 발주방법에 의한 설계자와 시공자의 선정

• 프로젝트 수행상 예상되는 제반 문제점의 사전 발췌 및 관리

4) 프로젝트 주요 관리 요소의 예측 관리

• 절차와 지침에 의한 과정중심의 관리

• 다양한 CM실적과 경험을 바탕으로 한 효율적 사업 운영

• 분야별 전문 관리력을 보유한 사업 관리단 조직의 구성

5) 경험과 지식을 보유한 전문가 집단의 기술 서비스 제공

• 설계, 비용, 공정, 계약, 클레임, 시공분야 등의 전문기술 활용

• 유사경험의 활용을 통한 개선안의 도출

• 프로페셔날리즘에 입각한 사업운영의 전문성 확보

3.2 건설사업관리 수행체계

건설사업관리의 기본목표는 설계관리, 원가절감, 공정관리 등의 여건을 종합적으로 검토하여 최적의 설계가 완성되도록 제시 또는 보고하고, 설계사 및 시공사를 포함한 모든 프

로젝트 참여자간에 업무가 효율적으로 진행되도록 노력하는 것이다. 이를 위하여, 발주자로부터 프로젝트의 책임과 권한을 위임받아 CM 조직을 구성하고, 인력투입계획 및 분야별 전문가 활용계획, 단계별 관리업무내용들을 정의하는 과정이 진행되었다.

CM단 조직을 구성하기 위하여 시공 전(前)단계와 시공단계로 나누어 사내 건설관리 전문인력을 투입하고, 각 분야별 사내외 전문가 10인을 선정하여 핵심공종에 대한 전문가들의 기술력을 활용할 수 있는 계획을 수립하였다.

발주자로부터 위임받은 건설사업관리자의 권한은 다음과 같다.

- 설계일정의 관리 및 조정
- 건축, 구조, 토목, 기계, 전기 등 각 분야 상충요소의 파악 및 조정
- 시공사에 대한 조정 및 통합관리
- VE 및 설계 검토(design review)
- 시공사의 기성 검토
- 주요 마감자재의 선정 및 조정
- 기타 원가 및 공정관리에 필요한 사항 검토 및 조정

표 3-1 CM단 조직인력 활용 방안

구 분	인력 활용 방안
본사 비상주 인원	• 전문가로 구성 • 방문을 통한 QA(Quality Assurance)/QC(Quality Control)/안전감사(safety audit) 실시 • VE 업무 • 모크업(mockup) 테스트 및 풍동시험 자문 • 공법의 적정성 검토 • 적정한 시공방법 및 디테일 검토 • FMS에 대한 검토 • IBS, 건축, 기계설비, 전기, 정보통신, 시스템통합, 시설경영관리 등의 전문분야에 대해 기술적 검증 · 유기적 연계를 포함한 효율적인 설비 검토
현장 상주 인원	• 일반 행정업무 • CM 및 감리업무와 기록관리 • 발주자에 대한 보고사항 • 현장 업무 회의 • 시공사에 대한 지시 • 품질관리, 시공관리, 설계변경관리, 공정관리, 안전관리, 기성검사

시공이전단계는 비상주로, 시공단계에서는 현장상주로 사업관리자를 배치하였으며, 분야별 전문가를 활용하기 위해 원가관리, VE, 구조, 철골, 커튼월, IBS, 방수, 토질, FMS(Facility Management System) 분야의 전문가가 투입되었다. 뿐만 아니라, 프로젝트 관리 요소별로 업무분장을 실시하여 각각의 개별업무에 요구되는 세부사항 및 주체별 역할과 책임을 정의함으로써 추후 업무진행과정에서 발생 가능한 갈등요인에 대한 사전업무지침을 제공할 수 있었다.

3.3 품질관리 주요 성과

1) 품질관리 일반사항

분당 NHN 그린팩토리 프로젝트는 마감공사시점에서 많은 설계변경이 발생하여 품질에 대한 특별한 주의가 요구되었으며, 최저가 낙찰제로 선정된 시공사의 손실보존 노력과 수입산 자재에 대한 자재검수 등의 요인들로 인해 품질관리의 중요성이 대두되었다. 뿐만 아니라, 국내에서는 단연 노출콘크리트 시공물량이 많은 프로젝트로서, 바닥공조시스템 노출천정시스템, 수직전동루버 시스템 등과 같이 오피스 건물에서는 흔치 않은 시스템이 적용됨에 따라 철저한 품질관리에 힘을 쏟았다.

2) 품질관리 방안

품질관리 업무수행을 위해 매주 화요일에 기술회의를 실시하였고, 회의가 끝나면 발주자가 직접 참여하는 현장점검을 실시하였으며, 중점관리대상 4대 항목을 선정하여 공사 진행에 따른 정기적인 점검을 실시하였다. 발주자가 현장점검을 할 때에는 CM단과 시공사가 함께 점검함으로써 관계사간의 의사소통을 증진시키고, 시공사에는 발주자의 품질요구수준을 제시할 수 있는 기회를 제공함으로써 높은 수준의 품질을 만들어 낼 수 있도록 독려하였다.

3) 중점 품질관리 대상

중점 품질관리 대상을 선정하기 위해 국내에서 처음 적용되거나 타 건물에 적용된 사례가 적은 항목 중, 금액이 크며 준공 이후 품질에 많은 영향을 미치는 항목 4가지를 선정하였다.

- 노출콘크리트
- 바닥공조
- 수직전동루버
- 원목 엑세스 플로어(access floor)

앞서 언급한 바와 같이 당 현장은 노출콘크리트의 비중이 높았으며, 노출콘크리트는 한 번 시공이 완료되면 보수가 어렵다는 특징을 갖고 있다. 따라서, 건물의 이미지를 형성하는 데 큰 영향을 미치는 노출콘크리트의 품질확보는 CM단이 완수하여야 하는 주요 과제였다.

이러한 과제를 해결하기 위해 다소 비용이 발생하더라도 시공성과의 품질등급을 평가하여 인센티브를 지급하는 방식을 제안하였으며, 현장에서 일하는 인력에게 인센티브가 직접 지급될 수 있도록 조치하였다.

품질평가는 거푸집 해체 후 매주 현장점검시 발주자가 직접 점검하고 평가하도록 함으로써 발주자의 만족도와 함께 투명한 검증과정을 확보하였다. 그 결과, 실제 현장에서 시공하는 인력에게 직접적인 혜택을 제공할 수 있게 되어 품질확보에 대한 높은 동기부여가 가능하였으며, 결과적으로 모두가 만족할 만한 품질을 확보할 수 있게 되었다.

또한, 본 프로젝트에 도입된 바닥공조시스템과 수직전동루버, 원목 엑세스 플로어는 적용된 사례가 적어 기술적인 노하우가 부족한 상황이었기 때문에, 요구되는 품질을 확보하기 위해 수차례에 걸친 모크업을 통해 기존의 설계안에 대한 지속적인 개선방안을 제시하였다.

3.4 공정관리 주요 성과

본 프로젝트의 주요 공정관리 요소는 다음과 같다.

- 롱 리드 아이템(long lead item : 골조, 철골, 외장공사, 마감공사)의 선행관리
  : 발주, 생산, 운반, 시공에 따른 추진 계획서(procurement schedule) 수립
- 모크업 시공을 통한 문제점 조기 도출
- 공기 내 완성을 위한 골조, 마감공사 사이클 공정 적용
  : 코어(core) → 철골 → 데크(deck) 콘크리트
  커튼월 → 내화피복 → 층별 마감공사 사이클
- 코어 월 사이클(core wall cycle) 공정 단축방안 강구
  : 기준층 노출 벽체(10일), 일반콘크리트 벽체(4.5~5일)
- 사이클에 맞는 양중장비 운영계획
- 마감 시공도의 적기 출도
- 엘리베이터의 조기완공 유도

CM단은 체계적인 공정관리를 수행하기 위하여 건축분야의 14개 항목(커튼월 등), 구조 3개 항목(PF-Beam 등), 전기 9개 항목(엘리베이터 등), 설비 11개 항목(바닥공조 등) 등 전체 공기에 영향을 미칠 수 있는 중요항목을 선정하여 업체선정, 기술검토, 모크업 시공, 외산자재 반입일정, 주요단계별 시공일정 등의 종합적인 로드맵관리를 실시하였다.

매주 주간 기술회의시 '3주간 상세공정표' 를 통해 전주 계획대비 실적을 검토하여 지연공정을 체크하고, 상세 계획공정 대비 월간 공정실적이 10% 이상 지연되거나 누계 공정실적이 5% 이상 지연될 때는 시공사로 하여금 부진사유 분석, 만회대책 및 만회 공정표 수립을 지시하여 정상공정을 회복할 수 있도록 지속적인 진도관리를 실시하였다.

chapter

04 철저한 품질관리를 통한 성과 창출

4.1 수직전동루버 품질관리를 통한 비용 절감

국내 최초로 분당 NHN 그린팩토리에 적용된 수직전동루버시스템은 해외에서도 도입된 사례가 적은 시스템으로, 공사 착수 전에 치밀한 사전계획 및 모크업을 통한 검증과정이 필요하였다. 또한, 설계단계에서 제시한 수직전동루버시스템의 도면은 개념설계 정도의 수준이었기 때문에 지정공기 내에서 제대로 된 목적물을 구현하기 위해서는 이 시스템만을 담당하는 전담인력이 필요하였다. 이에 따라 발주처, CM단, 시공사 내 인력을 선정하여 협의회를 구성하였고, 구동시스템의 품질확보를 위하여 진행 단계별 모크업을 구현하고, 시운전 및 품평회를 개최하는 등 지속적인 검증과정을 거쳤다.

협의회의 검증과정에서 고려한 주요 요소 중의 하나는 여러 층의 수직루버에 의한 회절간섭현상(motley effect)을 최소화하는 것이었다. 회절간섭현상은 두 개의 겹치는 빛이 간섭효과를 일으키는 현상으로, 파장이 일정할 경우 여러 면(layer)의 틈 사이에서 발생하는 회절에 의해 시야가 방해를 받게 된다. 따라서, 원 설계에서 제안한 3-레이어 시스템을 적용할 경우 레이어로 중첩된 부분의 파장으로 인한 회절간섭현상이 근무환경에 악영향을 미칠 수 있었고, CM단은 이러한 문제를 지적하여 기존의 3층 구조의 알루미늄 타공판과 페브릭으로 구성된 슬레이트를 1층 구조의 알루미늄 타공판으로 개선하였다. 그 결과 일사에 의한 현휘

현상을 최소화할 수 있었을 뿐 아니라 1층 구조의 알루미늄 타공판으로 경량화하여 내구성을 향상시킬 수 있었다. 또한, 구동시스템을 단순화(주요구간 틸팅만 적용)함으로써 보다 효율적인 유지관리방안을 제시하였다.

구동시스템에 의해 작동되는 수직전동루버는 구동모터를 동시에 기동할 경우 80kw의

그림 4-1 수직전동루버 모크업(좌), 슬레이트 내부전경(우)

그림 4-2 수직전동루버를 활용한 입면 그래픽 구현

대형모터를 기동하는 것과 같은 현상이 발생하여 480~560kw에 해당하는 기동전류가 흐르게 되고, 순간적으로 전압이 강하하는 등 전력간선계통 전체에 악영향을 발생시킬 수 있는 상황이었다. 이에 대한 대응책으로, 방재실에서 컴퓨터로 일괄개폐를 할 경우에는 전량을 동시에 기동하지 않고 컴퓨터에 의한 시간차기동을 하도록 변경하여 기동전류를 절감하는 방식을 제안하였다. 즉, 1층 기동 1초 후에 2층 기동, 또 1초 후에 3층을 기동하면 28초 후에 마지막층이 기동되며 결과적으로 기동전류가 분산되어 80kw의 용량으로 일괄개폐가 가능하도록 개선하였다. 그 결과, 수직전동루버 일괄 개폐시 기동전류 분산에 따른 수전설비와 간선의 부담이 경감되었으며, 전압강하가 감소됨으로써 불필요한 비용을 절감시킬 수 있었다.

4.2 바닥공조시스템 품질관리

발주자는 재실자의 쾌적성 및 공간감을 향상시킬 수 있는 환경을 조성하기 위해 바닥공조 및 오픈 천정 시스템의 도입을 요구하였다. 바닥공조방식은 바닥급기구 설치가 용이할 뿐만 아니라, 거주자 개별공조가 가능하기 때문에 급기구를 수동 또는 자동으로 제어할 수 있어 천정공조방식에 비해 유리한 이점을 갖고 있다. 또한, 천정 내 덕트 설치를 최소화함으로써 층고를 절감할 수 있고, 레이아웃 변경에도 쉽게 대응할 수 있어 유연한 공간배치가 가능하다.

〈표 4-1〉[1]은 천정공조방식과 바닥공조방식을 비교 정리한 것이다.

---

1) 한미글로벌 NHN 신기술 연구회(2009), "바닥 공조 시스템" 요약보고서 참고.

표 4-1 공조방식별 비교

ITEM	천정공조방식(Overhead)	바닥공조방식(Under Floor)
개념도		
개요	• 존(zone)별 공조기를 이용하여 덕트를 통해 상부에서 급기/환기하는 방식	• 존(zone)별 공조기와 바닥 급기구를 이용하여 바닥에서 급기하고 상부에서 환기하는 방식
공간이용	• 상부 급기에 의한 거주역에서의 기류 및 온도 분포가 좋지 못하여 쾌적성 다소 저하 • 난방시 열류의 방향(더운 열은 상승)과 기류의 방향(하부이동)이 반대로 되어 쾌적성 및 상하부간의 균등한 온도 분포가 다소 저하	• 냉난방시 바닥에서 급기하고, 열류의 방향과 기류의 방향이 일치하므로 쾌적성 측면에서는 천정방식에 비해 다소 유리 • 사용 공간인 호흡선 높이 지역에 대한 공조를 중점적으로 관리하므로 쾌적성 및 에너지 절약에 유리
쾌적성	• 천정 상부에 덕트, 덕트기구 등의 설치로 천정 공간 많이 소요	• 엑세스 플로어(OA를 위한 floor 하부 활용)를 공조 급기 통로로 이용하므로 층고 절감 가능
레이아웃 변경	• 레이아웃 변경시 다소 불리(레이아웃 공사 수반)	• 레이아웃 변경시 대응 용이(바닥 취출구 이동)
유지관리	• 천정 설치로 다소 불편	• 바닥 및 엑세스 하부 청결도 유지 • 바닥 혹은 바닥 하부 시설물로 유지관리 용이
문제점	• VAV 방식 도입시 온도센서 위치설정 곤란	• 국내 기술(설비 및 장비공급) 및 공사실적 미비 • 바닥공조에 대한 정확한 인식 부족으로 적합한 설계 및 시공미흡(건축/설비)에 따른 문제점 발생

프로젝트의 중점관리항목 중의 하나인 바닥공조 시스템의 품질관리를 위하여 CM단에서는 자체적으로 신기술 연구회[2]를 결성하여 시공과정에서 발생할 수 있는 예상문제점을 도출하고, 품질향상을 위한 현장관리 방안 수립, 챔버(chamber) 공간의 청정 유지관리방안 등의 계획을 수립하였다.

이 과정에서 공조실 소음발생과 관련한 문제, 우드플로어 시공품질관리 및 하부 챔버 공간의 청정도 관리 문제, 챔버 공간의 기밀유지 등과 같은 문제점이 지적되었고, 예상 문제점을 해결하기 위해 시공단계에서는 〈표 4-2〉와 같은 현장관리를 실시하였다.

2) 한미글로벌에서 운영하고 있는 CoP(Community of Practice) 활동에 'NHN 신기술 CoP'를 신설하여 본 프로젝트에서 도입된 여러 신기술에 대해 논의하고 연구 · 개발하는 지식공동체를 운영하였음.

표 4-2 바닥공조 시스템 시공단계 현장관리

관리 요소	관리 방식
바닥 레벨 관리	바닥 콘크리트 타설시 레이저 레벨 및 레벨러(leveler) 사용
바닥 마감면 관리	쇠흙손 미장 불량부위에 대한 미장 손보기 및 표면 강화제 처리
우드플로어 작업장 관리	동선 허용 및 폐쇄구간 설정 폐쇄구간은 비닐시트를 사용하여 공간 밀폐, 허용된 출입자는 덧신 착용 후 출입
계단실 바닥 관리	작업이 이루어지는 상하 3개층 바닥 진공청소 실시 및 야적 폐자재 즉각 반출
선후행 공정간 바닥 Clean	바닥갈기, 전기 트레이, 우드플로어, FTU 설치 등 각 공정간 작업 인계시 청소
작업부산물 처리	작업장 내 작업부산물의 발생량을 최소화하고, 발생분은 당일 작업 종료시 반출관리표 작성

쾌적한 실내 환경을 위해 도입한 바닥공조 시스템은 존(zone) 및 군별, 층별 제어가 가능하도록 계획되어 에너지 절감 측면에서 큰 효과가 있었으며, 천정을 설치하지 않고 사무공간 내 주조명의 조도를 낮춘 상태에서 각 워크스테이션별 개별 조명을 사용함으로써 업무시에는 공간감 및 눈부심에 의한 피로를 최소화할 수 있었다.

그림 4-3 바닥공조시스템 시공 및 완료 사진

4.3 노출콘크리트 품질관리

분당 NHN 그린팩토리 신축공사의 설계 컨셉은 자연친화적인 건축소재를 주요 마감재로 활용하여 설계에 반영하는 것으로, 특히 코어월(core wall)에 적용된 쪽널 노출콘크리트[3]는 본 건물에 있어서 얼굴과도 같은 중요한 존재이다. 이처럼 국내 고층 오피스 건축물에서 중앙부 코어월에 대규모로 노출콘크리트가 적용된 사례는 NHN이 최초이기 때문에, 지상층 노출콘크리트의 완벽한 품질 구현을 위하여 각별한 관리가 요구되었다.

먼저, 노출콘크리트의 시공과 품질관리를 위하여 자문위원이 선정되었으며, 자문위원은 시공 전(前)단계, 모크업단계, 시공단계, 유지관리단계로 나누어 노출콘크리트 품질자문을 실시하였다. 보다 효과적인 품질자문을 얻기 위해 자문위원은 CM단 직속으로 업무를 수행하였으며, 우수현장 견학, 기능공 교육, 모크업 제작기술 지도, 샵 드로잉 검토, 현장품질점검, 현장보수기술 지원 등의 업무를 수행하였다.

1차 모크업은 주요 부자재를 결정하고, 2차 모크업에서는 시공능력 테스트 및 실물 시공에 따른 예상문제점을 도출하는 방식으로 수행되었으며, 근로자 집체교육을 실시하여 시공인력의 전문성을 확보하기 위해 주력하였다. 또한, 시멘트, 골재 등 원재료는 동일회사 제품을 사용하는 것을 원칙으로 하여 레미콘 차량의 대기시간을 최소화하는 계획을 수립하였다.

표 4-3 노출콘크리트 품질관리 사례

구분	구현 범위	문제점 도출	해결 방안
모크업	• 노출 폼(form) 종류별 구현 • 코팅, 비코팅 폼 적용 • 1레이어, 3레이어 적용	• 조기 탈형에 의한 면 손상 • 코팅 여부에 따른 색상 차이 • 노출면 기포 과다 발생	• 양생기간 3일 준수 • 코팅 여부 결정 • 직타 금지 ⇒ 흘려 넣기

뿐만 아니라, 노출콘크리트면의 품질상태를 A, B, C 등급으로 분류하여 평가에 따른 등급별 인센티브를 차등지급함으로써 근로자의 작업의욕을 고취시키고 품질향상의 효과를 꾀

3) 쪽널 노출콘크리트는 거푸집 표면에 쪽널을 가로 또는 세로로 붙힌 상태에서 콘크리트를 타설하여 탈형 후 쪽널의 결이 노출되도록 하는 공법임.

그림 4-4 노출콘크리트 적용사례

하였다.

그 결과, 자문위원 선정 및 관리를 통한 작업자의 숙련도 및 시공품질의 향상을 확보할 수 있었고, 자재 및 시공관리를 통하여 노출콘크리트면의 이색현상을 제거하였으며, 공사완료 후 발주처의 품평회에서 좋은 평가를 받을 수 있었다.

chapter

05 맺음말

분당 NHN 그린팩토리는 발주자의 사업목적 달성을 위하여 미래의 사업환경 변화에 대응하는 공간 및 시설을 제시하였으며, '인간존중' 을 바탕으로 한 친환경적이며 기능적인 공간을 구성하였다. 뿐만 아니라, 편리하고 효율적인 근무여건을 조성하고, 최소의 비용으로 건물 운영이 가능한 시스템을 구축함으로써 발주자의 만족도를 향상시켰다.

한미글로벌은 본 프로젝트의 건설사업관리자로서 매주 월요일 발주자와의 단독면담을 통하여 현장의 문제점과 이슈사항들을 보고하고 협의 및 승인을 받는 과정을 거쳤으며, 이를 통해 보다 효율적인 의사결정 체계를 수립하여 운영하였다. 이로써 매주 수요일에 진행된 시공사, 설계사, 발주자, CM단이 참여하는 전체 공정회의에서 발주자가 보다 수월한 의사결정을 할 수 있는 기반을 마련할 수 있었으며 전체가 함께 공유하고 토론하여 의사결정을 하는 최고 의사결정 협의체로서의 기능과 역할을 수행하였다. 이러한 체계의 수립과 운영에 있어서 CM단의 리더십과 역할이 매우 중요했으며, 이러한 노력의 결과가 오늘의 오피스 건물의 전형이 되는 NHN 그린팩토리 건립에 많은 영향을 줄 수 있었다고 생각한다.

그러나, 프로젝트를 수행하는 과정에서 다소 원만하게 처리되지 못한 문제들로 인해 사업의 진행에 지장을 주는 경우가 발생하였으며, 이를 극복하는 과정에서 몇 가지 교훈도 얻을 수 있었다.

설계단계업무가 시공단계로 넘어가는 과정에서 설계인력이 시공단계로 연결되지 못한 점은 고객관점의 인력운영 시스템을 가동해야 할 필요성을 보여주었다. 비상주 인력 활용 측면에서는 설계단계에 투입되었던 인력을 계속적으로 활용하는 방법 등 보다 효과적인 운영 방안을 수립해야 하는 과제를 남겼다. 즉, 인수인계 업무가 철저히 이루어지고, 설계단계의 PM은 시공단계에서도 동일한 역할과 기능을 계속해서 유지함으로써 설계단계의 추진업무 내용에 대해 책임 있게 관리할 수 있는 체계를 구축한다면 보다 신뢰할 수 있는 설계 및 시공의 품질을 확보할 수 있을 것이다.

또한, 최저가입찰 방식에 의한 시공사 선정 방식의 경우 품질 및 설계변경관리가 중요한 관리항목이 되기 때문에, 이 또한 관리 운영이 어렵다는 것을 인지하여 대비할 필요가 있다. 여러 건설사업관리 현장에서 발생할 수 있는 현상이겠지만, 사안에 따라서는 의사결정의 신속한 처리와 효율이라는 이유로 시공사와 발주자가 직접 협의를 하여 의사결정을 내리는 경우가 간혹 발생한다. 이러한 경우 시공사와 발주자, CM단간 상호 신뢰에 문제를 초래할 수 있으므로 CM단은 이러한 경우를 대비하여 발주자와 끊임없는 대화와 협의를 갖는 것이 매우 중요하다.

Part 03
을지로 Center 1 프로젝트

C·O·N·T·E·N·T·S

chapter

01 머리말

을지로 Center 1 프로젝트는 지하 8층, 지상 32층의 2개 동으로 구성된 연면적 약 168,000㎡의 도심지 최대 규모의 프로젝트이다. 본 프로젝트는 낙후된 강북 도심을 활성화하기 위해 청계천변의 동서축과 남북방향 4대축을 중심으로 문화, 역사, 비즈니스, 환경 등이 어우러진 복합문화공간을 만들어가는 서울시 도심재창조 프로젝트의 연장선상에 있다.

그림 1-1 조감도

한미글로벌은 2007년 1월부터 2011년 3월까지 프로젝트에 참여하면서 건설사업관리(CM + CS) 업무, LEED 인증서비스, 디지털 미디어 플라자 CM 업무, 대주단 공사비 관리업무를 수행하였다.

chapter 02

프로젝트 개요 및 단계별 CM 주요업무

2.1 프로젝트 개요

1) 대지의 위치

Center 1이 위치한 대지는 서울의 역사와 상업의 중심지이며, 인사동을 시점으로 종로와 을지로, 명동을 거쳐 남산을 연결하는 도심의 축 선상에 있다. 또한, 서울시의 도시정비사업 계획에 의거했을 때 제 2축 관광문화의 축에 놓여있다.

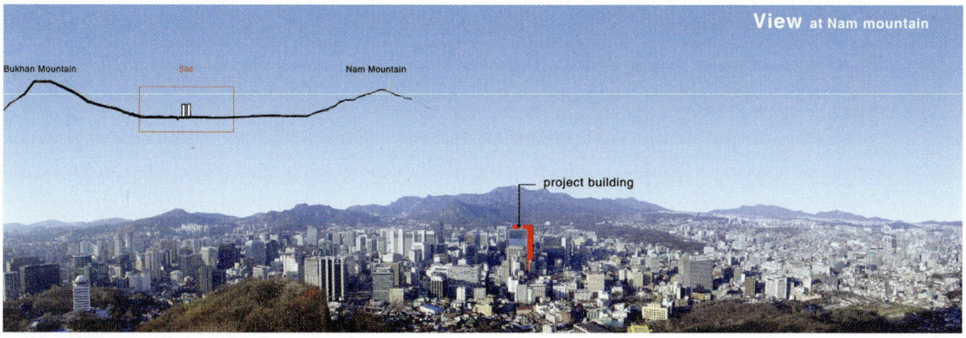

그림 2-1 남산에서 바라본 Center 1의 위치

2) 사업초기단계 사업계획 변경

Center 1은 사업기획 당시 높이 148m, 지상 34층 및 39층 규모의 주거시설(주상복합아파트), 숙박시설(호텔) 및 오피스시설이 들어서는 복합건물로 계획되었다. 그러나 분양가 상한제의 여파로 주거시설의 사업성 확보가 어렵게 되자 전반적인 사업계획 수정이 불가피 하였다. 주거시설을 제외한 숙박시설 중심의 복합시설로의 사업계획 변경을 검토해보았지만, 중저가 호텔들의 시장 진입, 강남권의 레지던스 및 비즈니스 호텔의 등장, 특급호텔들의 위기의식으로 인한 가격인하 등에 따라 당시 호텔 시장 또한 경쟁이 치열했기 때문에 사업성 예측이 어려운 상황이었다.

이러한 상황 속에서 Center 1의 지역적 특성은 주요한 고려요인이 되었다. 당 현장이 위치한 서울 중구 을지로 2가 일대는 청계천변에 접한 도심핵 지역으로서 다수의 대기업본사가 위치하고 있으며, 금융, 증권, 보험업 관련 기업 및 기관이 밀집한 도심부의 주요업무기능을 수용하고 있는 지역이다. 서울시에서는 이 지구를 도시환경정비구역으로 지정하여 낙후된 기존 도심부를 재개발하고 도심의 상징적인 업무중심지역으로 발전시킴으로써 국제금융산업의 메카로 발전시키고자 하였다.

사업적 측면, 호텔 시장 측면, 도시 건축적 측면 등을 종합적으로 고려한 발주처에서는 프로젝트 부지가 복합시설(숙박시설 포함)보다는 업무시설에 적합하다고 판단하여 최종적으로 업무시설로 사업계획을 변경하였다.

3) 공사 개요

본 프로젝트는 도심지 내 업무시설 중 최대면적으로 지하 2층부터 지상 2층까지는 판매시설로 구성되어 있으며, 3~4층은 포디움(podium), 5층 이상은 2개동의 업무시설로 구성되어 있다. 도심지 공사의 특성을 고려하여 지하토공사의 안전성 확보, 민원예방, 공기단축 등의 목적으로 탑다운(Top-Down) 공법 중 BRD(Bracket Supported RC Downward) 공법[1]이 적용되었으며, 구조 형식으로는 철골조, 철골철근콘크리트조, 철근콘크리트조가 복합적

1) BRD(Bracket Supported RC Downward) 공법 : 지하층 역타 시공시 거푸집 지지틀을 브라켓이 지지하여 시공 후 현수장치를 이용하여 하강하는 무지보 방식의 공법.

표 2-1 공사 개요

구 분	내 용
사업명	Center1(을지로 2-5지구 도시환경정비사업)
대지위치	서울시 중구 수하동 5번지 일대
대지면적	9,114.90㎡(사업면적 : 14,772.10㎡)
지역지구	도시지역, 일반상업지역, 주차장설치제한지구, 도시환경정비구역
용도	업무시설, 판매시설
연면적	168,051.01㎡
건축면적	5,094.78㎡
구조형식	철골조 + 철골철근콘크리트조 + 철근콘크리트조

으로 적용되었다. 2007년 8월에 착공하여 2010년 10월에 준공된 본 프로젝트는 도심지 공사라는 불리한 환경, 초기 지하 굴토 작업시 암반의 조기 발현, 지상 골조공사의 지연 속에서도 계약된 40개월 공기보다 약 50일 정도를 단축하여 준공을 완료하였다.

4) 프로젝트 수행조직

본 프로젝트는 〈그림 2-2〉와 같이 발주자인 글로스타를 중심으로 미래에셋맵스자산운용이 매수자로, 정림건축이 매수자의 CM으로 참여하였고, 시공사는 금호산업, 설계사는 진아건축도시와 희림종합건축사사무소가 참여하였다. 한미글로벌은 발주자의 CM으로서 역할

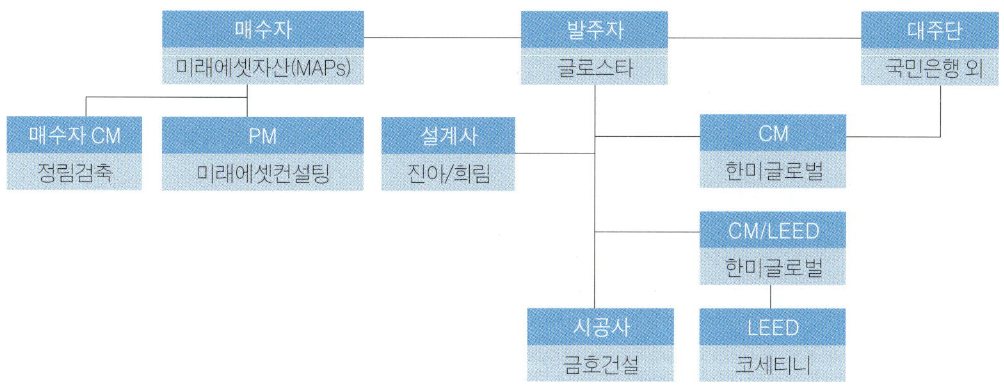

그림 2-2 프로젝트 수행조직 구성

뿐만 아니라, LEED 인증 획득을 위한 컨설턴트로서의 업무도 병행하였다. 또한, 프로젝트 수행과정에서 대주단의 사업관리 업무를 추가로 계약하여 관련 서비스를 제공하였다.

5) 프로젝트 파이낸싱(Project Financing, 이하 PF) 사업관리

국민은행 컨소시엄은 본 프로젝트에 대주단으로 참여하여 6,000억원 규모의 PF 대출을 담당하였다. 이러한 PF 사업의 핵심은 원활한 현금 흐름 확보에 있다. 프로젝트가 원활히 진행된다면 문제가 없겠지만, 프로젝트 실패로 인해 현금 흐름에 문제가 발생하는 경우 프로젝트 자체의 자산을 처분하는 것 이외에는 다른 채권회수 수단이 없다. 따라서 채권금융기관이 사업성을 검토할 때, 해당 프로젝트에서 발생하는 현금 흐름으로 대출금을 회수할 수 있는지 여부를 심사하게 된다. 사업주는 이러한 현금 흐름을 관리하기 위해 해당 사업의 독립적인 결재관리계좌(escrow account)를 개설한다. 사업주는 이를 통해 자금의 입출금을 객관적이고 투명하게 관리할 수 있으며, 채권금융기관은 대출금 상환재원을 확보할 수 있게 된다.

본 프로젝트의 경우 성공적인 PF로 자금 확보에는 문제가 없었으나, 프로젝트 수행과정에서 시공사인 금호건설이 워크아웃(work out)에 들어감에 따라 시공사의 하도급대금 지급이 불확실해졌고, 그 결과로 공사 지연의 위기에 봉착하였다. 그러나, 계약 조항 중 『단, 수입금관리에 관한 질권설정 및 애스크로우 계좌(escrow account) 개설 등 매수자(부동산투자사)의 요청이 있을 경우 "갑"과 "을"은 이에 적극 협조하기로 한다』라는 조항을 사전에 명기했기 때문에, 이 조항을 근거로 하도급 직불이라는 해결책을 신속하게 제시함으로써 사업의 교착상태에서 벗어날 수 있었다.

하도급 직불은 건설산업기본법 제29조의 규정에 의하여 체결한 하도급계약 중 하도급거래 공정화에 관한 법률과 건설산업기본법에서 정한 바에 따라 하도급대금의 직접 지급사유가 발생하는 경우, 하수급인이 시공한 부분에 해당하는 하도급대금을 발주자가 하수급인에게 직접 지급하는 것을 말한다. 즉, 하도급 직불을 통해 대주단과 발주자는 기성금을 시공사에 지급하는 것이 아니라, 시공사의 기성내역 확인 후 협력업체에 하도급대금을 직접 지급하는 것이다. 이러한 해결책 제시에도 불구하고 본 프로젝트는, 국민은행 등의 금융권으로 구성된 대주단과 시행사인 발주처의 기성 및 하도급 직불 관리 역량이 부족하다는 문제가 여전히 남아있었다. 이와 같은 문제를 해결하고자 CM단은 대주단에 제안하여 공사비 및 기성관리 업무를 추가 수행하였다. CM단은 객관적이고 투명한 자금 기성검토를 통해 신속히 사업을 안정화시킬 수 있었고, 하도급 대금 미지급으로 발생할 수 있는 공기 지연을 미연에 방지하였다.

2.2 건물 주요 계획 내용

1) 설계 컨셉(Concept)

Center 1은 하나였던 매스가 두 개로 분절된 형태로 서로 관계를 맺는 형상을 하고 있다. 마주보는 두 개의 면은 직교하는 여러 축에 의해 분절된 후 평평하지 않고 요철된 면을 형성함으로써 두 개의 면 사이에 다이나믹한 긴장감이 형성되도록 하였다.

그림 2-3 컨셉 모델링(Concept Modeling)

2) 배치계획 및 프로그램

본 프로젝트는 서울시 도시 및 주거환경정비기본계획 유도방향에 의거하여 공개공지를 북측 경계에 설치함으로써 청계천에서부터 문화공원-공공공지-공개공지-아트리움으로 이어지는 공공공간의 연속성을 확보하였다. 전체적인 구성은 두 동의 오피스 빌딩과 두 빌딩의 하부를 연결하는 포디움, 지하 1, 2층의 리테일, 지하주차장 및 기계실이 위치한 지하층으로 이루어진다. 두 개의 타워는 업무시설로 계획하고 타워 가운데 공간을 아트리움 및 포디움으로 구성함으로써 업무 공간과 공공 공간의 구분과 연결을 동시에 해결하였다. 대지 동측의 장교동 길은 서울시에서 추진하는 관광문화의 거리에 부합하도록 가로 활성화 및 보행자 동선을 고려하여 판매시설을 배치하였다.

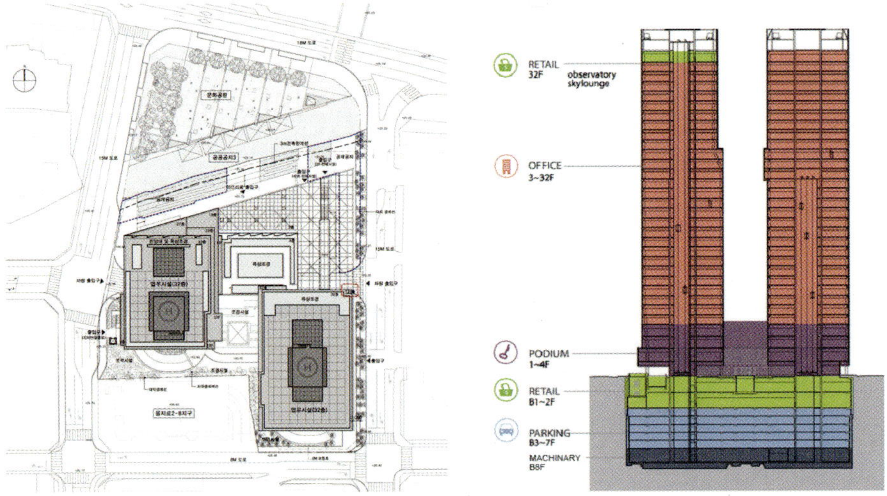

배치도 건물 구성

그림 2-4 **배치계획 및 프로그램**

3) 내 · 외부 마감계획

실내 마감의 경우 1층 아트리움, 로비, 엘리베이터홀 등의 주요 마감자재로 화강석, 대리석, 무늬목 등을 사용함으로써 고급화하였으며, 발주자의 요구사항을 반영하여 〈표 2-2〉와 같이 최적 마감계획을 수립하였다.

표 2-2 내부 마감계획

위 치	부 위	적 용 자 재
1층 아트리움	바닥	30T C-black 화강석
	벽	20T 비앙코 카라라 대리석
	천장	9.5T 2겹 석고보드 위 페인트
2층 로비	바닥	30T C-black 화강석
	벽	12T MDF위 beech 무늬목
	천장	18T 흡음보드
지하 1, 2층 리테일 홀	바닥	9T 자기질타일
	벽	12T 강화유리
	천장	9.5T 2겹 석고보드 위 페인트
업무시설	바닥	T7 밀리켄 카펫
	벽	12.5T 2겹 석고보드 위 페인트
	천장	15T 암스트롱 DUNE, M-BAR 석고보드 위 페인트
주차장	바닥	5T 레진몰탈
	벽	콘크리트 면처리 위 수성페인트
	천장	16T 흡음 뿜칠재

그림 2-5 외부 마감 조감도

외부 마감에는 28mm(8mm YRE 0146(2#) + 2 Air + 8mm Clear) 복층 로이(Low-E) 유리를 적용한 커튼월을 설치하였다. 유리의 성능은 당초 열관류율(U-Value) 1.68, 차폐계수

(SC: Shading Coefficient) 0.41로 계획하였으나, LEED 인증을 위하여 에너지 효율이 높은 열관류율 1.60, 차폐계수 0.32로 변경하였다.

chapter

03 프로젝트 주요 과업 내용

3.1 한미글로벌 업무 개요

1) 한미글로벌의 역할

한미글로벌은 당초 건설사업관리(CM+CS) 용역 수행을 목적으로 프로젝트에 참여하였으나, 프로젝트를 수행하면서 발주자의 신뢰를 얻어 디지털 플라자 CM 사업, LEED 인증 서비스, 대주단 사업관리업무 등을 추가로 수행하게 되었다. 각 업무의 주요 내용은 다음과 같다.

(1) 건설사업관리(CM + CS) 업무

CM단은 시공 전(前) 단계에서 설계검토, 공기검토, 공법 및 시공계획 검토와 원가 절감 방안 수립(VE 포함) 등의 가치 창출 업무를 수행하였고, 시공단계에서 이전 단계의 CM 결과물을 시공에 반영하며, 공정관리, 품질관리, 안전관리 등의 전반적인 CM 업무와 법적 감리 업무를 수행하였다.

한미글로벌에서 제공한 건설사업관리 서비스를 통해 발주자는 ① 감리를 포함한 CM 업무 비용의 최소화, ② 사업 참여자에 대한 통합지원 및 커뮤니케이션(communication)의 활성화, ③ VE 등 원가관리(cost management)를 통한 사업비 절감, ④ 선진 품질보증/관리

(QA/QC) 기법 도입을 통한 최고의 품질 확보, ⑤ 발주처 조직의 슬림화로 인한 사업비 절감 및 업무효율성 증대 등의 효과를 얻을 수 있었다.

(2) 디지털 미디어 플라자 CM 업무

본 업무는 대지 북측면에 위치한 디지털 미디어 플라자 조성사업의 건설사업관리를 목적으로 한다. 디지털 미디어 플라자 조성사업은 본 프로젝트와 관련한 기부체납사업으로서 서울시의 도심재창조 프로젝트의 일환이기도 하다. 과업 발주 당시 한미글로벌에서 토공사 단계의 CM 업무를 성공적으로 수행함에 따라 발주자의 신뢰를 얻을 수 있었으며, 이러한 신뢰를 바탕으로 발주자는 디지털 미디어 플라자 조성사업의 CM 업무를 추가로 한미글로벌에 요청하였다. 결과적으로 발주자는 새로운 사업자 선정에 수반되는 행정절차를 간소화할 수 있었으며, CM단은 추가 용역을 수주하는 성과를 올릴 수 있었다.

(3) LEED 인증 타당성 검토 및 LEED 인증 서비스

본 서비스는 2008년 12월 매수자인 메릴린치에서 LEED 인증 취득을 제안하면서 시작되었다. LEED 인증 추진은 많은 시간과 비용이 수반되기 때문에, CM단은 사업초기단계에서 LEED를 적용할 수 있는지에 대한 검토를 진행하였으며, 이 결과를 바탕으로 LEED 인증 서비스를 수행하게 되었다.

국내에 LEED의 개념이 널리 알려지지 않았던 2008년, 한미글로벌은 이미 친환경 업무의 일환으로 LEED CoP(Community of Practice)를 운영하고 있었으며, LEED 인증 컨설팅 등의 친환경 관련 신사업 진출을 준비하고 있었다. 이러한 사전 준비를 바탕으로 발주자(매수자)의 요구에 부응하는 LEED 인증 서비스를 제공할 수 있었다.

(4) 대주단 사업관리 업무

2009년 12월, 본 프로젝트에 참여하던 시공사가 유동성의 위기로 워크아웃(work out)을 진행하게 되었다. 준공을 채 1년도 남겨두지 않은 상황에서 발생한 시공사의 워크아웃은 하도급자의 임금체불, 작업거부 등을 추가로 야기하여 프로젝트 진행에 악영향을 미칠 수 있는 상황이었다. 이러한 문제를 해결하기 위하여 발주자 및 대주단은 하도급 공사대금의 직불

처리를 결정하였으며, CM사에 기성금 산정 및 검토 업무를 추가로 요청하였다. 이미 유사한 프로젝트를 수행한 경험이 있었던 CM사에서는 기성 검토뿐만 아니라, 향후 프로젝트의 진행방향을 제시하여 공사가 주어진 공기 이내에 완료될 수 있도록 관리하였다.

2) 단계별 CM 업무 내용

CM단은 설계 및 시공단계 전반에 걸쳐 건축, 토목, 구조, 설비, 전기, 통신 각 분야의 전문가를 투입하였고 주어진 예산 및 공기 내에서 최상의 품질로 공사를 완료할 수 있도록

표 3-1 단계별 CM 업무(감리업무 포함) 범위

<table>
<tr><th>단 계</th><th colspan="2">내 용</th></tr>
<tr><td rowspan="5">시공
전(前) 단계</td><td>프로젝트 팀구성</td><td>구성원의 역할 및 책임, 조직도 및 지시체계 이행</td></tr>
<tr><td>설계관리</td><td>설계 예약관리, 진도관리 및 설계기성사정, 설계회의 및 조정</td></tr>
<tr><td>시공사계약지원</td><td>시공업체 계약서 및 내역서 검토, 업무범위 검토, 설계변경 및 클레임관리 업무, 필요시 계약관련 서류의 작성지원</td></tr>
<tr><td>원가관리</td><td>Value Engineering, 설계변경(Variation Order)</td></tr>
<tr><td>감리 업무 착수</td><td>업무 연락 등의 보고, 설계 도서 검토 및 관리, 착공 신고서 검토 및 보고, 측량 기준점 및 각종 규준 시설, 확인 측량, 인허가 업무</td></tr>
<tr><td rowspan="6">설계단계</td><td>일반 행정 업무</td><td>CM/감리 업무, CM/감리 주관 회의, CM/감리 기록 보고, 발주처의 장에게 보고, 부실공사방지 세부 실천계획수립, 현장대리인 · 기술자 등의 교체, 시공사 지시 및 수명사항 처리 등</td></tr>
<tr><td>품질관리</td><td>품질관리 계획서 작성, 품질시험 관리, 시공계획서의 검토 및 승인, 시공상세도 검토 및 확인, 당일작업 실적 및 명일작업 계획 모니터링, 시공 확인 및 검측 업무, 특수 공법 검토, 기술 검토 의견서 작성, 주요 기자재 공급원 검토/승인/검수 등</td></tr>
<tr><td>설계변경</td><td>발주자의 지시에 의한 설계변경, 시공사 제안에 의한 설계변경</td></tr>
<tr><td>공정관리</td><td>마스터 스케줄, 조달 스케줄, 공사 스케줄, 공사 진도 관리, 부진 공정 만회대책 수립, 공정 회의 주관</td></tr>
<tr><td>안전관리</td><td>안전관리 계획서 작성 및 실행, 안전관리 제반 업무</td></tr>
<tr><td>환경관리</td><td>환경관리 제반 업무</td></tr>
<tr><td rowspan="5">준공단계</td><td>기성, 정산 검사 및 확정</td><td>기성부분 검사원 및 내역서 확정, 준공정산 내역서 검토 및 확정</td></tr>
<tr><td>준공 검사 절차</td><td>시설물 시운전(계획 및 결과), 예비 준공 검사, 준공 검사, 준공 도면의 검토 및 확인</td></tr>
<tr><td>시설물 인수인계</td><td>시설물 인수 인계 계획 수립, 시설물 인수 인계</td></tr>
<tr><td>현장문서 인계</td><td>각종 관련 서류 인수 인계</td></tr>
<tr><td>유지관리 및 하자 보수</td><td>시설물 유지관리 지침서 등, 하자 보수에 대한 의견 제시</td></tr>
</table>

〈표 3-1〉과 같은 사업관리 업무를 수행하였다. 설계관리, 원가관리, 공정관리, 품질관리 및 안전관리 등 전반적인 사업관리 업무를 수행하였을 뿐 아니라, 시공단계의 법적 감리 업무를 병행함으로써 발주자를 위한 종합 서비스를 제공하였다.

3.2 주요 CM 수행 사례

CM단은 원가관리 업무의 일환으로 설계단계에서부터 시공단계까지 사업 전반에 걸쳐 VE업무를 진행함으로써 프로젝트 예산 내에서 공사가 완료될 수 있도록 관리하였다. 공정관리의 경우, 도심지 공사이기 때문에 불리한 조달환경, 지하굴착시 발견된 암반에 의한 토공사 및 지상골조공사의 지연에도 불구하고 계약된 40개월 공기보다 약 50일 정도를 단축하여 준공을 완료하였다. 또한, 탑다운 공법을 적용하여 지하 8층, 지하 42m 깊이의 굴토와 지상의 32층, 높이 148m 2개 동의 골조공사를 동시에 진행함에 따라 안전 · 환경관리의 어려움이 예상되었지만, 시공 초기단계부터의 체계적인 안전 · 환경관리계획 수립과 시공단계에서의 철저한 관리를 통하여 2010년 10월 25일 무재해 400만 시간을 달성하였다. CM단의 주요 업무 수행 사례를 소개하면 다음과 같다.

1) VE(Value Engineering) 업무

본 프로젝트는 설계단계에서부터 CM단이 참여하여 VE 업무를 진행하였다. 설계도면이 완료되기 전에 건물의 매각이 이루어지면서 매수자와 매도인 사이의 건축 사양과 공사비에 대한 이견차를 좁히는 업무를 CM단이 주관하게 되었다. 이를 위하여 설계도서가 완료되는 정도에 따라 75%, 90%, 100%시에 각각 설계 VE를 실시하여 예산 내에서 공사가 이루어질 수 있도록 관리하였다.

시공단계 중에도 지속적인 VE를 통해 시공성 및 유지관리 부분에 유리한 방안을 적용하여 원가를 절감하였다. 본 프로젝트의 경우 건물이 완공되기 전에 매각이 이루어져 매수자와 매도자간의 합의 없이는 공사비의 증감이 불가하였다. 이에 따라 VE를 통해 절감된 금액을 매수자의 추가적인 사양 변경 등을 위한 공사비로 투입함으로써 최종 결과물의 품질을 향상시킬 수 있었다. CM단에서는 지하 굴토시 공법 변경, 냉난방 공조 방식의 일부 사양 변경, 방화구획의 변경, 내부 수장마감의 사양 변경, 그리고 내역서상 중복 계상된 부분의 절감 등을 통해 약 98억원의 VE 금액을 제안하여 실행하였다.

2) 기성 및 하도급대금 직불 관리

시공단계의 원가관리 업무는 크게 공사비 확정, 공사비 지급, 공사비 변경, 공사비 정산으로 구분할 수 있다. 기성관리는 공사비 확정 및 지급과 관련된 원가관리 업무로서, CM사는 발주자와 협의를 통하여 시공사에 대한 기성 지급 방식을 사전에 선정해야만 한다. 이 때 발주자가 선택할 수 있는 기성 지급 방식은 크게 두 가지로 기성금 지급계획(interim payment schedule)에 따른 기성 지급 방식과 공사실적에 따른 기성 지급 방식이 있다.

본 프로젝트에서는 공사실적에 따른 기성 지급 방식을 선정하였고, CM단은 〈표 3-2〉와 같이 세부공종별 기성검사 기준을 수립하여 기성관리 업무를 수행하였다. 또한, 매월 말 기준 실 투입 수량에 따라 각 공종별 담당자가 세부 내역에 대한 기성검사를 실시함으로써 과기성 여부를 확인하였으며, 발주처의 기성 담당자에게 사전에 기성검토 결과 초안을 송부함으로써 기성업무 지연을 방지하였다.

표 3-2 공종별 기성 검사 기준

공 종	세 부 공 종	검사 기준
건축공사	공통가설공사	• 설치 완료시 70%, 해체 완료시 30% • 공사 계약기간 대비 경과기간으로 산정
	철근콘크리트공사	• 거푸집 설치 완료 시 80%, 해체 완료 시 20% • 철근가공조립은 콘크리트 타설완료부분 100%
	미장공사 도장공사 창호공사	• 단계별로 일정기간이 소용되는 공종 • 초벌 30%, 정벌70% • 하도 40%, 중도 30%, 상도 30% • 문틀 40%, 문짝 60%
토목공사	흙막이 공사	• 시공 완료된 부분에 대하여 100%
	토공사	• 반출 물량기준으로 반출 완료 시 100%
	부대토목공사	• 시공 완료된 부분에 대하여 100%
기계공사	장비제작 설치공사	• 장비류 제작설치시 90%, 시운전 완료 10% • 보온, 도장 등 마감공사 완료 시 90% 적용
	공조덕트공사	• 덕트, 보온재 기구류 설치 수량 100%
	배관공사	• 배관 설치 90%, 수압 및 도장완료시 10% • 보온재, 밸브류 설치 수량 100%
전기공사	전력간선공사	• 판넬류 외함 설치시 20%, 내함 설치 20%
	동력, 전등 전열 등	• 기기류 설치 수량 산출 적용 • 조명기구 설치 수량 산출 적용 • 회로별 배관, 배선 설치 수량 산출 적용 • 전기기구 및 기기류 설치 수량 산출 적용 • 장비 설치 완료 시 90% 시운전 완료 후 10%

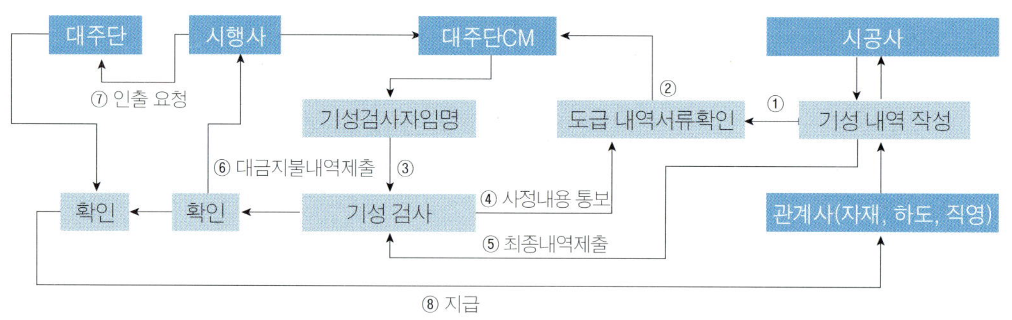

그림 3-1 기성금 청구 및 직불요청서 검토 업무 절차

2009년 12월까지는 시공사의 도급 기성을 기준으로 기성사정 업무를 진행하였으나, 시공사의 워크아웃 이후 발주처의 요청에 따라 CM단이 직접 하도급업체에 대한 기성업무를 직불체제로 변환하고 사정업무를 진행하였다〈그림 3-1〉.

이에 따라 월 말일까지의 직불 발생 현황에 대한 실적을 시공사가 CM단으로 제출하면, 투입 수량 및 현황에 대한 적정성을 검토하여 최종 합의 후 발주처로 제출하였다. 〈표 3-3〉은

표 3-3 기성 직불 검토 의견서 예시

구분	공정	직불요청금액	과기성금액	검토 내용	비고
건축공사	2. 흙막이 및 토공사/부대	××,000,000	××,000,000	• 부대토목 미시공부 신청으로 기성인정 불가	99.99%
	37. 도장공사	××,000,000	××,×××,000	• 안전페인트, 항균페인트, 아크릴페인트, 에목시코팅 미시공	설계변경 예정
	47. 타일공사	××,000,000	×,000,000	• 지하 1, 2층 지하 1, 2, 3층 화장실, 샤워실, 주방 미시공, 모자이크타일 줄눈, 장애자용 타일, 대리석타일 미시공	91.83%
	49. 회전문공사	×00,000,000	×××,000,000	• 회전문 지하 2개소 미시공 • 매트자재 반입 및 미시공	75.88%
	54. 조경공사	×00,000,000	×0,000,000	• 트렐리스 미시공 • wood deck 미시공 • 사고석, 화강석 미시공	80.29%
	51. 레진몰탈	×0,000,000	××,000,000	• 전체 5개층 중 9월말 현재 5개층 작업중(4/6) • 기시공층(4~6F)과 7층 시공 중인 상황 감안 85%만 인정	××공영
	26. 유리공사	×00,000,000	×00,000,000	• 미시공 부분 기성 청구(지하층)	97.06% ××기업
	41. 수장공사(A동)	×××,×××,00	××,000,000	• 미시공 부위 기성 청구(켄벡터 커버)	××이엔씨
기계공사	19. 자동제어 공사	××0,000,000	×0,000,000	• DDC Panel 미시공분 제외	××엔지니어링
소방공사	××공영	×00,000,000	×00,000,000	• 미 검수 및 미 검축, 미시공 부분 신청으로 기성인정 불가	××공영
합계			×××,×××,000		
CM단 총괄 의견	2010년 9월말 현재 도급기성은 87.88%로 확인됨(실적/계획 공정율: 98.16%/98.45%) 도급계획대비 직불누계신청은 79.63% 상기 공정 대비 직불누계신청은 적정하나, 일부 공종에서 미시공에 대한 직불요청사항은 시공사의 첨부서류를 통해 확인하였으며 추후 직불요청에 대한 사정시 과기성에 대한 주의가 필요함.				

※ 비고는 직불요금청금액 대비 과기성금액 비율임. 세부금액 내용은 공개하지 않음.

CM단이 발주처에 제출하는 직불 검토 의견서의 예시이다.

3) 공정관리

본 프로젝트의 공기는 40개월로 2007년 8월 착공 후 2010년 12월 준공을 목표로 진행되었다. 초기 지하 굴토 작업시에는 암반의 조기 발현으로 인한 공기 지연과 지상 골조 공사의 지연 등 골조 공사가 약 3개월 가량 지연되는 어려움이 있었다. 또한 동절기에는 기록적인 폭설과 함께 한파가 빈번히 발생하였고, 하절기에는 당초 예상보다 비오는 일수가 많아 작업 불능일이 늘어나는 등 주어진 공기 목표 달성에 어려움이 많았다.

그러나 PF사업의 특성으로 인해 공기의 지연은 금융비용의 증가 및 발주처의 이익 감소로 이어지기 때문에 위와 같은 요인들로 인한 공기 지연은 인정되지 않았고, 이를 만회하기 위한 대책의 수립 및 실행이 무엇보다 중요하였다.

CM단은 시공사의 실시공정표를 기반으로 주간 및 월간 공정표를 지속적으로 작성 · 검토하여 공사진도관리 업무를 수행하였다. 계획공정대비 월간 공사 진도율이 20% 이상 지연되거나 누적 공정 진도율이 10% 이상 지연될 때에는 시공사로 하여금 부진사유 분석, 만회대책 및 만회공정표 수립을 지시하여 정상공정을 회복할 수 있도록 관리하였다. 또한 시공사

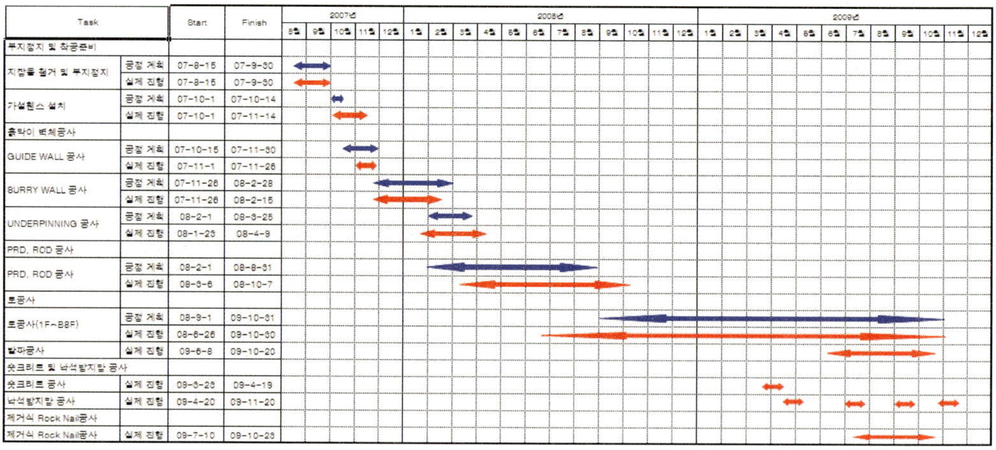

그림 3-2 예정 및 실시 공정 비교표

가 제출한 부진공정 만회대책을 검토하고, 그 이행상태를 주간단위로 점검한 후 공정회의를 통하여 계획대로 만회대책이 실행될 수 있도록 모니터링하였다.

특히 마감공사단계에서 건설자재의 원활한 공급을 위하여 시간별 자재입고 일정을 관리하고, 자재 양중시간의 적정 분배를 통하여 양중 효율을 향상시킴으로써 골조공사 과정에서의 공기 지연을 최소화 하였다.

이와 같은 CM단의 적극적인 공정관리 노력으로 시공 초기단계의 공기 지연을 극복하고 계획된 공기보다 50여일 단축된 2010년 10월에 준공을 완료할 수 있었다.

4) 안전/품질관리

CM단이 시공단계에서 중점적으로 관리한 업무 중 하나는 안전관리 업무이다. 당 현장은 도심지 내 공사로 지하 8층, 지하 42m 깊이의 굴토를 동반한 탑다운 공법으로 진행된 현장이다. 도심지 공사의 특성상 탑다운 공법을 적용하지 않을 수 없는 상황에서 지하 굴토 작업 및 지상의 32층 2개 동의 골조공사가 함께 진행됨에 따라 안전관리 업무에 더욱 치중하였다.

시공사와 협력업체로서는 빠른 공사 진행이 금전적인 이익과 밀접한 관련이 있기 때문에 안전 문제에 다소 소홀해질 가능성이 있다. 더욱이 기본적인 법적 안전조치를 모두 이행한다고 하더라도 공사 여건, 주변 상황, 작업자의 상태 등에 따라 시공 현장에서는 늘 안전 문제가 발생할 가능성이 있다. 따라서 전체적인 시공 진행상황에 대한 이해를 바탕으로 위험 발생 요인을 미연에 방지하는 것이 중요하며, 이러한 사전적 안전관리 역량이 CM단으로서 보유해야 할 필수 역량 중 하나이다.

CM단은 안전관리 체크리스트를 작성하여 매주 현장 안전점검을 실시하였고, 시공사 안전담당자와 매일 현장을 순회하면서 안전사고의 개연성이 있는 요소에 대하여 시공사에 통보함으로써 안전 위험 요인들을 사전에 제거하였다. CM단은 안전 위험요소 발생시 1차 구두 시정 조치 후, 시정이 미비한 경우에는 안전시정지시서(SCAR: Safety Corrective Action Request)를 시공사에 송부하여 시정토록 하였다. 특히 중대한 위험요소가 발견되었을 경우에는 해당 공사에 대한 공사중지명령(SWO: Stop Work Order, 이하 SWO)을 통하여 작업을 즉각 중단시키고 시공사에 충분한 안전대책 수립을 요청하였다. CM단은 수립된 안전대책을 검토, 승인하고 공사를 진행하도록 함으로써 안전사고를 방지하였다.

탑다운 공법이 적용된 당 현장은 지하층 작업 공간이 협소하여 안전사고 발생 가능성이 매우 높았다. 실제로 지하 1층 터파기 과정에서 토공사면의 과다 굴착으로 인하여 굴착부 바로 옆에 있는 동바리가 설치된 버림 콘크리트부에 균열이 생겨 사면이 붕괴위험에 처한 사례가 발생하였다〈그림 3-3〉. CM단은 즉각적으로 시공사에 SWO를 발송하여 상부 골조작업 및 하부 토공사 전체작업을 중지시키고, 하부 사면 과다 굴착부에 대한 충분한 안전대책을 강구하여 CM단의 승인을 받은 후 작업을 다시 진행하도록 하였다.

상부 균열(crack) 발생에 따른 동바리 붕괴 직전

하부 사면 과다 굴착그림

그림 3-3 지하굴토시 안전사고 위험 발생

CM단의 지시에 따라 시공사는 굴착시 사면구배 기준과 현장단면의 한계평형 해석프로그램 분석 결과를 바탕으로 굴착 사면구배를 1:1로 보강 조치하였으며, 동바리 추가 및 수평 보강을 하는 등의 수정작업을 함으로써 안전사고를 방지할 수 있었다〈그림 3-4〉.

하부 굴착 1:1 사면 구배

동바리 추가 보강 설치

그림 3-4 SWO에 따른 시정조치 결과

CM단은 위 사례뿐만 아니라, 다수의 크고 작은 안전사고 발생 요인들을 사전에 발견하고 시정조치를 취하여 철저한 안전관리 업무를 수행하였으며, 이러한 안전관리의 성과를 인정받아 당 현장은 10월 기준으로 400만 시간 무재해 목표달성 인증서를 획득할 수 있었다 〈그림 3-5〉.

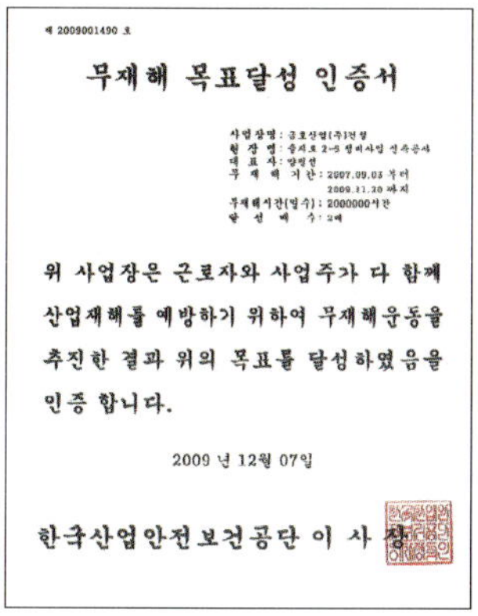

제 2009001490 호

무재해 목표달성 인증서

사업장명 : 금호산업(주)건설
무 재 해 기 간 : 2007.09.03 부터
2009.11.20 까지
무재해시간(일수) : 2000000시간
달 성 배 수 : 2배

위 사업장은 근로자와 사업주가 다 함께 산업재해를 예방하기 위하여 무재해운동을 추진한 결과 위의 목표를 달성하였음을 인증 합니다.

2009 년 12월 07일

한국산업안전보건공단 이 사 장

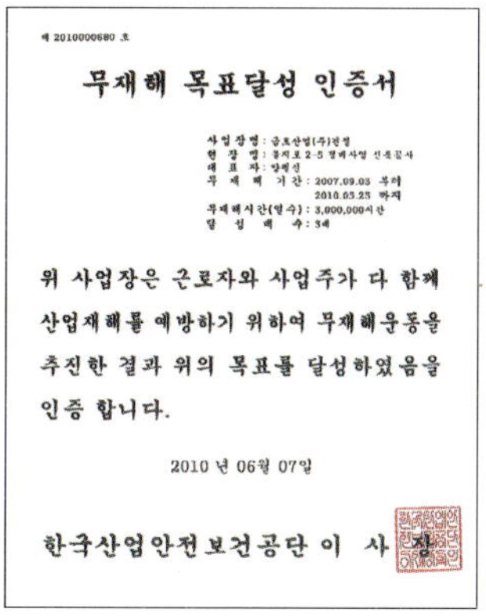

제 2010000680 호

무재해 목표달성 인증서

사업장명 : 금호산업(주)건설
무 재 해 기 간 : 2007.09.03 부터
2010.05.23 까지
무재해시간(일수) : 3,000,000시간
달 성 배 수 : 3배

위 사업장은 근로자와 사업주가 다 함께 산업재해를 예방하기 위하여 무재해운동을 추진한 결과 위의 목표를 달성하였음을 인증 합니다.

2010 년 06월 07일

한국산업안전보건공단 이 사 장

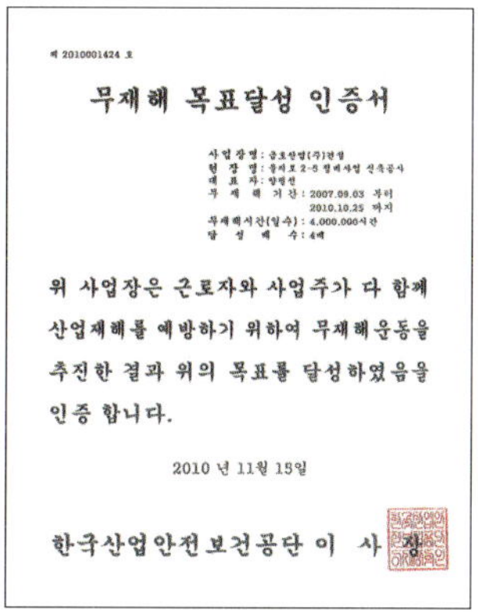

제 2010001424 호

무재해 목표달성 인증서

사업장명 : 금호산업(주)건설
무 재 해 기 간 : 2007.09.03 부터
2010.10.25 까지
무재해시간(일수) : 4,000,000시간
달 성 배 수 : 4배

위 사업장은 근로자와 사업주가 다 함께 산업재해를 예방하기 위하여 무재해운동을 추진한 결과 위의 목표를 달성하였음을 인증 합니다.

2010 년 11월 15일

한국산업안전보건공단 이 사 장

그림 3-5 무재해 200만, 300만, 400만 시간 달성 인증서

3.3 LEED 인증 용역 수행 사례

1) LEED 인증 개요

인류는 개발이라는 이름하에 환경파괴라는 대가를 지불하며 많은 것들을 이루어냈다. 그러나, 환경오염이 인간의 지속가능성에 심각한 영향을 미칠 수 있다는 사실에 대부분이 공감을 하게 된 지금, 환경오염에 대한 대책 마련은 이 시대의 가장 큰 과제이다. 그 중에서도 건축분야는 환경에 미치는 영향이 크다. 미국의 경우 건축물들이 매년 전체 에너지의 30% 이상을 소비하고, 전기의 60% 이상을 소비한다. 화장실에 사용되는 식수는 매년 50억 갤런(약 190억 리터)에 달하며, 건물 연면적에 대하여 평방피트당 2.5파운드에 달하는 쓰레기를 배출하고 있다.[2)]

본 프로젝트는 에너지 및 수자원 절약, 실내 환경 증진을 통하여 환경에 대한 영향을 최소화하고, 나아가 자재의 재활용을 통한 자원의 절감을 추구하고자 국내의 친환경건축물인증제도에서 '우수' 등급을 취득함과 동시에, 미국의 친환경 건축물 인증제도인 LEED 인증제도에서도 실버등급을 취득하는 것을 목표로 하였다.

발주처는 국내에서는 보편화 되지 않은 LEED 인증을 취득함으로써 건물가치 향상과 발주자 및 입주자의 기업이미지 제고를 통한 고객의 이익 증대 효과를 기대하였다. 이러한 기대효과뿐만 아니라, 향후 본 건물에 입주가 예상되는 외국계 회사의 친환경 건축물에 대한 높은 선호도를 고려하여 LEED 인증을 추진하기로 결정하였다.

LEED(Leadership in Energy and Environmental Design)는 미국 친환경 건축위원회(USGBC: U.S. Green Building Council, 이하 USGBC)가 만든 친환경 건축물 등급의 기준으로 국내 친환경인증제도와 유사하나, 에너지 절감량에 대한 정량적인 산정을 요구하고 필수항목을 지정하여 국내 친환경인증제도에 비해 다소 까다로운 인증 조건을 가지고 있다.

일반적으로 LEED 인증 업무는 적격여부 검토, 프로젝트 등록, 설계도서 제출, 시공도서 제출, 프로젝트 인증의 절차로 이루어진다〈그림 3-6〉. CM단에서는 본격적인 LEED 인증 서

2) US Green Building Council(2007), "New Construction Reference Guide, Third Edition".

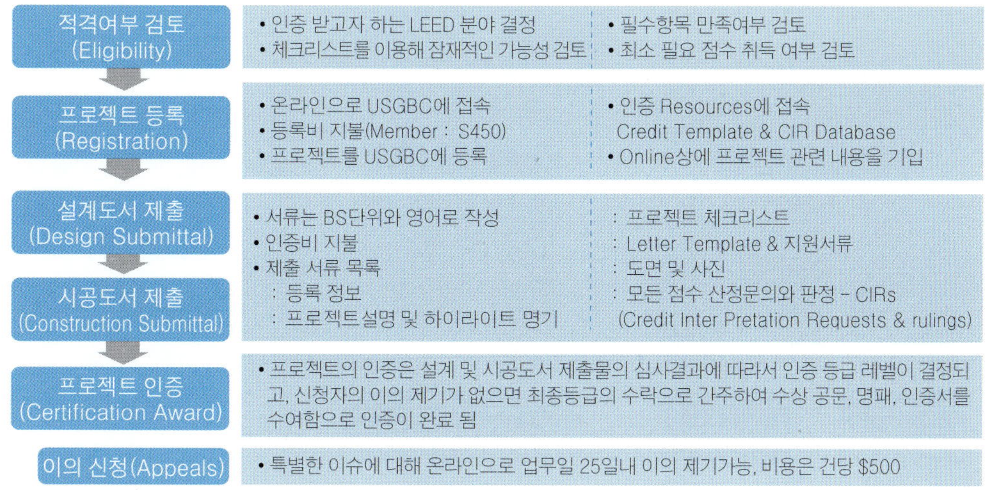

그림 3-6 LEED 인증 절차

비스를 수행하기 전에 본 프로젝트의 LEED 인증 적격여부를 확인하기 위하여 타당성 검토 업무를 수행하였으며, 이를 통해 인증가능성 및 추가비용, 공사기간, 시공성 등에 대한 사항들을 사전 검토하였다.

2) LEED 인증 타당성 검토 업무

LEED 인증 타당성 검토 업무의 목적은 에너지 모델링을 통하여 LEED 인증 획득의 가능성을 확인하고, 본 프로젝트를 USGBC에 등록하며, 적합한 LEED 시스템을 선정하는데 있었다. 더불어 LEED 인증을 위한 설계변경항목을 선정하여 공사비 및 기술적 검토를 수행함으로써 LEED 인증에 대한 방향성을 제시하는 업무도 포함되어 있다. 또한, 취득이 가능한 득점항목(credit)을 검토하여 달성 가능한 인증등급을 제시함으로써 발주자의 LEED 인증 추진에 대한 의사결정의 판단근거자료를 제공하고자 하였다.

본 과업은 한미글로벌의 LEED팀과 본사의 친환경그룹, 현장 CM단이 팀을 이루어 업무를 수행하였으며, 미국 및 국내에서 다수 LEED 인증 서비스를 수행한 코센티니(Cosentini)사가 운영자(facilitator)로 참여하였다〈그림 3-7〉. 한미글로벌 LEED팀은 LEED 인증을 총괄하면서 각 조직간 업무 조율, 진행상황 점검, 대안 검토 등의 업무를 수행하였으며, 코센티니

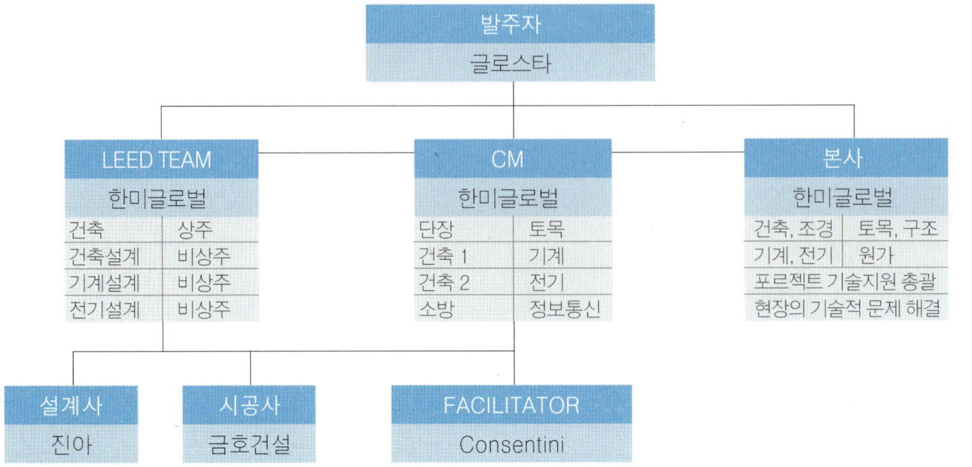

그림 3-7 LEED 인증 타당성 검토 용역 조직도

사는 득점항목 평가, 설계도서 검토 및 에너지 모델링 등의 업무를 담당하였다. 설계사 및 시공사는 LEED 인증 타당성 검토를 위한 설계도서 및 기준 제공, 설계변경으로 인한 공정 검토 등의 업무를 수행하였다〈그림 3-8〉.

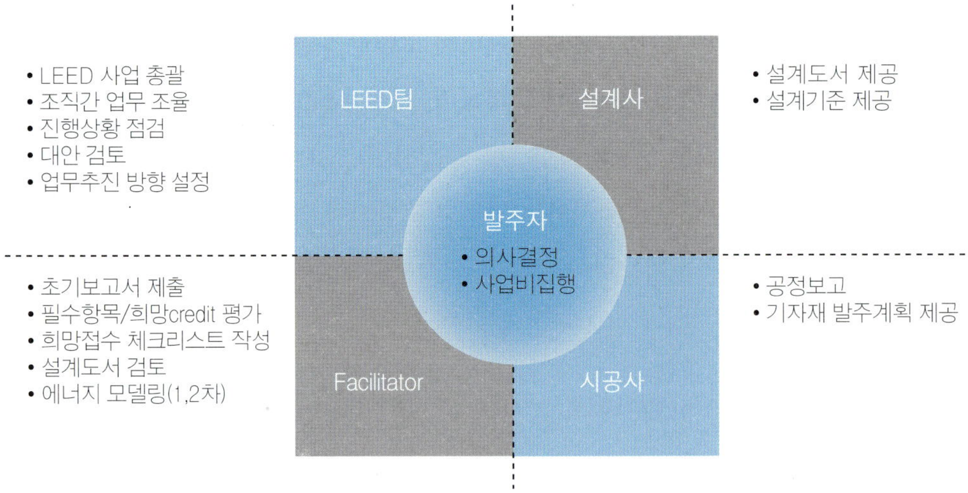

그림 3-8 LEED 인증 타당성 검토 용역 조직별 담당업무

Baseline	Proposed - 당초설계	Proposed - 대안반영
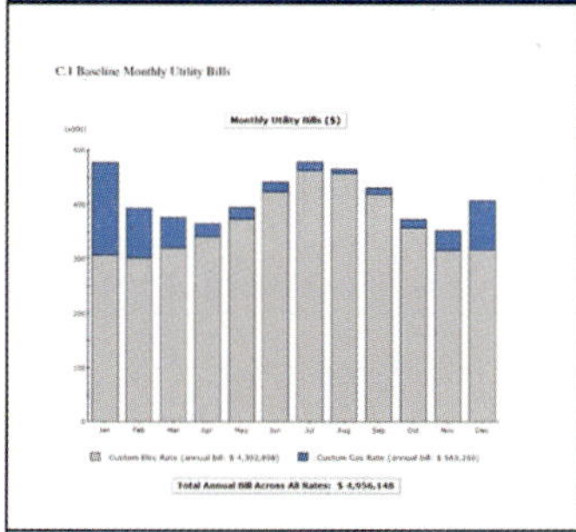	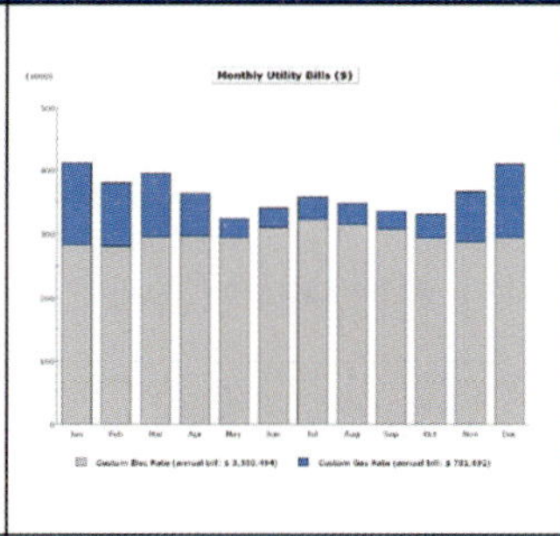	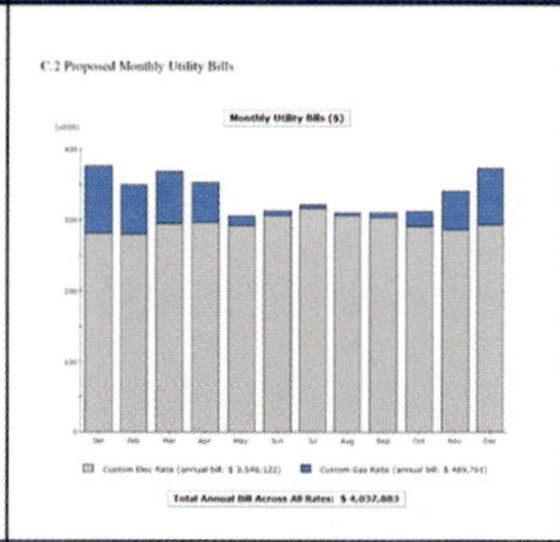
$4,921,383 (A)	$4,362,186 (B)	$4,037,883 (C)
	$559,197 (A-B)	$883,500 (A-C) $324,303 (B-C)

☞ A-B : ASHRAE 90.1 2004 기준 대비 당초설계의 연간 에너지 비용 절감액
☞ A-C : ASHRAE 90.1 2004 기준 대비 대안반영 시 연간 에너지 비용 절감액 (17.95%, EAc1 3점 득점)
☞ B-C : 당초설계 대비 연간 에너지 비용 절감액 (LEED를 통한 절감액)

그림 3-9 에너지 모델링 결과

타당성 검토 결과, 본 프로젝트의 용도(임대용 업무시설)에 적합한 LEED CS(Core and Shell) Program v2.0에 따라 인증을 추진하는 것이 적절한 것으로 파악되었다. 또한 에너지 모델링 결과, 설계변경을 통한 에너지 절감 비율이 17.95%로 산정되어 LEED CS v2.0에서 요구하는 에너지 절감 비율(LEED 기준 대비 14% 이상 절감)에 대한 초과 달성이 가능한 것으로 나타났다〈그림 3-9〉.

검토 결과에 따라 발주처에서는 LEED 인증 취득을 결정하였으며, CM단은 최소한의 설계변경으로 점수를 취득하여 LEED의 실버등급인증을 획득하는 것을 목표로 하고 본 인증을 추진하였다.

3) LEED 인증 서비스 수행

한미글로벌의 LEED 인증 서비스 업무 범위는 예비인증 획득과 본 인증을 위한 설계서류 작성/시공서류작성/커미셔닝(commissioning) 업무를 수행하는 것으로서, 업무 추진을 위한 조직 구성은 타당성 검토 업무와 동일하다. 본 인증은 타당성 검토 이후 시작되었으며, 2010년 4월에 설계서류를 제출하였고, 2011년 1월에 시공서류를 제출하였다. 최종적으로는

2011년 6월경 인증을 확정하는 것을 목표로 진행 중이다.

(1) 예비인증

예비인증은 LEED 프로그램 중 CS(Core and Shell)에서만 취득이 가능하다. 임대 건물의 특성상 실내 마감공사를 입주자가 시행하기 때문에 입주 전 본 인증 취득이 불가하다. 이에 따라 입주 전에는 예비인증을 부여함으로써 건물 임대를 위한 마케팅시 활용 가능하도록 하였다.

예비인증 절차는 설계에 반영된 필수항목(prerequisite)과 득점항목에 대한 사항을 USGBC에 제출하여 평가받는 방식으로 진행된다. 본 프로젝트는 7개의 필수항목과 30개의 득점항목(취득 점수 31점)에 대한 자료를 온라인으로 USGBC에 송부하여 2010년 3월 실버등급 예비인증을 취득하였다〈그림 3-10〉.

등급	배점
Certified	23~27
Silver	28~33
Gold	34~44
Platinum	45~61

Leed Core & Shell v2.0 배점표

Center 1 LEED 예비인증서

그림 3-10 LEED 배점표 및 예비인증서

(2) 설계서류 작성 및 제출

LEED CS v2.0은, 각 필수항목 및 득점항목에 대한 증빙자료를 설계서류와 시공서류로 구분하고 있다. 이는 각 항목의 성격에 따라 USGBC에서 구분한 것으로, 설계서류는 설계사에서, 시공서류는 시공사에서 작성하는 것이 일반적이다. 이 때에 USGBC에 서류를 제출하는 방법은 두 가지로 구분할 수 있는데, 공사기간이 짧은 프로젝트는 설계서류와 시공서류를 한 번에 제출하는 방법을 적용한다. 본 프로젝트와 같이 공사기간이 긴 경우에는 일반적으로 설계서류를 먼저 제출하고 준공 이후 시공서류를 제출하는 방법을 적용한다. 후자의 경우, 설계서류에서 계획된 득점을 확보하지 못했을 때 시공서류 제출시 만회계획을 수립할 수 있다는 이점이 있다.

본 프로젝트의 설계서류는 타당성 검토 이후에 작성이 시작되었고 주로 설계사에 의해 수행되었다. 운영자(facilitator)는 LEED업무에 익숙하지 않았던 설계사에게 유사 자료와 필요한 교육을 제공하여 원활한 자료작성을 지원하였다. CM단은 작성된 자료의 적정성을 검토하여 최종 제출자료의 완성도를 향상시켰다.

(3) 시공서류 작성 및 제출

시공사 또한 LEED 업무에 익숙하지 않았기 때문에 운영자의 지원을 받아 시공서류를 작성하였다. 운영자는 시공사에 유사 자료를 제공하였고 시공사에서는 이를 참고로 하여 시공서류를 작성하였다. 시공서류에는 보통 커미셔닝에 대한 자료가 포함되나, 자료의 특성 및 중요도에 따라 별도로 구분하여 제출하였다.

(4) 커미셔닝(Commissioning)

커미셔닝은 에너지를 소모하는 장비가 발주자의 의도 및 설계도서에 따라 적절하게 설치되고 작동하는 것을 확인하는 작업이다. EA(Energy and Atmosphere) 카테고리의 필수항목 1번에 해당하며, LEED 인증을 받기 위해서는 반드시 수행하여야 하는 작업이다. 국내에서 일반적으로 시행되는 TAB(Test Adjusting and Balancing)와 유사하나, 국내제도에서는 보다 구체적이고 정밀한 측정 및 측정결과에 대한 보완이 요구된다.

본 용역에서는 7개의 필수항목과 34개의 득점항목을 만족시키는 것을 목표로 하였다. 필수항목의 경우 하나의 항목이라도 인정받지 못하면 LEED 인증을 받을 수 없기 때문에, LEED 인증을 받은 건물에 있어 필수요건이라 할 수 있다. 필수항목을 모두 만족시키고, 현재 추진 중인 득점항목에서 모두 득점을 하게 될 경우 총 34점 획득이 가능한데, 이는 골드 등급 획득이 가능한 점수이다. 그러나 이 중 6점은 득점하지 못하는 항목이 발생할 경우에 대비하여 추가로 추진 중인 점수로서, 안정적으로 취득이 가능한 실버등급 획득을 최종목표로 하고 있다. (2011년 6월 인증 획득 목표)

chapter

04 맺음말

일반적으로 PF사업의 경우, 시공사의 연대보증이 필요하기 때문에 시행사는 사업 추진력이 있는 시공사 선정을 최우선으로 하게된다. 이러한 이유로 공사 중에는 시공사의 의사결정에 상당부분 의존하게 된다. 따라서 PF사업은 품질, 안전, 공정관리 등의 업무가 발주자의 의도보다는 시공사를 중심으로 진행될 수 있다는 점을 항시 고려해야 한다.

본 프로젝트에서 한미글로벌의 역할은 시공사를 관리하고 시행사를 지원하는 것이었다. 한미글로벌은 다수의 PF사업에 CM으로 참여한 경험과 기술력을 보유하고 있으며, 이러한 노하우를 바탕으로 발주자 관점에서 객관적이고 투명한 사업관리 업무를 수행하였다. 뿐만 아니라, 프로젝트 수행 중 발생한 시공사의 워크아웃 상황에서도 대주단의 하도급 직불체제 도입이라는 대처 방안을 제시할 수 있었다.

또한, 시공단계에서의 안전관리에 CM단의 역량을 집중하여 단 한건의 안전사고도 발생하지 않도록 발주처 및 시공사와 함께 노력하였으며, 그 결과 무재해 400만 시간을 달성할 수 있었다.

본 프로젝트가 타 도심지 프로젝트와 구별되는 것 중 하나가 LEED 인증 서비스이다. Center 1은 서울 도심지 건축물 중 최초로 LEED 인증을 획득하는 건축물이 될 것으로 기대한다. CM단에서는 매수자 측의 초기 제안 사항을 반영하여 추가 공사비 검토 및 변경사항에 대한 검토를 수행하였고, 이를 통해 향후 건물의 가치 증대를 위해 LEED 인증을 받는 것이 유리하다는 결론을 내렸다. 이어 발주처의 LEED 인증 취득 결정에 따라 CM단이 인증 용역을 주관하게 되었다. 현재 본 프로젝트는 예비인증을 취득하였고 본 인증을 취득받기 위해 관련 서류 작성 및 커미셔닝 등의 업무가 진행되고 있으며, 2011년 6월 LEED 인증을 획득할 예정이다.

CM단은 발주자의 성공이 곧 CM의 성공이라는 생각을 갖고 적극적으로 고객만족을 위해 노력을 기울였으며, 발주자는 이를 통해 CM단을 문제해결의 동반자로 인식하고 신뢰하게 되었다. 이러한 발주자의 신뢰는 한미글로벌 CM 서비스 금액 증액 및 디지털 미디어 플라자 CM 서비스 추가 수주 등으로 이어져 발주자 및 CM단 모두 윈윈(win–win)하는 결과를 얻을 수 있었다.

Part 04

경방 타임스퀘어 프로젝트

C·O·N·T·E·N·T·S

chapter

01 머리말

1.1 사업 추진 배경

서울 영등포 경방필백화점 부근의 18,300평 부지에 들어선 초대형 복합단지 경방 타임스퀘어는 호텔, 백화점, 오피스 빌딩 등을 갖춘 최첨단 복합 문화 · 상업시설로, 한미글로벌이 수행한 대표적인 대규모 복합유통단지 프로젝트 중 하나이다. 경방 타임스퀘어는 경방의 창립 90주년이었던 2009년 영등포에 들어선 국내 최대 규모의 복합상업단지로 홍콩의 하버시티나 방콕의 씨암파라곤, 동경의 롯뽄기 등 해외의 선진복합쇼핑단지와 견줄 수 있다.

본 프로젝트는 초고층 건축물과 같이 고도의 특수공법이 요구되지는 않았으나, 115,000평 가량의 초대형 연면적에 다수의 복합상업시설이 들어서기 때문에 다양한 상황을 고려한 신중한 의사결정이 요구되었다. 또한, 리모델링 및 철거공사와 병행하여 프로젝트를 진행하였기 때문에 안전 및 공정과 관련된 체계적인 사업관리계획 수립이 중요한 열쇠였으며, 그 어떤 프로젝트보다 높은 수준의 건설사업관리 능력이 요구되었다. 건설사업관리 업무는 2005년 10월부터 시작하여 2009년 9월 개점일까지 만 4년간 수행되었다.

1.2 CM 도입 배경

발주처는 경방필백화점 기획팀을 주관으로 상권 분석, MD(merchandising) 분석(매장 분석), 인허가 업무 및 설계사 선정 등의 업무를 추진하던 중 공사착수가 확정된 2006년 8월에 건설팀을 신설하였다.

본 프로젝트와 같은 대규모 복합쇼핑단지 프로젝트의 경우 다양한 측면에서의 건축적 고려 때문에 이를 전담할 상시 조직이 필요하였으나, 발주처로서는 공사가 완료된 이후 차기 프로젝트 계획이 없는 상황에서 건설팀 인원을 자체적으로 확보하는데 어려움이 있었다. 이러한 과정에서 CM을 감리 업무와 겸하여 활용하는 것에 대한 검토가 이루어졌고, 건설사업관리 전문성을 갖춘 한미글로벌을 CM과 감리 업무 수행자로 선정하게 되었다.

공사기간을 준수하는 것은 모든 프로젝트에서 추구하는 가장 중요한 목표 중 하나이지만, 복합쇼핑단지 개발이라는 본 프로젝트의 특성상 공기 준수가 무엇보다 가장 중요한 발주자의 니즈(needs)였다. 따라서 CM단은 품질, 안전관리를 바탕으로 한 공기와 공사비 준수를

그림 1-1 경방 타임스퀘어 조감도

목표로 본 프로젝트에 착수하였으며, 발주자가 최선의 의사결정을 내릴 수 있도록 모든 단계에서 철저한 검토와 지원 업무를 수행하였다.

CM단은 본 프로젝트의 성공적인 수행을 인정받아 '2009년 사내 고객만족대상' 을 수상하였으며, 준공 이후에는 '2009년도 건축대상' 및 '2009년도 서울시 건축대상' 을 수상하였다.

chapter

02 프로젝트 개요

2.1 사업 추진 배경

경방은 1919년 10월 '경제독립과 민족자존' 이라는 창업이념에 따라 민족기업의 효시를 열었으며, 1956년 3월 상장한 최초의 기업이기도 하다. 8.15 해방 당시 국가기간산업이었던 섬유산업을 시작으로 1994년 8월 경방필백화점 개점, 2001년 10월 우리홈쇼핑 개국에 이르기까지 경방은 지속적인 사업전환을 모색해왔다.

2002년 9월에 영등포 부지개발 마스터플랜이 본격화되면서 이듬해 9월 부지 내 영등포 공장의 조업을 중단하고, 2007년 7월에 '경방 K-Project' 라는 사업명으로 기공식을 가졌다. 기존 공장을 철거한 자리에 복합건물을 신축하고 경방필백화점을 리모델링하여, 창립 90주년인 2009년 9월 16일 '타임스퀘어' 라는 이름으로 개점하게 된 것이다.

표 2-1 사업 추진 연혁

일 정	내 용
1999. 2. 12	영등포 부도심 지구단위계획 구획 지정
2001. 11.	사업성 검토(IDN 컨설턴트) / SD 착수
2002. 11. ~ 2003. 4.	계획설계(정림건축+시상건축)
2004. 5. ~ 2004. 9.	지구단위계획 변경 및 세부개발계획 결정
2004. 11. 19	수도권 정비계획 심의 결정
2005. 10. 1	CM단 업무 개시
2005. 11. 23	건축도시공동위원회 심의 취득
2005. 12. 23	건축계획 심의
2006. 3. 9	건축허가 취득
2006. 6. 27	공사계약(GS건설)
2006. 7. 1	실 착공(철거공사)
2008. 9. 8	도시계획시설 실시계획 인가
2009. 9. 4	건축물 사용승인
2009. 9. 16	개점

2.2 사업 개요

경방 타임스퀘어는 백화점, 할인점, 호텔(15층), 멀티플렉스(2,700석), 웨딩홀, 서점, 패션몰, 오피스 2개동(각각 16, 20층) 등 상업 · 업무 · 문화 · 레저가 어우러진 새로운 도시형 엔터테인먼트 문화공간(Urban Entertaining Lifestyle Center, UELC)일 뿐만 아니라, 국내 최초의 하이브리드 몰(hybrid mall) 컨셉을 표방하여 기존의 쇼핑몰이나 복합단지와의 차별을 꾀하였다.

하이브리드 몰이 일반 쇼핑몰과 구분되는 가장 큰 차이는 단지를 구성하는 테넌트(tenant) 공간의 유기적인 배치와 구성에서 찾아볼 수 있으며, 이러한 방식은 국내에서는 본 프로젝트에서 처음으로 시도한 것이다. 기존의 대형 쇼핑몰이나 유통단지의 경우 이용자의 동선을 무시한 공간 구성으로 인해 길을 헤매기 쉽지만, 타임스퀘어는 설계단계에서부터 이용자의 움직임이나 편의를 고려하여 산책하듯 쇼핑을 즐길 수 있는 공간을 제공하였으며, 쇼핑 이외에도 쉴 곳과 즐길 곳을 쉽게 찾을 수 있도록 세심하게 배려하였다.

이러한 이유 때문에 타임스퀘어는 백화점이나 쇼핑몰, 영화관 및 대형서점 등 각각의 입주자들이 시너지를 꾀할 수 있도록 최적화된 '몰 시스템'을 갖추었다는 평가를 받고 있다. 또한, 건축설계 측면에서도 몰의 내부공간과 외부공간의 장점을 결합해 하이브리드 몰의 특징을 잘 살렸다. 실내에서도 하늘을 볼 수 있도록 대형 유리로 천정을 설치한 메인 쇼핑몰이 대표적인 예로 외부조건에 영향을 받지 않고 항상 쾌적한 상태에서 이동할 수 있도록 배려하였다는 점이 주목할 만하다.

이곳에 입점한 주요 업체는 신세계(백화점, 해외명품관), 이마트, **Court Yard by Marriot**, **CGV**, 아모리스(**Amoris**) 웨딩홀, 교보문고, 코오롱스포렉스, **ZARA** 등으로 오픈 당시 100% 임대가 완료된 상황이었다.

표 2-2 프로젝트 개요

구 분	당 초	변 경
위 치	서울시 영등포구 영등포동 4가 441-10, 21번지	
발주자	㈜경방	
설계자	정림건축 + 시상 Design Group / RTKL(미국) / GEO(일본)	
CM/감리	한미글로벌㈜	
시공사	GS건설㈜	
CM 계약기간	2005. 10. ~ 2008. 12. (39개월간)	2005. 10. ~ 2009. 9. (48개월간)
공사기간	2007. 6. 15 ~ 2009. 5. 30 (36개월간)	2007. 6. 15 ~ 2009. 9. 4 (39개월간)
대지면적	44,371㎡	44,291㎡
지역지구	일반상업지역, 준공업지역, 중심미관지구, 지구단위계획구역	
건축면적	26,047㎡	26,329㎡
연 면 적	340,137㎡ (102,891평)	340,895㎡ (103,301평)
구 조	철골철근콘크리트(SRC) 구조 + 철근콘크리트(RC) 구조	
규 모	지하 5층, 오피스-1(20층), 오피스-2(16층), 호텔(15층), 멀티플렉스(8층), 판매시설(5층), 백화점(10층)	
용 도	판매 및 영업 / 숙박 / 업무 / 문화 및 집회	
주차대수	1,849대	1,774대
총사업비	약 6,000억원	

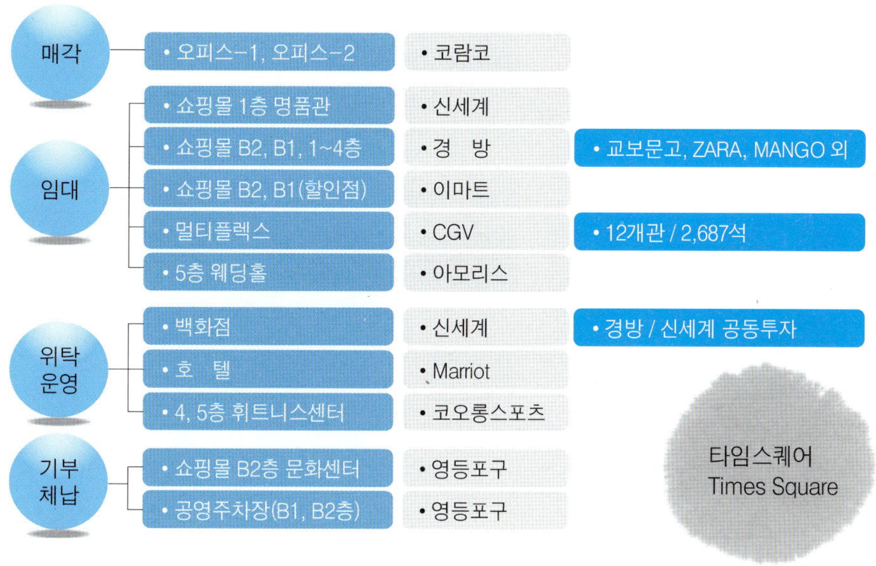

그림 2-1 경방 타임스퀘어 운영방식

2.3 사업 추진 구도

경방 타임스퀘어 프로젝트는 프로젝트 파이낸싱(project financing)사업으로 진행되었다. 프로젝트 파이낸싱은 대주단(은행권)으로부터 사업비 차용에 대해 시공사가 발주자와 함께 연대보증조건으로 계약을 체결하여 사업을 수행하는 방식으로, 시공사의 리스크 증가에 따라 담보권의 확보 등 대응책이 필요한 방식이다.

본 프로젝트에서는 발주자와 대주단(신한, 국민, 하나은행)이 3,000억원의 약정을 체결하고, 발주자와 시공사(GS건설)가 준공 이후 6개월까지 책임준공 및 채무인수를 완료하는 조건으로 계약을 체결한 후 사업에 착수하였다.

프로젝트의 수행을 위해 발주자 조직은 경방 건설본부 산하의 기획팀과 건설팀으로 구성되었다. 건설본부는 프로젝트 참여사인 설계사(건축, 인테리어: 해외 설계사 포함), CM단, 시공사, 해외 MD사를 총괄 관리하는 역할을 수행하였다.

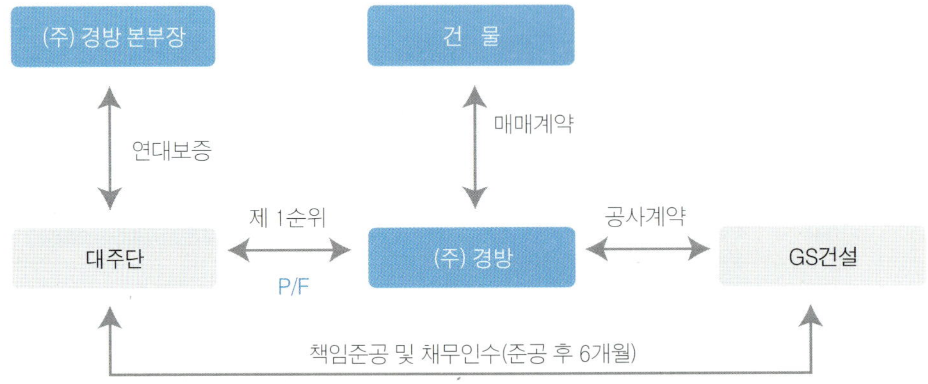

그림 2-2 사업구도

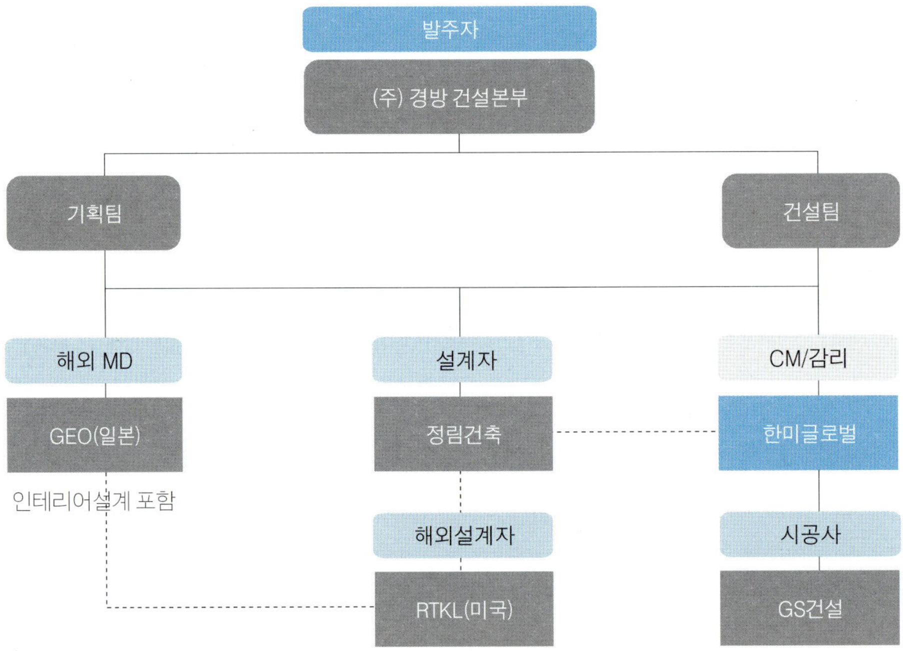

그림 2-3 프로젝트 조직도

2.4 설계계획

복합상업시설물의 설계에 있어 설계자의 역할은 건축도서를 작성하는 일에만 국한되지 않는다. 사업전략 및 계획의 규모, 방향에서부터 MD 및 사업성 검토에 이르기까지 그야말로 복합적인 역할 수행이 이루어져야 성공적인 설계를 완성할 수 있다. 즉, 성공적인 설계 결과를 위해서는 가장 먼저 MD 및 테마에 대한 합리적인 접근이 이루어져야 한다. 이를 위해 발주자와 설계자 뿐 아니라 각 분야의 전문가들 간에 동적인 업무 협조체계를 구축하는 것이 우선과제이며, 설계사의 조직적 역량과 노하우가 필요하다.

정림 건축은 건축디자인 뿐 아니라 발주자가 필요로 하는 각 시점에서 분야별 전문가를 찾아 선택할 수 있도록 지원함으로써 설계와 시공이 병행되는 공사에서 설계사로서의 역할을 다하였으며, 추후 업무조율 과정에서도 지속적으로 참여하였다. CM단은 설계사와의 협업을 통해 건축디자인의 설계 검토(design review), 설계도서의 기술 검토(technical review), VE(Value Engineering) 등을 통해 전반적인 사업의 품질을 높이는 작업을 수행하였다.

본 프로젝트는 상업시설의 사업성과 대형시설의 규모, 인허가 기간 등을 고려해 설계와 시공이 동시에 진행되는 패스트 트랙(fast track) 방식을 도입하였으며, 이에 적합한 설계 일정계획을 수립하는 것 역시 사업성의 극대화를 위한 주요 과제 중 하나였다.

도시형 엔터테인먼트 문화공간의 입면은 바(bar)+스페이스(space)의 반복패턴으로 구성되었다. 바 부분은 현수막 등의 광고가 설치되기도 하고, 광고가 없을 때는 패턴으로 인식된다. 광고의 설치 유무가 입면의 모습에 영향을 주는 상업건물에서 그 상태에 따라 입면의 이미지가 유동적으로 대응할 수 있도록 하였다〈그림 2-4〉.

공간계획을 위해 영화관은 앵커 테넌트(anchor tenant)로서 백화점 입구에서부터 고객을 시설 내 깊숙한 곳까지 이끄는 기능을 하도록 가장 후방에 배치하였으며, 메인 플라자(main plaza)는 전체 시설의 입구이자 집객장소이며 각 매장간의 동선을 연결해 주는 구심점 역할을 하도록 공간을 부여하였다. 따라서, 대형 브릿지로 거대 오픈공간을 연결하고 각종

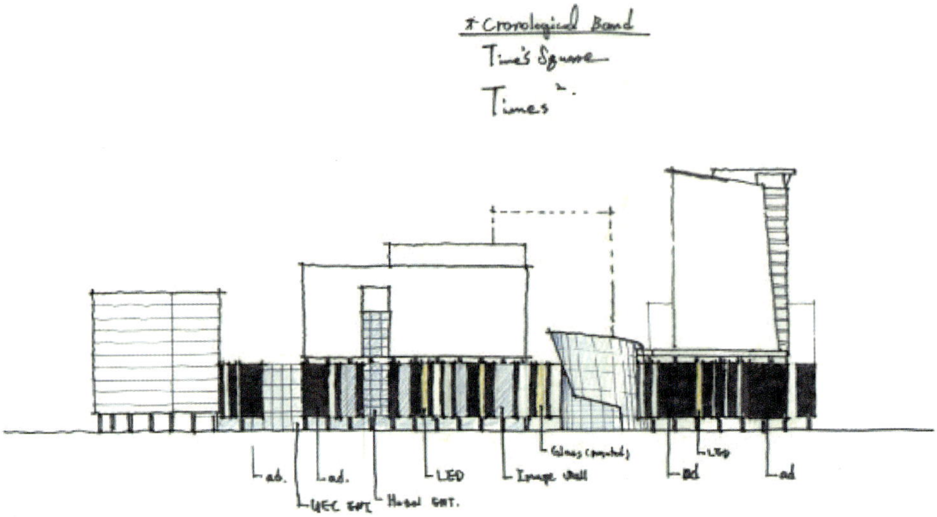

그림 2-4 설계 컨셉

이벤트의 장이 될 수 있도록 계획하였다. 메인 몰(main mall)은 고객이 매장에서 자신의 위치를 시각적으로 확인하고 다른 층의 매장과 사람들의 움직임을 볼 수 있도록 1층부터 5층까지 오프닝과 천정을 확보하였다. 백화점 공간은 기존의 백화점과 신설 매장의 층고차를 극복하고 자연스러운 동선을 유도하기 위해 에스컬레이터 및 계단을 통한 역동적인 동선을 만들었으며, 유리 아뜨리움으로 지붕을 만들어 수직이동하는 동안 자연채광을 받을 수 있도록 계획하였다. 또한, 영등포역의 유입동선을 지하연결통로를 통해 백화점으로 유도함으로써 도심지의 인구를 시설 내로 흡수할 수 있는 동선계획을 수립하였다〈그림 2-5〉.

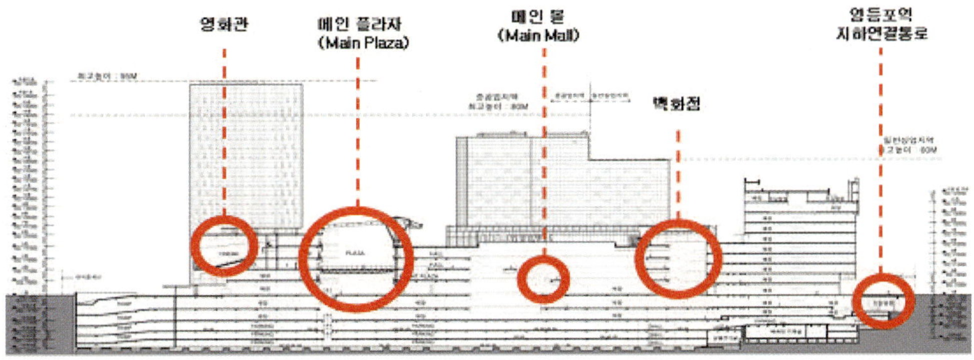

그림 2-5 내부 공간계획

1) 쇼핑몰(Shopping Mall)

쇼핑몰은 도시형 엔터테인먼트 문화공간(UELC)의 핵심 동선이다. 사람으로 치면 혈관과도 같아서 몰 내부 동선의 흐름이 잘 순환되도록 하는 것이 주요 관건이었다. 이에 따라 원활한 순환을 위해 쇼핑몰의 평면 형태와 사이즈, 단면상 구조, 주변 공간과의 연결, 점포 배치 등에 대한 고민이 복합적으로 이루어져야 했다.

타임스퀘어는 쇼핑몰의 전체흐름을 시각적으로 인지하기에 유리하도록 곡선형을 선택했다. 또한, 지하층까지 몰을 오픈시키고 천정을 통해 자연광을 유도하였다. 몰의 오픈부는 상부로 갈수록 남측으로 조금씩 넓어지는데, 이를 통해 하부층에서의 시야를 확보하고 남향에 따라 자연광을 적극적으로 유입하는 효과를 이끌어 낼 수 있었다.

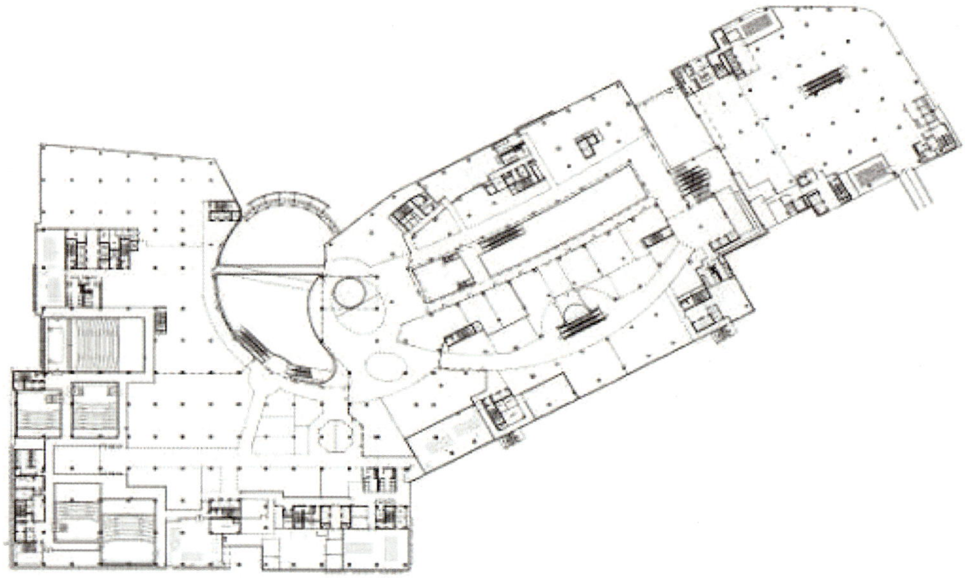

그림 2-6 쇼핑몰 내부 평면도

2) 백화점

백화점 입점을 계획함에 있어, 총 면적은 영업수익에 직결되는 매우 중요한 요소이다. 본 프로젝트의 경우 기존 시설물이 건폐율과 연면적, 건축한계선, 고도제한 등 법규에서 제한하고 있는 조건들을 90% 이상 충족하고 있었기 때문에 건물을 리모델링함에 있어 기존의 형태를 유지하며 진행하였다.

백화점은 타임스퀘어 전체 시설 중 가장 먼저 인지되는 곳이며 시설의 시작점이기 때문에 전체 시설의 이미지를 반영하면서도 독자적인 아이덴티티를 갖게 하여 타임스퀘어의 상징적인 이미지와 구심점으로서의 역할을 하는데 일조하도록 계획하였다.

발주자가 최초로 제안하였던 백화점의 이미지는 무게감 있는 고급형 백화점이었다. 이러한 발주자의 의도를 고려하여 설계 컨셉은 '위엄(dignity), 럭셔리(luxury), 조화(harmony)' 세 가지를 메인 키워드로 하였다.

초기 계획안은 두 가지 방향에서 접근하였는데, 하나는 각진 형태의 전체 매스를 강한 파사드(facade)로 인지할 수 있도록 하는 방법이었고, 다른 하나는 라운드 형태로 북측면과 서측면을 하나의 면으로 보이게 하여 전면도로에서의 건물 인지성을 극대화시키는 방법이었다. 발주자와의 지속적인 검토를 통해 최종적으로 라운드 형태의 설계안을 채택하였다. 이 경우, 하나로 인지되는 면이 지나치게 부담스럽거나 답답해 보이지 않도록 하는 것이 해결과제였고, 면을 각각으로 분리하여 시각적 부담을 덜고 모던한 이미지를 심어주고자 하였다.

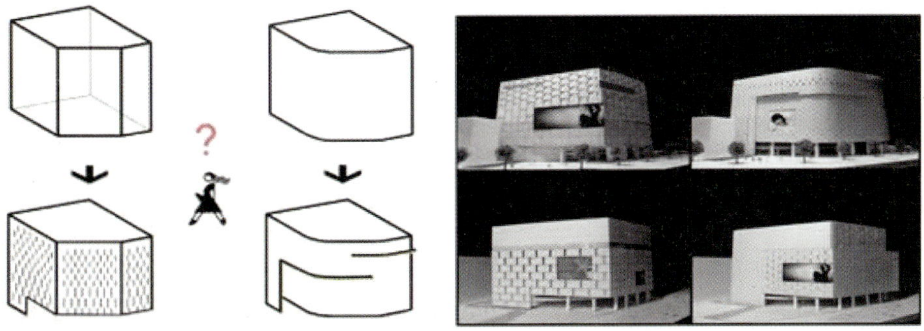

그림 2-7 백화점 초기 계획안

그림 2-8 경방 타임스퀘어 모형

chapter

03 단계별 CM 업무

CM단은 초기 지구단위계획부터 설계, 시공 및 준공 인허가에 이르기까지 프로젝트 전(全) 단계에 걸친 사업관리 업무 및 관계법령이 정한 법적 감리 업무를 수행하였다. 이를 시공이전단계와 시공단계로 나누어 CM 수행 사례를 소개하면 다음과 같다.

3.1 시공이전단계 CM 업무

시공이전단계 업무를 수행하기 위해 한미글로벌에서는 CM단장을 비롯하여 총 5명의 상주인원과 6명의 비상주인원으로 CM단을 구성하였다.

시공이전단계에서 CM단의 주요 수행업무를 요약하면 다음과 같다.

- CM단 투입 이전에 계획된 설계 검토 및 확정(평면, 층고, 구조/기계/전기 시스템 등)
- 지구단위계획, 건축 심의 및 허가, 착공 허가 등 인허가 지원
- 전 단계 패스트 트랙에 따른 종합적 설계관리
- 프로젝트 수행계획서(PIP : Project Implementation Plan) 작성 및 PMIS 구축에 따른 프로젝트 업무책임과 결정권한(responsibility & assignment matrix) 수립 및 이행

1) 기 설계된 구조 검토 및 확정

초기 구조설계는 설계사에서 제안한 MHS(Modularized Hybrid System) 구조 시스템이 반영된 상태였다. MHS 구조 시스템은 RC공사의 단점인 거푸집을 프리캐스트 콘크리트(precast concrete)로 대신하여 철골과 같이 간단하게 접합하도록 개발된 합성보로, 보의 일부를 공장에서 제작하기 때문에 RC공정에 비해 거푸집의 제작 및 탈형작업에 유리한 장점이 있다.[1]

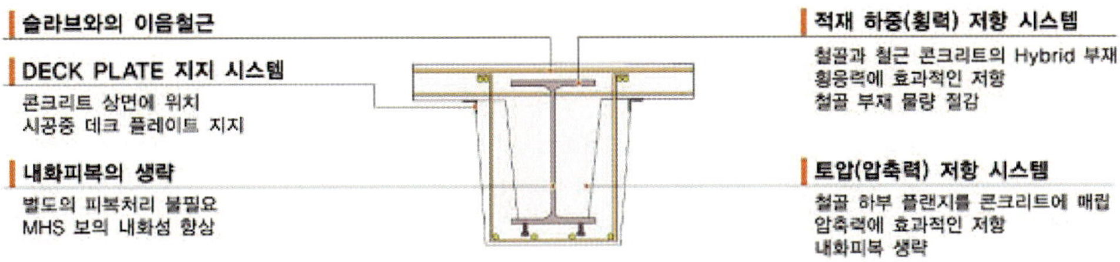

그림 3-1 MHS 구조시스템 개요 및 장점

그러나, CM단에서 MHS 구조시스템의 적용방안에 대해 검토한 결과 다음과 같은 몇 가지 사유로 인해 구조공법 변경의 필요성이 대두되었다.

먼저, 패스트 트랙으로 진행되는 본 공사의 특성상 구조도면이 출도된 이후에 MHS를 제작하게 되면 설치 기간을 포함하여 과다한 시간이 소모될 것으로 예상되었다. 또한, 복합 상업시설물에서 발생하는 잦은 설계변경요인들에 대해 즉각적으로 대처하기가 어려운 사업적 특성과 단위중량(10톤 이상) 과다로 인한 타워크레인 양중 난해, 공사비 증가 가능성도 MHS 구조시스템 적용에 장애요인으로 판단되었다.

CM단은 이러한 제약 요인들로 인해 예상되는 문제요인을 발주처에 충분히 설명하였으며, 기존 설계상의 구조공법에서 다음과 같이 합리적이고 경제적인 설계로 변경할 것을 제안하였다.

---

1) 이호찬(2008), "MHS 합성보 건축구조설계편람", (주)MCS Tech.

• 지하 5층 ~ 지하 2층까지 RC조를 적용함

• 지하 1층부터 고층인 오피스, 멀티플렉스는 SRC조를 적용하고, 나머지 호텔, 판매시설은 RC조를 적용함

시공사가 선정된 이후 시공사에서도 MHS 구조 시스템을 본 공사의 대안으로 적극 추천하였으나, 공사를 진행하면서 CM단의 판단이 합리적이었다는 것을 설계사와 시공사 모두 인정하게 되었다. 이는 CM단의 철저한 설계검토와 경험이 있었기에 가능하였다고 생각하

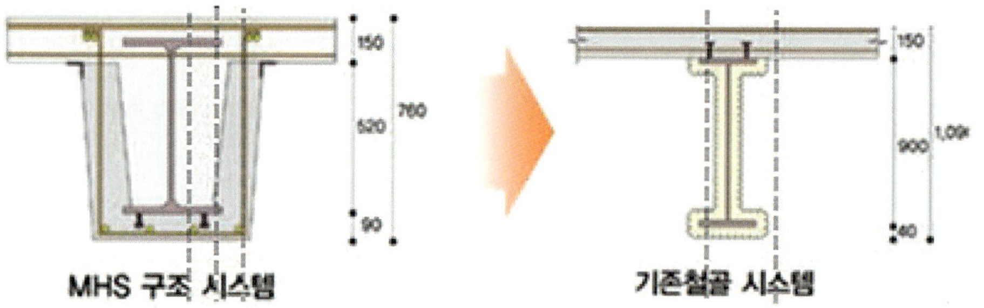

그림 3-2 구조시스템 개선 방안

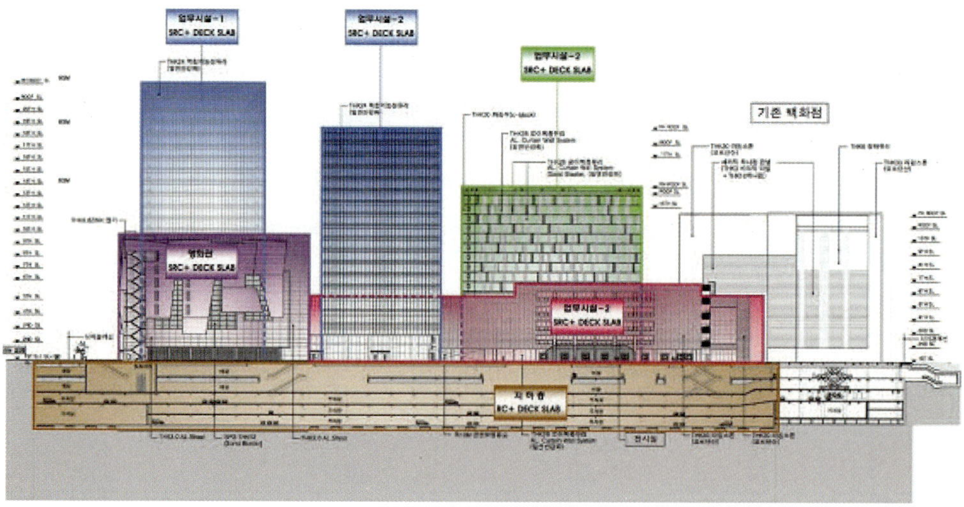

그림 3-3 구조 단면도

며, 발주자에게 CM의 필요성을 재인식시켰던 좋은 사례라 하겠다.

2) 시공사 선정

CM단이 프로젝트에 투입될 당시의 인원배치계획은 상주인원 1인(건축 특급)과 단장(임원)을 포함한 비상주인원 9인이 공사 도급계약 체결을 위한 도서검토와 입찰지침서의 작성 및 계약과정의 CM 업무를 진행하는 것이었다.

경방 타임스퀘어 프로젝트는 대규모 복합시설로서 계획설계단계에서 입찰을 실시한 흔치 않은 사례였다. 그러나 시공사 선정을 위한 도급계약 체결용 도서를 검토하는 과정에서 설계도서의 완성도에 문제가 있음을 발견하였고, 기존의 설계도서로는 정상적인 입찰을 진행하기 어렵다는 결론을 내렸다. 명확하지 않은 설계도서는 추후 공사비 증가로 인한 논쟁을 유발할 수 있기 때문에 설계도서의 완성도를 확보한 이후에 공사입찰이 진행되어야 하는 상황이었다. 이에 CM단은 우선 발주가 가능한 철거공사부터 업체를 선정한 후, 토목공사와 골조/마감공사는 단계별로 분리 발주하는 방식을 제안하였고, 이 과정에서 설계도면을 입찰 가능한 수준까지 단계별로 진행하는 것이 타당함을 주장하였다.

그러나 발주자는 프로젝트 파이낸싱을 통해 원활한 공사비를 조달하기 위해서는 우량 시공사의 준공보증이 우선적으로 필요함을 강조하였다. CM단은 시공사 선정이 무엇보다 시급한 발주자의 상황을 고려하여, 설계도서 품질 확보를 위한 CM단 상주인원 3인을 추가로 배치하였다. 추가된 3인은 착공 이전단계에서 경방 공장의 철거공사를 관리할 수 있는 시공 전담인원 1인, 도면 미비사항을 입찰지침서에 최대한 반영시켜 입찰을 진행할 수 있도록 지원할 총괄단장 1인, 원가담당 1인으로 구성되었다. 이는 기존의 계약내용에 국한하지 않고 시급한 문제해결을 위해 추후인원을 탄력적으로 조정 · 배치하도록 발주자와 CM단이 합의한 사항이었다.

최종적으로 구성된 CM단은 한미글로벌 본사의 엔지니어링팀 전문가(토목, 건축, 전기, 기계 비상주 인원)들과 함께 추후 시공사와의 공사비 논쟁을 최소화할 수 있도록 세부적인 입찰지침서 작성 및 질의회신 등을 통하여 입찰을 진행하였다.

국내의 1군 건설업체 3개사를 지명입찰하여 공사비를 접수한 결과 GS건설은 타 업체에 비해 유리한 공사비 지급조건을 제시하였고, 최종 우선협상대상자로 GS건설을 선정하여 협상을 진행하였다. 당초 GS건설에서 제시한 금액은 3,279억원이었으나, 전체공사기간 준수를 전제로 제시된 대안공법 중 토목 SPS(Strut as Permanent System)구간 50% 적용 및 SPS 공법 삭제 등과 발주자의 추가 협상을 거쳐 최종 2,992억원으로 확정하였다.

공사계약에 있어 CM단의 주요 관리 포인트는 다음과 같았다.

- 도면미비 상태로 인한 추후 공사비 논쟁을 최소화 할 수 있어야 함
- 일반적으로 공사계약 이후 시공사 주도로 공사가 진행되는 경향이 있으므로 발주자가 주도적으로 이끌어갈 수 있는 계약체결이 되어야 함

이러한 과정을 통하여 도급공사비를 추론, 계약원가 검토 후 발주자에게 보고하고 계약 방식에 대해 협의를 마친 후, 마침내 2006년 6월 공사계약을 체결하게 되었다.

3.2 시공단계 CM 업무

1) CM 조직 구성

시공단계는 CM단장을 비롯하여 공종별 17명의 상주인원과 1명의 비상주인원으로 CM 조직을 구성하였으며 원활한 공사진행을 위하여 전문 · 기술자문단을 두어 운영하였다(백화점 리모델링 상주인원 5명 별도).

그림 3-4 시공단계 CM조직도

2) 프로젝트관리 업무

시공단계의 주요 수행업무를 요약하면 다음과 같다.

- 설계변경 및 준공 등 인허가 업무에 솔선수범하여 업무 협조
- 전 단계 패스트 트랙에서의 설계관리
- 프로젝트수행계획서(PIP)와 PMIS를 활용한 프로젝트 업무책임 및 결정권한(responsibility & assignment matrix) 수립 및 이행
- 시공사의 초기 시공계획 및 주요 공종 단계별 공정관리계획 검토, 확정
- 건축, 전기 및 기계 · 설비 분야의 발주자 의사결정 지원
- 법적 감리업무 수행
- 매장 기획(MD) 부서와의 원활한 코디네이션업무

- MD 지연, 변경에 따른 능동적인 대안 제시로 변경시공 최소화
- 각 테넌트의 입주관련 공사 협의업무 지원
- 설계 · 시공단계별 사업비관리 및 최종 정산 지원

(1) 커뮤니케이션 조정자 역할 수행

각기 다른 특성의 대규모 복합건물의 다양한 니즈와, 특히 쇼핑몰에 있어 가장 최신의 트랜드를 반영하여야 하는 사업의 특성상 경방 타임스퀘어의 패스트 트랙 도입은 선택이 아닌 필수의 상황이었으며, 이에 적합한 설계 및 시공계획을 마련하는 것은 중대한 업무이다. 이렇게 설계와 시공이 동시에 진행되는 대규모 패스트 트랙 현장에서 CM의 가장 중요한 역할은 프로젝트 참여자간의 복잡한 의사결정 및 다양한 이해관계를 전체적으로 컨트롤하여 발주자의 의사결정이 신속하게 이루어지도록 지원하는 프로젝트 조정자(coordinator)의 역할이라고 할 수 있을 것이다.

이를 위하여 CM단은 프로젝트에 투입된 시점부터 프로젝트 수행계획서(PIP)를 작성하고 보완해 나가며 발주자, CM사, 설계사, 시공사간의 업무책임 및 결정권한을 설정하였다. 더 나아가, 각 참여사가 프로젝트를 진행하는 동안 각각의 업무수행 한계를 인식하고 업무의 중복 및 누락이 없도록 관리하였다.

(2) 주인의식 및 리더십 발휘

CM단은 프로젝트 진행 기간 중 건설사업관리자로서 주인의식과 리더십을 가지고 업무를 추진하였다. 당 현장은 CM단이 투입되기 이전부터 인허가 업무가 진행된 상황이었으나, 건축심의 선행단계인 지구단위계획 심의에서부터 매우 부진한 진행을 보이고 있었다. CM단은 업무범위에 포함되지는 않지만, 원활한 프로젝트 진행을 감안하여 적극적으로 지원을 하였으며, 그 결과 2006년 11월 단 한 차례만에 심의를 통과할 수 있도록 크게 기여하였다. 뿐만 아니라, 후속 건축심의 및 건축허가에 있어서도 지원을 아끼지 않아 '발주자를 위한다' 라는 CM 본연의 역할을 발주자에게 강하게 각인시킬 수 있었다. 이러한 과정을 통해 발주자는 한미글로벌의 역할과 능력에 대해서 신뢰하게 되었으며, CM단은 시공 업무에서도 주도적인 역할을 수행할 수 있었다.

chapter

04 주요 CM 수행사례 및 성과

4.1 공정관리를 통한 공기 단축

1) 설계 일정관리

패스트 트랙 방식 도입에 따른 사업 추진에 따라 설계도서 출도 시기는 시공일정과 밀접한 관계를 갖는 요소로 가장 중요한 일정관리 포인트라 할 수 있다. 시공용 설계도서의 출도 지연은 시공일정에 영향을 미쳐 공기 준수에 막대한 지장을 줄 수 있기 때문에 설계단계에서의 체계적인 일정관리가 필요하였다.

실시설계는 2단계로 나누어 진행하였으며 1단계는 터파기 착공을 위한 실 착공용 도서 출도를, 2단계는 건축공사를 위한 시공용 도서 출도를 목적으로 하였다.

설계 일정관리를 위해 중점적으로 고려한 사항은 다음과 같다.

- 설계 주요 마일스톤 작성 및 일정관리 실시
- 설계단계별, 시공단계별 도서 출도 일정관리를 통하여 시공 공정 지연요소 사전 제거
- 출도일정 지연 사유 확인 및 추적
- 발주자 의사결정 업무에 적극 협조하여 설계도서 출도 일정을 단축할 수 있도록 업무 지원

2) 시공 일정관리

프로젝트 초기단계에서 수립한 공정관리 업무수행 계획은 패스트 트랙 방식의 사업 추진에 따라 공사 진행 단계마다 지속적인 업데이트가 필요하였다. 이처럼 수시로 변경되는 시공일정을 관리하기 위해 CM단에서는 다음과 같은 일정관리 방안을 수립하였다.

표 4-1 주요 일정관리 방안

주요 일정관리 방안	
주요 마일스톤 작성 및 일정관리 실시	• 토공사, 골조공사, 커튼월 공사, 외부 석공사, 내부 건식벽공사, 인테리어공사 등 주요 마일스톤 설정 • 마일스톤의 주간, 월간 공정관리 체크 • 공정관리 전문가의 시공사 마스터 스케줄 검토
마스터 스케줄의 공유 및 해결책 제시	• 공정관리 전문가의 마스터 스케줄을 검토하여 발주자, 시공사와 검토내용을 공유하고 발생된 문제점에 대한 해결책 제시 • 공정부진 발생시 현장 여건을 감안한 공정 만회대책 수립 • 시공사와의 협의를 통해 현장 반영
잔여 공정 검토 보고	• 준공 1년 전부터 잔여공정의 진행방안에 대한 사전검토 실시 • 지연이 예상되는 공종에 대한 특별 관리 실시
택트(tact) 기법 적용	• 동일한 사이클로 시공되는 오피스 1, 2의 경우 택트 기법을 적용하여 일정관리 실시

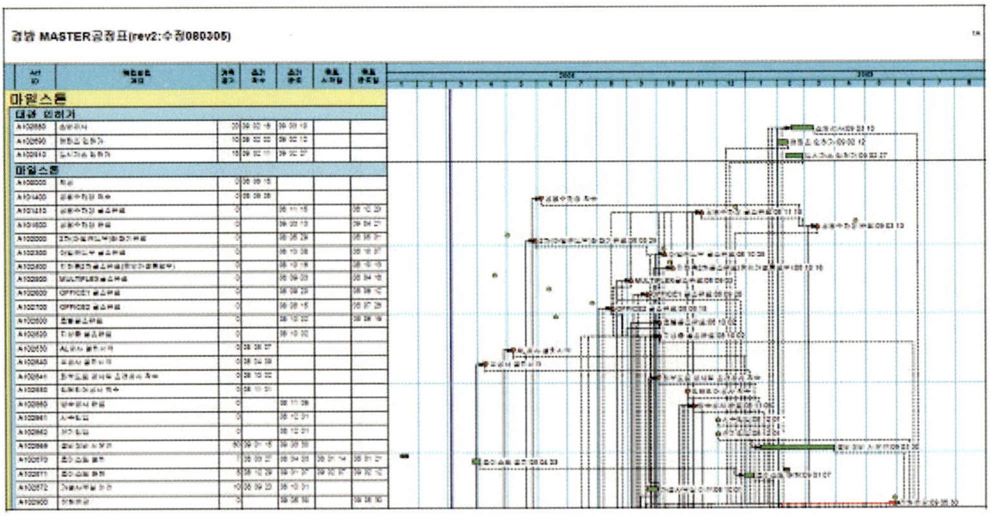

그림 4-1 마스터 스케줄

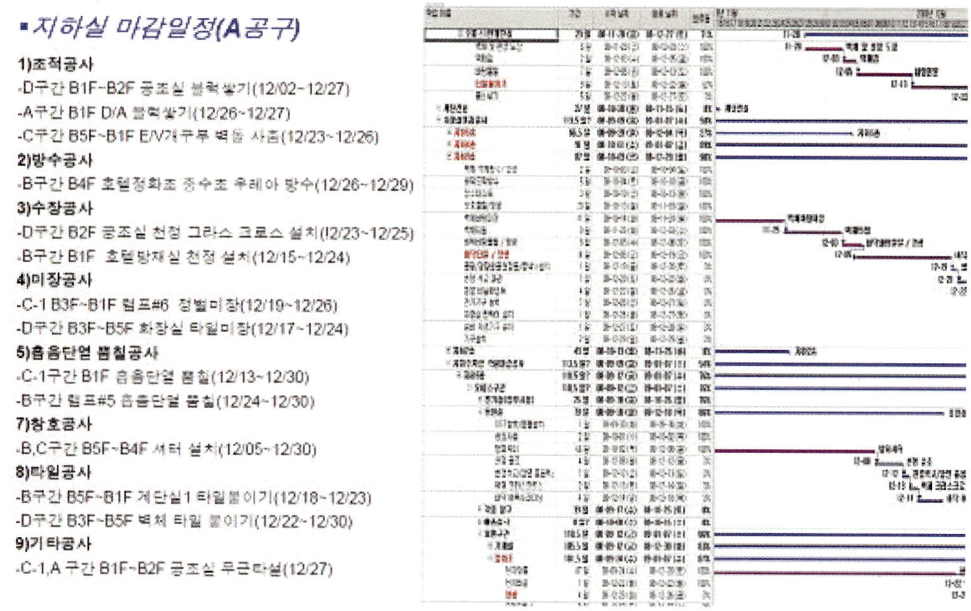

그림 4-2 세부 일정관리 사례

동일한 평면이 반복되는 오피스 1, 2의 경우 기준층 공정관리에 있어 투입되는 자원을 조정하여 모든 공정의 단위층 작업일정을 통일하고, 이를 연속성 있게 관리하는 택트(tact) 기법을 적용하였다. 택트 공정표에서는 작업자의 조정을 통해 일정관리를 실시하여 모든 공정이 동일한 작업 일수로 진행되게 함으로써 잉여시간이 없는 효율적인 공정관리가 가능해진다. 예를 들면, 조적공사 작업자를 6명에서 12명으로 두 배 늘리고 창호작업자를 줄여 층 작업소요일수를 4일로 조정한 후 이를 모든 공종에 적용하게 되면 4일 택트(한 층의 공기가 4일)가 완성된다.

당 현장에서는 택트 공정표를 작성하기 위한 전체 시공계획을 수립하고 택트 공정교육을 실시한 준비기간(2007년 4월~2008년 6월)을 거쳐, 오피스 1, 2동의 기준층에 택트 공정 기법을 적용하였다(2008년 7월~2009년 1월). 이 과정에서 일본의 카지마건설과의 기술교류를 통해 당 현장에 적합한 시공계획을 수립하였다.

택트 공정표 작성은 다음과 같은 프로세스에 따라 진행되었다.

먼저, 택트 항목을 선정하였다. 단위층에 투입되는 작업을 색출하고 사전에 필요한 작업, 즉 물량산출, 자재승인, 샘플시공, 색상결정 등 필요작업을 파악한 후 공정표를 작성하여 처리 기한을 재반영하였다.

다음으로, 조닝(zoning)별로 그룹핑(grouping)을 하고 작업순서에 따라 작업공종을 나열하여 프로세스를 결정하였다. 당 현장에서는 커튼월, 화장실, 내부, 공조실 작업방법 및 순서가 전체 공정에 영향을 주는 주요 요인이었기 때문에 공종 실무진과의 협의와 조정에 따라 프로세스를 결정하였다.

전체 공기를 감안하여 마일스톤 공정표를 작성하고, 그 틀에 맞춰 프로세스에 따라 공종을 나열하고 단위기준층의 공정표를 작성하였다. 또한, 각 공종별 실무회의를 통해 기준층 물량과 택트 일수를 고려한 투입 자원량을 산정하였다.

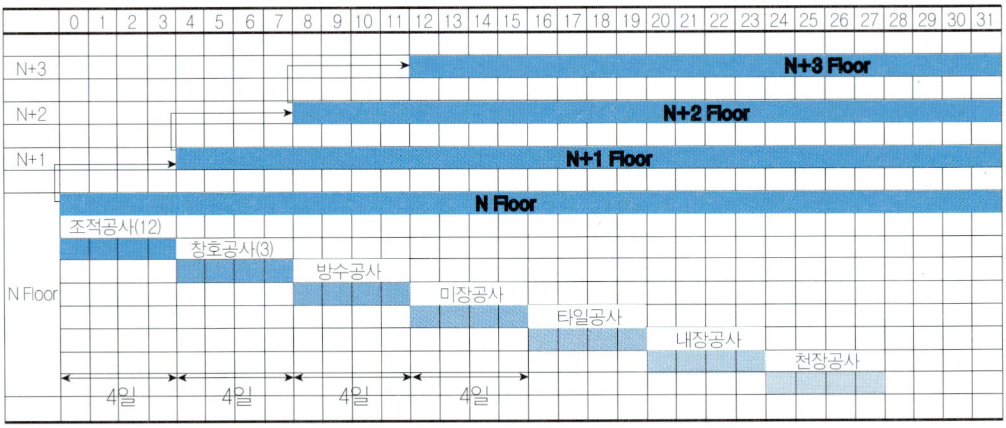

그림 4-3 자원조정 및 택트 일수 결정

마지막으로 단위 공정표를 적층하여 전체 공정표를 작성하였다. 이 때 중요 마일스톤을 명기하여 집중관리가 가능하도록 하였으며, 마감 투입 전 지수층의 형성과 조닝별 간섭여부를 검토하였다. 〈그림 4-4〉는 작성된 택트 공정표이다.

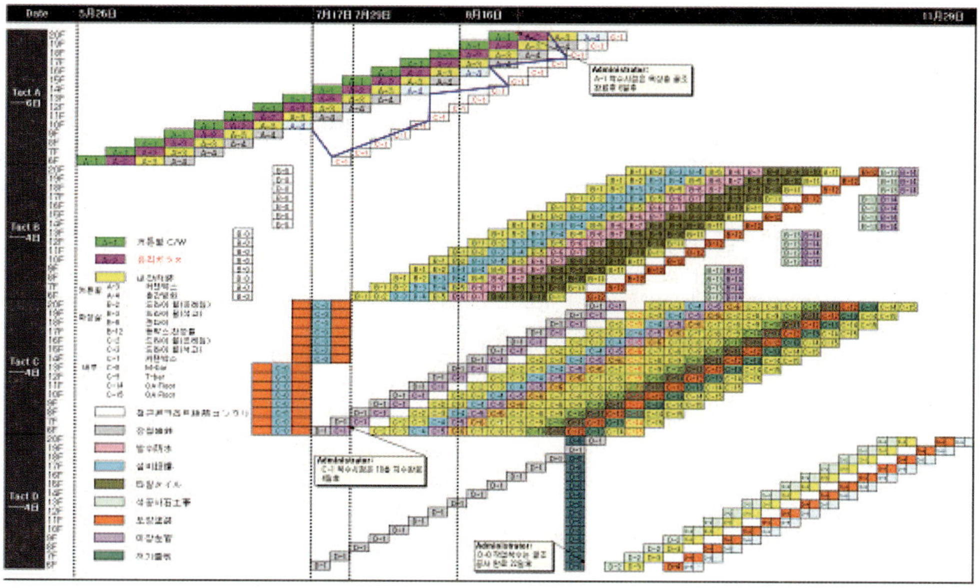

그림 4-4 오피스 1, 2 택트 공정표

공정 진행 과정 중 예상치 못한 사유로 인해 택트 공정을 준수하지 못한 경우에는 이를 복구하고 수정된 공정표를 작성하여 관리하였다.

택트 공정이 미 준수된 주요 원인과 이에 대한 대응방안은 다음과 같이 정리할 수 있다.

- 외장 유리의 2차 발주 지연 : 커튼월 공정의 택트 공정이 미 준수되어 층별 진행 예정 공정을 방위별 3개층 면 단위로 수정하여 관리함
- 발주자 요구사항 변경에 따른 엘리베이터 홀 자재선정 지연 : 엘리베이터 홀은 크리티컬 패스(critical path)에 영향이 없었기 때문에 엘리베이터 홀 택트 전체를 늦춰 공사에 착수함
- 일부 공종의 작업자 투입 지연 : 정상화되기까지 추가인원 투입 및 돌관작업 실시를 통하여 공정을 만회함
- CM단의 품질기준 미흡에 의한 공사 중지 : 택트 공정은 진행하되 별도의 팀으로 수정작업 실시함

본 프로젝트를 통해 향후 유사 프로젝트에서 택트 공정관리기법을 적용하기 위해서는 다음과 같은 몇 가지 선행조건이 필요함을 알 수 있었다.

- 자재 반입일정, 자재 사양 및 시공상세도(shop drawing) 확정, 작업방법 및 품질기준 확정
- 일정 미 이행시 후속공정 택트가 미준수되기 때문에 가능한 각 공종별 택트 작업조 인원을 고정 투입할 수 있어야 함
- 택트 공정 파괴시 신속하게 대처하고 유형별 대응방안이 강구되어야 함
- 설비 및 전기 등 협업부서의 적극적인 참여와 동행의지가 필요함

3) 공정관리 주요 성과

CM단이 판단한 본 프로젝트의 공정관리 최대 주안점은 다음의 사항이었다.

- 넓은 지하층 골조공사를 어떻게 조속히 완료할 것인가?
- 골조공사의 공기를 단축함으로써, 후속 MD 변경 등에 따른 설계변경에 대응할 수 있도록 마감공사기간을 여유롭게 확보할 수 있을 것인가?

시공사가 작성한 시공계획에 따르면 가장 마지막에 완료되는 골조공사는 멀티플렉스로, 토공램프 부분에 위치한 멀티플렉스 골조공사 착수시기가 토공 반출지연에 따라 순연될 수 있음을 감안한 것이다. 즉, 2008년 9월 완료예정인 골조공사 이후 준공일까지 마감공사기간은 약 8개월 정도로, 주요 테넌트인 CGV의 인테리어 공사일정을 감안하면 매우 촉박한 상황이었다. 또한, 멀티플렉스 지하 5층에 통합기계실이 위치하기 때문에 대규모 기계 설비공사를 위해서라도 골조공사를 반드시 앞당겨야 할 필요가 있었다. 이러한 이유로 CM단은 공기지연을 초래할 수 있는 예상 문제들을 시공사에 설명하고 조기 골조공사 수행을 위한 시공계획 수정을 요구하였다.

CM단은 '가설 경사복공 램프'를 설치하는 아이디어를 제안하여 이러한 문제 상황에 대처하였고, 수차례에 걸친 협의 끝에 시공사와의 합의를 도출할 수 있었다.

당 현장은 종심 폭이 163m로 부지 외곽의 펌프카 타설 반경이 부족한 상황이었기 때문에 콘크리트 타설 공간을 확보하기 위해서는 부지 중앙통로가 필요하였다. 따라서, 지하층 골조공사시 한정된 출입구에 따른 가설 통로 문제를 해결하고 토사, 백화점 지하 철거 폐기물 반출 및 레미콘 차량 등 작업차량의 통행과 펌프카 타설을 위해 램프를 설치하는 방안을 검토하였다.

CM단이 제안한 오피스 1동과 멀티플렉스 사이에 가설복공 램프를 설치하는 방안에 따라 골조완료일을 단축하여 마감공기를 충분히 확보할 수 있도록 하였고, 기계실 공사를 조속히 완료하여 기계실 장비설치공사를 조기에 착수하도록 함으로써 충분한 시운전기간을 확보하도록 하였다. 뿐만 아니라, 대규모 부지의 한정된 출입구에 따른 가설통로 문제도 동시에 해결할 수 있었다.

이로써 멀티플렉스 골조공사는 당초 시공사 예상일정보다 약 3개월 단축된 2008년 6월에 완료되었고, 가설 경사복공 램프 설치에 따른 약 7억 원의 비용은 CM단이 작성한 입찰지침서의 "시공을 위한 복공시설은 시공사 부담으로 한다"는 조항에 따라 시공사에서 부담하게 되어 발주자의 비용 증가는 발생하지 않았다.

이러한 시공계획에 따라 마스터 스케줄에도 일부 변경이 발생하였으며, 2007년 12월말까지 일부 구간을 제외한 지하층 골조가 완료됨으로써 전체 일정은 차질 없이 진행되었다.

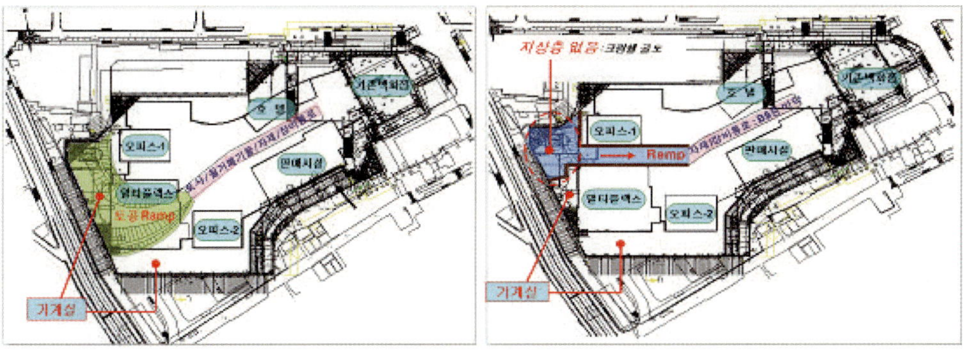

그림 4-5 당초 시공계획(좌), CM단 조정 시공계획(우)

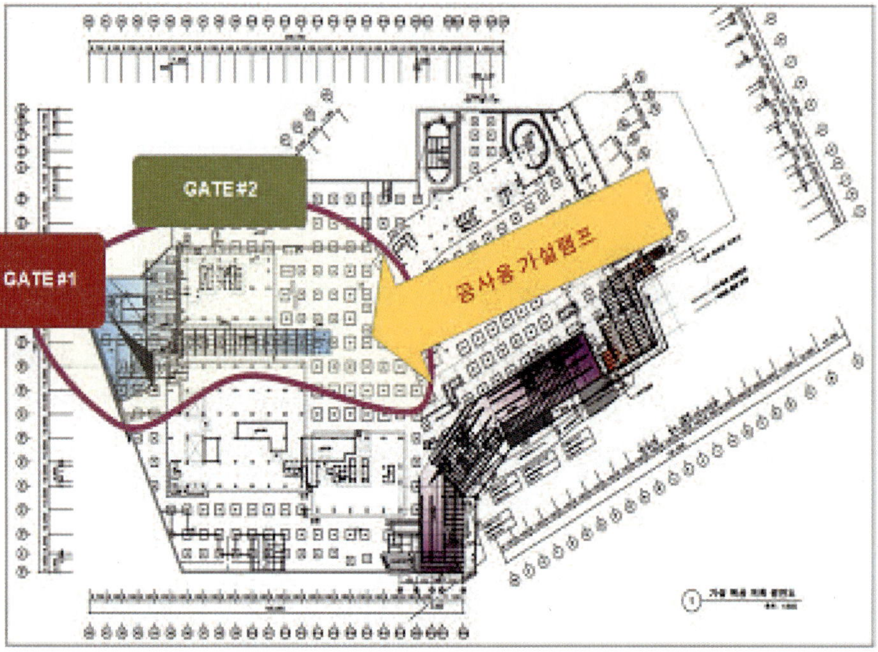

그림 4-6 가설복공계획 평면도

그림 4-7 가설복공 시공사진

결국 발주자는 공사비 절감뿐만 아니라 MD검토 등에 있어 여유로운 일정을 확보하게 되었고, 이는 CM단이 시공사로부터 초기 리더십을 확보할 수 있는 계기가 되었다.

4.2 프로젝트 전(全) 단계에 걸친 원가관리

1) 입찰 및 계약단계의 원가관리

경방 타임스퀘어 프로젝트는 설계도서가 확정되지 않은 상태에서 설계와 시공이 동시에 진행된 패스트 트랙 현장으로, 시공사 선정을 위한 현장설명 및 입찰업무 수행시 계획도면 수준의 입찰용 도면을 보완하기 위해 견적안내서를 작성하여 입찰업무를 수행하였다.

입찰 및 계약과 관련한 주요 업무 진행사항은 〈표 4-2〉와 같다.

CM단은 경방 타임스퀘어 프로젝트와 백화점 리노베이션 공사의 현장설명 및 입찰, 계약 전 단계에 걸쳐 경방 건설팀과 협조하여 업무를 진행하였다. 특히, 입찰사의 입찰금액을

표 4-2 입찰 및 계약 주요업무 수행현황

내 용	일 자
견적 안내서 제출	05. 11. 28.
현장설명	06. 11. 29 ~ 12. 7.
견적 안내서 질의 접수	05. 12. 8. ~ 12. 23.
견적 안내서 질의 답변	05. 12. 23 ~ 06. 1. 9.
입찰견적서 접수(건축주)	06. 1. 25.
입찰사 시담(견적내역 및 대안확인)	06. 2. 3 ~ 2. 17.
입찰 평가 보고서 제출	06. 2. 20.
건축공사 도급계약 관련 준비자료 제출	06. 3. 2.
우선 협상 대상자 선정 통보	06. 3. 17.
우선 협상 대상자 계약진행 협상	06. 3. 27.
우선 협상 대상자 1차 제출물 접수	06. 4. 3.
우선 협상 대상자 2차 제출물 접수	06. 4. 10.
우선 협상 대상자 3차 제출물 접수	06. 4. 17.
계약 방안 경영진 보고	06. 5. 4.
계약 협의 1차	06. 5. 12.
계약 협의 2차	06. 5. 18.
계약 협의 3차	06. 5. 22.
계약 협의 4차	06. 6. 8.
도급 계약 체결 날인	06. 6. 27.

검토 및 분석하여 계약 전 현장설명 및 입찰서류에 따라 충실한 견적이 이루어졌는지를 파악하였다.

2) 입찰 및 계약 이후 단계의 원가관리

(1) VE를 통한 원가 절감

패스트 트랙 방식으로 진행되는 공사의 특성상 최초 계약금액의 변경은 불가피한 사항이었다. 이러한 이유로 최종 시공용 도서(Construction Document, CD)가 출도되어 변경 도급내역서를 확정하기 전까지 설계단계, 시공단계의 원가관리가 CM단의 주요업무 중 하나였다. CM단은 설계단계 항목별로 원가관리를 실시하였으며, 설계 · 시공단계의 VE, 월간 사업비 보고서 작성 등을 통해 효과적인 관리가 되도록 노력하였다.

VE를 수행하기 위한 기본 방향은 설계의 경제성 및 현장 적용의 타당성 등을 기능별, 대안별로 고려하고, 초기 건설비용과 운영 및 유지관리를 포함한 건물 생애비용(Life Cycle Cost, LCC)을 검토하여 주요항목 위주의 실질적인 기능향상과 원가절감을 목표로 하였다. 또한, 분야별로 VE 주요 항목을 검토하여 건설비와 유지관리비의 전체비용 및 시설운영을 통한 수익을 종합적으로 분석하였다.

〈표 4-3〉은 분야별 VE 주요 검토항목을 정리한 것이다.

표 4-3 분야별 VE 주요 검토항목

구 분	분야별 VE 주요 검토항목
토목	• 구역별 최적의 흙막이 벽체 및 지지 시스템 검토 • 효율적인 지하 토압/수압 구조시스템
구조	• 각 건물별 최적 수직/수평 구조시스템 • 효율적인 지하 토압/수압 구조시스템 • 기초시스템 • 경제성, 시공성을 고려한 슬래브 시스템 검토 • 공기단축을 위한 구조시스템
건축	• 각 기능실 및 공용부 실내마감 재료의 검토 • 기능 재분석 및 공간사용 검토에 따른 평면 효율성 검토 • 부위별 적정 단열 및 방수공법 적용을 통한 공사비용 검토 • 공기단축 및 시공성 개선을 통한 원가절감 • 설계자의 디자인 의도를 충분히 표현할 수 있는 커튼월 시스템 검토 및 적정 외장재 선정 협의 • 유지관리비용을 최소화하며 장수명, 에너지절감을 고려한 자재 선정
전기	• 전력인입설비에 대한 전력회사 공급규정과 건물 인허가, 소유 구분으로 인입 및 수전설비 공사비 최소화 검토 • 유사건물 조사 분석에 따른 적정 변압기용량 및 뱅크(bank) 구성 • 고효율에너지 조명기기 사용으로 전력비 절감 • 간선계통의 조닝(zoning) 방법 검토에 따라 배관 및 배선비용 최소화 • 임대 및 분양시 인테리어 설계 및 시공범위 구분으로 중복설비 배제
기계	• 기계실, 공조실, 중수 및 오 · 폐수처리설비, shaft 등의 콤팩트화로 면적 및 층고 절감 • 유틸리티 종합 마스터플랜 계획 수립으로 경제적인 설계 유도 – 공조 및 배관 조닝 최적화/ 배관동선 최소화 검토, 중수 및 오 · 폐수 처리 설비시스템 및 용량의 적정성 • Block peak load, 부하 패턴 정밀분석으로 장비 용량/ 배관관경/ 동력비 최소화 • LCC분석에 의한 경제적인 시스템 설계 – 열원, 공조, 주요장비 선정 등에 있어 유사 건축물 사례조사에 의한 검증 및 문제점 개선 • 최적장비 및 자재 선정(고효율, 유지관리비 및 공사비 최소화) – 주요 장비 및 자재에 대한 특성 분석과 타 프로젝트 가동 현황 정밀 조사, 분석 및 문제점 개선으로 LCC 최소화 • 공장제작 공법 적극 검토로 공기 절감, 품질 향상, 공사비 절감 도모 • 최적 종합관제계획 수립으로 이중투자 최소화, 공사비 절감

CM단은 공사비의 증가를 최소화하는 것을 원가관리 업무의 최대 목표로 설정하고 각 공정별 VE를 실시하여 총 36개 항목에서 약 143억원의 공사비를 절감할 수 있었다.

설계단계 VE의 대표적 사례로는 서측 플라자 천정의 적용공법에 대한 검토를 들 수 있다. 서측 플라자는 타임스퀘어의 메인 시설로, 미적 아름다움을 추구하면서 경제성 있는 공법을 선정하는 것이 주요 이슈였다.

그림 4-8 메로 시스템(좌), 철골+커튼월 시스템(우)

CM단은 '메로 시스템(mero system)'[2]과 '철골+커튼월' 적용에 대해 비교검토를 실시하였으며, 성능 대비 경제성 분석결과를 바탕으로 최종적으로 철골+커튼월 공법의 적용을 제안하여 약 32억의 공사비를 설계단계에서 절감할 수 있었다.

또한, 시공사가 제안한 VE가 반영되는 경우 절감금액의 50%를 인센티브로 지급하는 제도를 발주자에게 제안하여 실행함으로써 시공단계에서의 적극적인 VE 활동을 유도하였다.

(2) 유용토 정산

영등포는 한강 유역권으로 1992년 경방필백화점 신축 당시에도 유용토가 발생한 사례가 있었기 때문에 토목공사 착수시부터 발주자는 얼마나 많은 유용토가 나올지에 관심을 보

2) 메로 시스템은 강관과 강구의 무한한 조합능력으로 설계자로 하여금 아름답고 기능적인 구조물을 단순하게 처리함으로써 돔(dome), 입방체, 피라밋, 판상구조(planes) 등 부정정의 3차원 형태를 포함한 폭넓은 범위의 스페이스 프레임(space-frame)의 설계를 가능하게 함(이리형, Mero System, 월간건축문화사, 1983).

였다. 이러한 발주자의 의도를 파악한 CM단은 굴착시 표토를 걷어낸 후 지하 약 10m 지점에서 유용토로 보이는 징후를 발견한 즉시 토사반출을 중단시키고 유용토 여부를 조사하였으며, 시공사와 유용토 정산에 관한 합의를 도출함으로써 약 6억원의 원가절감을 이루었다.

(3) 발주자 지명하도자(Nominate Sub Contract)방식 적용에 의한 원가절감

발주자 지명하도자방식은 발주자가 하도자를 직접 선정하고 시공사에게 관리비용(attendance fee)을 지급하여 시공자의 책임 아래 공사를 진행하는 방식으로, 발주자로서는 시공사의 간접비를 줄일 수 있는 장점이 있다. 지명 하도공종을 적용할 경우에는 가능한 단일 공종으로 패키지화하여 시공사와 많은 간섭이 발생하지 않고 비교적 설치가 단순한 공종으로 선정해야 한다.

CM단은 원가절감이 가능한 지명하도자방식을 발주처에 제안하였고, 이를 운송설비(엘리베이터, 에스컬레이터, 무빙워크)공사에 적용하게 되었다. 그 결과 시공사 관리비용을 5%로 제한함으로써 당초 간접비 적용비율인 15.18% 대비 8.5억원의 원가절감을 이루었으며, 이 과정에서 CM단은 각종 금액협상 및 기술검토, 계약조건 및 계약서 검토를 추진하고 검토 및 보고 등을 지원하였다.

4.3 기능 향상을 바탕으로 한 품질관리

CM사의 계약범위는 CM뿐만 아니라 법적 감리 업무까지 포함하고 있었다. 따라서, CM과 감리 업무가 상충되는 경우에는 긍정적인 자세로 설계 의도를 충분히 구현할 수 있도록 의사결정을 하였다. 이는 설계도서 그대로의 시공관리가 아닌, 대안 및 기능향상을 기본 전제로 한 프로젝트 각 공정의 품질관리를 진행하였음을 의미하는 것이다.

경방 타임스퀘어의 메인 시설인 서측 플라자의 경우 당초 설계에서 '전면 파이프 트러스 기둥에 내화뿜칠(3시간) 후 알루미늄 시트 마감' 으로 계획되어 있었기 때문에 둔탁한 표면연출로 설계 의도가 충분히 반영되지 못할 우려가 있었다. 이는 단지 법규만을 만족하기 위해 계획된 시공성이 결여된 도면에 불과하였다. 따라서 CM단은 현행 건축법과 설계의도를 충족하기 위한 대안으로 기 발표된 연구들을 근거로 하여 'CFT(Concrete Filled Steel Tube) 공법을 준용한 강관 내부에 모르타르를 채운 후 파이프 외부에 내화 페인트(2시간)로 도장' 하는 시공법을 제안하였다. CFT 공법은 강관 내부에 열용량이 큰 콘크리트를 채우는 합성구

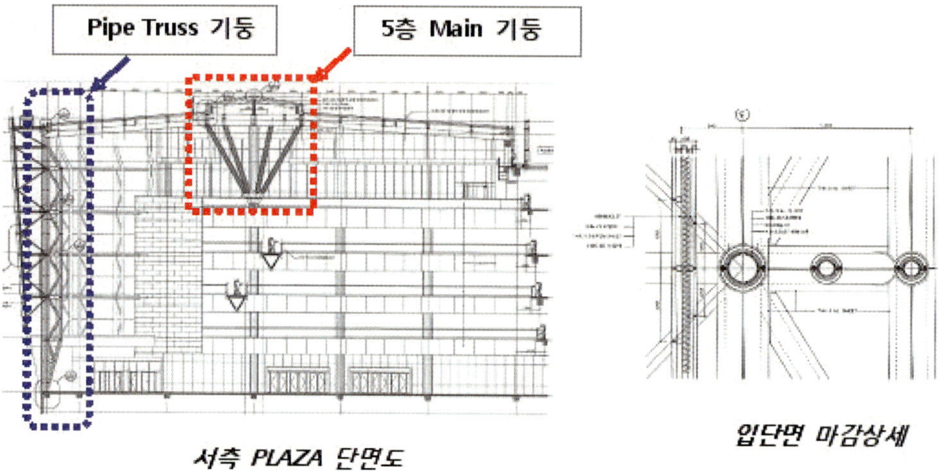

그림 4-9 서측 플라자 마감상세도

그림 4-10 파이프 트러스 기둥: CFT + 내화페인트(좌), 메인 기둥: 내화피복 + 알루미늄시트(우)

조공법으로, 화재시 표면온도를 낮게 억제하고 일정시간 구조체를 지탱할 수 있다는 국내외 연구사례를 바탕으로 당 현장에 적용하였다. 그 결과 당초 설계 의도대로 날렵한 외관을 갖추게 되어 발주자뿐만 아니라 설계사로부터 큰 만족을 얻을 수 있었다.

철골, 방수, 커튼월에 있어서는 한미글로벌 본사의 분야별 전문가를 적극 활용함으로써 기술적 리더십을 확보하였을 뿐 아니라, 전문가의 현장방문시에는 단장 배석 하에 발주처 건설본부장을 만나 방문배경과 결과를 설명함으로써 신뢰를 확보하였다. 그 결과, 당 현장은 정기적인 국토관리청, 서울시 품질관리사업소 등 관할 공공기관의 품질, 안전점검에 있어서 중대한 지적사항 한 건 없이 성공적으로 프로젝트를 마무리할 수 있었다.

4.4 위험요소 사전 예방에 따른 안전관리

건설 프로젝트에서는 안전사고가 발생하게 되면 공사 중단으로 인해 전체 공기에 중대한 영향을 미치기 때문에 안전관리는 결코 소홀히 할 수 없는 주요 관리요소이다.

CM단은 아래 두 가지 사항을 현장 안전관리 기준으로 설정하여 철저한 현장관리가 이루어지도록 노력하였으며, 위험요소를 사전에 제거하였다.

- 설계 단계시 공법 검토단계에서부터 적극적 안전관리 개념 도입을 통해 시공 단계, 시공 후(後) 단계의 안전 확보
- 시공 단계시 안전관리 기준에 대한 시공계획 반영 및 안전수칙 준수 기준 확보

1) 경방필백화점 지하주차장 철거

경방필백화점의 지하주차장을 철거하고 신축하는 과정에서 신축부분은 기존보다 2.8m 더 깊이 굴토되어야 했다. 기존 백화점 지하 슬러리 월(slurry wall) 일면이 해체될 경우 편토압이 작용하여 기존 백화점이 옆으로 밀리거나 지하수가 유출될 가능성이 있어 기초가 하강하는 등 당시 영업 중이었던 백화점의 구조적 안전에 심각한 위험이 예견되었다.

CM단은 이러한 안전상의 문제를 인식하고, 토질 및 기초분야 전문가에게 기존 구조물의 안정성검토를 의뢰하여 편토압에 의한 내 · 외적 구조 안정성과 건물 하부 지하수 유출에 따른 구조 안정성을 검토하였다. 구조적 안정성 검토를 통해 당초의 어스앵커(earth anchor) 지지방식을 랙커(racker) 공법으로 변경하였고, 공법 변경사항을 도면에 반영한 후에 비로소

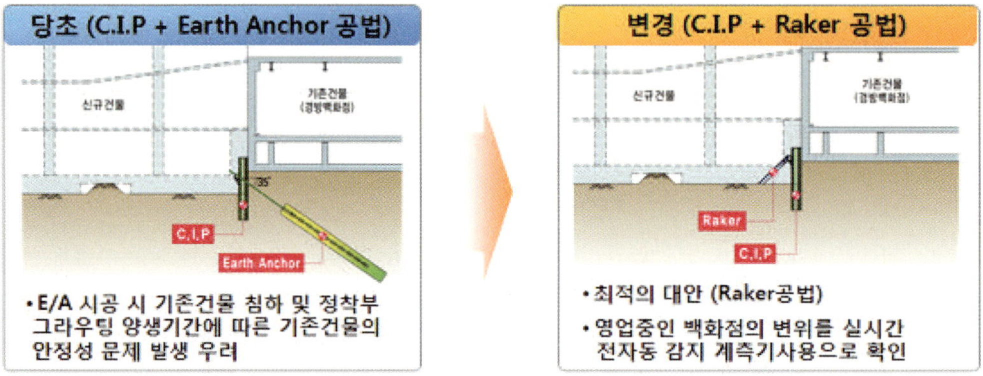

그림 4-11 백화점 지하주차장의 신축/기존 구조체 연결방안 개선

그림 4-12 백화점 지하주차장 철거 시공순서

공사에 착수하여 해당 부위 공사를 안전하게 마칠 수 있었다.

2) 서측 플라자 브릿지(Bridge) 설치

서측 플라자에는 대공간을 가로지르는 31m 길이의 브릿지가 두 개 설치되는데, 시공 전 사전 도면검토 결과 추후 안전성에 문제가 있을 수 있다는 의견이 개진되었다. 서측 플라자 공간은 다양한 이벤트가 열리는 공간이기 때문에 갑자기 많은 인파가 몰렸을 경우 구조적 안전성 측면의 문제가 발생할 수도 있는 상황이었다. 따라서, 단순 검측만이 아니라, 시공상태에 대한 정밀 점검이 요구되었다. 이에 CM단에서는 재검토를 발의하여 한미글로벌 본사의 엔지니어링팀과 시공사 기술연구소에 구조검토를 의뢰하였고, 설계 보완이 필요하다는 결론에 따라 시공사와의 협의 후 보완시공을 진행하였다.

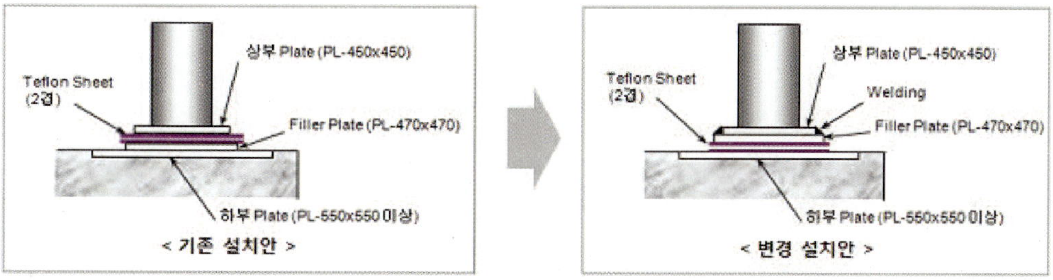

그림 4-13 서측 플라자 브릿지 변경

철골보와 힌지(hinge) 접합부의 연결구간에 대한 구조적 안전성을 검토하고 철골보/스티프너(stiffener)의 현장용접부위에 수직 보강을 함으로써 양단 접합부의 구조적 안전성을 확보하였다. 또한, 기 설치된 테프론 시트(teflon sheet)를 필러 플레이트(filler plate)와 하부 플레이트 사이로 이동하고, 상부 플레이트와 필러 플레이트가 일체화되도록 용접하였다〈그림 4-13〉.

'돌다리도 두드려보고 건너라' 라는 말이 있듯이, 특히 구조적 안전성 측면에서는 설계자의 판단을 전적으로 신뢰하는 것 보다는 참여자간의 상호 검토에 의해 안정성을 확인하는 것이 필요함을 일깨워준 사례이다.

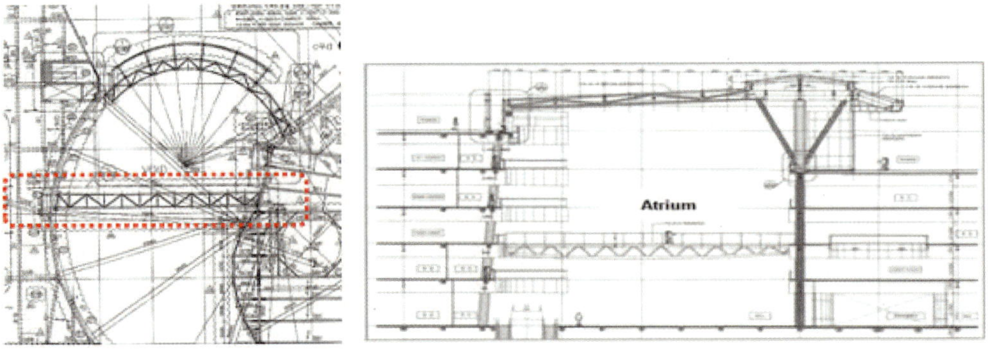

그림 4-14 서측 플라자 평면도(좌), 단면도(우)

그림 4-15 서측 플라자 브릿지

3) 무(無)사망 사고, 무(無)화재 현장 실현

시공사 선정 직전 발주자와 CM단에서는 시공사로부터 철저한 안전관리를 약속 받았으며, 이러한 결과로 시공사는 철거공사시부터 안전관리에 만전을 기하였다. 당 현장에서는 외주 안전관리 전문 업체를 선정하여 안전관리를 함으로써, 작업보다도 안전을 우선으로 하는 자세로 공사에 임했다.

CM단은 한정된 안전관리업체의 맨파워(manpower) 운영에 있어 효율을 기하기 위하여, 시공사로 하여금 마감공사보다는 골조공사에 보다 많은 안전관리요원을 투입하도록 권유하였다. 또한, 주간 안전점검양식(weekly safety check list)을 활용하여 매주 안전관리사항을 점검하였고, 지적사항에 대해서는 안전시정조치서(SCAR: Safety Corrective Action Request)를 발행하여 안전사항을 추적 관리하였다. 그 결과 초대형 현장임에도 불구하고 철거공사부터 준공시까지 경미한 사고를 제외하고는 단 한 건의 사망, 화재사고도 발생하지 않았다.

chapter

05 맺음말

건설 및 완공 후 영업적인 측면에서까지 매우 성공적인 프로젝트라 평가 받고 있는 경방 타임스퀘어 프로젝트를 통해 CM사는 사업 초기단계부터 4년간의 업무를 수행하며, 프로젝트 조정자 및 관리자로서 초대형 프로젝트의 건설사업관리 역량을 한 단계 더 향상시킬 수 있었다.

경방 타임스퀘어 프로젝트는 준공단계에서 지구단위계획 미결정으로 인해 일부 부지의 매입이 어려워 교통영향평가가 지연되었던 것을 제외하고는, 2008년 상반기 건설자재파동으로 인한 수급문제 및 건설 · 화물노조 파업 등으로 인한 어려움, 주변 각종 민원 속에서도 큰 안전사고 없이 성공리에 공사를 마무리하였다. 이러한 결과는 발주자인 경방을 비롯한 설계사, 시공사 등 프로젝트 관계사간의 긴밀한 협조와 CM단 구성원들의 노력의 결과라 생각하며, 본 프로젝트를 통해 얻은 몇 가지 교훈을 정리해 본다.

첫째, 프로젝트 수행에 있어 가장 중요하는 것은 발주자의 신속한 의사결정이라 하여도 지나침이 없을 뿐만 아니라, 패스트 트랙 공사에 있어서는 더욱 그러하다. 발주자 의사결정의 지연은 설계기한을 촉박하게 할 뿐만 아니라 설계도서의 완성도에도 영향을 미쳐 후속 공사에 차질을 발생시킬 수 있기 때문에 CM은 발주자와의 상호신뢰를 바탕으로 한 객관적이고 타당한 의견을 제시할 수 있도록 노력하여야 한다.

둘째, 프로젝트 수행에 있어 CM의 투입시점은 설계 이전단계가 바람직하다. 대부분의 국내 대규모 설계사는 각 공종간 설계 아웃소싱을 실시하기 때문에 발주자의 의견이 설계에 반영되는데 시간적, 절차적 소모가 발생할 뿐만 아니라, 설계사 자체적인 검토가 충분히 이루어지지 않은 채로 시공용 도면으로 출도되다보니 설계도면의 완성도를 확보하기 위한 추가적인 노력이 부가되는 것이 현실이다. 따라서, 설계 이전단계부터 CM을 투입함으로써 설계 품질을 확보하고, 나아가 사업 전반의 체계적인 관리가 가능하도록 해야 할 것이다.

셋째, 시공사는 공기, 원가, 품질확보를 바탕으로 안전한 공사가 진행될 수 있도록 관리하여야 한다. 설계도면 출도 지연과 촉박한 공기로 인해 품질 저하가 우려되는 상황에서도 기본을 중시한 품질관리 확보 노력은 프로젝트 성공을 위한 필수적인 요소라 할 수 있다.

2009년 9월 개점 이후 1년 만에 약 1조 1,000억원의 매출을 달성할 정도로 매우 성공적인 쇼핑몰로 평가를 받고 있는 경방 타임스퀘어 프로젝트를 통해 'CM은 항상 프로젝트의 성공을 위하여야 한다' 라는 인식을 다시금 깨우칠 수 있었으며, 사업관리자로서 CM의 역할을 대내외에 알리 수 있는 좋은 기회가 되었다고 생각한다.

어려운 여건임에도 불구하고 열과 성의를 다하여 건설에 참여함으로써 CM단과 함께 성공적으로 프로젝트를 완료한 경방 건설팀, 정림건축, GS건설 등 사업과 관련된 모든 참여자의 노고에 감사하며, 우리가 건설한 경방 타임스퀘어가 지속적으로 대한민국 최고의 복합 쇼핑몰로 자리 잡을 것을 기대해 본다.

Part 05

국립과천과학관 프로젝트

C·O·N·T·E·N·T·S

chapter

01 머리말

국립과천과학관은 우리나라 최초로 중앙정부와 지방자치단체가 공동으로 사업비(약 4,500억원)를 투입하여 진행한 프로젝트로, 부지면적 24만 4,200m², 건축 연면적 4만 9,168m², 전시면적 1만 8,699m²에 2,000여 점의 전시품을 갖춘 세계 최고 수준의 종합과학관이다.

21세기 지식정보화 사회에서는 과학기술력에 의해 국가경쟁력이 좌우됨에 따라 범국민적인 과학기술의 이해와 지지기반 확대가 요구되고 있다. 선진국에서는 자국의 과학기술 문화의 상징으로서 과학관을 건립하여 국가 발전의 미래 잠재력을 배양하고 비전을 제시하는 구심점 역할을 담당하도록 하고 있지만, 우리나라의 경우 선진국에 비해 과학관에 대한 투자가 많이 부족한 실정이다.

이에 따라 정부에서는 우리나라 과학기술 발전의 위상에 걸맞는 첨단 과학관 건설을 통해 과학기술의 통합적이고 전체적인 모습을 제시하고, 국민들에게 과학 체험 교육의 공간과 생활 속에서 과학을 향유할 수 있는 문화의 장을 제공하고자 하였다. 과학관 건립사업은 2001년 4월 정부의 건립 발표 이후 예비타당성 조사를 거쳐 2002년 2월 경기도 과천시 서울대공원 인근에 부지를 선정하고, 같은 해 10월에 국립과학관 추진기획단을 발족하여 본격적으로 과학관 건립을 추진하였다. 2003년 11월에 전시 기본설계를 확정한 후 2006년 4월에 건축공사를 시작하여 2년 6개월간의 공사기간을 거쳐 2008년 10월에 준공하였다.

한미글로벌은 2004년 12월부터 사업에 참여하여 기본설계 전(前) 단계, 기본 및 실시설계단계, 시공단계 및 인수인계단계에 이르기까지 각 단계별 건설사업관리 업무를 수행하였다. 본 프로젝트는 30개월의 짧은 공사기간, 교육과학기술부와 경기도의 공동 사업 추진에 따른 협력체제 구축, 건축과 전시의 분리 발주로 인한 다수의 이해관계자들로 인해 수많은 난관이 있었지만, 발주처와 CM단 그리고 시공업체가 합심하여 계획된 공기 내에 준공함으로써 성공리에 개관할 수 있었다.

chapter

02 프로젝트 개요 및 특징

2.1 프로젝트 개요

국립과천과학관의 기본취지는 과학기술에 대한 이해를 향상시키고 흥미를 유발하는 과학기술문화 기반을 조성하여 확산시킴으로써 우리나라 과학기술을 상징하는 대표적인 문화시설을 건립하는 것이다. 본 프로젝트는 과학관 건립을 통해 수도권의 상징적인 복합문화공간을 구성하고, 과학기술 자료의 수집 · 보관 · 연구 · 전시 기능을 제공하며, 체험형 과학교육 프로그램 운영 및 교류의 핵심역할을 담당하는 국가과학기술의 표상을 마련함과 동시에 과학기술의 미래에 대한 청사진을 제시하는 것을 최종 목표로 했다.

이러한 목표를 달성하기 위하여 국립과학관은 기초과학관, 어린이 탐구체험관, 자연사관, 전통과학관 등을 포함한 문화 및 전시시설로 기획하였으며, 우주를 유영하는 비행체 형태로 설계하여 미래 세계로 향하는 첨단 과학관의 이미지를 표현하였다〈그림 2-1〉.

지하 1층, 지상 3층 규모의 국립과학관은 관람객 증가와 운영의 효율성을 고려한 확장형 공간계획 수립, 다양한 전시 기능 및 교체 주기를 감안한 가변적 공간 구성, 장래 과학관 전시의 소프트웨어 변화 및 증축을 고려한 건축물 구성 등 복합적인 건축계획 수립이 요구되었다. 또한, 시설물 건축과 내부 전시시설을 분리하여 발주함에 따라, 시설별, 분야별로 다수의 계약자가 사업에 참여하였고, 이로 인해 정교한 업무분장 기준 및 계약관리가 필수적이었다.

그림 2-1 국립과천과학관 조감도

시설물 건축은 설계 · 시공일괄방식으로 발주되었으며, 전시시설의 경우는 전시관 별도로 실시설계를 진행하고 전시품의 제작 및 설치는 단일 컨소시엄이 담당하는 방식으로 진행되었다.

경기도 과천시 과천동에 위치한 본 프로젝트는 2002년 국립과학관 추진기획단 출범과 함께 부지 매입(2004년~2006년)을 시작으로 공사 착수 및 시공(2006년~2008년)에 이르기까지 총 7년 여의 사업기간 동안 총 사업비 4,239억 원이 투입되었으며, 시설물의 설계 및 시공은 삼성물산 컨소시엄이, 건설사업관리 업무는 한미글로벌 컨소시엄(한미글로벌 및 간삼파트너스)이 담당하였다. 본 프로젝트의 개요는 〈표 2-1〉과 같다.

표 2-1 프로젝트 개요

구 분	내 용
지역/지구	자연녹지지역, 개발제한구역(도시계획시설)
주 용도	문화 및 집회시설(전시장)
대지면적	165,000㎡(교육과학기술부)+79,200㎡(경기도)=244,200㎡
건축규모	지하 1층, 지상 3층(최고높이 : 33.3m)
건축면적	23,608㎡
연면적	49,168㎡
건축구조	지하 : RC조 / 지상 : SRC+S조
외부마감	알루미늄복합판넬, 스테인리스, 칼라복층유리

2.2 설계 개요

본 프로젝트는 〈그림 2-2〉와 같이 경기도 과천시 과천동에 위치한 244,200㎡의 부지 공간에 과학관을 포함한 과학광장, 과학문화광장 및 과학조각공원이 구성되어 있다. 과학관과 조형언덕사이에는 천체관이 위치하고 있으며 천체관 좌우에는 옥외전시장이 배치되어 있다.

입면의 경우, 미래를 향해 유영하는 비행체 형상의 건물 형태와 전면으로 기울어진 파사

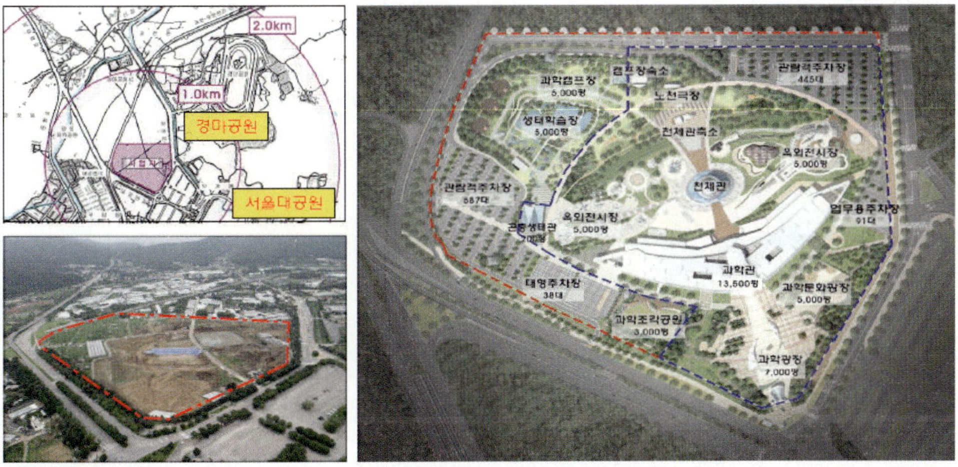

그림 2-2 국립과천과학관 위치 및 배치도

드를 통해 다이나믹한 역동성을 표현하였으며, 전면부 커튼월의 투명성은 과학의 정보가 내부에만 머무르는 것이 아니라 외부 공간으로 발산함을 상징한다〈그림 2-3〉. 과학관 지붕과 외장은 스테인리스 스틸, 외벽은 알루미늄 판넬과 칼라 복층유리를 사용하여 금속과 유리가 조화된 하이테크 이미지를 연출하였다.

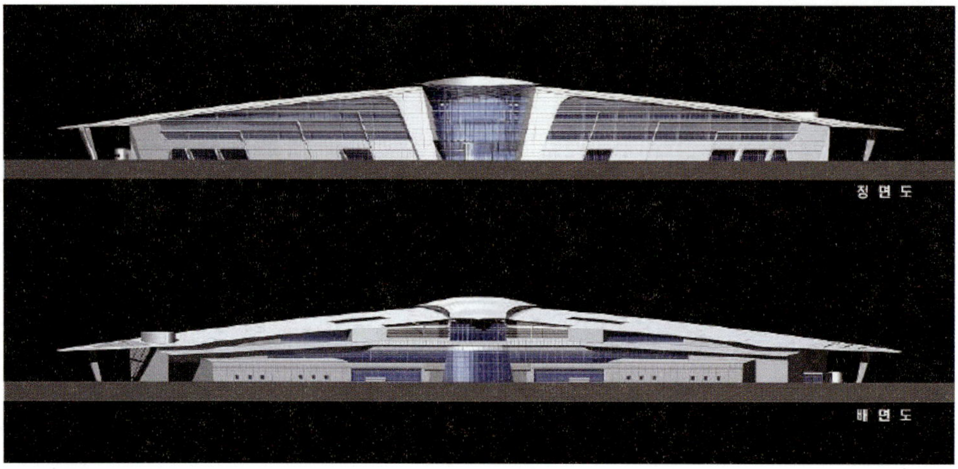

그림 2-3 국립과천과학관 입면도

지하 1층, 지상 3층 규모의 과학관은 지하 1층부에 기계 및 전기실을 집중 배치함으로써 운영 및 유지관리의 효율화를 추구하였으며, 지상 1~3층부는 중앙홀을 중심으로 방사형으로 전시관을 배치함으로써 중앙 집중형 전시공간을 구축하였다.

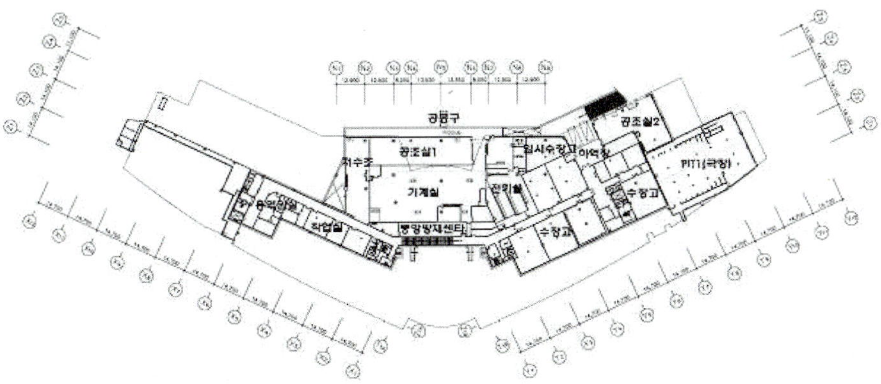

[지하 1층 평면도]

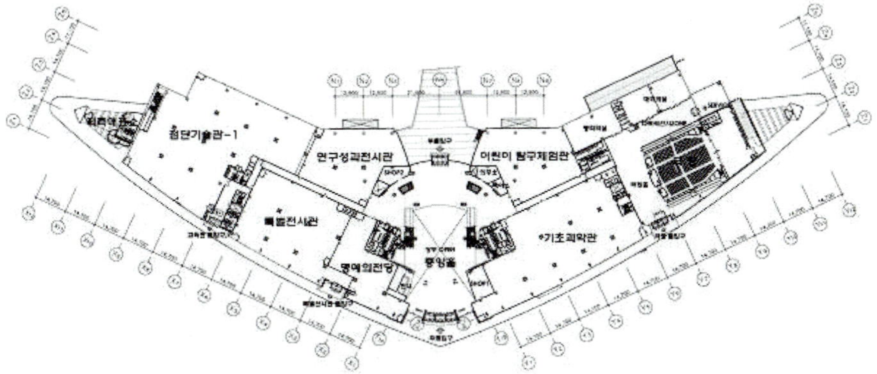

[지상 1층 평면도]

그림 2-4 **국립과천과학관 평면도(지하 1층 및 지상 1층)**

chapter

03 CM 업무 수행계획 수립

공공 프로젝트의 경우, 『건설기술관리법 시행령』에 따라 건설사업관리자가 수행하여야 할 세부 업무 내용 및 기타 필요한 사항에 대하여 『건설사업관리 업무지침』으로 규정하고 있다. 본 지침에는 기본 및 실시설계단계, 시공단계, 시공이후 단계에서 건설사업관리자가 수행해야 할 업무에 대하여 상세히 기술하고 있으며, 각 단계별 업무에 대한 발주자, 건설사업관리자, 설계자 및 시공자의 역할 분담 예시를 제공한다.

CM단은 고객인 발주자의 만족을 얻고, 설계자 및 시공사와의 협업 하에 성공적으로 프로젝트를 수행하기 위해 위 지침에서 규정한 다양한 건설사업관리 업무를 기반으로 프로젝트 목표, 프로젝트 특성 및 발주자의 요구사항을 반영하여 해당 프로젝트에 특화된 건설사업관리 목표 및 전략, 세부실행계획을 수립한다.

CM단이 프로젝트에 투입되자마자 착수한 업무는 바로 국립과천과학관 프로젝트를 위한 맞춤형 건설사업관리 시스템을 구축하는 것이었다. 이를 위해 먼저 발주자의 사업목표, 발주 방식, 프로젝트의 건축적 특성들을 분석하여 건설사업관리 업무에 있어서의 고려사항을 검토하였고, 발주자의 요구사항을 종합적으로 검토하여 건설사업관리 목표를 설정하였다. 이를 기반으로 수행전략을 수립하고 프로젝트 각 단계별 업무계획을 도출하였다.

국립과천과학관 프로젝트에서 CM단이 수행한 초기단계 건설사업관리 목표 및 계획 수립 과정을 소개하면 다음과 같다.

3.1 프로젝트 특성 및 발주자 요구사항 분석

1) 프로젝트 특성 분석

국립과천과학관은 단순한 과학 전시시설을 넘어 우리나라를 대표하는 문화공간을 창출하는 것을 목표로 함에 따라 마스터플랜(master plan) 수립시 효과적인 토지 이용 계획과 이용자를 고려한 체계적인 교통 및 동선 계획이 필수적이었다. 설계 · 시공일괄방식의 적용에

표 3-1 프로젝트 특성 및 고려사항 분석

구 분		프로젝트 특성 및 고려사항
사업 목적 및 용도	특 성	• 과학기술문화 기반조성 • 과학기술문화의 활성과 과학교육의 기회 제공 • 우리나라 과학기술을 상징하는 대표적인 문화시설 건립
	고려요소	• 자연림과 인공 옥외구조물과의 조화 • 교통영향 평가결과를 고려한 차량동선계획 및 주차계획 · 주변교통 흐름의 영향 최소화 • 현장 인근 가구 및 인구에 대한 피해 방지대책(40여 가구/ 150여 명 거주) • 기존도로와의 레벨차를 감안한 대지조성계획, 건축물 배치계획, 배수계획 수립
설계 · 시공 일괄방식	특 성	• 정부(과학기술부)와 지자체(경기도)가 공동으로 수행하는 사업 • 시설별, 분야별로 다수의 계약자가 참여함에 따라 정교한 업무분장 기준 및 계약관리 필수 • 각 시설간 인터페이스에 대한 건설사업관리자의 통합관리 및 조정 필요
	고려요소	• 명확하고 공정한 기본설계 평가 및 심의기준 수립지원 • 원가관리 전문가를 활용한 사업비관리 기능 강화
건축적 특성	특 성	• 관람객의 증가와 운영의 효율성을 고려한 확장형 공간계획(개관 예정년도 연관람객 300만명, 연평균 증가율 17.4% 증가예상) • 다양한 전시기능 및 교체주기를 감안한 가변성 공간계획 • 장래 과학관 전시의 소프트웨어 변화 및 증축을 고려한 건축물 구성 • 친환경적 소재 이용과 에너지 절약형 건축물 지향 • 장애인 및 노약자, 어린이들을 위한 배리어 프리(Barrier Free) 기준 충족
	고려요소	• 철골, 구조, 조명, 음향, 무대시설 분야의 전문기술 필요 • 공종 간 인터페이스(interface) 관리의 중요성 증대 • 모크업(mockup) 등을 통한 사전품질활동 강화(특히 음향, 조명, 무대시설)

따라 본 프로젝트에 적합한 컨소시엄 선정과 다수의 프로젝트 참여자 간의 유기적인 협력 유도가 필요하였다. 건축계획 측면에서는 전시시설의 특성을 고려한 가변성과 확장성이 반영되어야 했고 대공간 전시시설의 계획 및 조명, 음향, 무대시설 등의 기능성 확보가 중요한 고려요소였다. CM단은 이와 같은 프로젝트 특성 분석을 기반으로 〈표 3-1〉과 같이 건설사업관리 업무 수행에 있어서 사전에 고려해야 할 사항들을 도출하였다.

2) 발주자 요구사항 분석

국립과천과학관 프로젝트의 발주자 조직은 교육과학기술부 차관 하에 국립과학관 추진위원회와 국립과학관 추진기획단으로 구성된다. 국립과학관 추진위원회는 정부 및 민간위원 20명으로 구성되어 있으며, 국립과학관 부지 선정 심의, 건축 및 전시 설계업체 선정, 시공사

표 3-2 관리요소별 발주자 요구사항

구 분	발주자 요구사항
사업전반에 대한 통합관리	• 발주자의 대리인 역할 수행 및 의사결정 지원 • 각 사업 참여자의 통합관리를 통한 프로젝트 관리효율 향상 • 프로젝트 참여자 간의 명확한 업무분장기준(RAM) 수립 및 이해관계 조정 • CM 업무 수행계획서 및 CM 절차서 작성, 적용
건설사업관리의 체계화/전문화	• CM 기법 적용을 통한 프로젝트관리 효율 향상 • 발주자, 사업관리자, 일괄공사계약자 간의 이견 및 이해관계 조정 • 발주자 요구사항이 명확히 반영된 설계도서의 검토 • 공정, 투명한 절차에 의한 최적의 사업자 선정 지원 • 원가관리, VE기법 등을 통한 체계적인 사업비 관리 • 각종 공정관리 기법 및 툴(tool)을 활용한 사업일정 준수 • 사업 수행 과정에서 예상되는 문제점 파악 및 해결방안 제시 • 분규 방지 및 발생된 클레임에 대한 발주자의 대응책 수립 지원
설계관리	• 공사비, 공기, 품질, 기능, LCC(Life Cycle Cost)를 고려한 최적의 실시설계도서 확보 • 설계일정 준수, VE(Value Engineering) 및 시공성(constructibility)의 확보 • 설계도서를 통한 소요 품질 · 원가 · 안전관리 수준 설정 • 전시설계와 건축기본설계 간의 의견 조정
시공관리	• 건설관리기술법에 의한 전면책임감리 • 파트너링(partnering), 분규조정위원회(DRB : Dispute Resolution Board) 운영 등을 통한 클레임 및 분쟁발생 억제 • 지속적인 VE 및 설계변경 관리
체계적인 사업정보 관리	• 사업의 규모, 특성을 감안한 PMIS 구축지원 및 운영 • 정보의 실시간(real time) 공유를 통한 프로젝트관리 효율 향상 • 각종 기록물의 체계적 생성 및 보관

선정 등 프로젝트 수행과정상의 주요 의사결정을 담당하였다. 국립과학관 추진기획단은 국립과학관 추진위원회의 원활한 업무수행을 지원하고 국립과학관의 사업추진에 관한 사무를 관장하기 위하여 구성된 테스크포스(task force) 조직이다. 기획과, 건설과 및 전시과로 구성된 국립과학관 추진기획단은 기획 · 예산, 인허가 · 시공, 전시시설 기획 · 설계 등 당 현장에 상주하면서 전반적인 프로젝트 관리 업무를 수행하였다.

본 건설사업관리 사업의 발주자인 국립과학관 추진기획단은 CM단에게 발주자의 대리인으로서 전반적인 사업관리 업무 수행을 기대하였으며, 추진위원회의 다양한 심의 및 의사결정을 위한 관련업무 지원 또한 요구하였다. CM단에게 요구된 각 관리요소별 발주자 요구사항을 정리하면 〈표 3-2〉와 같다.

3.2 건설사업관리 목표 설정 및 수행계획 수립

1) 건설사업관리 목표 설정 및 중점관리 계획

CM단은 프로젝트 특성 및 발주자 요구사항 분석 결과를 바탕으로 다음과 같이 발주자 관점에서의 건설사업관리 용역 수행 목표를 수립하였다.

- 선진 기법을 적용한 건설사업관리의 효율적 수행 및 성과 보고
- 사업비관리 시스템 적용과 원가관리를 통한 예산범위 내 완공
- 철저한 단계별 사업관리를 통한 최상의 품질 확보
- 사업일정 통합관리를 통한 전체 사업 기간 내의 준공관리

발주자의 요구사항에 대하여 신속하게 대처하고 전체 사업기간 내에서 CM의 핵심관리 기능을 극대화하기 위하여, 각 건설사업관리 목표별 중점관리사항을 도출하였다. 도출된 중점관리사항들은 CM단이 각 사업단계별 세부 업무 수행계획 수립 및 수행과정에서 업무 우선순위 및 중요도의 기준으로 활용함으로써 업무 효율성 향상을 추구하였다.

표 3-3 프로젝트 중점관리사항 도출

설정 목표	중점관리사항
건설사업관리의 효율적 수행	• 발주자 요구사항에 대한 철저한 분석 • 발주자 및 관련자 간 의사결정 관리 • 사업관리 전반의 위험요소(risk) 관리 • 발주자의 의사결정을 위한 적기의 기술자문 및 조언 • 관련자의 책임과 의무사항에 대한 업무분장 관리 • 중점관리 공종에 대한 전문분야 자문단의 효율적 활용
예산 범위 내 프로젝트의 완공	• 설계원가관리 및 가치공학(VE) 적용을 통한 예산절감 • 단계별 설계검토 및 관리를 통한 설계변경 최소화 • 사업비 예측관리 시스템 도입 • 발주자의 구매 및 계약관리 업무지원 • 클레임관리 및 기성관리 • 생애비용(LCC) 검토를 통한 비용절감 추진
품질확보	• 사전 품질관리 중심의 사업관리 수행 • 설계관리를 통한 설계 품질 향상 및 완성도 제고 • 국제적 수준의 품질기준과 선진감리기법 적용
사업기간 내의 준공관리	• 공정/공사비 통합관리 • 단계별 설계, 발주, 자재 및 장비조달, 시공의 주요 의사결정 통합관리 • 위탁 운영 수익시설의 이익확보를 위한 방안 검토

2) 프로젝트 단계별 주요업무 수행계획 수립

CM단은 설계 · 시공일괄입찰 공고단계부터 본 프로젝트에 참여하면서 기 수립한 건설사업관리 목표 및 중점관리사항을 바탕으로 기본설계단계, 실시설계단계, 시공단계, 인수인계단계 등 각 단계별로 수행해야 할 주요업무에 대한 계획을 수립하였다. CM단은 설계이전단계의 건설사업관리 시스템 구축을 시작으로, 설계단계에서의 심의 및 설계관리 업무, 시공단계에서의 전면책임감리 업무를 포함한 분야별 사업관리 업무, 최종 인수인계단계에서의 시설물 유지관리계획에 이르기까지 상세 업무 수행계획을 수립하고 사전에 이를 발주자와 공유함으로써 협력체계를 구축하였다.

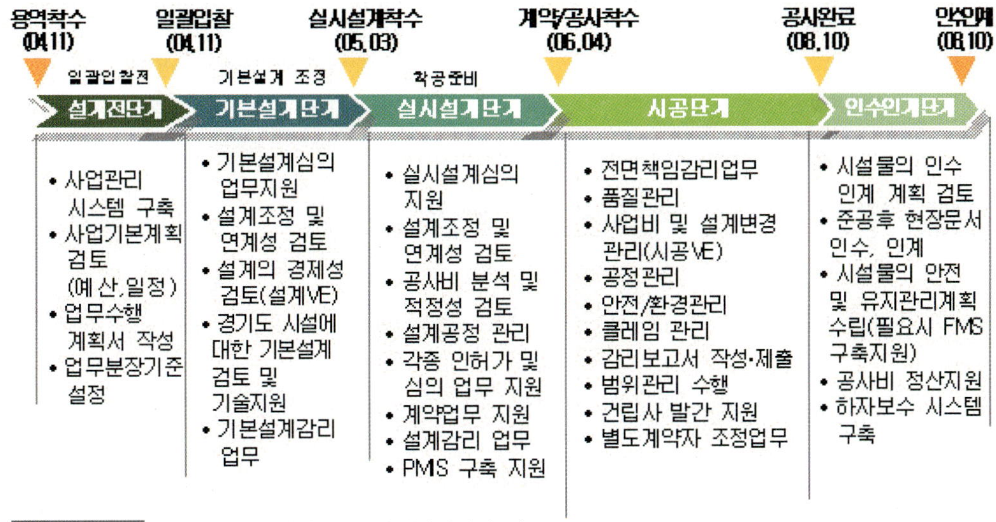

그림 3-1 프로젝트 단계별 주요 건설사업관리 업무

3) CM 조직 구성

CM 조직은 한미글로벌이 CM 주간사 역할을 담당하고, 설계 및 책임감리 전문회사 각 1개사가 참여하는 컨소시엄으로 구성되었다. 전반적인 건설사업관리 업무는 한미글로벌이 담당함으로써 신속한 의사결정과 업무의 일관성을 유지하였으며, 시공단계의 책임감리 업무는 책임감리 전문회사와 분담하여 업무를 수행하였다.

현장조직 이외에 본사 지원조직의 분야별 전문가와 전문분야 자문단을 활용하여 예상 문제점을 파악하고 이에 대한 해결방안을 제시하였으며, 형식적인 지원업무만을 수행하는 비상주감리원의 기능을 대체하여 실질적이고 전문적인 지원이 가능하도록 CM 조직을 구성하였다. 각 프로젝트 단계별 CM 조직구성은 〈그림 3-2〉와 같다.

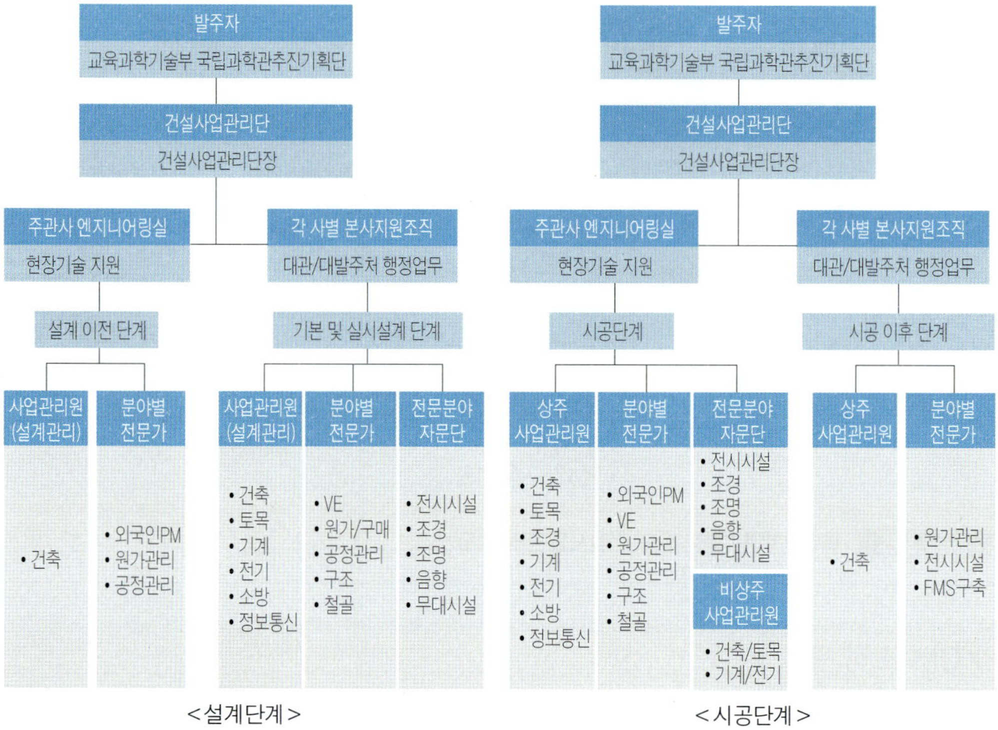

그림 3-2 프로젝트 단계별 CM 조직 구성

chapter

04 분야별 CM 수행 업무

4.1 설계단계 건설사업관리

CM단은 설계단계의 건설사업관리 업무 수행과정에서 국내외 다양한 프로젝트 수행을 통해 축적한 경험과 기술 자료를 활용함과 동시에, 전시시설 · 조경 · 방수 · 커튼월 · 철골구조 · 음향 · 조명 등 핵심 분야의 자문단을 구성하여 국립과학관의 건립 목적과 기본 철학이 구현될 수 있는 완성도 높은 설계도서를 확보하고자 하였다.

설계단계에서 CM단은 설계검토 및 관리, 인허가 업무, 계약관리 중심으로 업무를 수행하였으며, 특히 건축 및 전시 기본설계에 대한 조정 및 설계 일정관리를 위하여 설계자와 CM단으로 구성된 통합설계실을 운영함으로써 체계적인 설계관리가 이루어질 수 있도록 하였다. CM단이 설계단계에서 수행한 주요 건설사업관리 업무와 성과를 정리하면 〈표 4-1〉과 같다.

표 4-1 설계단계 건설사업관리 업무

주요업무	업무내용	성과물
기본설계 및 실시설계 심의 지원	• 기본설계 심의 지원 • 일괄공사 실시설계 적격자 선정 제반업무 지원 • 실시설계 심의 제반업무 지원	• 기본설계도서 검토보고서 • 실시설계도서 검토보고서
설계조정 및 연계성 검토	• 통합설계실 운영(건축설계+전시설계) • 전시 및 기본설계조정 업무수행 • 간섭에 대비한 설계관리 절차서 작성	• 설계관리절차서 • 설계기준 및 지침서 • 통합설계운영보고서
설계감리업무	• 관계법령 규정 적합성 검토 • 건설공사 설계기준 적합성 검토 • 건설공사 시공기준 적합성 검토	• 설계감리 보고서
설계의 경제성 검토(설계VE)	• 설계심의위원 지적사항 검토 • 기본설계 및 실시설계 조정결과 검토 • 설계의 경제성 검토	• 설계VE 종합보고서
공사비 · 공사원가의 적정성 검토	• 공사비분석(cost planning)을 통한 최적설계 도출 • 공사원가의 적정성 검토(실시설계도서 기준)	• 단계별 사업비 분석보고서 • 공사원가 분석보고서
설계공정관리	• 설계진도관리 • 설계공정 만회대책 수립 및 조치	• 설계일정관리 보고서
각종 인허가 및 심의업무 지원	• 개발제한구역 관리계획 • 도시관리 계획/교통영향 평가 • 실시계획 인가	• 관련기관 협의 및 검토 보고서 • 관련계획에 대한 기술검토보고서
일괄입찰 계약관리	• 일괄공사계약을 위한 계약서류 검토 및 확인	• 각종 계약서류 검토 • 계약 체결전 사전 평가서 작성

본 프로젝트는 건축과 전시시설 설계를 개별로 발주함에 따라 건축시설과 전시시설 간의 설계상 불일치가 발생할 가능성이 높았으며, 조직간 커뮤니케이션 문제도 우려되었다. 이러한 문제를 극복하고자 기본 및 실시설계단계에서 CM단을 중심으로 전시시설 설계자와 건축실시설계 적격자가 참여한 통합설계실을 운영하였다.

국립과천과학관 프로젝트 통합설계실은 건축 및 전시 기본설계 조정과 실시설계 심의 지원 등 설계안에 대한 종합 조정 역할을 수행하고, 실시설계단계의 건축 및 전시 부문과 인테리어 간 설계안을 조정함으로써 최종적으로 설계 품질을 향상시키는데 그 운영 목적이 있었다. CM단은 통합설계실 운영을 위하여 기본 및 실시설계 각 부문별 설계관리 절차서와 지침서를 작성하였으며, 건축 및 전시 설계의 종합 설계검토 업무를 담당하였다.

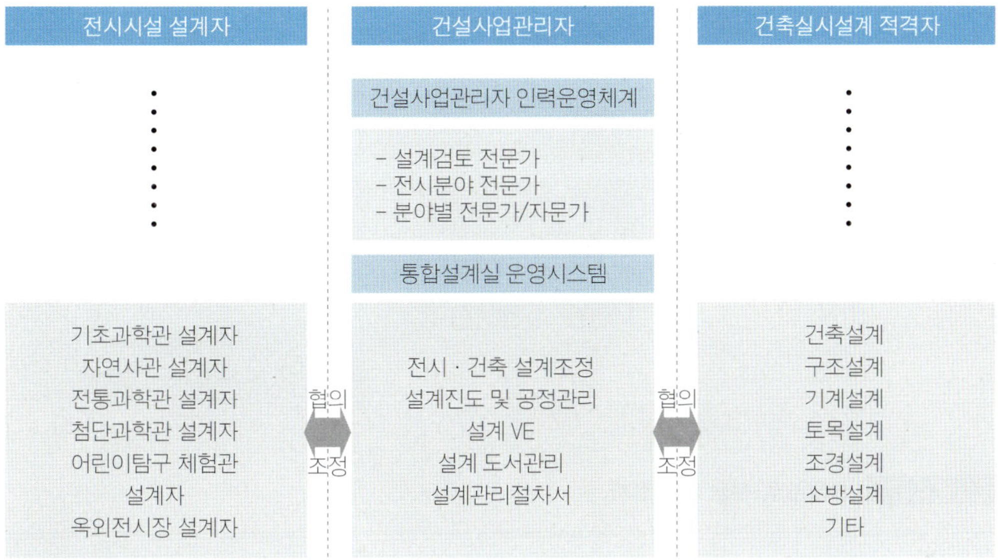

그림 4-1 통합설계실 운영

4.2 클레임 및 분쟁관리

클레임(claim)과 분쟁(dispute)은 각기 다른 개념으로 분쟁의 이전단계를 클레임으로 볼 수 있다. 즉 계약의 한 당사자가 클레임을 제기하였다고 하더라도 계약 당사자간 협상에 의하여 합의 또는 타결되었을 경우에는 이를 분쟁이라고 하지 않는다. 그러나 협상단계에서 합의 또는 타결을 도출하지 못하였을 경우에는 조정(mediation), 중재(arbitration) 또는 소송(litigation)으로 발전하게 되는데 이를 분쟁이라고 한다〈그림 4-2〉.

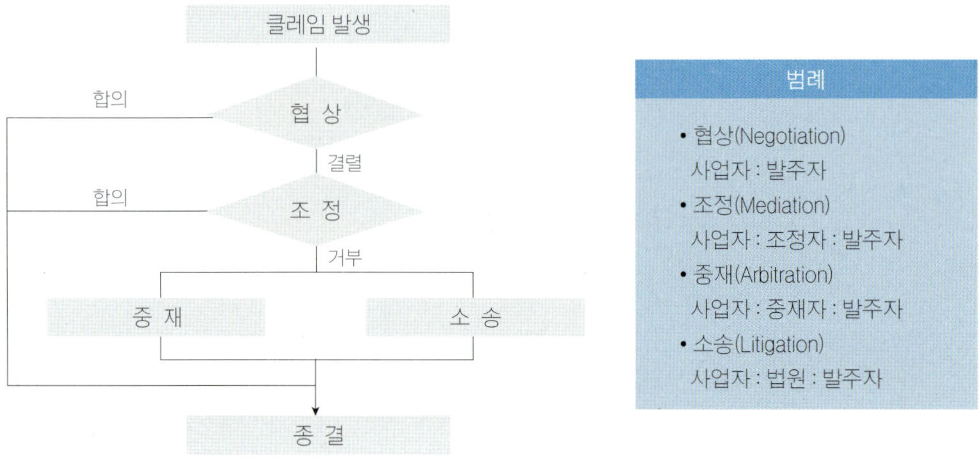

그림 4-2 클레임 및 분쟁 처리 절차

가장 효과적인 클레임 및 분쟁 관리 방법은 계약 당사자간의 노력으로 클레임 발생 자체를 줄이는 것이며, 분쟁이 발생하더라도 원만한 조정 과정을 통해 중재 또는 소송으로 이어지지 않도록 하는 것이다. 본 프로젝트의 발주자 또한 이러한 점을 사전에 인지하여 CM단에 파트너링(partnering), 분규조정위원회(DRB : Dispute Resolution Board) 운영 등을 통한 클레임 및 분쟁발생 방지를 요구하였다.

CM단은 다수의 프로젝트 수행경험을 바탕으로 클레임 발생 요인 자체를 사전에 차단하는데 주력하였다. 일반적으로 건설 클레임은 계약상의 문제점과 설계변경 등의 원인으로 발생하는 경우가 많기 때문에 계약 및 설계변경에 대하여 중점적으로 관리하였다.

CM단은 계약서상의 조항들에 대해 상세히 검토하고, 보증, 보험, 이행지체, 계약변경, 분쟁처리절차 등과 관련한 사항을 계약서에 명확히 명기함으로써 발주자의 위험을 최소화하였다. 또한, 설계도서의 완성도를 높여 계약 후 설계변경 발생소지를 방지하였으며, 입찰안내서와 설계도서, 계약조건 등에 대한 불일치 사항을 제거하였다. 클레임 청구 및 처리의 요건과 관련하여 계약도서(설계변경 및 계약변경 승인 문서, 공사도급표준계약서, 질의회신서, 현장설명서, 설계도서 등)의 적용 우선순위를 명확히 함으로써 불필요한 클레임 발생 가능성을 최소화하였다.

국립과천과학관 프로젝트는 복합적이고 다양한 시설내용과 사업 참여자 간의 이해관계로 많은 설계변경이 예상되었기 때문에, 설계변경에 대한 사전 예측관리 등 변경발생을 최소화하기 위한 노력이 필요하였으며, 변경 발생시 이에 대한 체계적인 관리가 요구되었다. 이를 위해 설계검토, VE, 공법의 적정성을 검토하여 설계변경 요인의 발생을 사전에 예방하는 것을 원칙으로 하였고, 이를 바탕으로 이후 설계변경관리 업무를 수행하였다. 또한, 설계변경 절차를 체계화하여 변경발생 요인을 사전에 인지하고 시공사의 설계변경 청구 이전에 관련 대책을 수립하여 처리하고자 하였다.

〈그림 4-3〉은 본 프로젝트의 설계변경 처리 절차로 일괄공사계약자의 제안에 의한 설계변경은 공사비 절감 및 공기단축의 효과가 있는 경우에 한하여 설계변경을 허용하였으며, 발주자가 사업환경의 변동, 사업기본계획의 조정, 공법변경, 기타 시설물 추가 등으로 설계변경을 지시한 경우에는 CM단이 공사비, 공기 및 공법에 대해 종합적으로 검토한 후 변경에 따른 영향을 최소화하는 방안을 제시하는 방식으로 설계변경을 추진하였다.

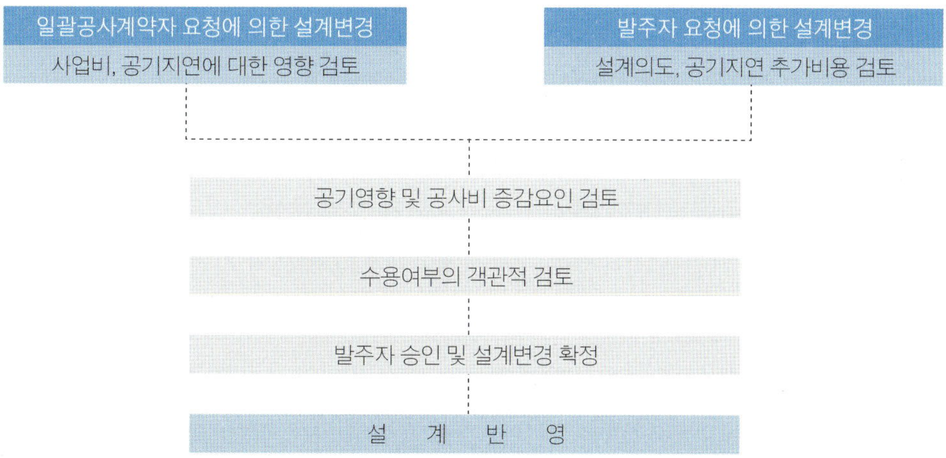

그림 4-3 설계변경 처리 절차

이와 같은 클레임 방지 노력에도 불구하고 클레임이 발생을 하였을 경우에는 CM단이 적극적으로 참여하여 사업 참여자 간 이해관계를 원활히 조정함으로써 분쟁으로 이어지는 것을 최소화하고자 노력하였다. CM단은 파트너링을 통해 사업목표를 공유함으로써 사업 참여자 간 상호 협조체제 구축에 주력하였으며, 〈표 4-2〉와 같이 내부분규조정위원회의 구성 및 운영을 통해 클레임의 자체 조정을 원칙으로 관리하였다.

표 4-2 내부분규조정위원회(DRB)의 단계별 운영(내부협의)

구 분	형 태	인적구성 및 세부내용		
내부협의	1단계	발주자(실무담당)	담당관리자	현장담당자
		• 협의회 개최 • 결정사항은 종결, 미결사항은 2단계 내부협의 조정의뢰	• 협의회 회의록 작성	
	2단계	발주자(의사결정권자)	CM단장	현장소장
		• 협의회 개최 • 결정사항은 종결하고, 미결사항은 외부조정 의뢰	• 협의회 회의록 작성	

4.3 사업비관리

설계단계에서 CM단은 체계적인 사업비관리를 위하여 〈그림 4-4〉와 같은 사업비관리 절차 보고 체계를 확립하여 운용하였다. 설계 착수단계에서 공사비 내역체계를 수립하고, 원가계획(cost planning) 기법을 적용하여 기본설계단계부터 예산의 적정성 검토 및 설계 대안에 대한 공사비 변동 소지를 분석함으로써 예산 대비 사업비 초과 방지를 위한 사업비 예측관리 업무를 수행하였다. 또한 설계진행 과정에서 지속적인 공사비 검증 작업을 통하여 예산 대비 초과여부를 검토하고, 공법변경, 설계대안별 공사비 차이 비교, 원가 영향분석 및 대책 수립을 통하여 공사비를 최소화할 수 있도록 하였다.

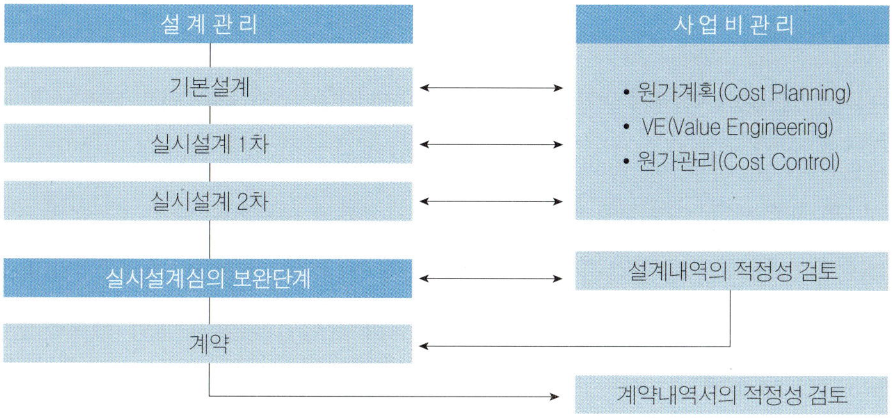

그림 4-4 설계단계의 사업비관리 절차 예시

시공단계에서는 기성관리와 설계변경에 따른 공사비 관리, 시공 VE, 공사비 정산 업무 등을 수행하였다. 이 중 시공 VE 업무와 관련하여 CM단은 공사비 절감, 시공기간 단축 등을 목적으로 새로운 재료 · 기술 · 공법 등을 제안함으로써 경제적 · 기능적 측면에서 보다 효율적인 대안이 있는지를 검토하고 적용하였다. 〈표 4-3〉은 시공 VE를 통한 공사비 절감 내역으로 약 8억 7천만원의 공사비를 절감할 수 있었다.

표 4-3 시공단계 공사비 절감 내역

공사비 절감내용	절감액(천원)
철저한 ESC(2차) 검토로 시공사 청구금액에서 감액	400,000
골조공사 감액(구조변경)	19,500
대극장 이동식 무대 삭제(당사 전문가 의견 반영)	204,586
Web Server 삭제	66,770
Elev. 기계실 에어컨 삭제	9,100
퇴직공제 부금비 감액	168,647
합 계	868,603

4.4 공정관리

공정관리는 단순히 공사기간의 관리뿐만 아니라 각종 공사 데이터의 과학적인 축적을 통하여 자원관리, 공사비관리, 조직관리와 일정관리가 통합된 공정관리 체계의 구축이 필요하다. 특히, 본 프로젝트는 다수의 사업자가 참여하는 복합 문화시설로서, 예산 및 자원분배를 통한 계획공기 내의 공사 완료를 위하여 공종간의 인터페이스 조정, 마일스톤(**milestone**) 및 **CPM** 관리 등 전체 사업일정 계획의 합리적 수립과 단계별 공정에 대한 체계적 관리기법을 적용하였다〈그림 4-5〉.

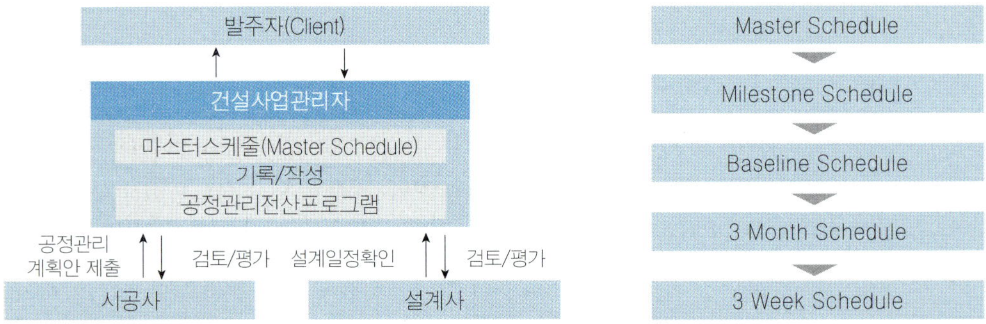

그림 4-5 국립과천과학관 프로젝트 공정관리 시스템

공사 지연을 방지하기 위하여 일일 공정점검 체계를 구축하여 공정 진도에 대한 데이터를 매일 수집하고, 각 액티비티(**activity**)마다 가중치를 부여함으로써 공종별 진도율을 모니터링 하였다. 부진 공정이 발생하는 경우에는 지연공정 목록을 작성하고 이에 대한 대책을 마련하여 공정계획을 재수정하는 절차를 통해 공정관리 업무를 수행하였다. 이와 같은 지속적인 공정관리 노력과 패스트 트랙 적용, 골조와 마감 동시 작업 등을 통하여 최종적으로 당초 계획대비 내부공사 기간을 7개월 가량 단축시킬 수 있었다.

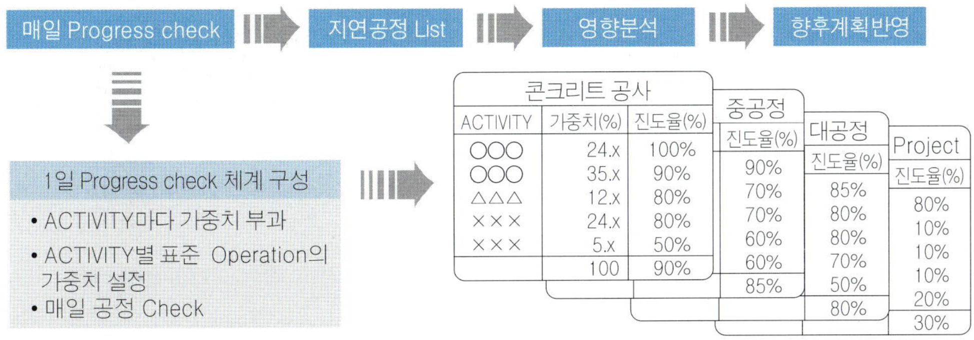

그림 4-6 **일일 공정점검 체계 구축 및 관리**

4.5 품질관리

CM단은 국립과학관 신축공사에 따른 관련 설계도서, 시방서, 관련규정 및 ISO 9001 표준계정에 적합한 품질기준을 수립하고 시공관리에 대한 품질보증절차를 마련하여 최적의 품질을 확보하였으며, 사후 하자예방에 역점을 두고 품질관리를 수행하였다.

〈표 4-4〉는 본 프로젝트의 중점 품질관리 계획으로 품질관리 요소별 상세 업무 계획과 샵 드로잉(shop drawing) 승인 절차, 검사시험계획(ITP : Inspection & Test Plan), 부적합 사항 처리 절차 등의 품질관리 방법 등을 정리한 것이다.

표 4-4 중점 품질관리 계획

구 분	내 용
설계검토를 통한 사전품질확보	• 설계의 적정성 검토 및 경제성, 설계 품질 향상을 위한 설계의 검토 실시 • 전시시설의 대공간 장스팬 보, 지정기초, 음향, IT 및 전시실 조명 등에서 발주자의 요구 설계 품질 확인, 지도 • 설계 도면의 시공성 및 안전성 검토 및 보완
품질계획 및 시공계획	• 시공 단계별 공사 세부 수행계획서 및 시공 상세도 작성에 의한 시공이 이루어지도록 지도 및 감독 • 공정별 작업절차서에 의한 시공으로 완벽한 프로세스 관리
승인절차의 확립	• 시공상세도 및 기자재의 승인이 필요한 항목에 대하여 사전협의 • 설계내역상에 명기된 자재를 기준으로 BM(자재목록) 작성 후 항목 및 일정 확정
선진 검사 및 시험	• 착공 전 공종별 검사 및 시험계획의 수립 및 시행 • 선진 수준의 검사 및 시험 기준 적용 • 공종별 품질기준 및 규격관리를 통한 정밀시공
지속적 품질개선 활동	• 부적합 사항은 NCR에 의해 보고 및 협력업체에 통보하여 시정조치 • 공종별, 요인별, 유형별 등 품질결함 분석 및 재발방지조치
품질교육	• 미국식 선진 품질관리 기법 및 기준에 관한 교육 실시
품질문서 및 기록관리	• 제반 시공관리업무에 대한 문서화 및 기록유지 • 문서, 도면, 기록의 파일링(filing) 관리(전산 시스템에 의한 전직원 공유)
부실방지 환경여건 조성	• 본사 전문기술자와 엔지니어링 협업 지원체계 구축 · 운영 • 우수 기능공 확보 및 개개인의 기능력 확인 후 현장배치 및 실명관리

품질관리 Tool

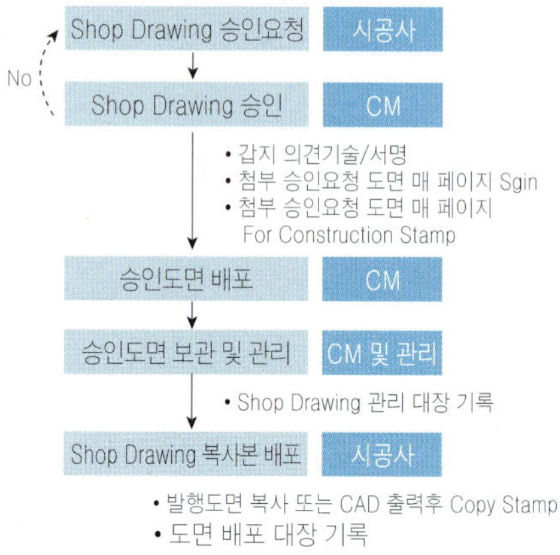

[Shop Drawing 승인 절차]

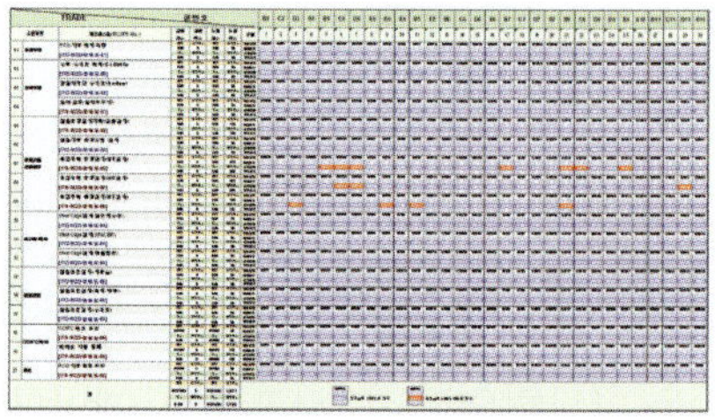
[ITP Chart 예시]

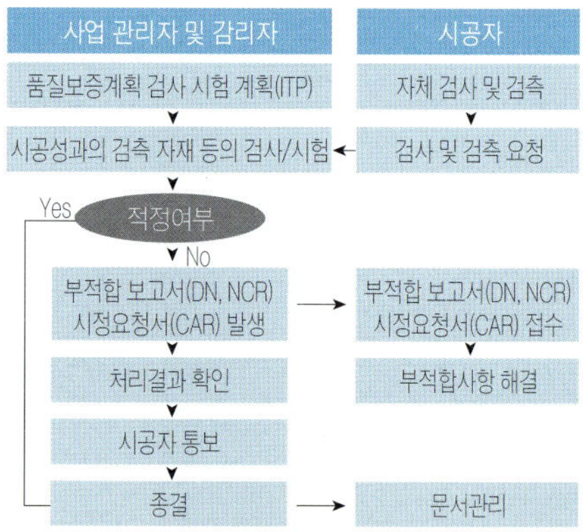

[부적합처리절차]

시공과정에서 발생한 하자사례에 대해서는 〈표 4-5〉와 같이 현장 하자정보 수집, 공사별/공종별/유형별/요인별 하자사례 통계적 분석, 원인 분석 및 대책 수립의 프로세스를 통하여 하자 재발을 방지하였다.

표 4-5 하자예산 사전관리시스템 구축

<table>
<tr><th>하자관리시스템</th><th>공종구분</th><th>공정별 하자 발생 비율</th></tr>
<tr><td>• 현장 하자정보 취합
• 공사별, 공종별, 유형별, 요인별 통계적 분석
• 하자분석 및 대책수립</td><td>건축공사
(82%)</td><td>
</td></tr>
<tr><td>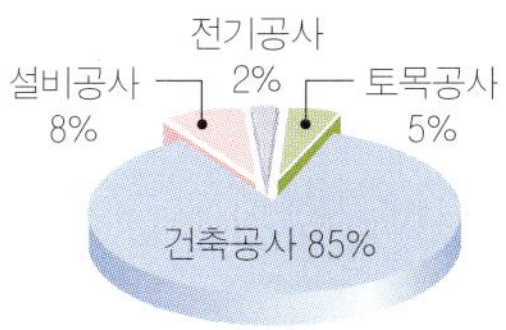
</td><td>설비공사
(16%)
전기공사
(2%)</td><td>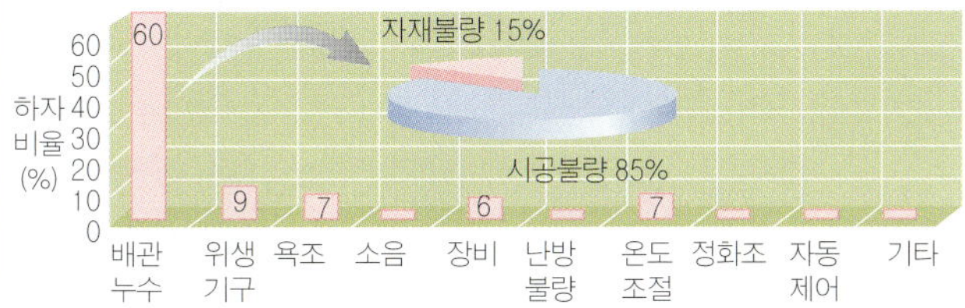
</td></tr>
</table>

4.6 안전관리

본 프로젝트의 안전관리를 위하여 발주자, CM단, 일괄공사 계약자 및 전시시설 계약자로 구성된 안전관리위원회를 구성하고, 정기적인 안전회의와 참여자들에 대한 교육, 지속적인 안전점검을 실시하였다. 또한 한미글로벌은 소홀하기 쉬운 정기 현장 안전검사에 정기적으로 외국인 안전관리 전문가를 투입하였고, 그 결과를 보고서로 작성하여 발주처에 제출하고 매월 월간 점수 측정 및 분석을 통해 안전미비 사항에 대한 대책을 수립하였다〈그림 4-7〉.

CM단은 시공 착수 이전에 각 공종별 안전관리상 예상문제점을 도출하고 이에 대한 사전 대책을 수립하였다. 예를 들어 골조 공사의 경우, 전시장 극장 등 대공간 구조물의 특성상 슬래브(slab) 붕괴 위험이 높을 뿐 아니라, 중량이 큰 부재의 양중이 많기 때문에 동바리 설계의 구조 안정성에 대한 철저한 검토가 필요하였으며 상하 동시 작업이 발생하지 않도록 일정관리가 요구되었다. 마감공사의 경우에는 층고가 높은 공간에서의 작업이 많이 이루어지기 때문에 천정공사에 대한 시공계획서를 철저히 검토하여 안전상의 위험요소를 사전에 제거하였다. 특히 전시시설 공사의 경우, 기존 건축공사와의 간섭으로 인하여 안전사고 발생 위험이 높았기 때문에 선 · 후행 작업의 일정을 조정했고, 가급적이면 동시 작업을 최소화하여 안

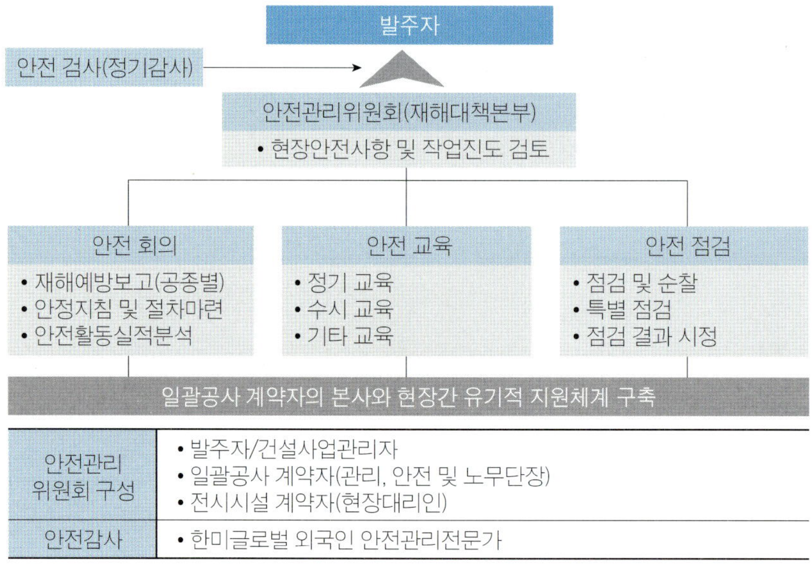

그림 4-7 안전관리 활동 체계

전사고 발생 위험을 줄이도록 하였다〈표 4-6〉.

표 4-6 공종별 안전관리 예상 문제점 및 사전 대책 수립

구 분	예상 문제점	대책 및 추진방안
골조공사	• 전시장, 극장 등 대공간의 구조 특성 고려시 슬래브 붕괴를 방지하기 위한 동바리 안전설치 • 장 스팬 보의 품질관리 • 대형 중량 부재 양중	• 가시설 동바리 설계의 구조 안전성 검토 • 장스팬 보의 전 단계에 대한 품질관리 철저 • 상하 동시 작업 금지
마감공사	• 층고가 높은 공간의 마감 공종 작업시 추락 위험	• 전시장, 극장의 천정공사 시공계획의 안전성 검토(자재반입동선, 하부 슬래브 보강계획)
전시시설	• 건축공사와 간섭발생 예상	• 일정계획에 의한 선 · 후행 작업관리 • 동시작업 가급적 금지

CM단은 시공단계에서의 안전관리를 위하여 사전 파악한 위험요소에 대하여 작업자들에게 교육을 실시하고, 일일, 주간, 월간 안전점검을 통하여 안전상의 부적합사항이 발생할 경우에는 현장에서 바로 수정지시가 이루어지도록 하였다. 발견된 부적합사항은 SCAR (Safety Corrective Action Report) 발행을 통하여 일괄시공계약자에게 발송하고 처리결과

에 대한 재확인 후 그 결과를 발주자에게 보고하였다. 발주자는 중대 안전 위배사항이 발생할 경우 CM단을 통해 시정지시 또는 공사 중지 명령을 내리고, 부적합사항이 완벽하게 처리되면 시공사가 CM단의 확인을 받아 공사재개를 요청할 수 있도록 하였다. 이때 작업진행 요청서 제출시에는 부적합사항 조치 결과 보고서를 첨부하도록 하였다〈표 4-7〉.

표 4-7 부적합사항 점검 및 처리

구 분	부적합사항 점검	부적합사항의 처리
세부내용	• 안전 점검시 발견된 부적합사항은 현장 수정 원칙 • 부적합 사항에 대하여는 SCAR을 발행 • 부적합 유형별 분석보고서 작성	• 작성된 부적합 보고서는 일괄시공계약자에게 발송 • 일괄시공계약자는 처리결과를 건설사업관리자에 통보 • 건설사업관리자는 처리결과 확인후 발주자 보고

이와 같은 철저한 안전관리 노력의 결과로 본 프로젝트는 노동부 자율안전 우수현장으로 선정되어 노동부의 안전 점검에서 면제되었으며, 산업안전공단으로부터 무재해 100만 목표달성 인증을 받을 수 있었다.

4.7 시공 후 단계 건설사업관리

시공 이후 단계에서는 시설물의 인수인계와 사용상의 문제점을 점검하기 위한 유지관리 방안의 단계별 검토가 이루어졌다.

시설물의 인수인계는 예비준공검사 완료 후 14일 이내에 인수인계 일정계획을 수립하여 계획서 접수 후 7일 이내에 검토 · 확정한 다음 발주자 및 일괄공사계약자에게 통보하도록 하였다. 또한, 현장에서 발생한 문서에 대해서는 발주자에게 인계할 문서목록을 협의하여 확정하고, 준공 후 14일 이내에 발주자에게 제출하도록 하였다.

시공 이후 시설물의 유지관리를 위해 단계별 유지관리시스템 계획을 수립하고 유지관리 주요 점검사항을 분석하였다. 유지관리 운영계획에는 연중무휴개관인 전시관과 전시운영센터의 유지관리 운영계획뿐만 아니라 옥외전시, 천체관 등을 포함한 유지관리계획을 검토하여 작성하였다. 또한, 과학관에 전시되는 전시품 교체시기를 감안하여 유지관리계획을 수립하였다. 시운전단계에서 발생할 수 있는 사용상 문제점을 사전점검하기 위하여 준공 30일 전에 인허가 사항을 점검하고 사용상의 불편사항을 접수하여 개선하였다. 기계 및 전기 시설에 대해서는 시스템 매뉴얼을 작성하고 시운전 교육을 실시하는 등의 서비스를 제공하였다.

공사가 완료된 이후에도 미결인 채로 남아있거나 새로 제출된 시공관련 클레임의 경우는 비용평가와 클레임관리를 통해 해결방안을 수립하였으며, 사후관리 업무에 대한 일정계획을 수립하여 업무진행상황을 파악하였다. 최종적으로는 사업에 소요된 총 비용을 집계하여 비용보고서를 작성하였다.

4.8 특수 공법의 적용 및 관리

국립과천과학관 프로젝트는 대공간 구조와 독특한 입면으로 인하여 다양한 특수 공법들이 적용되었다. 이 중에서 본 프로젝트에 적용된 관통형 철골보와 케이블 트러스(cable truss) 블록화 공법, 세미 유닛(semi-unit) 타입의 커튼월 공법에 대하여 소개하고자 한다.

1) 철골공사 : 관통형 철골보 및 케이블 트러스 블록화 공법 적용

일반적으로 철골공사에 있어 기둥과 큰 보의 접합부는 관통형 기둥에 보를 연결시키는 경우가 보통이며, 철골기둥 1절은 3개층 높이로 되어 있다. 그러나 본 프로젝트에서는 전시시설임을 고려하여 설계하중조건(L/L : 2 ton)을 만족하는 철골보가 조립용 기둥을 관통하는 구조형식을 채택하였다. 이와 같은 관통형 철골보를 사용함으로써 주요 접합부 용접의 대부분이 공장에서 이루어져 용접 품질관리가 용이하였으며, 현장 용접량이 감소하여 작업 공정을 단순화할 수 있었다. 또한, 기둥부재가 층당 1개 절로 구성되어, 각 층별로 작업이 진행됨에 따라 고소작업이 줄어 안전관리가 용이하다는 장점이 있었다.

중앙홀 부위의 경우, 층고가 33m²정도로 높아 기존의 철골 시공방법으로는 공기지연은 물론 안전사고의 발생, 과다한 가시설 설치 등의 문제점을 내포하고 있었다. 이를 해결하기 위해 공장에서 철골 부재를 선 조립한 후 부분별로 분리하여 양중 후 설치하는 블록화 공법을 적용하였다. 먼저 4개의 메인 트러스(main truss) 부재를 선 조립한 후 양중 설치한 다음, 서브 트러스(sub truss)와 케이블(cable)을 설치하는 순서로 시공하였으며, 모든 부재의 설치 완료 후 케이블의 장력을 조정함으로써 구조적 안정성을 확보하였다.

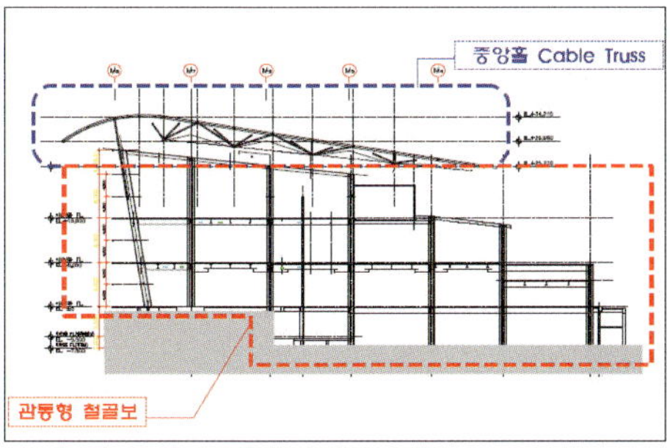

[공법별 적용 부위]

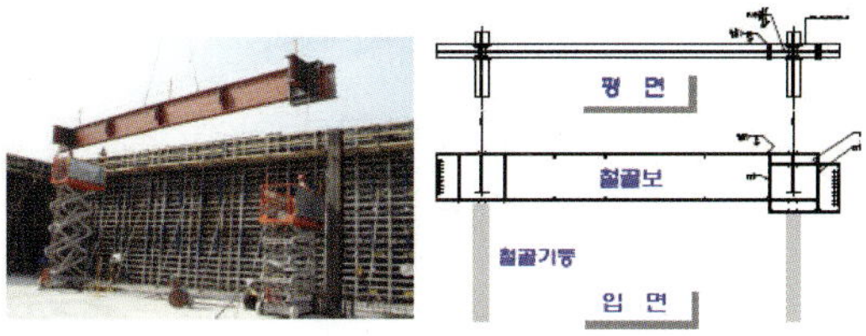

[관통형 철골보]

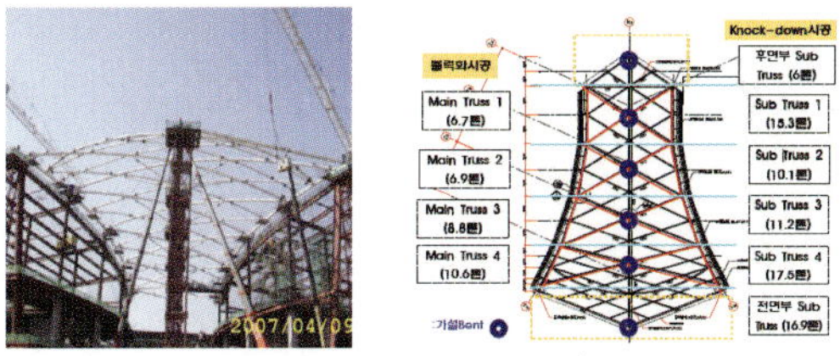

[케이블 트러스 블록화 공법]

그림 4-8 철골공사에 적용된 특수 공법

2) 커튼월 세미 유닛(Curtain Wall Semi-unit) 공법

커튼월 시스템(curtain wall system)은 크게 스틱 시스템(stick system)과 유닛 시스템(unit system)으로 구분된다. 스틱 시스템은 커튼월의 각 구성 부재를 현장에서 하나씩 조립하여 설치하는 방법인 반면, 유닛 시스템은 커튼월 구성 부재를 공장에서 조립하여 패널화하고 유리까지 취부함으로써 현장에서는 패널만 설치하면 되는 공법이다. 유닛 시스템은 스틱 시스템에 비하여 많은 비용이 들지만, 공기단축 및 부가적 요소를 고려하였을 때 경제성이 있기 때문에 최근에는 유닛 시스템을 많이 적용하는 추세이다.

그러나 유닛 시스템의 경우에는 패널 한 세트의 중량이 무거워서 양중에 대한 고려가 필요하다. 본 전시장의 입면부의 경우 역경사로 되어 있기 때문에 유닛 타입의 커튼월 양중 및 설치가 쉽지 않은 문제점이 있었다. 이러한 이유로 당 현장에서는 역경사 부위에 세미 유닛 타입의 커튼월을 적용하였다.

본 프로젝트에 적용된 세미 유닛 타입의 커튼월은 수직부재를 유닛 타입으로 사전 제작한 후 수압 크레인(hydraulic crane)을 이용하여 양중 및 설치하고, 수평부재(transom)를 스틱 시스템 방식으로 현장에서 설치하였다. 유리는 고소작업대를 이용한 현장 취부 방식(site glazing)으로 설치한 후, 코킹 마무리 작업을 하였다. 세미 유닛 타입의 커튼월 설치를 통해 역경사 부위 커튼월 설치 작업의 안정성을 확보함과 동시에 스틱 시스템보다 공기를 단축하는 효과를 얻을 수 있었다〈그림 4-9〉.

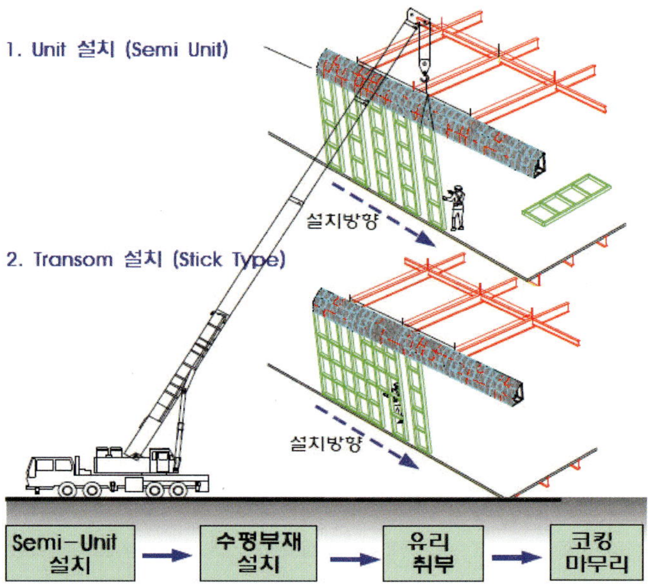

그림 4-9 역경사부의 세미 유닛 시스템 설치

chapter

05 맺음말

국립과천과학관 프로젝트는 2002년 2월 경기도 과천시로 부지를 정하고 2004년 12월에 조인트벤처사(삼성물산 컨소시엄)를 선정한 후 2006년 4월에 착공하여 2008년 11월 14일, 웅장한 모습으로 우리나라 과학 발전의 비전을 담고 개관하였다. 30개월의 짧은 공사기간동안 경기도에서 지원하는 공사와 현장의 전시업체 공사 등 복합적인 관계로 인해 전반적으로 어려운 여건이었지만, 현장의 발주처인 과천과학관 추진기획단 건설과와 CM단 및 시공업체가 합심하여 계획된 공기 내에 성공리에 개관을 하였다.

본 프로젝트의 분야별 수행내용을 종합적으로 정리하면 다음과 같다.

첫째, 공정관리 분야에서는 마스터 스케줄, 마일스톤 및 월간 · 주간 공정표를 작성하여 일정관리에 만전을 기하였다. 전시업체와의 연관성 및 경기도 지원사업공사와의 복합적인 시공관리 등의 문제요인이 있었지만, 월간 및 주간단위의 공정관리와 협력업체와의 지속적인 협의를 통하여 적정공기를 준수하였고 최적의 공정관리를 이루었다. 계약 공기는 2006년 4월부터 2008년 10월까지 30개월로서 전시업체에 핸드오버(hand-over) 등을 감안하면 절대공기가 부족한 상황이었다. 또한, 광역상수도 이전사업 등 경기도 지원사업이 선행공정인 경우 해당 관청의 인허가 문제로 어려움이 많았지만, 개관일정을 준수하기 위하여 해당관청 및 경기도 시공사에 최대한 협조를 요청하는 등의 노력 끝에 무사히 개관을 이루어낼 수 있었다.

둘째, 발주자의 예산을 고려한 원가관리를 수행하였다. 현장 VE 및 원가절감 방안을 최대한 활용하여 전광판 업그레이드 등의 성과를 이루었으며, 대안공법을 제시하여 원가관리에 만전을 기하였다. 또한, 각각의 시공단계에서 적정공법 및 자재 선정 등을 통한 원가관리에 치중하여 시공단계에서 약 8억 7천 만원의 공사비 절감을 달성할 수 있었다.

셋째, 첨단 과학관이 갖는 특성을 고려하여 사전 품질 절차에 만전을 기하였다. 사전 품질 체크리스트를 작성하여 주 시공사와의 품질관리 체계를 이루고, 반복적인 하자사례를 예방하기 위해 사전에 품질매뉴얼을 체크하여 협력사 교육을 실시함으로써 사전 하자발생을 최소화하고 품질불량이 발생하지 않도록 하였다. 또한, 전시시설의 특성을 고려하여 전시업체 공간의 품질관리에 치중하였으며, 전시업체와의 인터페이스(interface) 및 경기도 지원사업과의 복합적인 특성을 고려하여 사후 하자관리 체크리스트를 작성함으로써 명확한 책임관리가 될 수 있도록 조치하였다.

넷째, 안전관리계획서의 기준을 철저히 준수하였다. 충분한 교육을 실시하여 사고위험을 사전에 숙지하고 예방하도록 관리하는 것에 주력하였으며, 안전사고 발생시 대처요령과 차후에 반복되는 재해가 없도록 주의하였다. 또한, CM업무 수행계획서 및 내부지침서에 의거하여 일일교육을 강화하고 일일 안전점검을 바탕으로 혹서기 안전기준을 강화한 결과 무사고 목표를 달성할 수 있었다.

한미글로벌은 세계적 수준의 규모와 시설을 자랑하는 국립과천과학관 건설사업관리 수행경험을 토대로 대규모 공공 건설프로젝트의 사업관리 역량을 한 단계 향상시킬 수 있었을 뿐 아니라, 다수의 참여자들과의 협력체계를 구축할 수 있었다. 본 프로젝트의 수행사례가 향후 유사프로젝트의 성공적인 수행을 위해 조금이나마 기여할 수 있기를 바란다.

Part 06

4대강 통합사업관리 프로젝트

C·O·N·T·E·N·T·S

chapter

01 머리말

인류의 문명은 강(江)과 함께 시작하였다 해도 과언이 아니다. 두 강(江) 사이의 땅이라는 의미의 메소포타미아 문명, '하라파' 와 '모헨조다로' 등의 고대 계획도시가 발전한 인더스 문명, 대규모 수리공사(水利工事)를 통해 도시번영과 국가의 부를 창출한 황하 문명, 그리고 '나일강의 선물' 이라고 불리는 이집트 문명에 이르기까지 세계 4대 문명은 모두 강을 따라 형성된 비옥한 토지를 기원으로 하고 있다. 즉, 강은 역사의 모태이며 문명의 기원인 것이다. 중국의 고대국가인 하(夏)나라의 우왕(禹王)은 치산치수(治山治水)로 국가 통치의 큰 터를 이루

표 1-1 인류의 문명과 강(江)

이집트문명	메소포타미아 유적	인더스강	황하강

나일강의 범람	티그리스강의 범람	인더스강의 범람	황하강의 범람

었으며, 아직도 중국에서는 그의 공덕을 기리고 있다. 이렇듯 산과 물을 다스리는 것은 오랜 시간 동안 국가 경영의 근간을 이뤘으며, 민생에 미치는 영향으로 인해 정치의 요체로 비유되기도 한다.

반면에 강은 홍수, 가뭄 등의 수해를 통해 끊임없이 인간의 삶을 위협하기도 하였다. 문명의 고도화를 이룬 오늘날에도 여전히 수해로 인한 인명, 재산 피해가 빈번힌 발생하는 것을 볼 수 있다. 한 곳에서는 물 부족으로 인한 고통을 호소하는 한편, 또 다른 곳에서는 홍수로 인해 인명이 희생되는 이와 같은 상황에서 '치산치수' 의 숙제는 여전히 계속되고 있는 것이다.

해외 각국에서는 일찍이 강을 중심으로 치수(flood control), 물 사용(water use) 및 환경보호(environmental protection)에 대한 노력을 경주하였으며, 이를 바탕으로 경제를 부흥시키고 국민의 삶의 질 향상을 꾀하였다. 미국의 Tennessee Valley Development Project(TVA) 및 인도의 Damodar Valley Development Project(DVA), 네덜란드의 Room for the River(RvR) 등이 이러한 사례라고 할 수 있다.

우리나라 역시 2009년 시작된 국제금융위기에 따라 침체된 내수 경기의 회복과 기후 변화에 따른 홍수 및 가뭄 피해 방지, 국민 소득 증대에 따른 여가공간 확보의 필요성 등으로 인해 4대강 살리기 사업을 구상하게 되었다. 4대강 살리기 사업은 각 지역별로 독자적인 관리를 하던 기존의 형태에서, 종합계획 수립에 의한 일관적이고 체계적인 관리로의 패러다임 변화라고 볼 수 있다.

이처럼 다목적의 대규모 국책사업은 필연적으로 대규모 예산 투입, 짧은 사업기간, 복잡한 의사결정주체 등 사업의 성공을 저해하는 위험요인들을 내포하게 되며, 사업 중 발생하는 문제의 종합적 해결을 위해 사업관리 개념의 도입이 절대적으로 필요하다.

본 프로젝트에서는 대규모 건설사업의 수행에 따라 발생 가능한 각종 사업성공 저해 요인들을 사전에 예측하고, 이를 기초로 체계적이고 효율적인 관리방안들을 수립하였다. 4대강 건설사업관리 프로젝트는 각 분야의 사업관리 방안을 총괄하고 발주자 측면의 통합사업관리(program management)가 가능한 사업정보관리시스템을 개발하여 운영하는 신 개념의 건설사업관리 프로젝트라고 할 수 있다.

chapter

02 프로젝트 개요

2.1 4대강 살리기 사업의 개요

4대강 살리기 사업은 약 22.2조원의 예산(직접사업 및 직접연계사업 기준)을 해당 단위 사업의 특성에 따라 다수의 정부기관 및 지자체, 관련 공기업에서 발주하고 수백여 개의 중대형 건설 회사들이 참여하는 복합 사업이자, 전국토를 대상으로 동시다발적으로 추진하는 초대형 국책사업이다. 따라서 사업 추진조직의 다양성으로 인한 복잡한 의사소통구조와 결정체계를 가지고 있으며, 재정 사업의 특성에 따라 예산초과를 방지하고 집행의 투명성 및 형평성을 확보해야하는 사업이다. 더욱이 사업규모에 비해 상대적으로 부족한 발주자 관리 인력과 동시다발적으로 추진되는 대규모 사업의 특성으로 인해 장비, 인력, 자재조달 등 자원 수급의 문제, 환경오염, 안전사고, 홍수 등으로 인한 공기지연과 민원발생 또한 간과해서는 안 될 요소였다.

표 2-1 4대강 살리기 사업 개요

사업구분	참여기관	사업내용	예산(조원)
직접사업	국토해양부 농수산식품부 환경부 한국수자원공사	수자원 확보와 홍수조절을 위한 각종 사업 시행	16.9
직접연계사업		하천 정비 하수처리시설 확충	5.3
연계사업	지방자치단체	워터프론트(waterfront) 개발	별도 시행

본 프로젝트는 이러한 문제를 효율적으로 해결하기 위한 통합사업관리체계를 구축하여 시스템을 개발하는 사업이며 기타 지원업무를 포함하고 있다. 이를 위해 위험이 예상되는 요인을 사전에 파악하여 관리방안을 수립하고, 각 사업관리체계를 발주자 관점에서 종합적으로 분석 · 관리하기 위한 사업관리시스템을 개발하였으며, 이 과정에서 발생하는 각종 지원업무를 과업의 방향으로 설정하였다. 본 프로젝트 주요 핵심업무는 다음과 같다.

- 다수 사업시행주체의 업무수행 일관성 확보 및 정보공유체계 확립
- 사업수행과제별 일정, 품질, 비용 목표 달성을 위한 관리방안 제시
- 단계별 관리요소의 철저한 분석 및 파악으로 완벽한 사업관리 절차 수립

본 프로젝트는 4대강 살리기 사업의 통합사업관리체계 구축을 위해 통합사업관리 수행계획서를 작성하여 프로젝트의 핵심 성공 관리기능을 확보하고자 하였으며, 사업정보관리절차서, 공정관리절차서, 사업비관리절차서를 작성 · 시행하는 업무를 세부 단계로 설정하였다. 또한, 관리시스템의 근간이 되는 사업번호체계(Project Numbering Structure, PNS), 업무분류체계(Work Breakdown Structure, WBS), 사업비분류체계(Cost Breakdown Structure, CBS) 및 공정표 개발(기본, 종합, 사업시행) 업무를 포함하였다. 이와 같은 업무는 경험자가 많지 않기 때문에 개발에 많은 노력과 시간이 소요되었으며, 수많은 시행착오를 거쳐 현재의 관리체계를 갖추게 되었다.

또 하나의 핵심 업무는 구축된 통합사업관리체계를 기반으로 발주자 지원 전산시스템을 개발하는 업무였다. 업무수행 과정에서 시스템 운영을 위한 사용자 지침서, 시운전 및 운영 중 발생하는 문제들을 해결하는 책임 또한 부여되었다. 그 밖에 사업시행주체, 시공사, 감리자를 대상으로 구축한 통합사업관리시스템의 교육과 발주자의 현안사항 처리에 대한 자문업무도 포함되었다. 즉, 본 프로젝트는 공정, 공사비, 현안사항 처리 등 4대강 살리기 사업의 성공적 수행을 위한 핵심적인 업무가 모두 포함된 사업이라 말할 수 있다.

표 2-2 4대강 살리기 통합사업관리 용역 개요

<table>
<tr><th colspan="2">구 분</th><th>주 요 내 용</th></tr>
<tr><td colspan="2">사업명</td><td>1단계 : 4대강 살리기 통합사업관리체계구축 기술용역</td></tr>
<tr><td colspan="2">용역수행기간</td><td>• 계약준공년월일 : 2009. 08. 17～2010. 01. 13(착수일로부터 5개월)
• 실제준공년월일 : 2009. 08. 17～2009. 12. 18(착수일로부터 4개월)</td></tr>
<tr><td rowspan="3">과업
범위</td><td>통합사업관리
체계 구축</td><td>• 통합사업관리 수행계획서(Plan)
• 사업정보관리절차서
• 공정관리절차서
• 사업비관리절차서
• 업무분류체계(WBS) 및 사업번호체계(PNS), 사업비분류체계(CBS)
• 공정표 개발(기본, 종합, 사업시행)</td></tr>
<tr><td>통합사업관리
시스템개발</td><td>• 통합사업관리시스템 설계서
• 통합사업관리시스템 포탈 및 시스템 개발
• 사용자 지침서
• 시스템 시운전
• 시스템 운영 및 보완, 성능개선</td></tr>
<tr><td>지원업무</td><td>• 사업관리부서, 단위사업계약자 시스템 교육
• 사업관리부서 업무지원
• 각종 현안 처리 및 발주자 요구사항 처리</td></tr>
</table>

2.2 4대강 살리기 통합사업관리 기술지원단 조직구성

4대강 살리기 사업의 통합사업관리 기술지원조직은 단장을 중심으로 수행계획서, 절차서, 업무분류체계 등의 작성을 담당하는 체계 구축 부문과 통합사업관리시스템의 설계 및 개발, 시운전을 담당하는 시스템 개발 부문, 사용자 대상 교육, 시스템 보완 및 안정화, 유관부서 관리업무를 지원하는 지원서비스부문으로 구성하였다. 참여업체는 한미글로벌을 주관사로 KEPCO E&C, 상아매니지먼트가 참여하였으며, 투입상주인력은 총 12명으로 실제 업무는 4개월 만에 완료하였다.

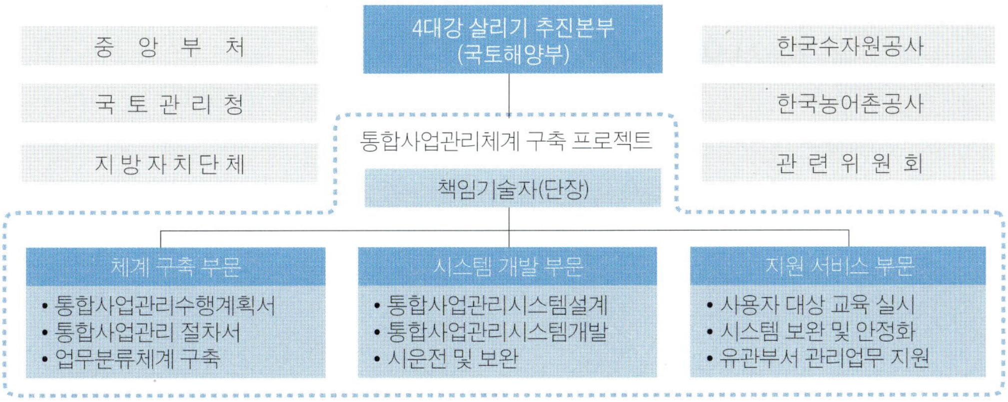

그림 2-1 **4대강 살리기 통합사업관리 기술지원단 조직구성**

chapter 03

통합사업관리

3.1 통합사업관리

통합사업관리[1](Program Management, PgM)는 건설사업관리(Construction Management, CM), 프로젝트관리(Project Management, PM) 보다 상대적으로 광범위하고 복잡한 개념으로 다수의 하위 건설사업들을 종합적으로 연계하여 전체 사업의 전략적 목표와 이익 달성을 위한 집중 · 조정된 관리를 시행하는 개념이다(CMAA 2008). 즉, 통합사업관리는 개별적인 관리를 통해서는 얻을 수 없는 이익을 확보하기 위해 단일사업(project)들을 통합하여 일관된 관점으로 프로젝트를 관리하는 방식으로서, 단일 대형 사업에 대한 관리를 의미하는 것이 아닌 2개 이상의 프로젝트(multiple project)를 총괄하여 관리하는 것이다.

통합사업관리의 업무는 프로젝트의 통합적인 관리를 위한 기획, 타당성조사, 설계, 조달, 시공 및 시운전 등 사업의 전(全) 단계에 걸쳐 프로젝트관리와 동일한 9가지 지식영역(통합관리, 범위관리, 시간관리, 원가관리, 품질관리, 인적자원관리, 의사소통관리, 리스크관리, 조달관리)에 대한 관리가 이루어지며, 〈그림 3-1〉과 같이 복수의 사업을 관리하기 위한 조직문화관리, 정보관리, 사업대안관리 등의 총괄 사업관리를 포함한다.

1) 종합사업관리라고도 칭함.

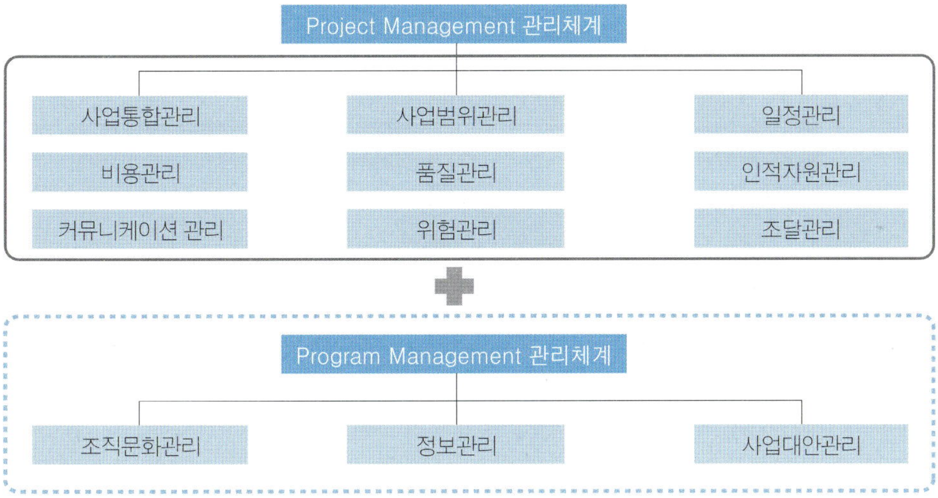

그림 3-1 **통합사업관리 모델**

즉, 통합사업관리의 경우 별도의 하위 프로젝트들을 프로그램의 목적에 부합하도록 체계적으로 관리하여야 하기 때문에 사업참여자 간의 커뮤니케이션이 무엇보다도 중요하며, 의사소통 향상 및 의사결정 지원을 위한 정보관리 체계로서 건설사업관리시스템(PMIS)의 구축을 동반하는 것이 일반적이다.

3.2 4대강 살리기 사업 리스크(Risk) 분석

기존 대형 국책사업과는 달리 4대강 살리기 사업의 가장 큰 특징은 국토해양부의 4대강 살리기 추진본부 외에 환경부, 농림수산식품부 등의 중앙부처와 서울, 부산, 원주, 대전, 익산 등 5개 지방국토관리청, 전국의 지방자치단체 등과 같이 다양한 성격의 조직이 사업에 참여한다는 것이다. 또한, 8조원의 사업비를 부담하는 한국수자원공사와 한국농어촌공사가 발주 및 관리기관으로 참여하며, 약 400여개 단일 프로젝트에 설계사, 시공사, 감리사가 계약자로 참여하는 초대형 사업이기 때문에 다음과 같이 사업 추진시 발생 가능한 위험을 분석하여 사업관리체계의 기틀을 확보하였다.

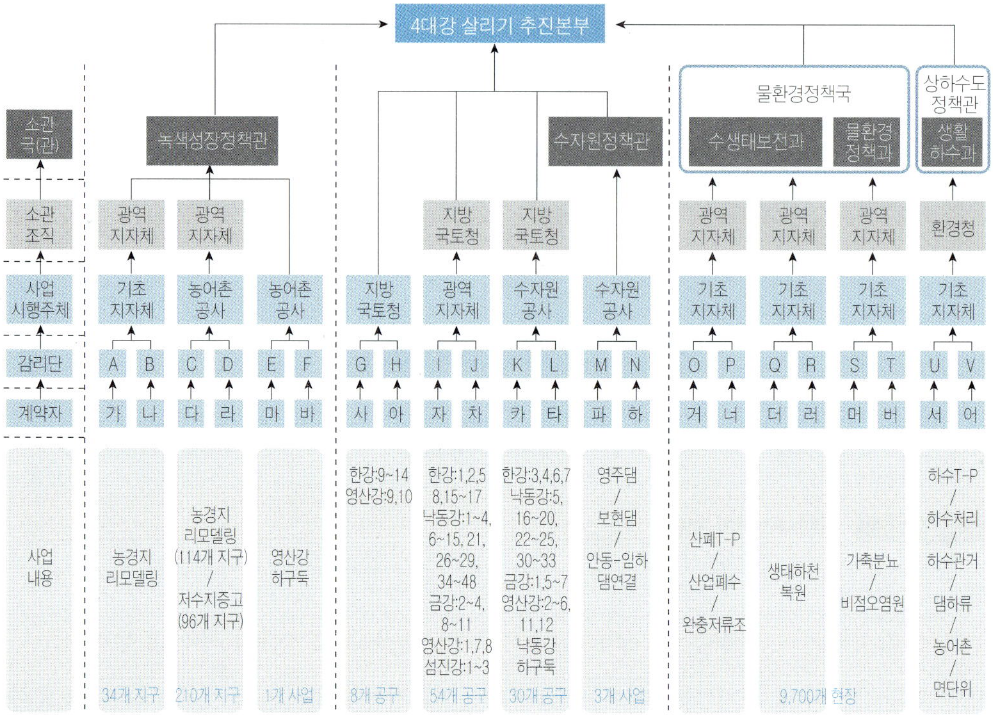

그림 3-2 4대강살리기 참여 조직

1) 리스크 1 : 다양한 사업추진 조직으로 인한 커뮤니케이션 필요

앞서 언급하였듯이 4대강 살리기 사업은 효율적인 사업 추진을 위해 대통령 훈령에 따라 구성한 한시 조직 '4대강 살리기 추진본부' 외에도 국토해양부 외 6개 중앙정부 기관이 참여하며, 실제 사업발주 기관에는 5대 지방국토관리청 및 지방환경청을 비롯한 지방자치단체와 한국수자원공사, 한국농어촌공사가 참여하고 있다. 이와 더불어 중소형 엔지니어링사, 시공사, 전문건설업체, 각종 컨설턴트 등 수백 개의 민간 건설업체가 사업에 참여하는 대형 사업이기 때문에 이를 효과적으로 운영하기 위한 체계적인 커뮤니케이션 관리 계획의 수립과 운영이 필수적이었다.

2) 리스크 2 : 발주자 인력 부족

4대강 살리기 사업은 글로벌 금융위기에서 비롯된 정치, 경제적 이유로 인해 타 대형 국책 사업에 비해 기획 및 설계단계의 주요 업무 검토기간이 짧았으며, 이에 따라 환경, 식수, 공업용수, 물류 등의 사전 검토를 위한 각종 지침서, 표준도면, 시방서, 내역서와 같은 설계 표준화 준비가 필요하였다. 이 외에도 대규모 공사의 단기 추진에 따른 건설 자재 수급의 검토 및 비상시 대책 수립 등이 강화되어야 하는 사업이었다. 그러나 본 사업을 총괄하는 4대강 살리기 추진본부 인력(69명)은 관련 정부기관의 기존 인력으로 구성된 한시 조직이며, 실제 발주업무를 수행하는 5대 지방국토관리청(58명)의 경우 과중한 행정업무 처리에 따라 전체 사업의 통합관리를 위한 체계 및 컨트롤타워(control tower)가 미비한 실정이었다. 따라서, 거시적 관점의 통합사업관리 체계 도입을 통해 발주자의 과중한 업무 개선이 이루어져야 할 필요가 있었다.

3) 리스크 3 : 절대적 공기 준수 필요

4대강 살리기 사업의 경우 댐, 저수 · 저류지 건설을 제외한 각종 건설 프로젝트를 2.5년 내에 완료해야 하는 사업적 특수성으로 인해 패스트 트랙(fast track) 기법을 적용하였다. 때문에 설계변경으로 인한 위험요소를 갖고 있었으며, 동시에 여러 현장이 일시적으로 개설되고 사라지는 특성으로 인해 일반 건설사업에 비해 인력 및 자재 조달에 어려움이 있었다. 또한, 환경오염, 안전사고, 홍수에 따른 공기지연 및 민원발생 가능성이 높으며, 해외 건설선진국에 비해 경직된 국내 건설산업의 여건 상 체계적인 공정관리가 요구되었다.

4) 리스크 4 : 체계적인 사업비관리 필요

2011년까지 댐 · 저수지를 제외한 대부분의 공사가 완료되며, 2012년까지 전체공사가 마무리되는 본 사업은 촉박한 사업기간으로 인해 한정된 예산 내에서 각종 공기단축방안을 수립하는 등의 사전 준비가 필수적이었다. 즉, 체계적 사업비 관리(cost management)의 도입으로 재정사업의 특성을 반영한 예산초과방지 및 집행의 투명성, 형평성 확보가 요구되었다.

특히 중점적 설계관리(design management) 및 이와 연동된 사업비 관리체계 구축을 통해 원가절감과 공기단축을 위한 신기술, 신공법, 신자재 등의 적용을 확대하는 것이 발주자로서의 주 관심사였다. 따라서 프로젝트 발주방식별 설계 및 시공관리방식 확정, 설계 표준화, 고도화, 첨단화를 위한 컨트롤타워(control tower)로서 통합사업관리 부문을 강화하여야 했다.

5) 리스크 5 : 기타 사업의 위험 및 불확실성

그 밖에도 동시에 전국적으로 수행되는 본 사업의 특성상 안전, 환경 및 주변 피해사례가 발생할 가능성이 예상되었기 때문에, 환경 및 NGO단체의 사업추진 반대 활동과 사업의 지연, 대형 민원 등에 대한 위험관리(risk management)대책 마련이 필요하였다.

3.3 4대강 살리기 사업 조직 특성에 따른 통합사업관리 적용 방안

다양한 발주자 조직 및 약 400여개의 단일 사업에 참여하고 있는 계약자들을 효율적·체계적으로 관리하는 것이 본 사업 성공의 가장 큰 변수였다. 따라서, 기존의 건설사업관리(CM) 관점이 아닌 거시적이고 종합적인 관점에서 사업을 총괄적으로 관리할 필요가 있다고 분석하였다.

통합사업관리단은 인천공항건설사업 및 주한미군기지이전사업 등 기존 국내 대형 국책사업을 비롯하여 홍콩 신공항 건설사업, 런던의 Crossrail Project 등 다양한 해외 대형 SOC 투자사업 사례를 벤치마킹하여 상기와 같은 사업의 리스크 요인을 다각적으로 분석하였다. 〈표 3-1〉은 분석에 따른 통합사업관리 주요 영역으로, 이를 기초로 다음과 같이 4대강 살리기 사업에 가장 적합한 통합사업관리방식을 적용하기로 결정하였다.

표 3-1 4대강 살리기 통합사업관리 영역 및 주요 관리 대상

통합사업관리 영역	주요 관리 대상
사업관리일반(General Management)	◎
설계관리(Design Management)	
사업비관리(Cost Management)	◎
공정관리(Schedule Management)	◎
계약 및 클레임관리(Contract & Claim Management)	
품질 및 안전관리(Quality & Safety Management)	
위험관리(Risk Management)	
사업정보관리(Project Information Management)	◎

1) 통합사업관리 적용방안 1 – 통합사업관리체계 개념 도입

통합사업관리단은 4대강 살리기 사업의 특성을 반영하여 통합사업관리체계를 〈그림 3-3〉과 같이 구성하였다.

프로젝트 매니지먼트 단계에서는 계약자가 입력한 단위사업의 정보를 현장의 프로젝트 단위에서 운영 · 관리할 수 있는 시스템을 구축하였으며, 두 번째 단계인 프로그램 매니지먼트 단계에서는 사업시행주체인 지방국토관리청, 한국수자원공사, 지방자치단체와 국토해양부, 농림수산식품부, 환경부 등 중앙정부의 관련 부서들이 활용할 수 있는 사업시행주체시스템을 구축하였다. 총괄관리시스템은 전체사업의 수행현황과 문제점을 실시간으로 관리하는 4대강 살리기 추진본부의 활용성을 높이기 위해 **Oversight Management** 단계로 구축하였으며, 이 외에도 사이버상황실을 별도로 구축하여 활용성을 극대화하였다. 또한, 각 단계별 사용주체의 권한과 책임을 명확히 설정하여 사용 중 발생할 수 있는 오류를 최소화하였다.

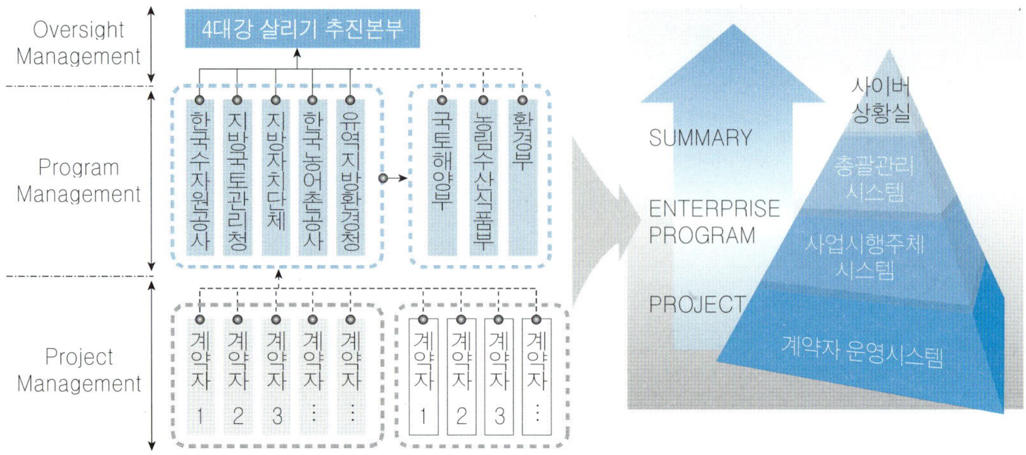

그림 3-3 사업수행자별 사업관리체계

2) 통합사업관리 적용방안 2 – 시스템 보고체계

본 사업을 추진하면서 발생하는 모든 공정, 사업비, 현안사항 등의 보고업무는 법 · 제도적, 사업적 특성을 고려하여 해당 발주 기관의 보고체계를 존중하여야 한다. 즉, 계약자(시공사)가 사업추진과 관련된 각종 현황을 입력하면 해당 사업의 감리단이 승인을 하고, 이에 대한 정보가 단위사업별 관리 · 감독 기관(사업시행주체)인 지방국토관리청, 지자체, 한국수자원공사 등에 보고된 후 승인을 취득하여야 한다. 이후 단위사업에 대한 정보는 상위기관인 중앙부처의 사업관할기관(국토해양부, 환경부, 농림수산식품부)에 보고되고 승인을 얻은 후 최종적으로 4대강 살리기 사업본부로 취합되는 절차를 밟아야 한다.

이러한 다층적 위계구조는 모든 사업에 대해 일관된 절차를 거치게 해 관련기관의 책임감을 제고시키고 사업현황의 정확성을 높여 줄 뿐만 아니라, 상위기관에 보고되기 이전에 문제점을 해결할 수 있게 해준다는 장점이 있다. 그러나, 본 사업과 같이 국가차원으로 진행되는 사업인 경우 모든 기관의 적극적인 협조가 필수적이며, 프로젝트에서 발생하는 문제도 개별 사안이 아닌 전체 사업차원에서 결정해야 하는 경우가 많다.

따라서 보고시간을 단축하고 사전 대응관리를 강화하기 위해 시공사인 계약자가 시스템 상에 보고사항을 입력하면 감리단의 승인을 거쳐 계층별 발주자와 4대강 살리기 본부에 즉

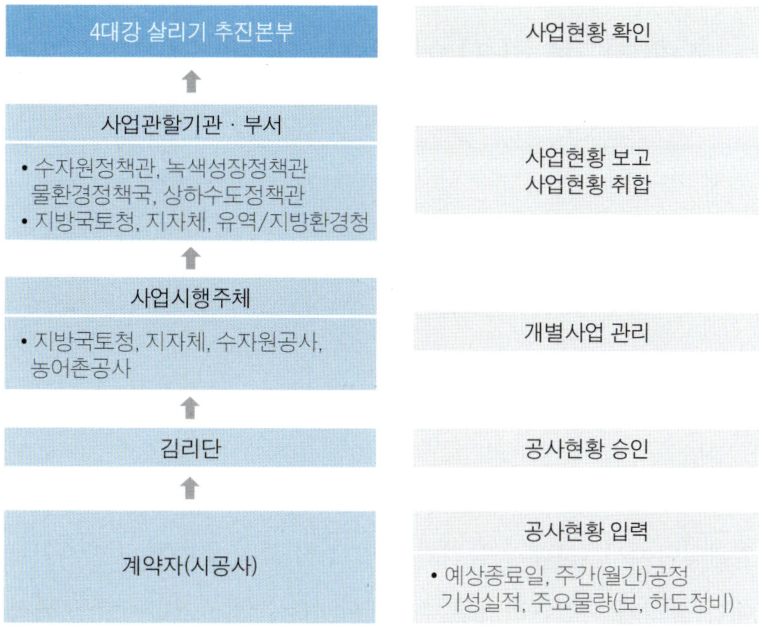

그림 3-4 4대강 살리기 보고체계

시(real-time) 보고되는 체계를 구축하였다. 또한, 오류가 발생하였을 경우 관련기관에서 일상적 검토를 통해 즉시 발견할 수 있는 체계를 수립하여 효율성을 배가하였다. 이러한 보고체계는 사업의 특성과 고객의 요구를 정확히 반영하여 시스템이 성공적으로 운영될 수 있게 한 핵심의사결정구조라 하겠다.

chapter

04 4대강 통합사업관리 체계 구축

통합사업관리단에서는 4대강 살리기 사업 조직 특성에 따른 통합사업관리 적용 방안을 근간으로 4대강 살리기 사업관리업무 수행계획서를 작성하였다. 또한, 핵심 관리기능 확보를 위한 사업정보 및 공정, 사업비 관리의 체계(frame)를 작성하고, 업무프로세스를 확정한 후 통합사업관리 업무수행절차서를 작성하였다.

본 프로젝트의 핵심 업무라 할 수 있는 4대강 살리기 통합사업관리 체계 구축 업무는 사업번호체계, 업무분류체계, 사업비분류체계 작성과 전국에 흩어져 있는 단위현장에 적용될 기본공정표 및 사업시행공정표 작성업무를 포함한다. 이 과정은 거시적 측면의 4대강 살리기 사업에 대한 전반적 이해와 함께 미시적 측면의 각 단위사업의 특성과 관련 조직, 현황 파악에 대한 종합적인 분석을 가능하게 하여 현업에 즉각 적용 가능하도록 구축하는 매우 창의적인 작업이었다. 사업단 구성원들의 적극적인 참여에 따른 아이디어 도출, 업무 목표의 구체화, 업무프로세스의 정립, 시스템화 등의 일련의 핵심 업무 수행을 통해 완성되었다.

4.1 통합사업관리 사업수행계획서

4대강 살리기 사업의 통합사업관리 사업수행계획서는 본 사업이 정해진 기간과 예산 내에서 성공적으로 수행되기 위해 요구되는 통합사업관리 세부실행계획을 제시하는 것을 목적으로 작성되었다. 이에 따라 당해 사업의 개요, 사업관리의 역할, 사업단계별 중점 수행방안, 사업주체별 업무범위, 조직구성 및 업무분장 등을 기술함으로써 4대강 살리기 사업의 통합사업관리 세부수행절차를 위한 마스터플랜을 수립하였다. 세부실행계획서는 4대강 살리기 사업 개요, 사업관리 관련 주요 용어정의 및 적용사례, 4대강 살리기 통합사업관리 추진전략, 통합사업관리 부문별 세부실행계획, 효과적 사업수행 조직 구성 및 업무 분장 등으로 구성하여 작성하였다. 또한, 4대강 살리기 사업의 특성에 대한 이해를 바탕으로 사업추진목표를 달성할 수 있도록 최적의 관리요소를 선정하여 실행계획에 포함하였다. 이 외에도 본 과업 범위에 포함되지 않는 사업관리영역인 품질, 환경, 설계, 안전, 시공관리 분야 또한 참여자들의 이해 증진과 일관된 사업관리 체계 유지를 위해 추가적으로 작성하였다.

대통령령을 통해 정의된 4대강 살리기 추진본부의 역할과 기능을 바탕으로 효율적인 사업을 추진하기 위해 추진본부 내부 조직과 관련 사업추진조직(각 지방국토청 및 한국수자원공사, 한국농어촌공사 등), 외부 사업관리 용역 조직 간의 역할과 책임(role & responsibility)을 명확히 설정하였으며, 사업시행자를 포함한 개별사업주체 및 시공사, 감리사와의 업무 연계성을 동시에 고려하여 종합적 측면에서 참여자 간 역할갈등을 최소화하기 위한 방안을 제시하였다. 궁극적으로는 각 분야별 사업관리절차와 4대강 살리기 통합사업관리시스템(Four major rivers Integrated project Management System, FIMS)의 적용을 전제로 한 분야별 업무수행계획을 수립하여 개별업무 수행에 일관성을 확보하였다.

통합사업관리 수행계획의 단계별 수행절차는 〈그림 4-1〉과 같다.

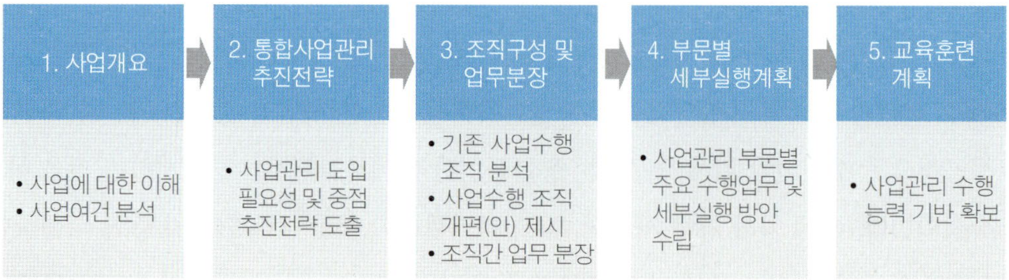

그림 4-1 4대강 살리기 통합사업관리 사업수행계획 구성

4.2 공정관리절차서 및 공정표 작성

통합사업관리 관점에서 단위현장의 마일스톤 및 특성을 고려한 공정관리절차를 수립하고 기본공정표를 제시하는 것은 효율적이고 체계적인 사업 수행을 위해 필수적으로 이루어져야 하는 사항이다. 통합사업관리단은 공정관리체계의 수립 및 운영에 관한 절차와 방법을 규정하는 공정관리절차서를 작성 · 배포하였다. 본 절차서는 최상위 관리자가 현장의 공정현황을 즉시 파악할 수 있도록 하는 공정관리체계를 수립하는데 주안점을 두었으며, 일관된 공정관리체계를 유지하고 각종 공종보고절차(각 보고양식 및 업무절차)를 통일하여 업무처리의 효율성과 신속성을 확보하였다. 또한, 업무분류체계(WBS)에 따라 진도율이 산출될 수 있는 체계를 수립하여 실적자료 집계, 진도율 산출 및 보고 등의 업무가 체계적 수행되도록 하였다. 그 밖에도 주기적 공정분석으로 공정영향의 즉각적 검토가 가능하도록 하였으며, 공정지연시 신속한 만회대책을 수립할 수 있도록 정상, 주의, 지연 등의 현황을 시각적으로 판단할 수 있도록 하였다.

표 4-1 공정관리절차서 세부 절차 및 주요 내용

세부 절차	주요 내용
통합공정관리체계 및 운영	• 공정관리조직체계, 공정표체계, 공정표, 통합사업 진도관리체계, 공정관리 전산시스템 구축 및 운영
기본공정표 작성 및 운영	• 기본공정표 주요기능, 작성 및 배부 • 기본공정표 운영, 개정 및 업무흐름
사업시행공정표 작성 및 운영	• 사업시행공정표 작성 및 배부 • 기본공정표 운영, 개정 및 업무흐름
계약자공정표 작성 및 운영	• 계약자공정표 기능 및 작성, 승인 • 계약자공정표 운영, 개정 및 업무흐름
특수공정표 작성 및 운영	• 특수공정표 기능 및 종류 • 특수공정표 운영 및 개정
사업진도관리	• 사업진도관리 기능, 통합진도율 산정체계 및 변경 • 진도율 관리체계 수립 및 운영
공정보고 및 만회대책	• 국토해양부 공정현황 보고체계 및 업무흐름 • 국토해양부 공정만회대책 수립 및 이행절차
공정회의 운영	• 공정회의 종류 및 운영절차, 회의록 작성 • 공정회의 운영체계, 업무분장 및 업무흐름

1) 업무분류체계(WBS) 수립

4대강 살리기 통합사업관리 업무분류체계는 사업의 기획, 설계, 발주, 시공, 시운전 등 사업관리 전반에 걸쳐 필요한 각종 업무의 수행과 관리업무의 기준으로 활용된다. 수계별, 공구별, 사업내용별 코드체계를 확립하여 이를 기반으로 업무분류체계를 구축하였으며, 업무분류체계의 정의와 적용을 위한 업무분류체계사전(WBS Dictionary)을 개발하여 제공하였다. 4대강 살리기 통합사업관리의 업무분류체계 수립은 모든 사업관리 업무의 관리기준일 뿐만 아니라, 사업번호분류체계(PNS), 사업비분류체계(CBS), 사업예산계정(PBCOA), 조직분류체계(OBS) 등과의 연계를 고려해야 하기 때문에 작성에 많은 노력이 필요하였다. 이는, 사업의 특성이라 할 수 있는 조직체계, 현장의 지역적 · 관리적 특성, 업무 프로세스 등이 반드시 고려되어야 하기 때문이다.

4대강 사업의 업무분류체계는 〈그림 4-2〉와 같다.

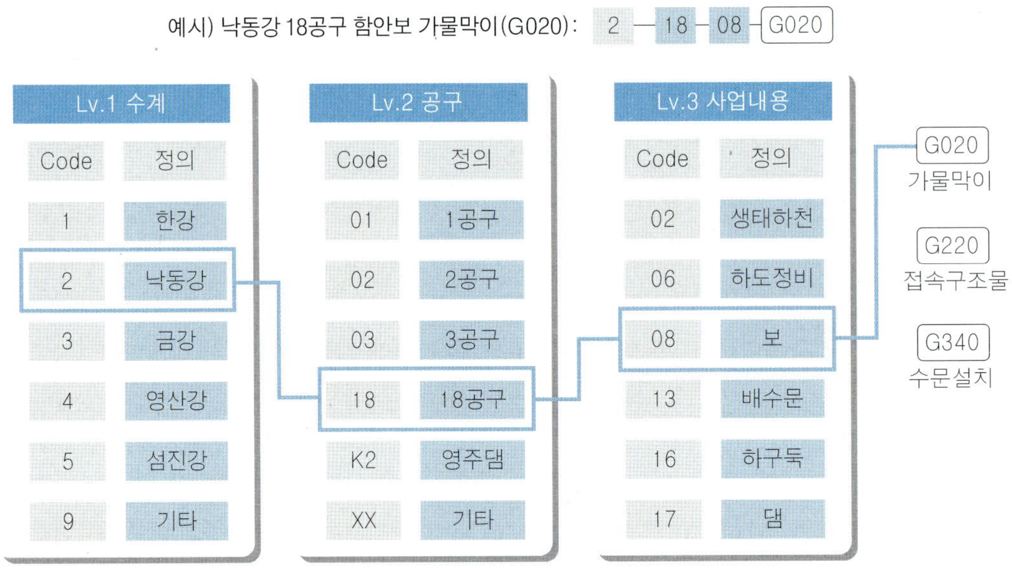

그림 4-2 4대강 살리기 통합사업관리 업무분류체계(WBS) 예시

2) 공정표 작성

예정공기 내 사업을 완료하는 것은 4대강 살리기 사업의 핵심 성공요인이다. 주요 관리시점(milestone)별로 일정준수의 중요성을 사업 참여자 모두에게 인식시키는 것이 중요하기 때문에 상기의 업무분류체계를 기준으로 기본공정표, 사업시행공정표, 계약자공정표의 3단계 체계를 구성하였으며, 공정표 작성시 주요 관리시점과 주공정(critical path), 패스트 트랙 공사, 업무수행이 어려운 홍수기에 대한 정보를 기본공정표에 반영하였다. 기본공정표를 기초로한 사업시행공정표를 작성하고 단위현장의 공정관리 담당자를 방문하여 설명함으로써 사업시행공정표에 근거한 계약자 공정표가 작성되었으며, 이를 시스템에 반영하여 지속적인 관리가 가능하도록 하였다.

4.3 사업비관리 절차서

재정사업 기반의 대단위 국책사업에서는 예정된 사업비 내에서의 효율적인 사업비 집행이 사업성공을 위한 핵심요소 중 하나이다. 본 통합사업관리단은 사업비관리 절차서를 제정하여 4대강 살리기 사업의 비용 산정 및 운영 등 건설 사업비관리의 전반적인 사항과 각 단위 프로젝트, 업무별 사업비를 정의하였다. 또한, 사업비관리 업무흐름에 대한 제반 절차를 수립하여 효율적인 사업비관리 방향을 제시하고 적용하는데 목적을 두었다.

이 과정에서 절차서 운영 기본방침을 수립하여 관련 용어, 적용범위, 책임사항들을 규정하였으며, 사업비의 체계적인 관리를 위한 사업비 분류번호체계를 구축하였다. 또한, 사업예산 관리를 위한 예산관리 규정, 계약금액 관리규정을 작성하였고, 연도별 예산, 공사계약금액, 공사기성금액, 부대비 등의 사업비 집행 기성 실적을 집계 · 비교 · 분석하기 위한 집행실적관리 및 보고서 관리 등의 절차를 규정하여 시스템에 반영토록 하였다.

사업비의 효율적인 관리를 위해 사업예산계정(Project Budget Code of Accounts, PBCOA)을 개발하여 운영하였으며, 프로젝트별 공정 정보 연계를 위한 사업비의 기능별 분

표 4-2 사업비관리 절차서 세부 절차 및 주요 내용

세부 절차	주요 내용
사업비관리 절차서 운영 기본방침	4대강 살리기 사업 수행에 필요한 사업비관리 절차의 작성 및 관리요건과 사업비관리 관련 용어의 정의, 적용범위, 책임사항 등 사업비 절차서 운영에 따른 기본방침 규정
사업비 분류번호체계	4대강 살리기 사업의 사업비 산정, 예산 편성, 집행실적집계, 사업비 계약자료의 축적 등의 업무를 체계적으로 수행할 수 있도록 구조적, 체계적인 분류기준을 제공하는 방법 기술
예산관리	소요재원 및 수계별 사업비 예산 편성과 배정 관리 업무, 편성예산 범위 내에서 사업을 완수하기 위한 사업시행 사업비에 대한 검토 · 조정 등의 절차를 포함하여 사업의 효과적인 수행 방안 기술
계약금액관리	4대강 살리기 사업과 관련된 설계 및 감리 등의 용역계약, 시공계약 등의 계약정보와 계약금액을 체계적으로 관리하여 계약관리 업무가 효과적으로 수행되도록 하는 방안 기술
집행실적관리	4대강 살리기 사업에 소요되는 사업시행자의 사업비 기준 연간 예산, 공사 계약금액, 공사 기성금액, 부대비 등의 사업비 집행 기성실적을 집계, 비교분석하고 집행성과를 측정 관리하는 업무의 절차를 정하여 합리적이고 효율적인 사업비 관리 업무를 수행하는 절차 규정
보고서관리	4대강 살리기 사업의 사업비 관리와 관련된 각종 보고서를 주기적으로 생산, 배부하여 사업비 관리 현황을 효과적으로 분석하고, 필요한 대책을 신속히 수립하는 기준 마련

류 항목을 개발 · 적용하였다. 사업비 분류체계는 1~5단계까지 분류하여 단위사업에 대한 사업비의 특성, 수계, 공구 및 비목이 반영될 수 있도록 관련 체계를 구성하였다. 또한, 사업비 관리의 효율성을 확보하기 위하여 그룹단위별 기능 코드를 부가하여 수계, 사업시행주체, 입찰방식, 주관부처, 행정구역, 소요재원별 관리가 가능하도록 약 60,000개의 사업비 데이터 베이스를 구축하였다.

4대강 사업의 사업비 분류체계 예시는 〈그림 4-3〉과 같다.

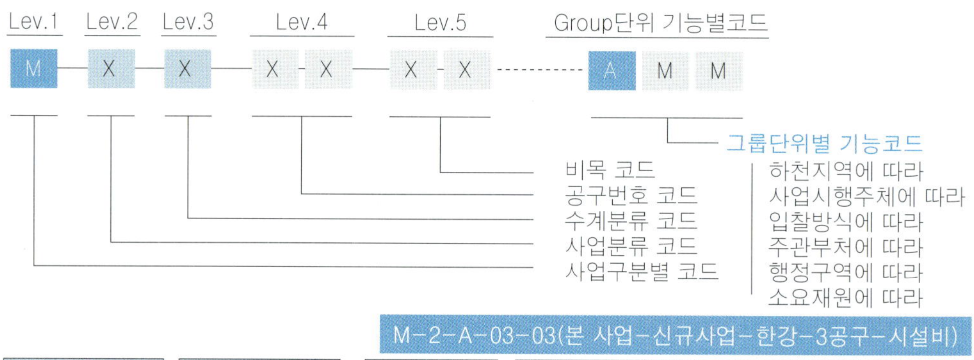

코드	사업구분 정 의
M	본 사업
D	직점연계사업
X	기타

코드	사업분류 정 의
1	계속사업
2	신규사업
9	기타

코드	수계별 정 의
G	공통/일반
A	한강
B	낙동강
C	금강
D	영산강
F	섬진강
X	기타

코드	공구별 정 의
01	공통/일반
V1	추진본부
V2	추진본부(수공)
XX	기타
<한강수계>	
01	1공구
02	2공구
03	3공구
04	4공구
05	5공구

코드	비목별 정 의
(국토해양부 비목코드)	
01	기본조사설계비
02	실시설계비
03	시설비
04	감리비
05	시설부대비
06	토지매입비
07	연구개발비
08	설계감리비
09	설계보상비

그림 4-3 4대강 살리기 통합사업관리 사업비 분류체계 예시(CBS)

4.4 사업정보관리 절차서

통합사업관리단은 전국에서 동시 다발적으로 수행되는 다중 사업을 통합적으로 관리하기 위해 사업정보관리 절차서를 작성·배포하였다. 즉, 4대강 살리기 추진본부 및 사업관할기관 및 부서, 사업시행주체, 계약자(감리단 및 시공사) 간 사업정보의 체계적 관리와 신속한 공유체계를 마련하고 분야별 사업 관리정보의 구축 및 운영에 대한 제반 절차를 구축하기 위해 사업정보관리 절차를 작성·배포하였다. 이를 위해 분야별로 중점 관리해야 할 사업관리 대상 정보를 선정하고, 사업시행 주체별 정보관리체계 및 업무분장을 정의하였으며, 시스템에 구현될 수 있도록 관련 체계를 구축하였다.

표 4-3 사업정보관리 절차서 세부 절차 및 주요 내용

세부 절차	주요 내용
사업정보관리체계	• 사업관리 업무지원을 위한 사업정보관리체계 • 분야별 사업관리 대상 정보 선정 • 사업시행주체별 정보관리체계 및 업무분장 • 전산시스템의 구축 및 운영절차
전산시스템	• 전산시스템의 구축 및 관리대상 정보 규정 • 사업정보관리 담당부서 업무 역할 규정 • 전산시스템 세부 구성체계 및 운영방안

지금까지 살펴본 바와 같이 4대강 통합사업관리 체계 구축을 통해 개발한 사업수행계획서, 공정관리절차서 및 공정표, 사업비 관리절차서, 사업정보관리 절차서는 4대강 사업의 통합사업관리시스템인 FIMS 구축의 근간이 되었으며, 이를 시스템에 반영하는 업무 또한 다양한 아이디어와 기술을 요하는 과정이었다.

chapter

05 통합사업관리시스템(FIMS)

5.1 통합사업관리시스템(FIMS) 개요

본 사업의 특성상 다양한 사업참여주체 간 체계적이고 효율적인 의사결정과 사업관리를 위해서 사업관리시스템(PMIS) 구축은 필수불가결한 사항이었다. 본 통합사업관리단은 모든 사업참여자 간의 원활한 의사소통체계를 마련하고, 정보체계의 일원화 및 집중화를 통해 사업의 신속한 의사결정을 수행하기 위해 통합사업관리 개념을 근간으로 4대강 통합사업관리시스템(FIMS)을 4단계 체계로 구분하여 개발하였다.

첫 번째로, 최상의 관리단계 시스템인 사이버상황실은 Oversight Management의 개념을 바탕으로 공정, 사업비, 현안사항 등의 4대강 살리기 사업의 현황을 종합적인 측면에서 실시간으로 파악할 수 있도록 구성하였다. 두 번째 단계 시스템인 총괄관리시스템은 4대강 살리기 추진본부에서 활용하게 되며, 사업시행주체, 분류체계별 일정, 진도, 사업비, 사업추진 현황 등을 분석, 취합, 보고할 수 있는 시스템으로 구축하였다. 세 번째 사업시행주체시스템은 총괄관리시스템과 유사한 구조로 해당 사업시행주체가 관련 사업을 관리할 수 있도록 하였으며, 마지막 단계인 계약자운영시스템은 각 계약자가 작업진행 현황을 등록하고, 운영할 수 있도록 구축하였다.

시스템별 주요 업무내용은 〈표 5-1〉과 같다.

표 5-1 FIMS 세부 시스템별 주요 기능 정의

세부 절차	주요 내용
사이버상황실	• 총괄관리시스템에서 집계된 정보를 분류체계를 통해 실시간 분석하며 가상현황판을 통해 사업 현황 분석 • 종합사업 추진현황의 다양한 시각적 처리기능을 제공하며 사업수행자/지역별로 공정진도 및 사업비 현황 표현에 따른 직관적 위험요인 확인 • 공정진도 및 일정, 사업비, 사업계획, 4D 시뮬레이션 등 가능 • 각 사업별 웹카메라를 통한 현장 현황 파악 • 일부 주요 공종 4D CAD 연동을 통한 공정 현황 파악
총괄관리시스템	• 예정공정표의 계획정보를 기준으로 계약자의 입력에 따라 각종 공정정보가 총괄 공정정보와 연계되어 현황 자동 집계 • 사업시행주체/분류체계별 일정, 진도, 사업비 추진현황 분석
사업시행주체 관리시스템	• 예정공정표의 계획정보를 기준으로 계약자 공정정보가 사업시행주체 공정정보에 연계되어 현황 자동 집계 • 계약자별/분류체계별 일정, 진도, 사업비 추진현황 분석
계약자 운영시스템	• 각 프로젝트 사업자들이 실무적인 데이터를 처리하기 위한 시스템 • 공정진도, 일정, 사업비 집행실적, 자원투입현황 보고

FIMS는 크게 4개의 목표를 가지고 개발되었다. 통합사업관리 체계를 통해 구축한 4대강 살리기 통합사업관리 수행계획서와 절차서에 따라 표준사업관리시스템 패키지를 작성하여 최단기간 내에 안정적인 시스템이 개발되도록 하였으며, 사업추진현황의 다각적 분석 및 시각적 처리기능을 제공하여 사업의 문제점에 대한 위험관리 및 의사결정이 체계적으로 지원되도록 하였다. 각 사업참여자별 계층(hierarchy) 구조에 따른 수직적 통합, 통제 및 종합 기능을 제공하여 사업참여 주체별 요구사항을 반영한 맞춤형 시스템을 개발하였다. 또한, 도면뷰어, 차트, 파일업로드/다운로드, 엑셀 인터페이스 등 다양한 지원기능으로 사용자 편의성을 제공하였으며, 웹기반 기술적용을 통해 시간과 공간의 제약을 받지 않는 개방형 시스템을 구현하였다.

표 5-2 FIMS의 구성 방향

세부 절차	주요 내용
절차서 기반	• 사업관리절차서, 사업번호체계에 기초한 정보통합관리 기능 제공 • 사업통합관리에 의한 분석, 보고, 통제 및 조정 기능
사용자 맞춤형	• 참여자 간 정보 제공, 유통, 공유 → 사업참여자 간 의사소통 활성화 • 웹 기반 기술 적용과 다양한 콤포넌트 기능 제공으로 사용자 편의성 제공 • 사업시행주체별, 사용자별 특성화된 시스템 개발 → 사용자 중심 시스템 개발
실시간 정보관리	• 실시간 사업현황 파악을 통해 사업통제 능력 극대화 • 사이버상황실에서 원격으로 제어하는 웹카메라를 통해 현장 상황을 실시간으로 파악

5.2 각 세부 시스템별 주요 내용

각 시스템은 4대강 살리기 추진본부 및 사업시행주체와 각 사업참여자별로 필요한 형태의 시스템을 제공할 수 있도록 구성하였으며, 수직적인 정보취합체계를 구축하여 재작업을 방지하고 정보의 활용도를 제고하였다. 또한, 협업체계를 구축하여 효율적인 정보관리가 가능하도록 하였으며, 사업현황 및 추이분석을 위한 사이버상황실을 구성하여 사용자 만족도를 높였다.

1) 사이버상황실

최상위 단계 시스템인 사이버상황실은 시스템을 통해 집계된 정보와 자료를 사용자의 활용 목적에 맞게 종합하여 정보를 실시간으로 분석할 수 있도록 하였으며, 이러한 정보를 대쉬보드(dash board)를 통해 즉시 파악할 수 있도록 하였다. 전국에 분포된 각 단위 현장별 사업추진현황에 대한 다각적 · 시각적 처리기능을 제공하기 위해 분야별 또는 계약자별로 공정진도 및 사업비 현황을 입체적으로 표현하여 사업의 리스크를 직관적으로 판단할 수 있도록 구현하였다. 그 결과 사이버상황실의 기능을 통해 수계별, 사업시행주체별, 프로젝트별 공정진도 및 일정, 사업비, 사업계획, 3D시뮬레이션 등 각종 현황사항 구현이 가능하게 되었다.

2) 총괄관리시스템

총괄관리시스템은 계약자예정공정표의 계획정보를 기준으로 하여, 계약자의 작업주보 및 월보관리를 통한 계약자 공정정보가 4대강 살리기 사업의 총괄 공정정보와 연계되어 현황이 자동으로 집계되도록 하였다. 이를 통해 사업시행주체, 수계, 분류체계별 일정, 진도, 사업비 및 사업추진현황을 분석, 관리할 수 있도록 구축하였다.

그림 5-1 총괄관리시스템 기능 구성도

3) 사업시행주체 관리시스템

사업시행주체 관리시스템은 해당 사업시행주체별 계약자 예정공정표의 단위사업 계획정보를 기준으로, 계약자의 작업주보 및 월보관리를 통한 계약자 공정정보가 사업시행주체 공정정보와 연계되어 현황을 자동으로 집계하도록 하였다. 이를 통해 사업시행주체가 관할하는 프로젝트의 일정, 진도, 사업비 및 사업추진현황을 분석, 관리할 수 있도록 구축하였다. 기본적인 구조는 총괄관리시스템과 유사한 기능을 부여하여 사용자의 혼선을 최소화하였다.

4) 계약자 운영시스템

전국에 흩어져 있는 단위현장의 계약자(시공사, 감리사)들이 직접 데이터를 입력하여 운영하는 계약자관리시스템은 단위사업에서 범용적으로 활용되는 **PMIS**의 기본구조를 근간으로 절차서에 의해 체계적인 사업관리를 수행할 수 있도록 시스템을 구성하여 제공·운영하였다. 즉, 본 시스템을 통해 공정, 진도, 일정, 사업비 집행실적, 자원투입현황을 주간/월간 단위로 보고할 수 있는 기능을 제공하였다. 시스템을 활용하는 단위 현장별 계약자의 업무경감을 위해 계약자가 직접 입력하는 현황사항들을 단순화하여 범용 프로그램(마이크로소프트 엑셀)의 업로드로 진도산정관리가 가능하도록 하였다. 또한 계약자 예정공정표의 계획정보를 기준으로 계약자의 작업일보 및 주·월보관리가 자동으로 작성되도록 시스템을 구축하여 계약자의 사용성을 배가하였다.

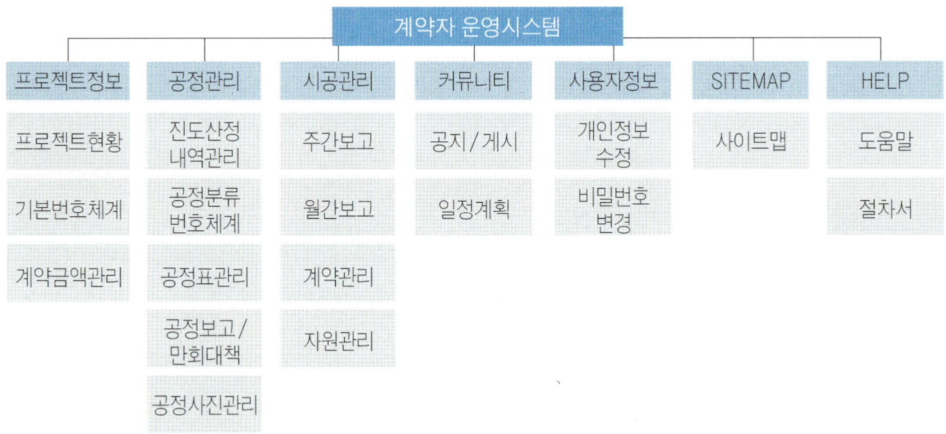

그림 5-2 계약자 운영시스템 기능 구성도

5.3 시스템의 주요 기능

4대강 살리기 추진본부, 사업시행주체, 각 사업의 참여자별 용도에 맞게 구축된 시스템의 주요기능을 보면 다음과 같다.

1) 계약정보 등록

각 단위 프로젝트의 계약명, 계약기간 및 금액, 계약업체명, 발주기관 등 계약에 관한 기초정보를 입력하는 기능으로 계약시 한 번만 입력하면 동일정보를 지속적으로 활용하도록 하였다. 설계변경에 의해 계약사항이 변경될 경우 해당 변경사항을 입력하면 설계변경의 이력 역시 지속적으로 모니터링 된다.

2) 계약자 예정공정표 등록

통합사업관리단에서 작성한 기본공정표 및 사업시행공정표, 공정분류체계에 근거하여 작성한 계약자 예정공정표를 시스템상에 등록하면 당해 프로젝트는 물론 수계별, 사업시행주체별, 계약자별 관리가 가능하다. 입력된 계약자 예정공정표는 퍼트 차트(PERT–chart)로

[계약자 예정공정표 등록]

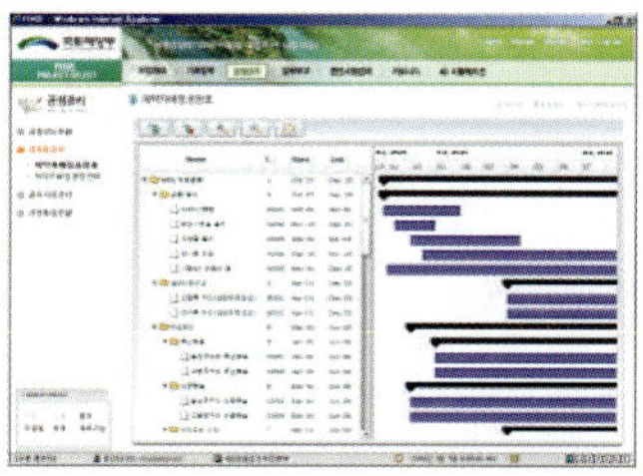

[계약자 예정공정표(PERT CHART)]

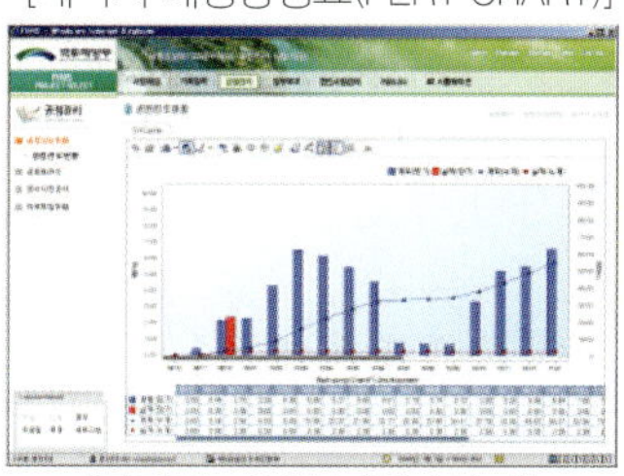

[공정진도현황(계획/실적)]

그림 5-3 계약자 예정공정표 등록 시스템 기능 구성도

표기된 예정공정표로 변환할 수 있으며, 실적을 입력하면 계획대비 실적을 자동으로 분석하여 그래프 형식으로 표기될 수 있도록 하였다.

3) 사업현황 등록(작업내용의 입력)

주간 작업내용 및 진도와 인력, 자재, 장비 등의 투입현황을 시스템에 입력하면 총괄사업관리시스템에서 자동으로 집계하고 분석하여 사업별 현황정보가 파악되도록 함으로써 주요 의사결정을 수행할 수 있는 시스템을 구축하였다.

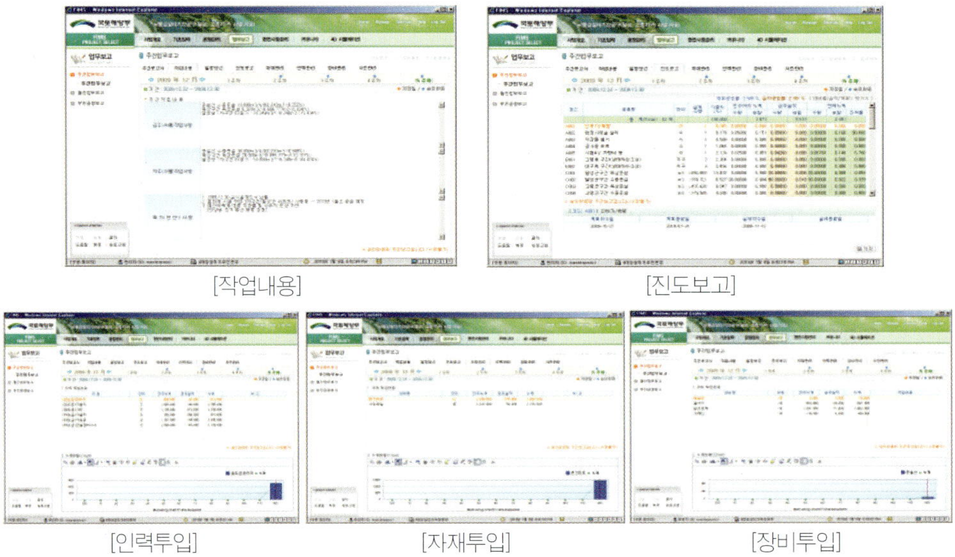

그림 5-4 사업현황 등록 시스템 기능 구성도

4) 주간/월간 현황보고

시공자가 주간, 월간으로 구성된 업무내용을 입력하면 자동으로 주간, 월간보고서가 작성되고 이를 감리자에게 승인 요청하면 자동으로 감리단에 전달되는 프로세스이며, 감리단 승인시에는 지원업무 수행관을 포함한 모든 관련기관에 자동으로 보고된다.

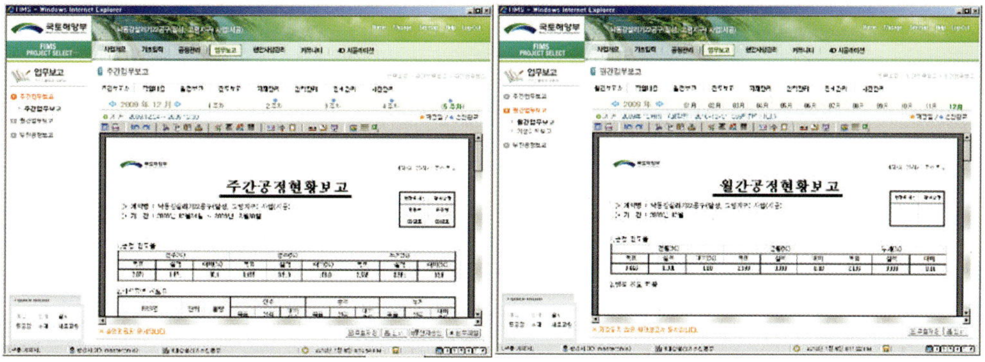

그림 5-5 주간/월간 현황보고

5) 사업비 보고

계약금액, 연도별 사업예산 및 집행금액을 입력하면 CBS를 활용하여 수계별, 발주기관별, 행정구역별 등 다양한 구분에 따라 예산 및 집행현황이 실시간으로 관리된다. 사업비는 계약금액, 전년도까지의 집행금액, 당해연도 금액, 공정률에 기초한 향후 집행금액 등에 대

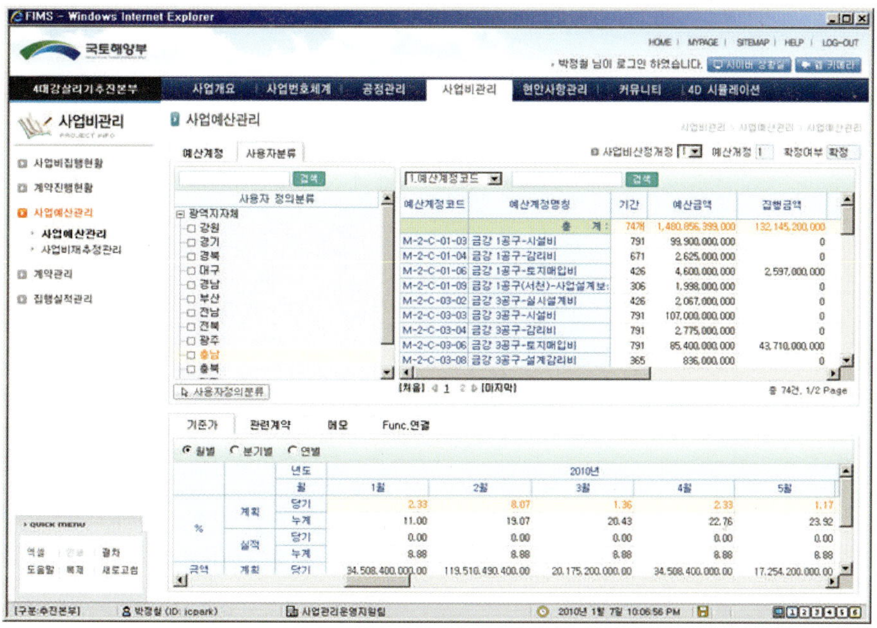

그림 5-6 FIMS 사업비 현황보고 화면 예시

한 금액과 비율을 즉시 파악할 수 있도록 구성하였다.

6) 부진 공정 및 현안사항관리

4대강 살리기 대상 사업 중 부진 현장 및 부진 공정이 발생할 경우 해당 시공사, 감리단은 물론 사업시행주체와 4대강 추진본부가 협력하여 대처방안을 찾을 수 있도록 하였다. 지연현장 및 지연공종이 발생할 경우에는 관련 기관이 즉시 인지할 수 있도록 시스템을 구성하였으며, 시공사가 주축이 되어 작성한 만회대책은 감리단, 사업시행주체의 검토를 거쳐 4대강 추진본부에 보고되고 검토될 수 있도록 구성하였다. 또한 사업진행 중 발생하는 제반 문제점에 대한 효율적 관리와 공유를 위해 현안사항관리 기능을 구축하여 현장에서 발생하는 현안사항을 관련기관이 즉시 인지함으로써 통합적인 해결이 가능하도록 하였다.

chapter

06 통합사업관리시스템 특징적 사례: 사이버상황실

6.1 사이버상황실 개요

사이버상황실은 4대강 본부의 상황판이다. 사이버상황실의 기능만으로도 4대강의 현황과 문제점이 실시간으로 파악 가능하다. 즉, 시공사가 입력하고, 감리단이 승인한 400여개 현장의 모든 현황과 문제점이 수집, 취합, 분석되어 향후 진행사항을 예측할 수 있으며 문제 발생시에는 최고 책임자가 즉각적인 조치를 취할 수 있다. 4대강 살리기 사업의 핵심기능인 공정, 사업비 현안사항 관리 외에 주공정에 속하는 보, 하도정비, 생태하천 조성의 진행현황을 메인 화면에서 확인할 수 있으며 지연시 그 원인을 쉽게 파악할 수 있도록 하였다. 즉, 메인 화면만으로도 4대강 살리기 사업의 현황과 문제점을 직관적으로 파악할 수 있도록 그래픽화 하였다.

6.2 메인 화면

메인 화면에는 가장 중요한 디데이(D-day)를 좌측 상단에 표기하였다. 그 이유는, 4대강 사업의 가장 중요한 관리 포인트 중의 하나가 공기 준수였기 때문으로, 하단에는 전체 사업의 공정과 사업비 현황을 파악할 수 있도록 배치하였다.

주공정인 보, 하도정비, 생태하천의 계획대비 실적을 파악할 수 있도록 하였다. 한강, 낙동강, 금강, 영산강 등이 표기된 일반지도와 지형 지도를 제시하여 원하는 강의 명칭을 선택하면 해당 지역이 클로즈 업(close-up) 되어 그 현황을 보다 상세하게 파악할 수 있다. 화면의 최상위에는 프로젝트의 특성을 선택할 수 있는 기능을 두어 강별, 시행주체별, 재원별, 입찰방식별 등 다양한 분류를 통해 4대강 전체 또는 해당 지역별 현황파악이 가능하다. 사업별 진도 현황은 녹색(진도율 90% 이상), 노란색(80~90%), 적색(80% 이하)의 신호등 기호를 사용하여 직관적으로 판단이 가능도록 하였다.

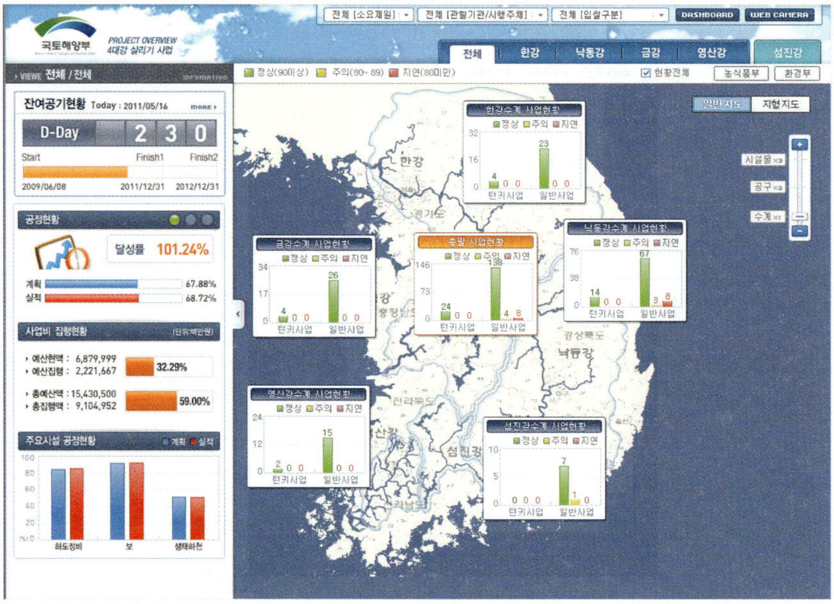

그림 6-1 FIMS 사이버상황실 메인 화면

6.3 대쉬보드(Dash Board)

메인 화면에서 관련 탭을 클릭하면 볼 수 있는 대쉬보드는 4대강 전체 및 수계별 공정과 사업비 집행현황을 한눈에 파악할 수 있도록 구축한 체계이다. 대쉬보드에서도 신호등 표시를 통해 사용성을 높였다.

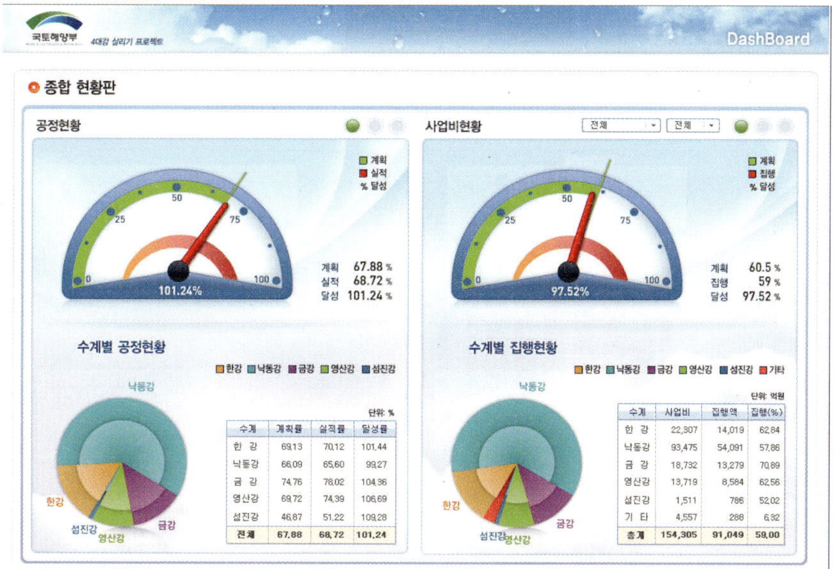

그림 6-2 FIMS 사이버상황실 대쉬보드

6.4 수계별 공정 현황 및 계획대비 실적

사이버상황실은 이 외에도 수계별, 관할기관별, 시행주체별, 주요구조물별, 입찰방식별 공정 현황에 대한 파악이 가능하다. 공정 현황은 계획대비 실적을 그래프로 한 눈에 파악할 수 있으며, 신호등 표시를 추가하여 공기지연이 발생한 수계와 관련 기관을 판단할 수 있다. 또한 모든 현황은 상세표시를 선택하면 해당 수계로 즉시 연결되어 각 수계 또는 관련 기관에 속한 현장의 상세 현황을 파악할 수 있다. 그 밖에도 주요 관리사항인 계획대비 공정진척 현황을 월별, 분기별, 연도별로 파악할 수 있도록 관련 체계를 구축하였으며, 투입인력, 자재, 장비의 현황도 확인할 수 있도록 하였다.

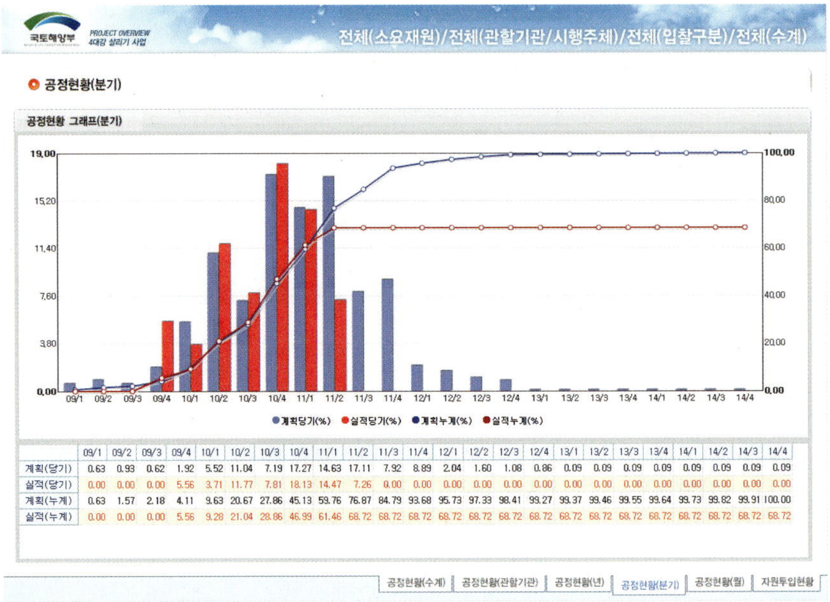

그림 6-3 수계별 공정 계획 대비 실적 현황

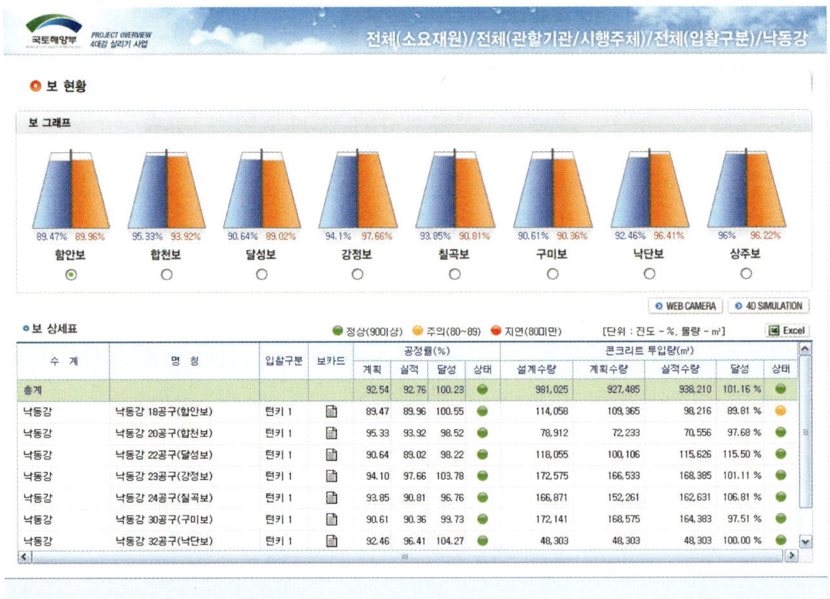

그림 6-4 낙동강의 보 공정 현황

6.5 사업비 현황 및 계획대비 실적

수계별, 관할기관별, 시행주체별, 주요구조물별 공정 현황을 파악할 수 있는 체계와 유사하게 사업비(사업비의 경우 공정 현황의 분류방식 외 입찰방식별 구분 추가)에 대한 집행 현황을 파악하기 위한 체계를 구축하였다. 사업비 현황 또한 계획대비 실적을 그래프로 파악할 수 있으며, 신호등 표기와 상세 현황을 볼 수 있는 돋보기 기능을 도입하여 활용성을 높였다. 계획대비 사업비진척 현황은 월별, 분기별, 연도별로 검토할 수 있고, 공사 착공의 사전 조치인 보상 현황 역시 확인이 가능하다. 그 밖에 사업비 분석의 특성에 맞춘 전년집행 금액, 당해 연도의 계획, 집행, 집행률과 현재까지의 누계, 총사업비에 대한 집행 현황 파악 기능도 추가하였다.

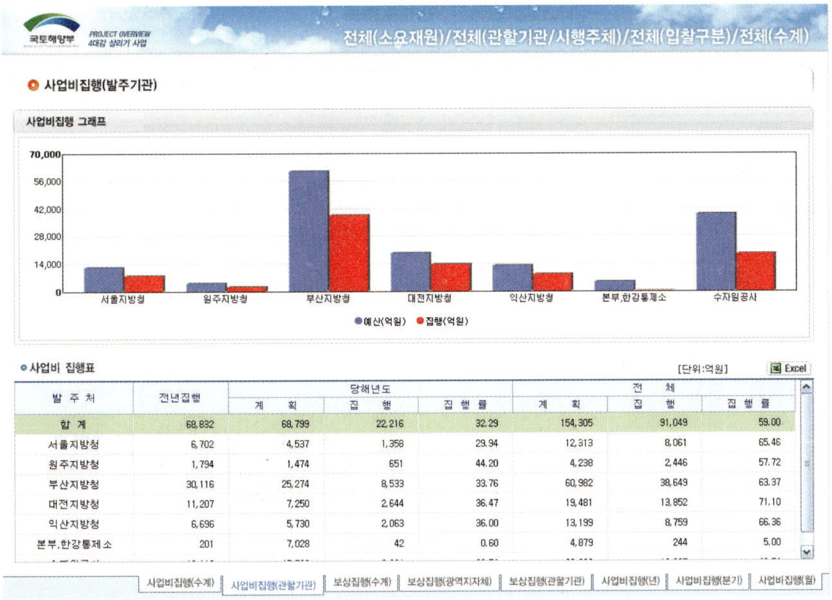

발 주 처	전년집행	당해년도 계 획	당해년도 집 행	당해년도 집 행 률	전체 계 획	전체 집 행	전체 집 행 률
합 계	68,832	68,799	22,216	32.29	154,305	91,049	59.00
서울지방청	6,702	4,537	1,358	29.94	12,313	8,061	65.46
원주지방청	1,794	1,474	651	44.20	4,238	2,446	57.72
부산지방청	30,116	25,274	8,533	33.76	60,982	38,649	63.37
대전지방청	11,207	7,250	2,644	36.47	19,481	13,852	71.10
익산지방청	6,696	5,730	2,063	36.00	13,199	8,759	66.36
본부,한강통제소	201	7,028	42	0.60	4,879	244	5.00

그림 6-5 시행주체별 사업비 집행 현황

6.6 수계별, 공구별 사업현황

사이버상황실 메인 화면에서 특정 수계를 선택하면 해당 수계 현장의 현황을 한 눈에 파악할 수 있는 화면이 나타난다. 본 화면에서는 해당 수계의 공정, 사업비, 주요시설의 현황이 제시되며, 해당 수계의 지도에는 숫자에 따라 공구를 표기하여 위치와 현황을 파악할 수 있다. 본 기능 역시 녹색, 노란색, 적색의 신호등의 기호로 공구별 현황을 검토할 수 있도록 하였으며, 해당 공구를 클릭하면 즉시 해당 현장으로 연결되어 당해 현장의 공정, 사업비, 자원 투입 현황 및 공정사진 등을 확인할 수 있는 체계를 구축하였다.

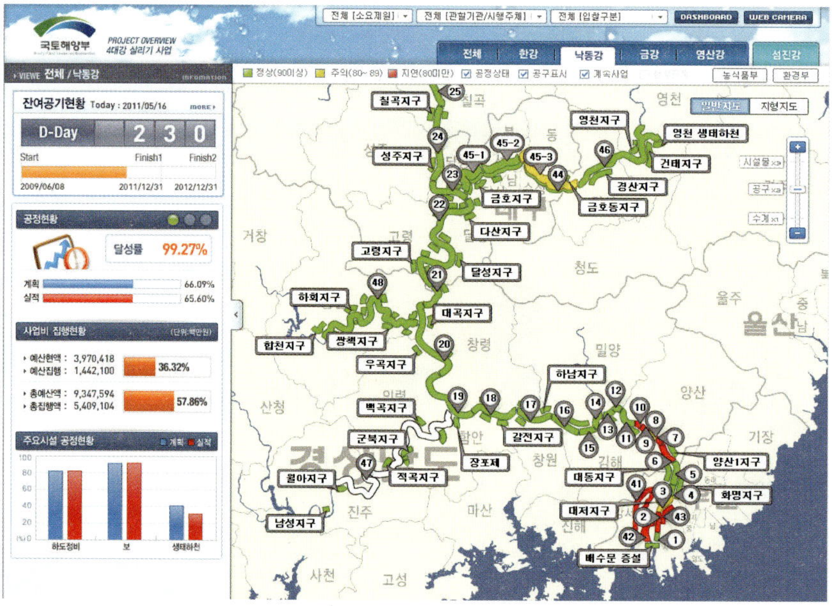

그림 6-6 수계별, 공구별 현황

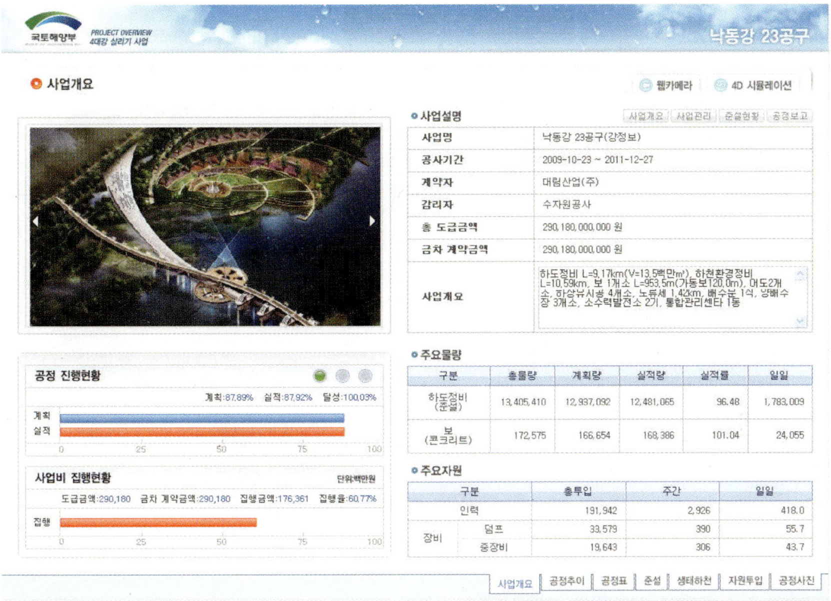

그림 6-7 단위공구별 현황

6.7 4D 시뮬레이션과 웹 카메라

4대강 살리기 사업의 주요 사업인 16개 보의 경우 입체적인 화면에 타임 바(time bar)를 추가하여 4D 시뮬레이션이 가능하도록 하였으며, 이를 통해 주요 시점의 공정진행 상황을 입체적으로 파악할 수 있게 하였다. 모든 보의 주요 지점에는 웹 카메라를 설치하여 해당 현장에 방문하지 않더라도 언제 어디서나 건설현장의 상황을 실시간으로 파악할 수 있다. 웹 카메라 체계는 4대강 살리기 FIMS 오픈 초기 가장 관심이 있던 기능으로, 웹 카메라를 통해 백호우(back-hoe), 덤프트럭 등이 분주히 움직이는 모습을 사업 추진본부에서 직접 확인할 수 있었다. 특히, 24시간 진행되는 작업현장의 특성상 한밤 중에도 멈추지 않는 불빛과 한 겨울 한파의 열악한 환경에서도 작업을 멈추지 않는 현장의 어려움을 같이 할 수 있었다.

그림 6-8 4D 시뮬레이션 모델 캡처

그림 6-9 웹 카메라 화면

chapter

07 맺음말

7.1 시사점

4대강 살리기 사업의 통합사업관리는 약 22.2조원의 국가 최대 사업의 공정, 사업비, 현안사항 관리를 위한 통합사업관리체계와 지원 시스템을 구축하는 사업이다. 해당 사업을 추진하는 과정에서 대형 국책과제의 성공적인 수행을 위해서는 다음과 같은 3가지 조건이 만족되어야 한다는 교훈을 얻었다.

첫째, 발주자의 적극적인 참여이다. 본 사업과 같이 대단위의 통합사업관리체계 수준의 사업을 수행하면서 발주자의 요구(needs)를 100% 만족시키기 위해 모든 기능을 구현하려고 하면 오히려 사용성이 떨어질 수 있다. 따라서 발주자인 4대강 살리기 추진본부, 사업시행주체, 감독기관, 시공사 및 감리사 등 당해 사업의 모든 사업참여자를 복합적으로 고려한 의사결정이 이루어져야 한다. 사업참여자 모두의 의견을 청취, 취합, 분석하여 발주자와 공유하고 최선의 방안을 도출하는 공동의 노력이 필요하며, 이를 위해서는 발주자의 적극적인 참여가 필수적이다.

둘째, 창의적인 문제해결을 위한 공동의 노력이 뒤따라야 한다. 본 사업의 경우 한미글로벌, KEPCO E&C, 상아매니지먼트의 컨소시움이 참여하였으며, 각 사의 업무범위가 구분되어 있었다. 그러나, 효용성이 높은 체계 구현을 위해서는 상호 협력이 필수적이었다. 아무리 창의적이고, 훌륭한 관리체계를 구축하여도 시스템에서 수용을 못하면 시간과 노력을 낭비할 뿐이기 때문이다. 따라서 사업수행 과정에서 지속적인 의사소통이 이루어지도록 하였으며, 문제해결을 위한 수많은 브레인스토밍과 타 체계 및 시스템에 대한 벤치마킹이 이루어졌고, 어려운 문제가 발생할 때마다 회의를 개최하여 상호 의견을 교환하였다. 특히 초기에 수많은 의사교환을 통해 발주자가 만족하는 관리체계 및 시스템을 구성할 수 있었다.

셋째, 간편한 시스템을 구축해야 한다. 10장이 넘는 보고서를 요약하려면 작성 못지않은 시간과 노력이 필요하다. 만들어 놓고 사용하지 않는다면 아무리 많은 노력과 시간을 투입했어도 실패한 시스템일 수밖에 없기 때문에 가능한 절차를 단순화하고, 'Nice to know' 의 항목들은 과감히 삭제해야 한다. 그래야 살아 움직이는 시스템이 되고, 사용성도 향상될 것이다. 본 4대강 살리기 통합사업관리시스템(FIMS)은 이를 위한 통합사업관리단의 노력과 발주자의 신속한 의사결정 및 결단으로 성공할 수 있었다.

7.2 결

본 고를 작성하는 현 시점 또한 4대강 살리기 사업은 아직 진행 중이다. 주요 사업은 금년 말 준공 예정이지만 전체사업은 2012년 완공될 예정이기 때문이다. 본 사업의 관리체계와 시스템 구축은 2009년 12월 완료되었지만 시스템의 운영 및 보완, 사용자 교육을 위해서 아직도 한미글로벌을 비롯한 당해 용역 컨소시움은 사업에 참여하고 있다.

시스템이 성공적으로 사용되고 본 프로젝트 또한 지속되고 있어 국내 최대의 사업의 성공적인 수행에 일부나마 일조했다는 생각을 하게 된다. 다만, 4대강 살리기 사업 역시 인천국제공항, 미군부대이전사업, 홍콩 신공항 건설사업, 런던의 Crossrail Project 등과 같은 전면적인 통합사업관리가 적용되었다면 원가절감, 공기단축은 물론 22.2조원의 국가 최대 규모의 국책사업을 보다 성공적으로 수행할 수 있었을 것이라는 아쉬움이 남는다.

건설사업관리(CM)는 지속적인 발전을 거듭하고 있다. CM, PM(Project Management)

을 넘어 통합사업관리(**Program Management**)로 발전하고 있으며, 단순한 용역형 **CM**에서 시공까지 책임을 지는 책임형 **CM**(**CM at Risk**)도 적용이 확대되고 있다. 향후에 이와 유사한 초대형 사업이 발주된다면 공정, 사업비, 현안사항은 물론 품질관리, 안전관리, 환경관리, 설계관리, 시공관리 등 모든 업무를 통합사업관리자가 담당하여 사업의 효율성을 높이는 기회가 주어졌으면 한다. 그리고 우리는 이를 위해 노력해야 할 것이다.

마지막으로 4대강 살리기 사업의 통합사업관리체계 구축에 참여한 한 사람으로서 전무후무한 국가 최대 사업인 4대강 살리기 사업이 성공적으로 종료되기를 기원한다.

Part 07

서울스퀘어 리모델링 프로젝트

C·O·N·T·E·N·T·S

chapter

01 머리말

1.1 대우센터빌딩의 의의

지하 2층, 지상 23층, 연면적 13만 2,806m²(40,174평)의 규모를 자랑하는 대우센터빌딩은 지난 30년간 한국 최고의 오피스 빌딩이라는 지위를 누려왔다. 기술적 측면에서 대우센터빌딩은 일본에서 도입한 H형강과 고력볼트를 사용하고 철근콘크리트를 혼용하였다는 의미를 가지는 건물이었지만, 역사적으로는 24시간 불이 꺼지지 않는 빌딩, 경제 성장의 헤드쿼터로서 대한민국 경제 발전의 중심에 서 있었다.

1.2 서울스퀘어의 탄생

서울과 한국의 발전상을 대변해온 대우센터빌딩은 새로운 역사와 가치를 담고 혁신적인 리모델링 과정을 거치게 되었다. 2007년 8월부터 리모델링 계획에 의한 설계가 진행되었고, 2008년 1월 1일부터 대대적인 리모델링공사에 착수하였다. 22개월간의 공사는 2009년 10월 31일에 완료되었고, 11월 16일 그랜드 오픈과 함께 '서울스퀘어(Seoul Square)'로 다시 태어나게 되었다.

서울스퀘어는 대한민국의 수도이자 동북아비즈니스의 핵심지역이며, 미래 세계문화의 진원지가 될 '서울'과, 도시의 중심 공간을 일컫는 '스퀘어'를 합성한 이름이다. 즉, 서울스퀘어는 서울의 중심에 위치한 거대한 광장으로서 상업, 교통, 문화의 중심지이자 발전, 성공, 행복을 담은 공간을 의미하며, 고객에 대한 진심 어린 존중과 섬세한 배려가 만나 문화적이고 창조적인 영감을 불러일으키는 공간을 의미한다.

1.3 서울스퀘어의 새로운 모습

리모델링 설계는 정림건축과 아이아크건축이 공동으로 참여하였고, 시공은 대우건설에서 담당하였으며 한미글로벌은 CM사로서 본 사업을 총괄 관리하였다. 리모델링 후의 서울스퀘어 외관은 우리나라 경제 발전의 역사적 상징성을 내포한 고유의 이미지를 유지하였지만, 내부는 최신 자재와 장비 등을 사용함으로써 현대적인 프라임급 오피스 빌딩으로 변모하였다. 서울스퀘어 빌딩 전면에 설치된 1만여m^2에 달하는 미디어 파사드(facade)는 도심환경 개선에 기여하고 서울스퀘어의 상징적 의미를 부각시키도록 계획되었다. 또한, 내부 업무공간은 기존의 획일적인 오피스 디자인에서 벗어나 부드러운 곡선의 벽과 감성조명 등을 도입하여 머물고 싶은 공용 공간이라는 디자인 컨셉으로 새롭게 구성되었다. 층별 분할 공조 시스템, 건물 외피 단열재, 복층유리 및 전동 롤스크린 등은 서울스퀘어 건물의 가치를 더하고 있다.

1.4 한미글로벌의 역할

서울스퀘어 프로젝트는 국내에서는 흔치 않은 대규모 리모델링 프로젝트로서, 서울의 중심부에 위치한 상징적 건축물에 새로운 가치를 불어넣는 의미있는 작업이었다. 외국계 투자회사인 발주처(케이알원(KR-1) CR리츠[1])는 한미글로벌의 성공적인 프로젝트 수행과 사

1) Corporate Restructuring REITs(기업구조조정 부동산투자회사) : 기업의 구조조정용 부동산을 매입하고 이를 신속히 처리함으로써 기업의 구조조정을 지원하는데 중점을 두는 리츠의 한 형태임.

업성 충족 등 CM사로서의 역할에 높은 기대를 갖고 있었기 때문에, 본 프로젝트는 한미글로벌의 역량을 최대한 발휘하고 각고의 노력을 집중해야 하는 시험대였다.

CM단은 설계 전(前) 단계부터 설계단계, 발주단계, 시공단계 및 준공 후 인수인계과정까지 모든 단계에서 발주자의 대리인이자 조정자로서의 역할을 충실히 수행하였으며, 프로젝트 성공에 일조한 바 큰 보람을 느낄 수 있었다.

chapter

02 프로젝트 개요 및 단계별 CM 주요업무

2.1 프로젝트 추진 배경

대우그룹의 해체와 함께 대우센터빌딩을 보유한 대우건설의 경영권은 채권단으로 넘어가게 되었으며, 2006년 11월 15일 금호아시아나 그룹은 대우건설을 인수하였다. 금호아시아나 그룹은 재무구조개선의 일환으로 대우건설 소유의 대우센터빌딩 매각을 추진하면서, 건물 인수 후 리모델링 과정에서 대우건설을 우선 협상 대상자로 선정한다는 조건을 전제하에 매각 공고를 하게 되었다. 입찰을 통해 최종적으로 미국의 대형투자은행인 모건스탠리 부동산펀드가 대우센터빌딩을 인수하였고, 모건스탠리가 대주주로 참여하고 국내 다수의 투자기관이 참여하는 국내 최대 규모의 '케이알원 CR리츠' 가 재인수하게 되었다.

대우센터빌딩을 인수한 케이알원은 자산 가치를 높이고자 리모델링을 계획하게 되었으며, CM단은 '프라임급 임대오피스 빌딩으로의 리모델링을 통한 자산가치의 극대화' 라는 발주처의 목표달성을 최우선 과제로 설정하여 본 프로젝트에 착수하였다.

2.2 프로젝트 목표 및 개요

서울스퀘어 리모델링 프로젝트는 노후화된 건물의 골조를 제외하고 내 · 외장재 전부를 리모델링하여 국내 최고 수준의 프라임급 임대오피스 빌딩으로 재탄생하는 것을 최종 목표로 하였으며, 이를 위한 세부 목표는 다음과 같다.

- 첨단 오피스 빌딩으로서 건물의 자산 가치 및 임대수익 창출에 기여
- 프라임급 임대오피스 빌딩으로의 리모델링
- 금융 · 업무 중심 빌딩으로서 업무환경 및 시설 개선을 통한 입주사에 최고의 시설 제공
- 장비 에너지 효율 및 자재 내구연한 극대화를 통한 LCC 최소화

리모델링 설계는 정림건축과 아이아크건축사사무소, 시공은 대우건설에서 담당하였으며, 한미글로벌은 CM(건설사업관리)사로서 본 프로젝트를 총괄 관리하였다. 초기에는 건물의 내력벽을 포함하여 공사 건물의 내부공간과 외벽 전체, 내부구조 등을 변경하는 대수선공사로 계획하였으나 인허가상의 문제로 인하여 설계과정에서 수선공사로 변경(2007년 4월)하였으며, 시공과정에서 임차인들의 이주기간을 고려하여 2008년 1월 착공 후 10개월까

표 2-1 프로젝트 개요

구 분		내 용
사 업 명		서울스퀘어(舊 대우센터빌딩) 리모델링 공사
용 도		업무시설, 판매 및 영업시설, 근린생활시설
공사기간		2008.01.02 ~ 2009.09.30(21개월)
건축 개요	연 면 적	132,806.05㎡ (40,173.83평)
	건폐율/용적률	75.84% / 1,130.39%
	구 조	RC조(저층부) 및 SRC조(고층부)
	층 수	지하 2층, 지상 23층, 옥탑 3층
	최고높이	81.9m
	외부마감	테라코타판넬 + Thk 24 칼라복층유리
참여자	발 주 자	(주)케이알원 기업구조조정 부동산 투자회사
	C M 사	한미글로벌(주)
	설 계 사	(주)정림종합건축사사무소 + (주)아이아크건축사사무소
	시 공 사	(주)대우건설

지는 재실 공사를 진행하였다.

서울스퀘어 리모델링을 위한 설계컨셉은 우리나라 경제 개발의 역사적 상징성을 내포한 외관은 고유의 이미지를 그대로 유지하면서도 재료, 상세 등을 현대화시키는 방향으로 진행하였다. 야간에 표현되는 외부 LED 아트워크는 도심환경 개선에 기여하고 서울스퀘어의 상징적 의미를 부각시키도록 계획하였으며, 내부 업무공간은 기존의 획일적인 오피스 디자인에서 벗어나 부드러운 곡선의 벽과 감성조명 등을 도입하여 머물고 싶은 공간이라는 컨셉으로 새롭게 구성하였다.

서울스퀘어는 도시인들의 알레르기 및 아토피의 원인이기도 한 마감재뿐 아니라, 타일, 바닥, 카펫, 천장 및 페인트까지 모두 최고급 친환경 제품을 사용하였다. 건축자재뿐만 아니라 건물 곳곳에 비치된 티슈부터 손을 씻는 비누용품들까지 모두 친환경 에코 인증을 받은 제품만 비치하여 입주자들에게 프라임급 오피스로서 최상의 근무환경을 제공하였다.

그동안의 건물들은 층별 온도 조절만 가능했다면, 서울스퀘어는 각 층을 방향에 따라 4개 구역으로 나누어 개별 온도 조절이 가능하도록 층별 분할 공조 시스템을 도입하여 전력 소비량을 최소화하였다. 건물 외피에 단열재와 복층유리 및 전동 롤스크린을 설치하여 겨울철에는 외부로부터의 열 손실을 줄이고 여름철에는 열 유입을 적게하여 적정 실내온도가 유

그림 2-1 서울스퀘어 외관 및 LED 경관조명

지되도록 하였으며, 결과적으로 총 생애주기비용(LCC)를 최소화하여 건물의 가치를 더하였다.

2.3 프로젝트 조직 구성

1) 조직 구성

본 프로젝트의 발주자는 케이알원 기업구조조정 부동산투자회사였지만, 대주주인 모건스탠리가 실질적인 발주자 역할을 담당하며 사업을 총괄 관리하였다. 모건스탠리 발주자 조직은 주로 자금관리 중심의 업무를 담당하였기 때문에 CM단은 사업비 관리뿐만 아니라 전반적인 건설사업관리 업무를 대행하여 관리하는 등 CM단의 역할이 매우 중요하였다. CM단은 실시설계 이전 단계, 실시설계단계, 시공단계, 시공 이후 단계까지 프로젝트 전 과정에 걸쳐서 설계사(정림건축, 아이파크) 및 시공사(대우건설) 업무를 감독하고, 선진 건설관리시스템을 도입 · 적용하여 체계적인 프로젝트관리 업무를 수행하였다.

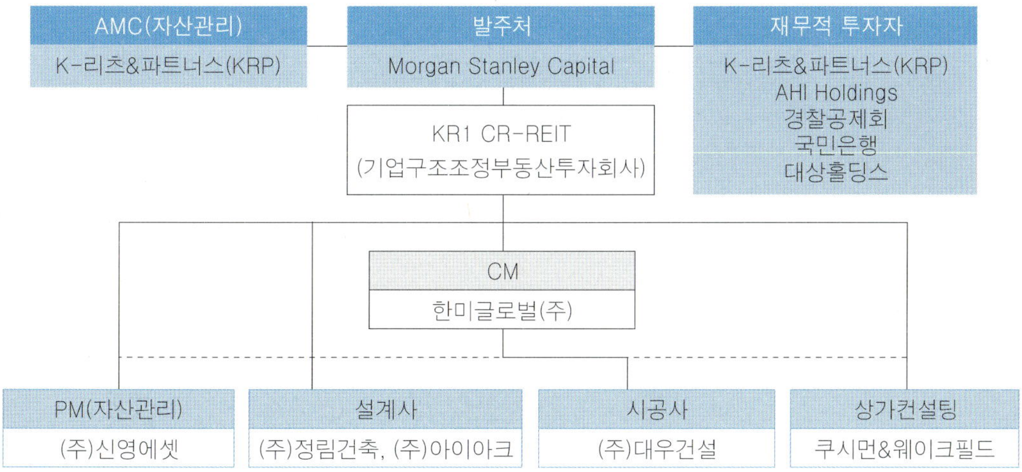

그림 2-2 프로젝트 수행조직

2) CM단 조직 구성

한미글로벌은 컴팩트하면서도 분야별 실무에 능통한 소수 정예의 상주인원으로 구성된 조직을 갖추어 CM 업무를 수행하면서 법적인 감리 업무를 병행하는 CM(건설사업관리)+CS(감리) 용역 수행을 발주처에 제안하였다. 비상주 인력의 구성에 있어서는 형식적인 인원의 배치보다는 발주처의 주요 관리대상에 포커스를 맞춘 본사지원체계를 구축하였다.

발주자는 프로젝트 전반에 막강한 영향력을 지니고 있기 때문에 프로젝트의 성공과 CM의 역량발휘에 있어서 발주자의 역할은 매우 중요하다. 본 프로젝트에서는 위기의 순간마다 발주자가 CM단에 전적인 신뢰를 표시함으로써, 수많은 난관 속에서도 사업을 성공적으로 이끌었으며, 설계사와 시공사에게 확고한 리더십을 발휘할 수 있었다.

본 프로젝트에 투입된 CM단 조직은 〈그림 2-3〉과 같다.

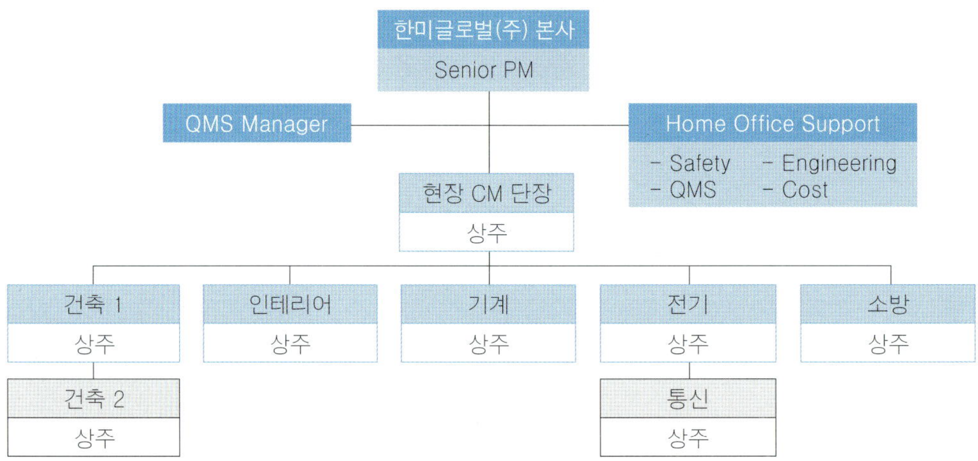

그림 2-3 CM단 조직 구성

chapter

03 서울스퀘어 리모델링 기획

3.1 리모델링(Remodeling) 개요

리모델링은 기존 건축물의 구조체 또는 특징적 의장요소 등을 유지 · 보존하면서 개선된 외관과 기능을 부여하는 건축행위를 말한다. 리모델링을 통해 기존의 노후된 건축물을 개 · 보수함으로써 기능을 보완하고, 실용성, 효율성, 미관 등의 개선을 통하여 수익성을 높여 궁극적으로는 건축물의 가치를 극대화할 수 있다. 우리나라에서 리모델링은 리폼(reform), 리뉴얼(renewal), 리노베이션(renovation), 리스트럭처링(restructuring), 현대화(modernization) 등의 다양한 의미를 포함하는 광의의 개념으로 사용되고 있다.

일반적으로 리모델링 공사는 유산보호 등을 위한 건축물 보전, 외관의 개선 등 의장적인 개선, 건축물의 성능 향상, 기존 건물 기능의 보완, 건축물 수명 연장을 통한 자원의 절약 등

표 3-1 리모델링의 목적

목 적	내 용
건축물의 보존	유산보호, 도시의 다양성 확보, 경제성, 상징성
의장적 개선	외관의 개선, 새로운 건축문화의 적용
성능의 향상	구조, 설비 등 시대적인 건축물의 성능 향상
기능의 보완	기능의 전환, 변경, 추가
자원의 절약	건축물의 수명을 연장시키므로 자원의 절약 가능

의 목적으로 수행된다.

리모델링은 신축 공사에 비해 다양한 장점을 지니고 있다. 먼저, 적은 공사비(신축공사비의 30~70%)로 노후화된 기존 건축물의 설비, 전기, 외관 등을 보완 · 교체함으로써 신축건물과 동등한 가치를 창출할 수 있을 뿐 아니라, 기존 건축물 대비 자산 가치를 높여 이익 증대의 효과가 있다. 또한, 리모델링은 기존 건축물 신축 당시의 건축법을 적용하기 때문에 개정 · 강화된 건축법에 제한을 받지 않고 효율적이며 자유로운 공간구성이 가능하다. 단기에 시설물의 사용이 가능하기 때문에 신축공사에 비해 초기 공사비 회수가 빠른 장점도 있다.

3.2 리모델링(Remodeling) 범위 및 유형

1) 리모델링의 범위

「건축법[2)]」 제2조 1항 10호에 따르면 "리모델링"이란 건축물의 노후화를 억제하거나 기능 향상 등을 위하여 대수선하거나 일부를 증축하는 행위를 말한다. 상기법 제11조(건축허가)에 따르면 대수선의 경우 원칙적으로 건축허가를 받아야 하는 사항이지만, 제14조(건축신고)에 따르면 "연면적이 200제곱미터 미만이고 3층 미만인 건축물의 대수선"과 "주요구조부의 해체가 없는 등 대통령령으로 정하는 대수선"의 경우에는 신고를 하면 건축허가를 받은 것으로 본다. 이를 종합해 보면 법적인 리모델링의 범위는 건축법에서 정의하고 있는 건축허가대상 또는 건축신고대상인 대수선과 이에 더해 증축하는 것을 포함하는 것으로 구분할 수 있다.

요구성능 관점에서 보았을 때, 리모델링은 사용 중인 건물의 물리적 성능을 유지하는 한편 사회적 성능을 개선하는 활동을 포괄하며 구체적으로 유지(maintenance) · 보수(repair) · 개수(renovation)의 활동을 포함한다.

---

2) (타)일부개정 2011.5.30 법률 제10764호.

표 3-2 건축법 및 요구성능에 따른 리모델링의 범위

구 분	내 용	세부 사항
건축법에 따른 구분	대수선	• 건축물의 기둥, 보, 내력벽, 주계단 등의 구조나 형태의 수선, 변경 또는 증설 (「건축법」 제2조 9호 및 「건축법」 시행령 제3조의 2)
	증축	• 기존 건축물이 있는 경우 대지 안에서 건축물의 면적, 층수 또는 높이를 증가시키는 공사
요구 성능에 따른 구분	유지	• 사용상 지장이 없는 수준까지 회복 • 시설물의 노후화 및 기능저하의 억제에 목표를 둠
	보수	• 신축시 초기 수준까지의 회복 • 건축물의 기능을 유지하기 위하여 공종별로 나타나는 파손이나 노후화 현상에 대한 수선에 목표를 둠
	개수	• 건축물에 대한 사회적 요구수준의 변화에 부응하여 초기수준 이상으로 건축물의 기능을 새롭게 향상

2) 리모델링의 유형

리모델링은 그 목적에 따라 다양한 유형으로 분류되는데, 건물의 구조적 성능개선을 위한 구조적 리모델링, 설비시스템 등의 성능 개선을 위한 기능적 리모델링, 건물 내부 및 외관의 개선을 위한 미관적 리모델링, 건물의 환경적 요소 개선을 위한 환경적 리모델링, 에너지 소비 절감을 위한 에너지성능 리모델링 등으로 구분할 수 있다.

표 3-3 리모델링의 유형

구 분	내 용
구조적 리모델링	• 건물의 안전을 위해 가장 우선적으로 고려해야 할 사항 • 건물의 노후화에 따라 발생할 수 있는 구조적 성능저하는 물론 건물의 기능변화와 사용패턴의 변화, 주변 환경의 변화 등에 대응하기 위한 구조적 성능의 개선이 필요
기능적 리모델링	• 다른 건축요소에 비해 특히 건축설비시스템의 성능저하가 빠르게 발생하므로 개선의 주요대상이 됨
미관적 리모델링	• 건물의 가치를 판단하는 일차적 요소임 • 재료의 노후화에 따라 질적으로 저하됨을 포함하여 시대적 성향의 변화에 따라 사용자나 건물주의 선호가 바뀜 • 빌딩 등의 외관뿐만 아니라 건물 내부의 형태 및 마감 상태 등이 포함됨
환경적 리모델링	• 기존건물의 열환경/빛환경/공기환경 및 음환경의 개선을 통해 거주의 쾌적성과 건강, 사용자의 생산성 향상, 건물 에너지 소비절약 • 건축물 내외부의 환경개선은 물론 지역환경이나 지구환경의 개선과도 연관
에너지성능 리모델링	• 리모델링의 궁극적인 목적이 경제성 향상이라고 할 때 에너지 소비는 건물의 Life Cycle Cost를 결정하는 가장 중요한 요소가 됨

3.3 서울스퀘어 리모델링 기획

본 프로젝트는 대규모 오피스 건물의 리모델링 프로젝트로서 발주자의 다양한 요구사항, 법적 인허가 문제, 사업 예산 및 공기 준수, 기존 임차인 문제 등 복합적인 요소들을 고려한 최적의 리모델링 계획이 필요하였다. 이에 CM단은 설계이전단계부터 프로젝트에 참여하여 다양한 사례조사를 통해 발주자의 요구사항에 맞는 최적 사양을 선정하고, 전반적인 설계 마스터 플랜 수립을 지원하였으며, 공기 및 공사비를 고려한 적정 시공방법을 선정하는 등의 리모델링 기획업무를 수행하였다.

1) 리모델링과 신축공사 비교

CM단은 다양한 리모델링 유형과 신축공사의 장단점을 비교 분석하여 리모델링 방법을 결정하였다. 사업 착수 당시 사무실이 운영 중이던 상황을 고려하여 재실상태와 공실상태의 리모델링을 비교 검토한 후, 사업유형은 건물 내외부에 대한 전면적인 개 · 보수를 실시하는 대수선공사로 결정하였고, 임차인들의 이주기간을 고려하여 착공 후 10개월까지 재실공사로 진행하기로 하였다.

표 3-4 리모델링과 신축공사 장단점 비교

구분	신축공사	재실상태 리모델링	공실상태 리모델링
장점	• 현재 시장의 요구에 맞춘 고품질 상품 개발 가능 • 앵커 테넌트 유치 유리 • 임대료 책정이 자유로움	• 기존 앵커 테넌트 이탈 방지 • 현금흐름(cash flow)의 편차가 적음(임대수입으로 공사가능)	• 공기단축(재실의 60% 수준) • 효율적인 평면구성 가능 • 임대료 책정이 비교적 쉬움
단점	• 서울 도심의 경우 리모델링에 비하여 용적률이 낮아짐(건축 법규의 강화) • 공사비가 가장 높고, 자금수요가 집중됨	• 임대료의 상승 협상 어려움 • 전용률 저하(설비 · 전기용 수직 shaft 설치) • 공사비 상대적으로 높음 • 임차인 민원 관리 필요	• 앵커 테넌트 재유치 필요 • 현금흐름상 공사중 자금 수요가 큼(금융비용 발생)
공기	30개월	40개월	24개월
공사비	150% (공실상태 리모델링 대비)	115% (공실상태 리모델링 대비)	100%
이전계획		• 입주사 이전계획(stacking plan) 작성 및 협의	• 공실공사 착수시점까지 입주사 전체 이전완료 필요(임대차계약)
임대수입	150%	• 공사기간 중 임대수입 발생(약 60% 수준)	• 공기단축에 따른 조기 임대료 수입 가능
전체비용		105%(공실 대비)	100%

2) 리모델링 검토계획 수립

리모델링 유형 결정 후, CM단에서는 향후 인허가와 설계, 시공단계 진행의 기본방향 설정을 위하여 대지조건, 전기 및 설비 시스템, 예상 공사비, 관련 법규 등의 항목을 중심으로 세부 검토 사항을 사전 도출하여 〈표 3-5 〉와 같이 리모델링 검토계획을 수립하여 업무를 진행하였다.

먼저 진입로, 조망, 풍향, 주변여건 등의 대지분석을 통하여 설계 마스터플랜의 적정성을 검토하고, 향후 발생 가능한 민원 사항의 예측을 통해 민원 발생 소지를 최소화하였다. 또한 본공사 전 사업 예산과 발주자 요구조건을 종합 고려하여 최적 기계 및 전기 설비 시스템, 주요 마감자재 등을 선정하였다. 사업일정에 큰 영향을 미치는 인허가 절차의 경우, 리모델링 프로젝트의 관련 법규 검토 및 법적 프로세스를 분석하고, 이를 기준으로 사전 준비를 통해 전체 공사 일정이 지연되지 않도록 철저히 관리하였다.

표 3-5 서울스퀘어 리모델링 검토계획

내 용	항 목	검토 사항
대지 분석	진입로	사람, 차량 등의 진입 용이성 등
	조망	각실 및 건물의 평면배치 및 창호계획
	풍향	자연환기, 통풍의 극대화를 위해 필요
	주변여건	민원 발생 소지요인
본공사 전 검토사항	첨단기능	보안, 중앙집진청소, 방범 등
	공조방식	공조방식에 따른 층고 및 LCC
	주요 마감자재	외장재, 내장재, 창호재 등
	급수설비방식	상수도, 자가지하수, 고가수조방식, 가압펌프방식
	전기설비	인터넷 통신, 위성TV 등
	정화조설비	일반 부패정화조, 종말처리장 관로
	조경시설	환경조화 최적
	예상공사비	공사비 규모에 맞는 적정 자재 사용
관련법규 검토	신고 및 허가절차	① 필요 서류와 도서를 구비하여 해당관청 민원실 접수 → ② 현장조사 → ③ 허가증발부 후 착공 신고서 제출 → ④ 착공 → ⑤ 공사완료 후 해당관청 민원실에 사용검사승인 → ⑥ 사용검사승인

3) 케이스 스터디(Case Study)

신축공사에 비해 건축 마감공사가 차지하는 비중이 높은 리모델링 프로젝트에서는 마감 수준이 공사비에 큰 영향을 미친다. 외국계 투자회사인 발주처는 공사비 축소보다는 과감한 투자를 통해 건물의 가치를 향상시키는 것에 의지가 있었고, 따라서 프라임급 오피스 빌딩으로 리모델링 수준을 결정하였다.

CM단은 프라임급 오피스 빌딩에 맞는 마감수준을 결정하기 위하여 〈표 3-6〉과 같이 국내 유사 오피스 빌딩에 대한 사례조사를 실시하였다. 이 과정에서 단지 고가의 마감 자재만을 선택한 것이 아니라 최근 대두되고 있는 친환경 건축과 LCC 최소화를 위한 에너지 효율성을 고려하여 실내·외의 마감 사양을 결정하였다.

표 3-6 프라임급 오피스 마감사양 비교

구 분		Seoul Square	SK T-Tower	흥국생명빌딩	Gangnam Finance Center	Seoul Finance Center

준공년도		2009년	2004년	2000년	2001년	2000년
대지면적(m^2)		10,583.4	5,914.4	4,815.3	13,156.7	6,769.7
연면적(m^2)		132,806.05	91,829.7	72,148.8	212,251.2	119,345.8
층수(지상/지하)		23층/지하 2층	33층/지하 6층	24층/지하 7층	45층/지하 8층	30층/지하 8층
주차대수		439대	408대	298대	1,330대	540대
단위주차 소요면적 (연면적 기준/대)		302m^2/대	225m^2/대	242m^2/대	160m^2/대	191m^2/대
기준층면적(m^2)		3,925.51	1,800~2,000	1,940	4,661	3,105.73
기준층 전용률(%)		57%	70%	63%(주차장 제외)	46%	57%
OA Floor 높이		100mm	100mm	100mm	150mm	100mm
오피스 층고		3.87m	4.0m	4.0m	4.2m	4.1m
오피스 천정고		2.6m	2.7m	2.7m	2.7m	2.6m
실내마감	바닥	카펫타일	카펫타일	카펫타일	카펫타일	카펫타일
	벽	석고보드 위 수성페인트	석고보드 위 수성페인트	석고보드 위 아클릴계페인트	Steel Gypsum Panel	석고보드 위 수입도배
	천정	암면흡음텍스	KCC 암면흡음텍스	KCC 암면흡음텍스	Steel 유공판	암면텍스(금강)
Elevator Hall						
마감	바닥	천연대리석	수입화강석 (Black Galaxy)	라임스톤/ 대리석	수입화강석(Oyster Pearl / Royal Mahogany)	수입대리석 (Botti Cino)
	벽	천연대리석	S.STL(Bead Blaster) /Laminated Glass	라임스톤	수입화강석	Pink Porrino, Dallas Pink
	천정	석고보드 위 수성페인트	석고보드 위 페인트 /S.SRL Mesh	금속계 천장판	석고보드 위 페인트	S/T 석고보드 페인트
인승용	대수	16대	13대	13대	28대	21대
	속도	240, 180, 150, 90m/min		240, 210, 180, 105m/min	360, 180m/min	300, 240, 180, 120m/min
	인승	24인승 8대 17인승 8대	24인승 28인승	24인승 10대 20인승 5대	28인승 23대 24인승 5대	20인승 11대 17인승 7대
인화물용	대수	3대(비상용 2대 포함)	1대	2대	3대	6대
	인증	10인승 2대, 15인승 1대	20인승	20인승	24인승	24인승 2대, 13인승 4대
건물입면/외부마감						
유리 커튼월 특성		AL Frame/T24 복층유리	AL Frame/T30 Low-e 복층유리	AL Frame/T24 파스텔 칼라히트미러 복층유리/T24 투명로이 복층유리	AL Frame T24 로이 복층유리 + SPG Glass 시스템	AL Frame T24 파스텔 복층 유리
복층유리 구성		6/12A/6	6HS/12A/12AN	6/12A/6	6/12A/6	6/12A/6
외벽마감(부분)		타일PC	알루미늄 판넬	T30화강석 물갈기 (화이트펄, 칼레도니아)	수입화강석 (Oyster Pearl)	수입화강석 (Pink Porrino)

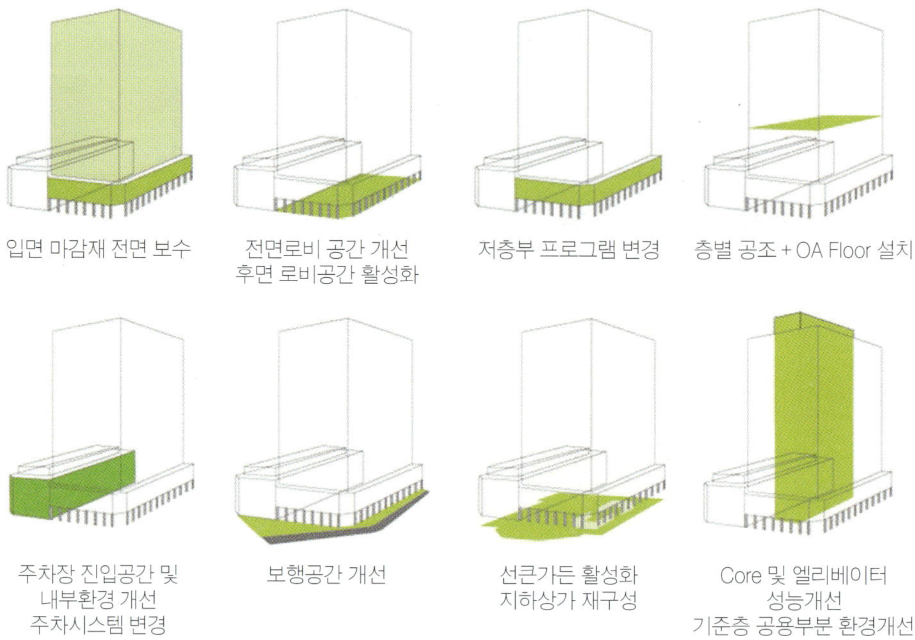

그림 3-1 리모델링 마스터플랜 결정

4) 리모델링 마스터 플랜 결정

사례조사를 통해 결정된 서울스퀘어 사양을 설계에 반영하기 위한 리모델링 마스터 플랜은 〈그림 3-1〉과 같이 계획하였다. 외장재 및 창호의 노후화에 따라 입면 마감재의 전면 보수를 결정하였으며 에너지 절감을 위하여 기존 단층유리의 외부창호를 복층유리로 교체하도록 계획하였다. 또한 저층부 내부공간의 활성화를 위하여 전면로비 공간의 동선을 수정하고, 저층부의 프로그램을 변경하였으며 1층 외부 및 선큰부의 보행환경개선을 통하여 공간 활성화를 꾀하였다. 전반적인 내부 환경 개선 및 이용자 편의 증진을 위하여 층별 공조 방식과 OA Floor를 도입하고, 엘리베이터 성능을 개선하였다.

5) 리모델링 공사비 적용사항

일반적인 신축공사에 비해 기존 구조물을 유지한 채 공사를 진행하여야 하는 리모델링 공사는 설계 및 시공과정에서 예상하지 못한 공사비 증가요인이 빈번하게 발생한다. 특히 재실 상태로 리모델링 공사가 진행될 경우 공사 가능 시간대가 제한적이며 공간 활용의 제약으로 인하여 추가비용이 발생할 가능성이 높기 때문에, 이러한 요소들에 대한 사전 고려와 적정한 공사비 책정 기준이 없을 경우에는 당초 계획한 공사비 준수에 문제가 발생할 수 있으며, 이는 향후 분쟁발생의 원인이 된다. 따라서 CM단은 본 리모델링 공사에 적용할 견적기준을 사전에 설정하여 향후 공사비 증가와 분쟁발생 소지를 미연에 방지하고자 하였다.

직접공사비 측면에서 건물 내부의 자재 운반에 대한 추가 운반비(인건비)와 공사구역 구분 및 내·외부 동선의 안전과 미관 등을 위한 특수가설비를 가설공사비에 반영하였으며, 재실상태 공사로 인하여 평일 주간 작업이 제한됨에 따라 발생하는 평일 야간 및 주말 공사의 인건비 노임단가를 기준단가 대비 60% 할증 반영하였다. 간접공사비 측면에서는 구역별/순차적 작업 진행에 따라 공사 효율이 떨어지는 점과 평일 야간 및 주말 작업 조건 등을 고려하여 간접비 및 이윤을 직접공사비 대비 15%로 책정하였다. 이러한 공사비 추가 항목들은 신축공사에서는 일반적으로 고려되지 않지만, 리모델링 공사의 특성을 고려해 볼 때 사전에 공사비에 반영되어야만 향후 분쟁발생 가능성을 줄일 수 있다.

표 3-7 리모델링 공사비 적용사항

	공사비 항목	공사비 적용 기준	비 고
직접공사비	• 운반비 – 건물 내 수직이동시 인건비	• 직접공사비의 1~2% • 가설공사비에 추가 반영	재실상태 리모델링으로 인한 추가 비용
	• 특수가설비 – 공사구역 구분을 위한 임시칸막이벽 – 천정 내 설비 개수공사에 따른 임시복구 – 공사범위 내 동선의 안전 및 미관상 필요한 특수보양 – 전문업체에 의한 가구, 집기 이동 등	• 직접공사비의 2~4% • 가설공사비에 추가 반영	
	• 인건비(노임) – 평일 야간 및 주말공사 노임	• 직접공사비의 5~15% • 노임단가 60% 할증	
간접공사비	• 간접공사비 및 이윤 – 구역별/순차적 작업 진행에 따른 공사 효율 저하 – 평일 야간 및 주말 작업조건	• 직접공사비의 15%	재실상태 리모델링 특수성 반영

6) 대수선공사에서 수선공사로의 변경

초기 리모델링 기획 당시에는 건물 내외부에 대한 전면적인 개 · 보수를 실시하는 대수선공사로 결정하여 현상설계를 통해 설계사를 선정하고 건축심의를 신청하였으나, 이 과정에서 인허가 변수가 발생하였다. 법적인 리모델링의 범위는 건축법에서 정의하고 있는 건축허가대상 또는 건축신고대상인 대수선과 이에 더해 증축하는 것을 포함하는 것으로 구분할 수 있는데, 초기 기획하였던 대수선공사는 건축허가대상의 공사였다.

설계사는 2007년 11월 20일에 건축심의를 접수하였으나, 중구청에서 도시환경정비지구 내 리모델링 허가시 정비기반시설 부담(약 380억원 규모)을 요구하였고, 서울시와의 유권해석을 거쳐 결과적으로 리모델링 인허가를 취소(2008.5.1)하였다.

이에 따라 발주처에서는 사업계획을 수선공사(건축신고대상인 대수선공사를 의미함. 건축신고로서 건축허가를 받은 것으로 봄)로 긴급히 변경하게 되었다. CM단은 설계사 및 시공사와의 긴밀한 협력을 통하여, 초기 대수선을 기준으로 수립한 리모델링 기획(안)의 큰 틀은 유지하되, 법적 허용범위를 고려하여 일부 계획을 변경하여 수선 설계를 진행하였다.

chapter

04 CM 업무수행 사례

4.1 CM 업무 개요 및 단계별 업무수행 계획

본 프로젝트를 수행함에 있어 CM단은 최적의 사업관리에 의한 국내 최고 수준의 프라임급 오피스 건설을 목적으로 업무를 수행하였다. 본 과업의 추진목적을 달성하기 위하여 CM단은 실시설계 이전 단계, 실시설계단계, 시공단계, 시공 이후 단계에 이르기까지 프로젝트 전 과정에 걸쳐서 사업자의 업무를 감독하고, 선진 건설관리시스템을 도입 · 적용함으로써 당초 예산 및 공기 내에서 성공적으로 프로젝트를 완료할 수 있도록 관리하였다.

CM단에서는 프로젝트 착수단계에서 프로젝트 특성과 발주자의 요구조건을 파악하여 업무수행 목표를 수립하였으며, 이를 기반으로 단계별 상세 CM업무 계획을 작성하여 업무를 진행하였다. 본 장에서는 CM단에서 수행하였던 다양한 CM 업무 중에서 설계관리, 원가관리, 공정관리, 시공관리 업무를 중심으로 수행 사례를 소개하고자 한다.

1) CM의 책임과 권한

본 프로젝트 발주자는 외국계 금융회사(모건스탠리)로 발주자 조직의 프로젝트관리 담당자는 자금관리 중심으로 전반적인 사업총괄관리 업무를 담당하였다. 그러나, 발주자 조직의 경우, 프로젝트관리 전문조직이 아니었기 때문에 많은 업무를 CM단에 권한 위임하였고,

이에 따라 프로젝트의 성공적인 수행을 위해서는 CM단의 역할이 매우 중요하였다.

계약상으로 발주자는 CM단에게 〈표 4-1〉과 같은 건설사업관리를 위한 책임과 권한을 위임하였으나, 실질적인 발주자의 요구사항은 CM 업무 뿐 아니라, 일부 PM 역할까지 위임함으로써 전반적인 사업비관리 업무까지 담당하게 되었다.

표 4-1 CM단의 책임과 권한

CM단 책임 및 권한	• 설계일정의 관리 및 조정 • 건축, 구조, 기계, 전기, 토목 등 각 분야 상충요소의 파악 및 조정 • 설계사, 시공사에 대한 통합관리 및 통제 • VE 및 설계 검토 권한 • 시공도면(shop drawing) 및 시공계획서 등에 대한 검토 · 승인 • 설계사 및 시공사의 기성사정 및 확정 • 주요공사 업체 및 주요 마감자재의 선정 · 조정 • 기타 원가 및 공정관리에 필요한 사항에 대한 검토 · 조정 • 법적 감리업무

국내에서는 발주자 조직이 직접 분야별로 팀을 구성하여 CM을 관리하는 경우가 많지만, 외국계 발주자 조직은 CM단에 권한을 위임하는 경우가 많다. 본 프로젝트 또한 후자의 경우였으며, CM단은 발주자 조직이 보유하지 못한 프로젝트관리 역량을 보완하고 발주자에게 사업관리 관련 정보들을 투명하게 공개함으로써 신뢰관계를 구축하였다. 결과적으로 CM단은 발주자의 많은 책임과 권한 위임에 따라 더욱 주인의식을 가지고 프로젝트관리 업무를 수행하였으며, 주어진 권한을 남용하지 않고 프로젝트 참여자들과 적절히 공유함으로써 사업 참여자 간 상호 협력을 이끌어 낼 수 있었다.

시공단계에서는 〈그림 4-1〉의 좌측 그림과 같이 중 1층부의 층고가 상부 2.1m, 하부 2.2m로 낮아서 임대성이 저하될 우려가 있어 326m²의 중 1층을 철거하고 이를 주차장동, 본관동 5층 및 옥탑 3층부로 면적을 이동 설치하는 추가 공사가 발생하였다. CM단은 그동안의 건설사업관리 업무에 대한 발주자의 신뢰를 바탕으로 추가 공사에 대하여 책임형 CM(CM at Risk) 방식[3]으로 추가 수주하여 일부 시공업무 또한 담당하게 되었다.

3) 건설사업관리자(CM사)가 하도급자들과 직접 계약을 맺고 공사의 일부 또는 전체를 수행하는 계약방식.

중 1층부 철거 전

중 1층부 철거 후

그림 4-1 중 1층 철거에 따른 추가공사

2) 고객 니즈 분석을 통한 CM 업무수행 목표 수립

프로젝트에 투입된 CM단이 내부적으로 가장 먼저 착수한 작업은 프로젝트의 특성을 고려한 발주자의 요구사항을 파악하는 것이었다. 모든 프로젝트에는 공기준수, 원가절감, 품질향상 등과 같이 공통적인 CM의 역할이 있다. 그러나, 프로젝트마다 주어진 여건과 특성이 다르기 때문에 발주자가 정말로 필요로 하는 것은 각기 다르기 마련이다. 이에 CM단에서는 발주자의 일반적인 요구사항에 대한 업무수행을 넘어, 발주자가 미처 생각하지 못한 사항들을 사전에 도출하고 그 해결책을 제시함으로써 발주자의 만족도를 높였다.

본 프로젝트는 리츠펀드를 통한 부동산투자 사업의 특성상 자산매입 후 짧은 시간 내에 임대수익을 발생시켜 투자자들에게 투자수익을 돌려줘야 했다. 따라서, 설계를 시작한 지 불과 2개월만에 시공사 선정 입찰을 실시하고 리모델링 공사도급계약을 체결하여야 했기 때문에 설계와 시공을 병행하는 패스트 트랙(fast track) 방식을 도입하였다. CM단은 이러한 프로젝트의 특수성과 기본적인 CM용역 계약조건 등을 고려하여 〈표 4-2〉와 같이 발주자의 요구사항을 파악하고 과제를 수립하였다.

표 4-2 발주자 요구사항 도출

<table>
<tr><th>단 계</th><th colspan="2">내 용</th></tr>
<tr><td>설계단계</td><td colspan="2">• 고객 니즈, 건물 가치 극대화가 반영된 현상설계안의 선정
• 프라임급 임대오피스 빌딩의 Spec. 설정
• 패스트 트랙 설계 일정관리
• 설계단계 VE 및 공사비 절감</td></tr>
<tr><td rowspan="6">시공단계</td><td>시공사 선정</td><td>• 최적 입찰방식 제안
• 발주처 예산 내 공사도급 계약 체결
• 조속한 공사도급계약 체결</td></tr>
<tr><td>공정관리</td><td>• 전체 사업일정과 리모델링 그랜드 오픈 일정 준수
• 테넌트 인테리어 공사기간 준수</td></tr>
<tr><td>원가관리</td><td>• 발주처 예산 내 사업비관리</td></tr>
<tr><td>품질관리</td><td>• 프라임급 오피스 품질 확보
• 석면 완전 제거 및 친환경 빌딩 구현</td></tr>
<tr><td>직발주관리</td><td>• 원가절감 및 품질확보</td></tr>
<tr><td>리스크관리</td><td>• 인허가(소방, 용도변경, 대수선) 리스크관리
• 미디어아트 및 Art Work 설치</td></tr>
<tr><td>시공단계
(추가공사 : 책임형 CM)</td><td colspan="2">• 테넌트 입주시점 이전 공사 완료(입주층별)
• 테넌트 개별 인테리어 공사와 협업
• 발주처 예산 내 공사비 관리
• 프라임급 마감 품질 확보
• 책임형 CM(CM at Risk) 공사의 우수 성과 창출</td></tr>
</table>

고객의 요구사항을 파악한 후 CM단은 이를 기반으로 프로젝트 단계별 수행목표를 설정하였다. 프로젝트 설계 전 단계에서 시공 후 단계까지 전 과정에 참여한 CM단 조직의 운영방향을 수립하고 본연의 임무를 제대로 수행하기 위해서는 단계별, 분야별 업무에 대한 구체적인 목표를 설정하는 것이 중요하며, 이는 프로젝트의 성공과 고객만족을 위한 로드맵이 될 수 있다. CM단이 설정한 단계별 업무수행 목표는 〈표 4-3〉과 같다.

표 4-3 단계별 업무수행 목표

<table>
<tr><th>단 계</th><th colspan="2">내 용</th></tr>
<tr><td rowspan="3">설계 전 단계</td><td colspan="2">• 현상설계 프로세스 지원 및 최종 설계안 선정</td></tr>
<tr><td colspan="2">• 리모델링 설계의 특성 반영한 설계 계약</td></tr>
<tr><td colspan="2">• 전문 컨설팅 분야 품질 확보</td></tr>
<tr><td rowspan="5">설계단계</td><td colspan="2">• 프라임급 임대오피스 Spec. 설정</td></tr>
<tr><td colspan="2">• 패스트 트랙으로 진행하는 설계 일정 관리
– 설계착수 2개월 후 입찰용 도서 우선 작성</td></tr>
<tr><td colspan="2">• 리모델링 특성을 반영한 설계도서 작성 관리</td></tr>
<tr><td colspan="2">• 설계단계 VE 및 원가절감 목표 달성</td></tr>
<tr><td colspan="2">• 친환경, 고효율 기자재 사용</td></tr>
<tr><td rowspan="2">발주 관리</td><td colspan="2">• 자산매각조건에 따른 단독 지명입찰</td></tr>
<tr><td colspan="2">• 발주자 리스크를 최소화하는 공사도급계약 체결(총액입찰)
– 설계변경에 따른 시공사 클레임시 발주자의 이익을 방어하는 입찰조건 확보
– 발주처 예산 내 업무범위 및 그레이드 조정</td></tr>
<tr><td rowspan="8">시공 관리</td><td rowspan="3">• 공정관리</td><td>– 패스트 트랙에 따른 공사관리
→ 공기만회(수선전환에 따른 재설계 : 3개월)</td></tr>
<tr><td>– 전체 공기검토 및 마스터 스케줄 작성</td></tr>
<tr><td>– 마일스톤 스케줄 작성 및 관리</td></tr>
<tr><td rowspan="2">• 원가관리</td><td>– 사업비 관리목표 수립
→ 직발주 관리(전동롤스크린, Amenity시설공사, TAB 등)
→ 정기적 Cost Variation 보고
→ 사업비의 3% 절감 목표 VE 활동</td></tr>
<tr><td>– 설계 대안별 원가영향 분석 및 대책 수립</td></tr>
<tr><td rowspan="3">• 품질관리</td><td>– 석면의 완전한 제거</td></tr>
<tr><td>– 모크업 시공을 통한 품질관리</td></tr>
<tr><td>– 시공단계 디자인 컨설팅</td></tr>
<tr><td rowspan="2">시공 후 단계</td><td colspan="2">• 테넌트 인테리어 공사 품질 및 공정 지도</td></tr>
<tr><td colspan="2">• 공종별 유지관리 교육</td></tr>
</table>

4.2 설계관리

본 프로젝트는 최초 사업기획 당시, 사업기간이 설계사 선정부터 입주까지 총 26개월로 확정되어 있었다. 또한, 주어진 사업기간 내에 오피스 임대를 통해 자금을 회수해야 하는 리츠 펀드의 특성상 사업 지연은 발주자의 손실로 이어지는 상황이었다. 전반적인 사업일정은 설계사 선정 2개월, 설계 2개월, 시공사 선정 1개월, 공사 21개월로 계획되었으나, CM단 검토결과 설계업무에 최소한 6개월이 필요한 상황이었다. 이에 CM단은 패스트 트랙 방식을 적용하여 설계와 시공을 병행하여 진행할 수 있도록 설계관리 업무를 수행하였다.

1) 의사결정구조 및 설계관리체계

CM단은 패스트 트랙에 따른 발주자의 신속한 의사결정을 유도하기 위하여, 계획설계(안)에 대하여 매주 2차례씩 대 발주처 보고를 실시하였다. 또한 CM단의 위상을 확보하고 원활한 설계사 관리를 위하여 발주처와 설계사의 커뮤니케이션은 CM단을 경유하도록 설계용역계약서에 명기하였다. 2개의 설계사가 컨소시엄으로 참여함에 따라 이 중 한 설계사는 주간사로 결정하고, 해당 설계사에 양사 간 연대책임 및 협력설계에 대한 코디네이션 책임 또한 설계용역계약서에 명기함으로써 설계 업무에 책임을 부여하고 설계관리의 효율성을 꾀하였다.

단기간에 프로젝트 설계를 효율적으로 완성하고, 설계품질을 확보하기 위하여 CM단 및 설계조직이 함께 모인 합동사무실을 운영하였으며, 설계와 시공 간의 유기적인 업무 연계를 위하여 〈그림 4-2〉와 같은 설계관리체계를 수립하였다.

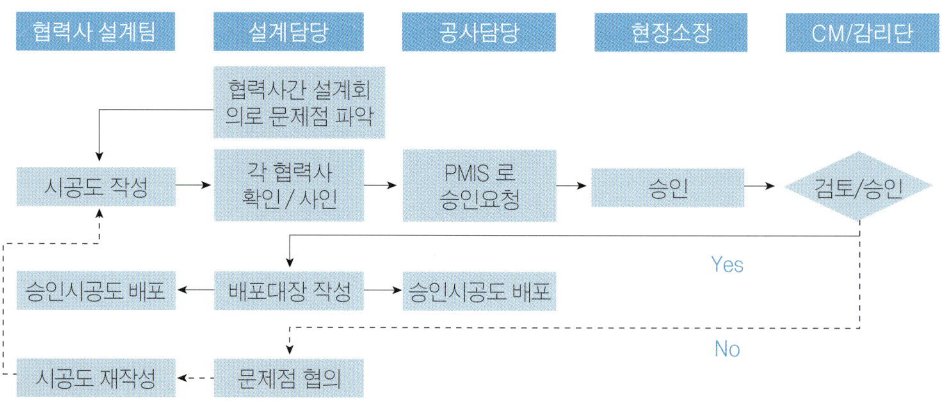

그림 4-2 패스트 트랙에 따른 설계관리체계

2) 설계 검토(Design Review)

설계 성과물의 완성과정을 건축 기본계획 확정단계, 중간설계단계, 실시설계단계로 구분하여 각 단계별 80% 수준에서 설계 검토 및 VE를 실시함으로써 설계도서의 완성도를 높였다. 공종별 설계 검토 항목이 발생할 경우, 〈표 4-4〉와 같이 각 항목별 공사비, 공기, 품질, 운영 측면에서의 영향분석을 실시하였고, 필요시 대안 제시를 통해 설계를 조정하였으며, 시공단계에서의 사전 관리 항목들을 도출하였다.

표 4-4 설계 검토 영향분석

(C : Cost, S : Schedule, Q : Quality, O : Operation & Maintenance)

공 종	건 수	영 향 분 석				비 고
		C	S	Q	O	
건축	122	63	6	115	71	
구조	78	1	–	31	–	
토목	11	2	–	11	–	
기계	297	30	3	28	24	
전기	42	21	–	20	1	
소방	62	1	–	8	–	
인테리어	124	1	4	5	6	
계	736	119	13	218	102	

CM단에서 수행한 각 공종별 설계 검토사항의 일부를 소개하면 다음과 같다.

(1) 외장마감 교체 검토

최초 계획안이었던 대수선공사가 인허가상의 문제로 인하여 수선공사로 갑작스럽게 변경됨에 따라 외장마감(더블 스킨) 역시 변경이 불가피하였다. 이에, CM단은 긴급히 수선공사에 적용 가능한 다수의 대안을 검토하여 최종적으로 〈표 4-5〉와 같이 기존 타일은 철거 후 전면 교체하고, 복층유리를 적용하는 것으로 변경하였다.

표 4-5 외장마감 계획

구 분	설계 내용		공사 내용
대수선(안)	서측 더블스킨/남동북측 커튼월		• 기존PC 판넬 및 사무실측 내부 마감 철거 필요
수선(안)	타일	기존타일 전체 철거 및 교체	• 기존타일 전체 철거 후 최대한 동일 재질, 동일 색상 타일(테라코타 타일)로 신규 설치
	유리	복층유리로 교체	• 기존 단판유리를 복층유리로 교체 • 프레임 교체 포함(내부 마감 부분 철거 후 재시공 필요)

(2) 구조보강 상세 검토

기존 구조물의 노후화된 골조를 개선하기 위한 대대적인 구조보강은 필수 공종 중 하나였고, CM단에서는 구조보강 범위와 시공성에 대한 검토를 실시하여 이를 구조설계에 반영토록 하였다. 〈그림 4-3〉은 CM단이 수행한 부위별 구조보강 검토의 일부이다.

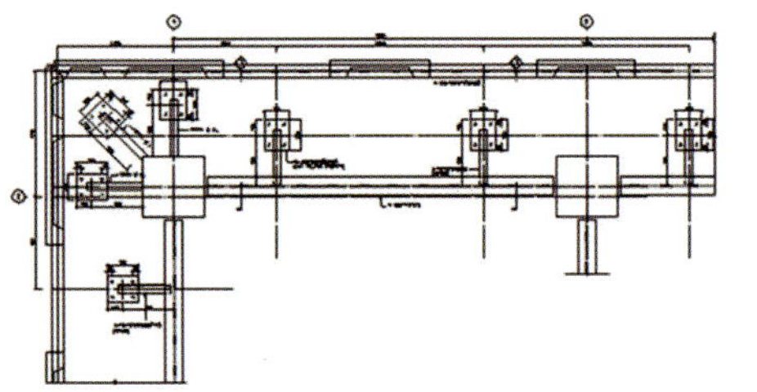

PC Panel을 지지하는 캔틸레버 슬래브를 보강하여 추가적인 손상 및 처짐을 제어함

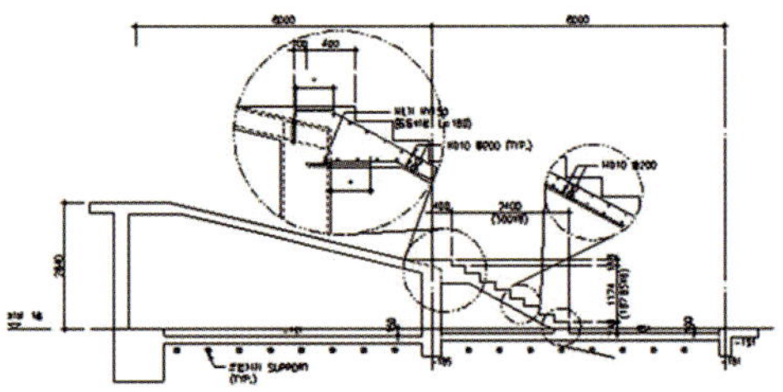

계단의 재설치시 토압에 대한 위험이 발생하여 적절한 시공순서를 통해 토압에 대한 안전성 확보

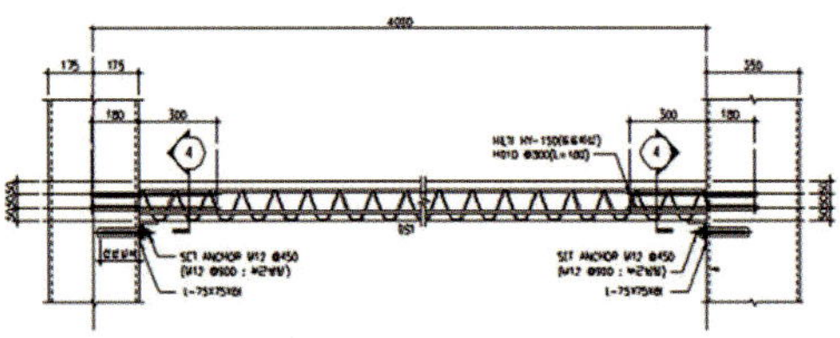

용도 변경부 및 슬래브 손상부에 신설슬래브로 데크 슬래브를 적용하여 시공성을 용이하게 함

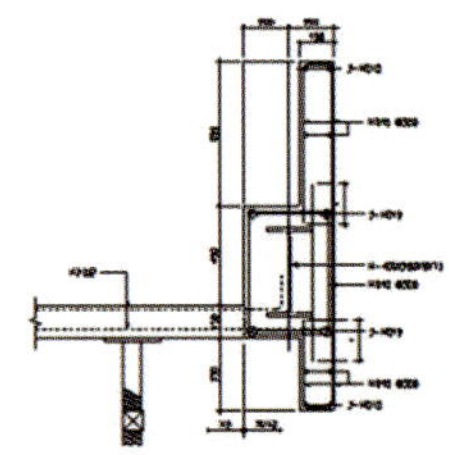

주차동 출입구의 보 위치를 상부로 이동시켜 차량의 출입이 용이하도록 함

그림 4-3 구조보강 검토사례

(3) 기준층 공조시스템 변경

기존의 층 단위 공조시스템을 에너지 절감효과와 효율적인 운영이 가능하도록 〈그림 4-4〉와 같이 4개의 구역으로 나누어 제어하는 개별 공조시스템을 적용하였다. 이를 통해 임대 현황에 맞게 공조시스템의 조정이 가능하게 되었다.

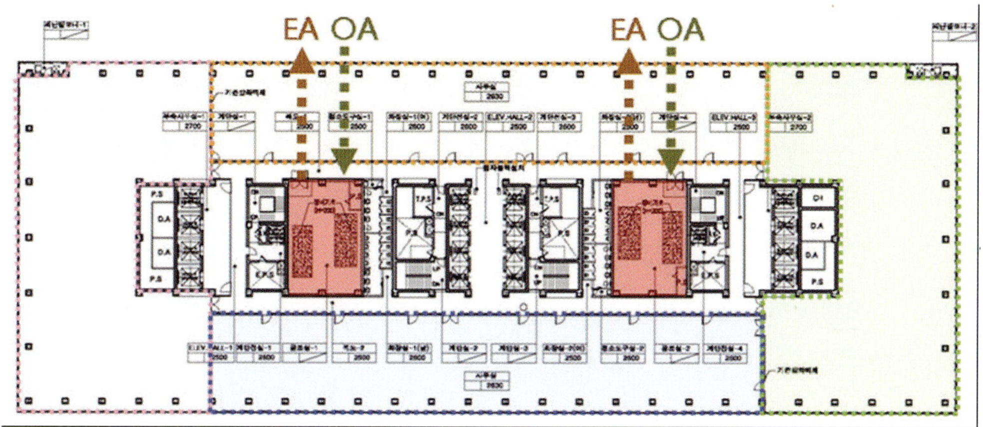

그림 4-4 개별 공조시스템 적용

4.3 원가관리

시공사의 원가관리 업무와 CM단의 원가관리 업무에는 분명한 차이가 있다. 시공사에서는 주로 실행예산 편성, 입찰 업무 및 현장의 예산준수 현황 모니터링에 초점을 맞춘다. 반면, CM단 원가관리자는 프로젝트 전 단계에 걸친 사업비의 예측과 관리, 계약관리, 직발주 업무, 클레임 등 초기 사업기획단계에서 수립한 예산 범위 내에서 프로젝트를 완료하는 것에 중점을 두고 업무를 수행한다.

본 프로젝트는 리츠펀드를 통한 부동산 프로젝트의 특성상, 최초 사업기획단계에서 사업비가 확정됨에 따라 예산 준수를 위한 CM단의 원가관리 업무가 더욱 중요하였다. 특히 CM단에서 리모델링 공사비를 추정한 결과, 총 공사비가 발주자가 책정한 사업비를 초과하는 것으로 나타나 사업비 절감을 위한 방안의 제시가 필요하였다. 이에 따라 CM단은 프로젝트 설계 및 발주단계에서부터 예산 준수를 위한 다양한 전략을 세워 단계별로 추진하였다.

1) 사업기획시 공사비의 문제점 및 대안

CM단은 발주처에서 책정한 사업예산의 적정성을 판단하기 위하여 본 프로젝트의 개략 공사비를 산정하였다. 이를 위해 다양한 유사사례에 대한 공사비 정보를 수집하여 각 사례의 공종별 연면적(m^2)당 공사비를 산출하고, 본 프로젝트와 해당 사례의 설계조건 등을 비교·검토하여 조정한 결과, 최종적으로 연면적(m^2)당 75.5만원, 총공사비는 1,000억원 수준으로 판단되었다. 즉, 발주처에서 책정한 공사비(800억원)가 다소 과소 책정되었음을 알 수 있었다. 이 결과를 발주처에 보고하였으나 리츠펀드의 특성상 사업비의 증가는 불가하다는 답변을 얻었고, CM단에서는 프로젝트 발주 및 입찰단계에서 공사비 절감을 위해 다음과 같은 전략을 수립하여 사업비의 절감을 꾀하였다.

(1) 총액계약방식 적용

발주처에서는 Cost + Fee의 도급계약방식[4]을 선호하였으나, CM단에서는 각 계약방식의 장단점을 검토 분석한 결과, 공사비 상승을 최대한 억제하고 발주자의 리스크를 최소화하기 위하여 총액계약(lump sum fixed price)방식이 가장 적합하다는 결론을 도출하여 도급계약을 체결하였다.

(2) Spec. 조정 및 VE

자산매각조건에서 시공사로 대우건설을 우선협상대상자로 선정하였기 때문에, 대우건설은 단독지명입찰을 실시하게 되었고, 최대한 높은 공사비의 견적금액(1,241억 원)을 제출하였다. CM단은 발주처와 적절한 협상전략을 수립하여, 6차례에 걸친 협상, Spec. 조정 및 VE를 통하여 기존의 금액에서 약 950억 원 수준으로 공사비를 절감할 수 있었다.

---

4) 공사원가(cost)에 일정 수익(fee)을 보장하는 계약방식으로 일반적으로 공사비 상한 (GMP : Guaranteed Maximum Price) 설정 후, 실제공사비(cost) 절감액에 대하여 성과수수료(incentive)를 지급하는 경우가 많음.

(3) 직발주 도입

CM단은 시공사 일괄 도급이 아닌 일부 공종에 대한 발주자 직발주를 통하여 추가적인 사업비 절감을 시도하였다. 수십 여 개의 개별 공종에 대하여 각 공종별 특성과 함께 시공사 견적과 CM단 자체 견적을 비교 검토하여 직발주가 유리한 공종을 결정하였다. 그리고 CM단이 자발적으로 직발주 공사를 진행함으로써 전체 사업비 중 약 8억(시공사 간접비의 약 8.12%)을 추가 절감하였다.

최종적인 공사도급금액은 940억원 수준으로 결정되어 당초 발주처의 예산(800억원)보다는 다소 초과하였지만, 발주처에서 당초 예비비로서 200억원 가량 책정한 점을 고려하였을 때 수용 가능한 수준이었으며, 시공사에서 당초 제시한 1,241억원보다 20% 이상을 절감할 수 있었다.

2) 시공단계 공사비 모니터링 및 설계변경 관리

총액계약(lump sum fixed price)방식 적용에 따라 원칙적으로 공사대금의 증액 또는 변경이 불가능하지만, 원활한 자금 운영 및 공사 진행을 위하여 지속적인 공사원가에 대한 모니터링이 필수적이었다. CM단에서는 공사원가에 대한 계획 대비 실적을 한눈에 파악할 수

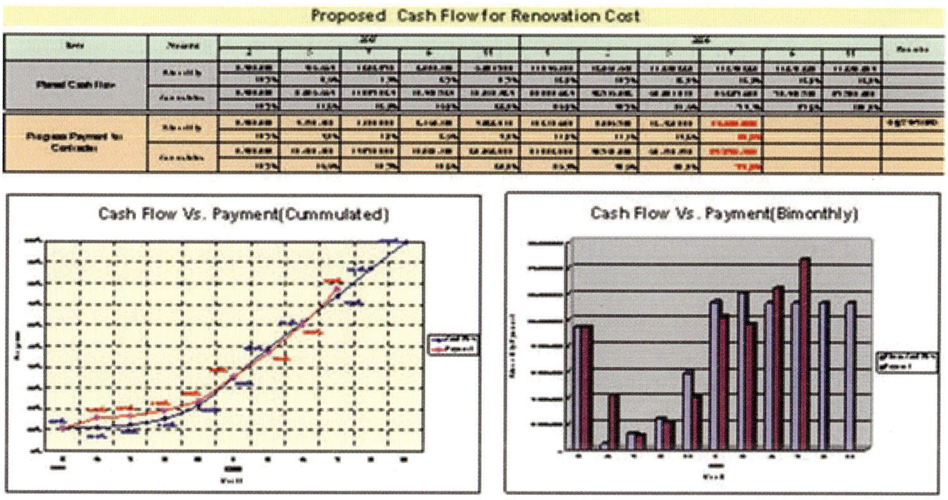

그림 4-5 기성보고서 예시

있도록 기성보고서(cost status report)를 작성하여 매월 2회 대 발주처 보고 및 피드백을 실시하였다. 공사비, 용역비, 예비비 등이 포함된 프로젝트 전체 사업비관리를 보고함으로써 발주자는 최종 예상사업비를 사전에 파악하여 투자에 대한 유연성을 확보할 수 있고, 사업비 초과(over-run)에 대한 조기경보체계를 구축할 수 있었다. 〈그림 4-5〉는 CM단에서 작성한 기성보고서 예시이다.

3) 공사 중 설계변경 관리

1차 공사도급계약의 변경으로 최종 시공도면과 공사비가 확정된 후, 시공사에서는 2008년 6월 3일부터 DCR(Design Change Request: 설계변경요청)을 통하여 공사비 증액을 요청하였다. CM단에서는 공사도급계약 당시 DCR에 의한 공사비 증가에 대비하여 그 처리절차를 계약서상에 상세히 명기하였다(공사 설계변경 · 추가 및 계약 금액의 조정 절차, 설계변경의 절차, 공사의 범위 및 경미한 변경/추가공사와 정산 절차 등).

이와 같은 철저한 사전준비 덕분에 설계변경 과정에서 발생 가능한 분쟁의 소지를 미연에 방지하였을 뿐 아니라, 시공과정에서 시공사의 155여건의 DCR에 대하여 승인율 50% 수준으로 억제함으로써 공사비 증가를 최소화할 수 있었다.

표 4-6 DCR에 의한 공사비 변경

구 분	DCR 건수	시공사 요청 금액	CM 검토 금액	승인율
건축	109건	2,658,326천원	1,258,936천원	47%
기계설비	22건	409,121천원	180,102천원	44%
전기/통신	17건	681,565천원	428,223천원	63%
인테리어	7건	582,499천원	289,410천원	50%
계	**155건**	**4,331,511천원**	**2,156,671천원**	**50%**

4.4 공정관리

본 프로젝트는 리모델링 설계에 최소 6개월이 소요되었음에도 불구하고, 발주자가 초기 사업 기획단계에서 설계기간 산정시 인허가 기간을 고려하지 않아 결과적으로 설계착수 후 1.5개월 내에 시공사와 공사비 입찰용 설계도서를 완료하여야 했다. 이에 따라 공사진행방식을 패스트 트랙 방식으로 변경하고, 최단 시일 내 시공사 입찰을 실시하기 위하여 계획안 확정 1개월 만에 입찰용 도서를 우선 작성하였으며, 실시설계도서는 입찰용 도서 작성 후 5개월 내에 완료하는 것을 목표일정으로 잡았다. 촉박한 설계기간으로 인하여 입찰용 설계도서의 완성도 저하가 예상되었기 때문에 설계변경에 따른 공사비 상승 가능성이 있었다. 이를 방지하기 위하여 시공사 도급계약시 계약도서는 최종 실시설계도서로 할 것임을 명기하였고, 설계변경에 따른 정산조항 역시 계약서상에 포함시킴으로써 공사비 증가 요인을 억제하였다. 그 결과 짧은 설계기간임에도 불구하고 시공 발주 및 계약을 완료함으로써 당초 계획대로 공사를 진행할 수 있었다.

1) 마스터 스케줄 수립

아직까지도 국내 대부분의 현장에서는 발주처 제출용 혹은 현장사무실 장식용으로 쓰이는 마스터 스케줄을 어렵잖게 찾아볼 수 있지만 마스터 스케줄은 공정관리 뿐만 아니라 사업 전체의 성패를 결정하는 핵심요소 중 하나이기 때문에 그 중요성을 결코 간과해서는 안된다. 마스터 스케줄은 발주처를 비롯한 참여조직의 협조 하에 공정전문가에 의해서 수립되어야 한다. CM단은 용역착수 초기에 비상주 공정관리자를 투입하여 발주처의 사업추진계획에 따라 〈그림 4-6〉과 같이 프로젝트 진행의 기준이 되는 마스터 스케줄을 작성하였다.

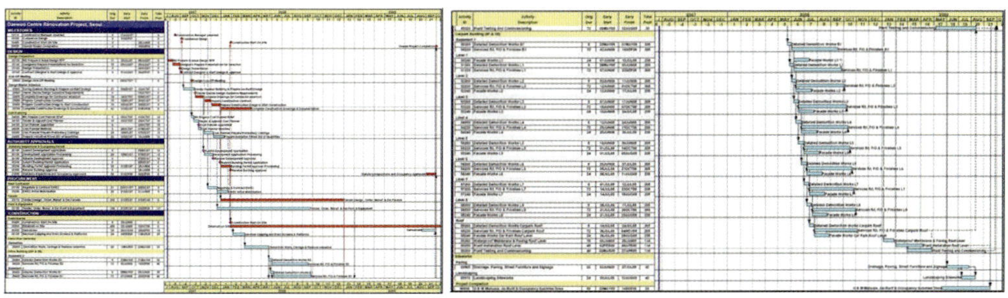

그림 4-6 마스터 스케줄 샘플

2) 공정관리체계 수립

CM단은 마스터 스케줄에 따른 지속적인 공정관리를 위하여 발주자, CM단, 시공사 간의 공정관리체계를 수립하고, 〈표 4-7〉과 같이 마스터 스케줄부터 월간 공정표, 주간 공정표, 단위공종별 공정표 수준으로 상세한 공정표 레벨을 결정하여 운영하였다.

표 4-7 공정관리를 위한 공정표 레벨 결정

Level 1	Master Schedule (계약자 공정)	계약자 공정표 - 설계변경 및 공기연장 사유로 인한 공정 변경시 발주처 사전 승인 후 정식 배포
Level 2	Bimonthly Schedule (2 Months)	공구별 공정표 - Master/Unit Schedule에 의한 해당 공구별 공정계획 수립 - 2개월 단위로 매월 작성
Level 3	Biweekly Schedule (2 Weeks)	주간 공정표 - Master/Unit Schedule/Monthly에 의한 공구별 공정계획 수립 - 2주 단위로 매주 작성
Level 4	공종별 Unit Schedule	단위공종별 공정표 : 기준층 공사관리 - Master Schedule에 의한 해당 공종별 공정계획 수립 (철거공사, 외장공사, 인테리어공사, 기준층 마감, 철거공사 등)

3) 기준층 철거공사 일정 단축

초기 리모델링 기획에서는 임차인들의 현실적 이주기간을 고려하여 착공 후 10개월까지 재실공사로 진행하기로 계획하였다. 하지만 시공사의 재실 리모델링공사에 대한 경험부족으로 인한 작업효율성 저하 및 저층부 판매시설의 이주 지연에 따라 착공 후 8개월이 지나도록 공정율은 10%를 넘기지 못하고 있었다.

이에 대한 대책으로 CM단에서는 〈표 4-8〉과 같이 기준층 철거공사의 공기 단축이 가능한 방안을 제시하여 시공사에 부진공정 만회대책 이행을 강력히 요구하였고, 그 결과 초기 공정계획에 대비하여 일정을 약 2개월 단축할 수 있었다.

표 4-8 철거공사 공기 단축 방안

구 분	기간 및 범위	철거공사 공기 단축 방안
재실상태 공사	• 철거기간 : ′08. 03～′08. 10. 15 (7.5개월) • 철거범위 : 3F～11F(9개 층) → 층당 0.8개월(약 24일) 소요	• 층별/단계별 철거진행 • 기존 엘리베이터 활용하여 양중 • 1F 주차장 내부 폐기물적재 및 반출경로 설치 • 소음 진동 유발공사는 야간 작업 시행 • 재실자 동선분리를 위한 내부 CI 펜스 설치
공실상태 공사	• 철거기간 : ′08. 10～′09. 02. 06 (3.7개월) • 철거범위 : 12F～23F(12개 층) → 층당 0.3개월(약 9일) 소요(석면철거, 외장철거 제외)	• 외벽 PC 철거 후 슈퍼 데크(super deck) 배치 • 선큰 복공 내 폐기물 운송장비에 직상차를 위한 작업반경 및 동선 확보 • 직상차용 RF 소형 러핑 크레인(5ton) 설치 • 기존 엘리베이터 및 슈퍼 데크 동시 사용으로 반출 작업효율 극대화 • 슈퍼 데크 작업효율을 위한 2개 공구 철거 인접배치 • 24시간 철야 교대 작업 시행(철야작업 : 화재요인이 없는 장비 절단, 철거/운반, 집적 작업)

4.5 기술검토 및 관리

시공단계에서 CM단의 주요 업무 중 하나가 바로 기술검토 및 관리 업무이다. 시공단계의 기술검토는 일반적으로 설계도서의 적정성 여부 판단, 설계도서 대비 공사비 및 공기 절감 방안 마련, 설계내용 구현을 위해 시공사가 제시한 시공 계획에 대한 적정성 검토, 도면에 세부적으로 명기되지 않은 사항에 대한 의사결정 등을 목적으로 이루어진다. 기술검토 및 관리 업무는 원가관리, 공정관리와 같은 CM단의 관리 역량뿐만 아니라 기술 역량이 중요한 업무 분야이다.

본 프로젝트 수행과정에서 CM단은 가설계획, 양중계획, 철거공사계획, 공종별 시공계획, 기계설비 · 전기통신 시스템 등에 대한 다양한 기술검토 업무를 수행하였으며, 그 일부를 소개하면 다음과 같다.

1) 양중계획 검토

고층건물 공사시 양중계획의 중요성은 아무리 강조해도 지나침이 없다. 더욱이 리모델링 공사는 양중 장비의 설치와 운영에 있어서 신축공사에 비해 제약이 크기 때문에 적정한 양중계획 수립이 중요하다. 본 프로젝트에 사용된 양중 장비는 당초 소형 크롤러 크레인으로 계획되었으나, 철거 폐기물 반출 및 알루미늄 시스템 창호 양중의 효율을 높이기 위해 〈그림 4-7〉과 같이 옥상에 타워크레인을 설치하는 안으로 변경하였다. 내부 공사를 위한 자재 양중은 호이스트를 활용함으로써 타워크레인의 과부하를 방지하고 내부 공사의 효율을 향상시킬 수 있었다.

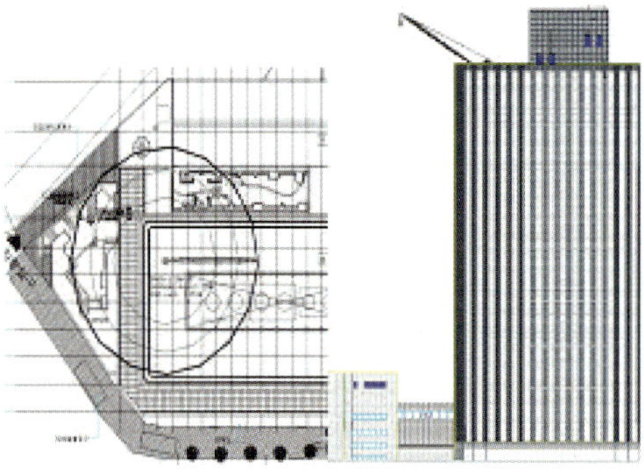

타워크레인 작업반경 및 설치

타워크레인 양중 작업

그림 4-7 **타워크레인 설치**

2) 공조방식 선정 및 기준층 천정고 검토

CM단은 천정공조방식과 바닥공조방식 중 당 현장에 적합한 공조방식을 선정하기 위하여, 〈표 4-10〉과 같이 각 방식을 적용할 때 검토가 필요한 항목들을 도출하고 당 현장 조건을 고려하여 기술검토를 실시하였다. 먼저 천정공조방식의 경우 천정 내 덕트의 시공이 불가피한 이유로, 복도 구간에 덕트를 시공하게 되면 천정고 확보가 어려울 것으로 예상되었다. 이에, 상대적으로 적은 천정 깊이(33mm)를 요구하는 바닥공조시스템을 고려하였고, 환기 성능에 대한 검증을 실시하였다. 이에 따라 엑세스 플로어(access floor) 높이를 300mm에서 200mm로 줄이는 방안도 함께 검토하였다. CM단의 검토 결과 바닥공조방식을 적용할 경우 천정공조방식에 비하여 공사비는 다소 증가하지만, 천정고 확보, 실내 쾌적성 측면에서 유리한 것으로 나타났다.

표 4-9 공조방식 선정을 위한 주요 검토 항목

구 분	천정공조방식	바닥공조방식
공통 검토 항목	• 더블 스킨과 연계한 설계 진행 – 창호의 열적 특성 반영 – 더블 스킨 내부 공기의 실내 유도 방안 • 총 생애주기비용(life cycle cost) 비교 검토 • 시스템의 기술 검토 • 천정 내 시설물간의 간섭 검토(CSD작성) : 기계 설비, 전기, 소방, 구조 등 • 임대 효율성을 고려한 공조기 배치 및 조닝	
기술 검토 항목	• FCU용 냉온수 배관 누수 방지 방안 • 공조기의 소음, 진동 전달 방지 방안 • FCU와 공조기의 냉수온도차이로 인한 공사비 증가 • 저온공조용 덕트의 결로방지 방안(자재 선정) • 리턴 덕트의 공간 및 routing 가능여부 • 복도구간 천정고 확보방안	• 천정 속 공간 협소로 인한 리턴 에어의 기류 효과 및 대안 검토 – 거터 타공으로 기류 유도하는 방안 – 엑세스 플로어 높이를 300mm에서 200mm로 낮추는 방안 • 엑세스 플로어의 높이로 인한 계단실, 화장실 높이 조정방법 검토 • 저온공조방식과의 조합 가능성 • 실내 부하 특성별 조닝 검토

공조방식이 바닥공조방식으로 확정된 후, 설비 덕트와의 간섭사항, 등기구 높이, 엑세스 플로어의 높이 등을 고려하여 〈그림 4-8〉과 같이 기준층 천정고는 2,648 mm 정도로 책정되었지만, CM단은 리모델링 시공 여건 등을 고려하여 2,630 mm가 적정하다는 결론을 내려 기준층 천정고를 결정하였다.

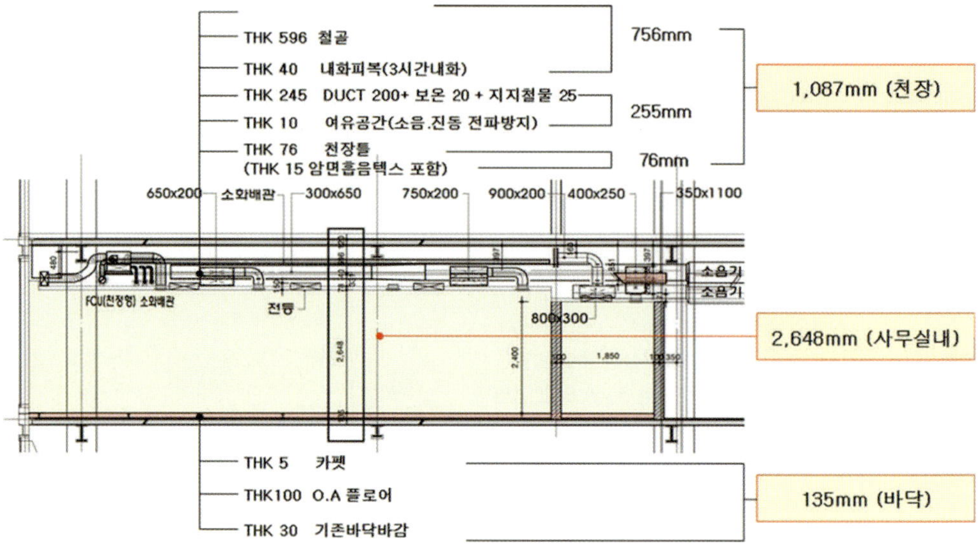

그림 4-8 기준층 층고 변경

3) 건식벽체 바탕면 자재 변경

당초 설계안에 따르면 수장공사 건식벽체는 〈표 4-10〉과 같이 내수합판에 타일을 부착하는 것으로 계획되었다. 그러나 이 경우에는 합판 변형에 따른 한판 및 마감재의 박리현상이 우려되었다. 이를 방지하기 위하여 **CM**단은 공기 측면에서는 기존과 동일하지만 자재비를 다소 절감할 수 있고 합판변형에 따른 타일 박리를 방지할 수 있는 방수석고보드로 자재를 변경하였다.

표 4-10 건식벽체 바탕면 자재 변경

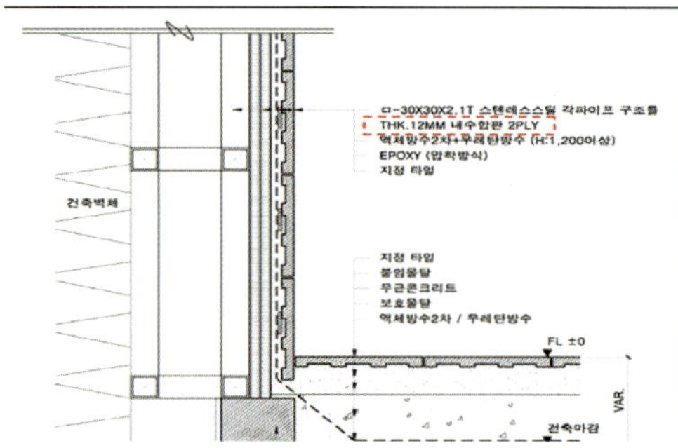	• 변경사항 내수합판 2 PLY를 방수석고 2 PLY로 변경 • 기대효과 – 원가 : 자재비 절감 – 공기 : 동일 – 품질 : 합판변형에 의한 타일 박리 방지

chapter

05 주요 시사점

5.1 리모델링 프로젝트의 주요 관리 포인트

리모델링 프로젝트는 일반 신축 공사와 비교하여 발주자의 요구사항, 현장 조건, 프로세스 등이 다르기 때문에 중점적으로 관리해야 하는 항목들에 다소 차이가 있다. 본 프로젝트의 개설에서 종료까지의 건설사업관리 업무 수행 경험을 바탕으로 도출한 리모델링 프로젝트의 관리를 위한 주요 고려사항을 정리하면 〈표 5-1〉과 같다.

표 5-1 리모델링 프로젝트 주요 고려사항

항 목	내 용
법적 제약 및 인허가 관련 리스크	• 복잡한 법 적용 체계로 인허가 사항 사전 검토 필요 • 인허가 주체 및 관련 리스크에 대한 책임을 계약상에 명문화 필요
도시기반시설 분담여부 사전 확인	• 재개발 정비지구 내 리모델링 공사시 도시기반시설분담금 발생 • 막대한 비용과 시간 소요로 사업의 성패 좌우할 수 있음(사전검토 필요)
유지관리 이력 및 기록 부실	• 기존 구조체 도면 유실 • 인허가 등 유지관리 이력 관리 부실
구조보강	• 구조물의 중성화 + 구조기준 강화 + 내건 법규 적용 • 손상부 복구 및 구조성능 증진 필요(철골보강, 탄소판, 탄소섬유 보강재 사용)
소 방	• 최신 소방법규 적용에 따른 검토 필요
재실상태 리모델링 고려	• 공실상태 공사에 비해 공기 1.5~2배, 공사비 1.2배 이상 소요 • 재실자 유틸리티(utility)를 고려한 설계 및 시공계획 수립 • 소음, 분진 발생 작업 야간 및 휴일공사 필수

가설공사계획	• 가설 공사 중 특히 양중 계획이 중요(야적장, 작업동선, 타워크레인 등)
석면함유재 유무 확인	• 환경적 측면에서 사회적 이슈 사항 • 공사기간/공사비에 막대한 영향(철거공사기간 3～5배, 철거비용 5～10배)

1) 인허가 리스크관리

우리나라는 건설관련 법 규정이 수백가지나 되며, 중복규제, 칸막이식 규제가 건설산업 선진화의 걸림돌이 되고 있다. 서울스퀘어 프로젝트의 경우도 도심개발구역 내 리모델링의 도시기반시설부담 대상사업 해당 여부로 5개월여 동안 발주처와 인허가 관청 간에 변호사 자문을 비롯한 수많은 질의회신 공방을 벌였다.

우리나라는 건설사업 수행에 있어서 인허가 리스크가 매우 큰 나라에 속한다. 해당 관청 및 담당자에 따라 다른 법 체계의 적용은 사업의 불확실성을 높여 사업비의 증가와 사업성의 저하를 가져오게 된다. 건설사업관리자는 한편으로 부당한 법 체계 적용에 대하여 해당 관청에 개선을 요구할 필요도 있지만, 다른 한편으로는 인허가 관청 담당자의 요구사항을 명분사항과 내부적인 실제사항으로 구분하여 현실적으로 대응하는 것이 필요하다.

이처럼 근본적으로 인허가 관련 리스크를 내재한 건설프로젝트에서 건설사업관리자는 인허가 문제로 인한 재설계를 방지하기 위하여 설계사에게 사업진행에 따른 인허가사항을 재차 확인하고 처리 결과를 공문으로 받아두는 것이 필요하다. 보통 인허가가 어려워지면 발주처와 설계사의 사이가 악화되어 새로운 설계자를 선정하는 경우도 있으나, 현실적으로는 기존 설계사와 원만히 합의하여 재설계를 하는 것이 바람직할 것이다.

2) 재실상태 리모델링 공사의 건설사업관리 역량 강화

우리나라의 리모델링 사업이 전체 건설사업에서 차지하는 비중은 약 10% 수준으로 향후 5~10년 후에는 선진국 수준인 20~30%까지 증가될 것으로 전망되고 있다. 국내의 경우, 재실상태 리모델링 사업은 초기단계로서 그 사례가 거의 없다. 서울스퀘어 프로젝트는 초기 10개월은 재실 상태 리모델링으로 공사를 시작하였는데, 시공사에서 기존 입주사에 대한 이전배치계획 없이 공사를 추진함에 따라 초기 공정률이 당초 계획대비 20% 수준이었다. 결과적으로 미진한 공정은 시공 착수 후 9개월 이후 시점부터 완전 공실상태로 전환하면서 돌관

공사로 진행하게 되어 공사비 상승과 품질저하의 원인이 되기도 하였다. 향후 재실상태 리모델링이 활발해질 것으로 예상되므로 재실상태 리모델링 공사의 제약조건 등을 고려하여 사업계획을 수립하고 예상 문제점을 사전에 도출하여 대안을 수립하는 등의 사업관리 역량을 확보해나가는 것이 필요하다.

3) 패스트 트랙에 따른 계약관리 및 클레임관리

발주처에서 수립한 사업일정이 다소 촉박하게 계획되어 패스트 트랙 공사가 불가피하게 되었다. 이로 인하여 입찰용 도서를 1개월 만에 작성하여 입찰을 실시해야만 하는 상황이 발생하였고, CM단으로서는 시공사와의 계약관리 및 클레임관리가 중요한 이슈가 되었다. 본 프로젝트는 당초 자산매각조건으로 대우건설을 우선협상대상자로 지정함에 따라, 시공사는 수의계약을 예상하였다. 그러나 CM단은 시공사 선정방식을 단독 지명경쟁입찰로 설정하여 발주처의 도급계약 협상력을 최대화함으로써 성공적인 협상전략을 구사할 수 있었다.

또한 CM단은 도급계약 체결에 따라 발주처 요구사항에 대한 시공사의 수용 정도가 매우 달라질 것을 예상하여, 시공사 단독지명경쟁 입찰시 입찰지침서에 발주처의 권한을 강화시켰다. 시공사와의 도급계약을 위한 협상과정에서 발주처의 대리인이자 조정자 역할을 수행하여야 하는 CM단으로서는 최초 공사도급계약서에 명기한 설계변경 관련 조항을 최대한 고수하면서 발주자와 시공사 모두가 원만히 수긍할 수 있는 합리적인 방안을 모색한다는 것이 결코 쉬운 일은 아니었다.

발주처에서는 초기 작성된 계약서 조항을 모두 고수할 경우, 시공사와의 계약이 어려울 것임을 걱정하기도 하였고, 실제로 시공사에서는 본사관리비 및 이윤 확보가 어렵다는 이유로 계약을 포기하려는 움직임도 있었다. 하지만 CM단은 최종적으로 원만한 합의를 이끌어 내고, 시공사 최고경영자의 결단으로 도급계약을 체결할 수 있었다.

4) 품질관리

건설 프로젝트에서 시공사의 현장관리 목표는 주어진 공기와 공사비로 프로젝트를 완수하는 것이지만, 궁극적으로는 자사의 이익 극대화를 추구한다. 만약 시공사가 과다하게 이익을 추구하다 보면, 발주처에서 요구하는 품질 수준과 실제 시공 품질에서의 차이가 발생할 가능성이 있기 때문에 이러한 문제를 방지하기 위해서는 체계적인 품질관리 및 모니터링 시스템이 필요하다. 우리나라 건설현장의 경우, 품질관리를 위하여 공종별로 많은 엔지니어가 배치되어 있으나 품질관리 이외의 중복된 업무를 하는 경우가 많아 투입인원 대비 관리 효과가 저하되는 문제점이 있다. 해외공사의 경우 품질관리 시스템이 매우 정교하게 수립되어 있으며, 이 중 다음사항은 우리나라 건설 현장에도 도입이 필요할 것으로 생각된다.

(1) 검측전담 요원 활용

해외 공사의 경우, 현장에 1인의 검측 요원 엔지니어가 비엔지니어인 3~5명의 검측 전담요원(clark of work)을 두고 검측을 한다. 여기에서 엔지니어는 판단 및 검측계획 수립을 하고, 검측 전담요원은 정해진 검측 시트에 따른 전수검사 업무를 수행한다.

(2) 측량 엔지니어 상주

건축물 건설시 측량의 정밀도는 재시공을 방지함은 물론 품질의 기본요소라고 할 수 있다. 우리나라 건설현장에서는 각 공종별 하도업체에서 측량을 실시하므로, 측량 오류로 인한 재시공이 많이 발생하게 된다. 현장에 측량팀이 상주하게 되면 추가 비용이 발생하기는 하지만 재시공 발생을 최소화함으로써 재시공 공사비 부담을 줄일 수 있고, 결과적으로 건축물 전체의 품질을 높일 수 있다.

5) 현장 시공도면(Shop Drawing) 설계팀 상주

설계도면은 발주처, 설계사, 시공사, CM단 등 모든 건설사업 관계자들의 커뮤니케이션의 수단이다. 시공자는 설계자의 의도를 정확하게 이해하고 공사에 반영하기 위하여, 설계도면의 시공단계에서의 문제점과 연관 공종의 간섭사항을 검토 반영하고, 현장 작업자가 이해할 수 있는 수준으로 시공도면을 작성하여야 한다. 해외 현장의 경우 시공도면을 위한 별도의 팀이 현장에 상주하는 것을 필수로 인식하고 있다. 향후 국내 현장에서도 현장에 시공도면 팀을 배치하여, 시공시 오류를 줄이고 공사 품질을 높여야 할 것이다.

6) 범위관리 CM 역량 강화(추가공사)

본 프로젝트는 대우건설에서 공사를 완료하고, 입주사의 요구사항을 반영하는 추가 공사에 대해서는 당사에서 책임형 CM(CM at Risk) 방식으로 수행하였다. 추가공사 착수시에 대우건설의 수정사항(punch list)이 남아 있는 상태였기 때문에, 해당사항을 건물 시설팀과 당사의 책임형 CM 건축공사팀이 함께 사진으로 촬영하여 근거를 남기고 현장 인수를 하였다. 그러나 책임형 CM 공사를 완공하고 건물 시설팀에 최종 인수인계를 하는 과정에서 공용부 승강홀의 STS 비드 블라스트(bead blast) 파손의 책임소재에 대한 이견이 발생하였다. 이와 같은 문제를 방지하기 위해서는 공사 착수시 펀치리스트 항목의 보완 상태에 대한 핸드오버를 작성하여 관계사 모두가 함께 확인함으로써 책임소재를 분명히 할 필요가 있다.

5.2 주요 현안사항과 해결사례

프로젝트의 성공적인 수행을 위해서는 초기단계에 철저한 관리계획을 수립하고 실천해 나가는 것도 중요하지만, 근본적으로 불확실성을 내재하고 있는 건설 프로젝트의 특성상 당초 예상치 못한 문제점이 발생을 하였을 때 빠른 시간 내에 문제점을 분석하고 이에 대한 대안을 마련함으로써 적절히 대처해 나가는 것이 매우 중요하다. 본 프로젝트 역시 예상하지 못한 인허가 문제, 사업계획상 오류 문제 등으로 인하여 프로젝트 수행과정에서 CM단의 긴밀한 대처가 필요하였다. 이 과정에서 발생한 주요 이슈와 CM단의 대처 내용에 대해 정리하면 〈표 5-2〉와 같다.

표 5-2 프로젝트 주요 이슈 및 해결 사례

항 목	주요 이슈	해결 사례
인허가 관리	인허가 리스크 대응	[이슈 배경] • 정비기반시설 부담 여부가 건축심의 접수시 이슈화됨 • 서울시의 도시기반시설 분담금 징수 결정에 따라 발주처는 대수선에서 수선으로 전환함. [CM단 대처방안] • 인허가로 인한 리스크에 대한 책임을 명확히 하기 위하여 현상설계 공모시 설계사로 하여금 사전인허가협의 후 공문 징구
설계 진행	공사 유형 변경에 따른 촉박한 설계 일정	[이슈 배경] • 설계과정에서 대수선공사에서 수선공사로의 변경 [CM단 대처방안] • 시공사 선정을 위한 입찰도면 선 작성 후 실시설계 도면 착수
공정관리	사업기간 지연요소 발생	[이슈 배경] • 리츠펀드 프로젝트 특성상 사업기간 연장 불가 • 공기지연 요소 발생 (수선공사로의 재설계) [CM단 대처방안] • 설계와 공사를 동시에 진행하는 패스트 트랙 방식으로 진행 • 시공사 공기연장 요청을 설득하여 당초 공기 준수(시공사 관리 및 통제)
원가관리	사업비 과소 책정	[이슈 배경] • 리츠펀드 프로젝트 특성상 사업비 증가 불가 • 발주처의 초기 예산 과소 책정 [CM단 대처방안] • 총액계약으로 발주 • 업무 범위 조정, 직발주 등으로 발주원가 최소화 • 매월 2회 이상 전체예산 및 cost variation 작성 분석 검토
	불확실성으로 인한 공사비 변동 가능성 높음	[이슈 배경] • 대수선/수선 공사 여부에 따라 공사비 편차 큼 • 인허가 문제로 인한 사업지연 시, 추가적 간접비 발생 [CM단 대처방안] • 인허가 결정 전까지 '대수선 공사'를 전제로 원가관리 수행 • 수선 공사 확정 후 내·외부마감 사양의 상향조정을 통해 공사비 변동 최소화 • VE 및 원가절감분 재투자를 통해 빌딩 품격 향상

chapter

06 맺음말

고객만족을 넘어 고객감동을 주고자 한다면 고객이 생각하는 것을 한발 앞서 찾아내 고객의 입장과 관점에서 프로젝트를 바라보고 실행해야 한다. 발주처는 외국계 부동산투자회사로서 핵심적인 사업비 및 자산관리만을 담당하고, 그 외의 사업관리 업무의 대부분을 CM단에 의존하는 구도로 프로젝트를 운영하였다.

프로젝트의 원활한 수행을 위해서는 CM단이 프로젝트 초기단계에서부터 리더십을 확보하는 것이 중요한데, 이는 발주처의 신뢰를 바탕으로 한다. CM단은 발주처의 이익을 최우선으로 함으로써 초기단계에서부터 발주처의 전폭적인 신뢰를 얻을 수 있었으며, 이에 따라 CM단은 발주처의 대리인이자 조정자로서 설계사와 시공사를 CM단 주도의 사업관리계획에 따라 관리할 수 있었다. CM단은 성공적인 사업관리의 결과로 추가 공사에 대한 책임형 CM 공사를 수주하였고, 이를 통해 시공 역량 또한 발휘함으로써 발주처의 기대를 만족시킬 수 있었다.

국내 CM 현장 중 발주처로부터 이렇게 많은 권한을 부여 받는 현장이 있을까 하는 생각이 들만큼 본 프로젝트에서 CM단은 발주처의 권한을 전적으로 위임 받아 대리자이자 사업관리자로서의 역할을 수행했다. 사업의 컨셉이나 디자인 부분은 발주자와의 회의를 거쳐 결정하였지만, 예산 집행을 비롯한 대부분의 결정은 CM단의 의도대로 발주처가 승인해 주었다. 이 모든 것이 CM단에 대한 발주처의 신뢰에서 비롯되었음에 큰 자부심을 느낀다.

프로젝트 수행과정에서 예기치 못한 난관을 만나게 되는 것은 어느 건설프로젝트나 마찬가지겠지만 리모델링 프로젝트가 갖고 있는 고유한 특징 그 자체가 불확실성의 연속이라고 할 수 있겠다. 마지막으로 26개월 간 현장에서 벌어졌던 긴박했던 상황들 속에서 수많은 난관에 봉착하였지만, 서울스퀘어 리모델링 프로젝트 참여자들의 각고의 노력으로 프로젝트를 성공적으로 완수할 수 있었음을 다시 한번 강조하고 싶다.

Part 08

홈플러스 논산점 프로젝트

C·O·N·T·E·N·T·S

chapter

01 머리말

1.1 사업 추진 배경

홈플러스와 같은 대형할인점은 빠른 시일 내에 지역선점을 통해 점유율을 확보하는 것이 중요하기 때문에, 단기간에 공사를 완료하여 신속한 개장을 하는 것을 최대의 목표로 하게된다. 이처럼, 공기 단축을 목표로 공사를 진행하다 보면 예상치 못한 설계변경이 발생하는 등 난공사가 되기 쉬우며, 한정된 예산 내에서 철저한 건설사업관리를 하지 않고서는 목표 공기를 달성하는 데 어려움이 있어 공사비의 증가는 물론 부실공사가 될 우려가 있다.

해외에서는 기술적, 제도적 인프라가 잘 구축되어 있기 때문에 CM사가 책임을 지고 건설사업관리를 수행하는 책임형 CM(CM at Risk) 방식이 일반화되어 있지만, 국내의 경우에는 통상적으로 시공사 일괄도급 형태의 계약으로 건설공사가 추진됨에 따라 일괄도급업자와 별도로 발주자가 사업관리 전반에 대한 위험관리(risk management)를 수행해야 하는 부담이 발생한다. 또한, 테스코 영국 본사에서는 물가상승에도 불구하고 매년 공사비를 절감하고 있는 반면, 우리나라에서는 매년 공사비가 상승하고, 공기 또한 영국에 비해 많이 소요되고 있어 비용적인 문제도 고려해야 할 상황이었다.

본 프로젝트의 발주처인 삼성테스코는 이러한 국내 여건에 따라 건설사업관리의 필요성을 느끼고 한미글로벌에 책임형 CM을 의뢰하게 되었으며, 풍부한 경험을 갖춘 각 분야의 전문가들을 시공 전(前) 단계부터 투입하여 사업 수행을 위해 고려되어야 하는 주요사안에 대해 사전검토를 실시함으로써 시공단계에서의 문제요소를 사전에 예방하였다.

홈플러스 논산점 프로젝트는 대표적인 책임형 CM 발주 프로젝트 중의 하나로, 기존의 발주방식으로는 계획된 공기 내에 공사를 완료할 수 없다는 발주처의 판단에 따라 책임형 CM방식을 적용한 프로젝트이다. 발주처와 CM사는 국내 할인점 공사에서도 원가 절감과 공기 단축이 가능한 지를 검증하는 차원에서 공기 30% 단축 및 예산대비 원가 5% 절감을 목표로 본 프로젝트에 착수하였다.

1.2 홈플러스 프로젝트 현황 파악

1995년 5월 국내에 진출한 삼성테스코는 1997년 홈플러스 대구점을 시작으로 현재 전국 113개의 대형할인점과 138개의 익스프레스를 운영하고 있는 국내 최고의 유통업체이다. 영국의 세계적인 유통업체인 테스코와 삼성이 만난 영국계 할인매장 홈플러스는 점점 치열해지는 할인점 시장에서 '지속적으로 변화하고 개선해야 살아남을 수 있다' 는 의지를 가지고, 추진 중인 프로젝트에 건설사업관리를 도입하여 공기, 공사비 및 품질 등의 엄격한 요구조건을 충족시키고 있다.[1)]

그러나, 매년 큰 폭의 공사비 절감과 공기 단축을 실현하고 있는 영국 프로젝트에 비해 국내의 경우 그만큼의 성과를 달성하지 못하였으며, 이를 개선하기 위해 본사 내부적으로 발주방식의 변화를 도입하고자 하는 시도가 나오고 있었다.

다음은 삼성테스코에서 2003년 실시한 '홈플러스(Homeplus) 프로젝트의 발주체계 개선방안' 보고서의 일부로 당시에 도출된 기존 홈플러스 프로젝트 수행의 문제점은 다음과 같다.

1) 한미글로벌(2006), "CM Best Practices 1", 269-270쪽.

첫째, 공사비 절감의 어려움이다. 영국 본사에서는 매년 공사비 절감을 달성하도록 압박을 하고 있는 상황이지만, 참여 주업체를 늘리면서 저가를 유도하는 기존의 국내 발주체제로는 더 이상의 공사비용절감이 어려운 상황이었다. 따라서, 비용절감을 최소화하면서 프로젝트 효율성을 제고할 수 있는 방안이 요구되었다.

둘째, 직발주 확대 추세로 인한 프로젝트 업무의 통합관리 부재이다. 홈플러스에서는 약 20개 부문의 자재를 직발주하는 방식을 도입하고 있으며, 이처럼 지나치게 많은 직발주는 오히려 통합관리의 어려움을 초래하고, 결과적으로는 시공상의 비효율을 발생시킬 수 있는 요인이었다.

셋째, 지나친 저가경쟁입찰로 사업성이 저하되는 문제이다. 단순 저가수주 경쟁으로 참여업체를 선정하다보니 전문성이 떨어진 업체들이 사업에 참여하게 되었고, 이 과정에서 리스크 부담과 본사관리비, 세금 등을 고려할 경우 예상 공사 수익률에 크게 미치지 못하는 결과를 초래하게 되었다.

넷째, 현장 노무비 및 자재비 상승과 물가상승 등에 따른 원가 경쟁력 약화로 공사비 증가 요인이 발생하고 있다는 점이다.[2)]

이처럼, 기존의 비효율적인 발주체제(직발주 및 다주체 경쟁입찰)의 타당성에 대한 문제가 대두되었고, 보다 효과적인 공사를 수행하기 위해서 할인점의 프로젝트 특성을 반영한 노하우 구축의 필요성이 제기되었다. 결국, 삼성테스코 내부적으로 공사 발주방식의 개선이 필요하다는 인식에 따라 건설사업관리자가 공사진행의 책임을 지고 프로젝트를 수행하는 책임형 CM방식의 발주가 계획되었으며, 홈플러스 논산점 프로젝트는 공사비 절감과 공기 단축을 목표로 시범적으로 실시한 책임형 CM 발주 프로젝트라고 할 수 있다.

---

2) 삼성테스코, 삼성건설, 연세대학교, "Homeplus 프로젝트의 발주체계 개선방안-Partnering 개념을 중심으로" 참고.

chapter

02 프로젝트 개요 및 책임형 CM

2.1 프로젝트 개요

삼성테스코 본사에서는 본 프로젝트에 대해 영국의 수행사례를 예로 들며, 국내 프로젝트에서도 지속적인 원가 절감과 공기 단축을 달성할 것을 요구하였고, 기존의 시공사에서는 발주자가 제시한 수준의 공사비 절감과 공기 단축은 어렵다는 의사를 표명하였다. 이러한 상황에서 발주처는 건설사업관리를 통한 공사비 절감과 공기 단축을 실현해 줄 것을 기대하였으며, CM단은 기존의 책임형 CM 프로젝트 수행경험과 다수의 홈플러스 프로젝트 수행실적을 바탕으로 시공사 없이 CM사가 총체적인 시공관리 업무를 담당하는 책임형 CM방식으로 프로젝트를 수행하였다.

본 프로젝트는 한미글로벌이 수행한 대표적인 책임형 CM 프로젝트 사례 중 하나로, 향후 홈플러스 신축점포의 건설공기 단축을 위한 일종의 테스트베드(test bed) 프로젝트로 활용되었다. 공사가 진행되었던 6개월의 기간 동안 본사 지원조직 및 협력업체와의 협업을 통해 설계검토 및 착공준비, 시공관리, 유지관리 업무에 이르기까지 프로젝트 전반에 걸친 건설사업관리 업무를 수행하였다.

그림 2-1 홈플러스 논산점 조감도

발주처인 삼성테스코는 국내 최고의 기업 브랜드인 'Samsung'과 영국 내 가장 존경받는 기업 브랜드인 'Tesco'가 결합하여, 1997년 홈플러스 대구점을 시작으로 현재 전국 113개의 대형할인점과 138개의 익스프레스를 운영하고 있는 국내 최고의 유통업체이다.

CM단은 발주처의 경영철학 중 하나인 감동경영[3]을 바탕으로 본 사업을 성공적으로 완수하여 고객만족을 넘어선 고객감동을 실현하고자 노력하였으며, 그 결과 당초 계획된 공기(9개월) 대비 2.7개월을 단축하고, 원가 절감을 하는 등 혁신적인 성과를 이루어 발주자의 만족을 극대화할 수 있었다.

3) 고객에게 최고의 만족으로 감동을 주는 경영방식으로, 경영의 모든 부문을 고객의 입장에서 생각하고 진정한 의미에서 고객을 만족시켜 기업의 생존을 유지하고자 하는 경영전략임.

표 2-1 프로젝트 개요

구 분		내 용
사업명		홈플러스 논산점 신축공사
대지위치		충청남도 논산시 내동 437번지
공사기간		2007. 1. 2 ~ 2007. 7. 31.(계약기간 : 7개월)
수행조직	CM	한미글로벌(주)
	설계	시아플랜건축
	감리	도원엔지니어링
CM 발주방식		책임형 CM(CM at Risk)
대지면적		9,906m² (2,996.55평)
건축면적		1,934.03m² (585.04평)
연면적		24,520m² (7,417평)
규모		지하 1층 ~지상 4층
구조		철근콘크리트 구조, 철골구조(주차장)
주차대수		459대
매장면적		5,828m² (1,763평)
Culture Center		423m² (128평)
임대면적		2,003m² (606평)

2.2 책임형 CM(CM at Risk)의 특징

본 프로젝트에 적용된 책임형 CM방식은 설계시공분리방식에서 시공사의 역할이 시공 이전단계의 서비스까지 확장된 것으로 볼 수 있으며, 건설사업관리자가 하도급업체와 직접 계약을 맺고 공사의 일부 또는 전체를 수행하거나, 시공사가 건설사업관리자의 역할을 겸하는 경우를 의미한다.

책임형 CM방식은 발주자와 시공사 간에 도급 계약을 맺어 모든 공사를 단일 주체가 일괄 시공토록 하는 전통적인 시공사 일괄도급방식에 비해 획기적인 공사비 절감이 가능하며, 설계초기단계부터 책임형 CM방식을 적용할 경우 최적 설계를 통한 사업맞춤형 건축물의 실현이 가능하여 계약 후 시공단계에서도 사업주의 적극적인 의사반영이 용이한 장점이 있다.

책임형 CM방식은 세부 계약내용에 따라 각기 다른 특성을 지닐 수 있으며, 책임형 CM

방식의 가장 대표적인 형태라고 할 수 있는 최대공사비상한보증액(Guaranteed Maximum Price, GMP) 기반의 책임형 CM방식에서는 건설사업관리자가 확정된 공기 내에 확정된 예산으로 조달할 위험을 부담한다. 즉, 공사비가 최대공사비상한보증액을 초과하였을 때 특별한 사유가 없을 경우 건설사업관리자가 그 초과분을 부담하게 된다.[4)]

GMP 기반의 책임형 CM방식에서 발주자와 CM 사업자와의 계약은 시공이전 단계의 건설관리서비스에 대한 보수 계약과 시공단계의 계약으로 구성된다. 우선 시공이전 단계의 건설관리서비스에 대한 보수 계약이 먼저 이루어지며 이후, 설계가 충분히 진척되었을 때의 어느 시점(예를 들어 도면이 50%, 시방서가 80% 완성된 시점)에서 CM 사업자는 발주자에게 최대공사비상한보증액을 제시하고, 발주자는 이에 동의, 거절하거나 협상할 수 있다.[5)]

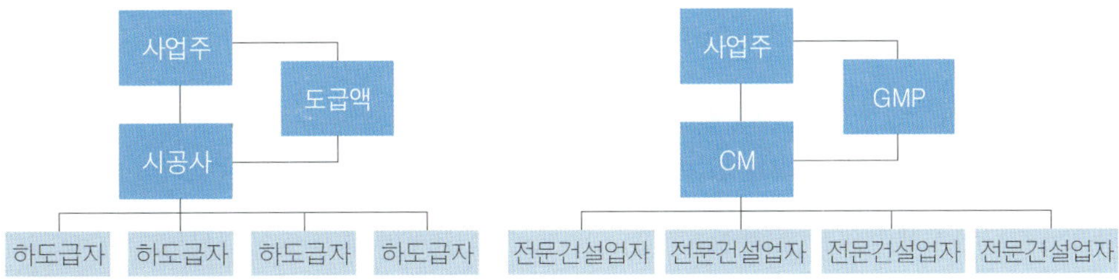

그림 2-2 **전통적인 시공사 일괄 도급방식(좌)과 책임형 CM방식(우)의 비교**

다음은 책임형 CM방식의 특징 및 효과를 정리한 것이다.[6)]

- 설계 착수시부터 설계사와 CM사가 공동으로 설계 검토, VE 분석을 통하여 최적설계 도출
- 계약 전 또는 공사 착공 전에 전문 건설업체들을 선정하여 공사 방법 및 외주비를 확정함으로써 리스크 최소화
- 최대공사비상한보증액 계약으로 발주자의 원가상승 부담을 해소

4) 미국 CM협회, 김한수, 한미글로벌 공저(2010), "미국 Construction Management A to Z", 7장 참고.
5) 한미글로벌, "CM Guidebook"
6) 한미글로벌 웹페이지, http://www.hmglobal.com/kr/ 참고.

• 시공이전 단계의 용역서비스를 통하여 프로젝트의 비용과 기간을 단축할 수 있으며, 관리가 용이하고 예측이 가능한 프로젝트 수행으로 리스크 감소
• 직접 · 간접공사비의 실비용에 대한 증빙, 근거서류를 언제든지 사업주에 공개하는 오픈북방식(open book policy)을 시행하여 공사비 집행의 투명성과 발주자와 CM사 간의 신뢰 제공
• 공사비 정산시 최대공사비상한보증액 절감액을 발주자와 CM사가 분배하여 CM사에 원가절감 동기와 발주자에 품질향상 기회를 부여

2.3 국내외 책임형 CM방식 수행 현황

미국건설협회(AGC)의 조사에 따르면, 현재 책임형 CM방식을 공공 건설사업에서 허용하고 있는 주는 전체 50개 주 중 43개 주로 알라바마, 일리노이, 인디애나, 아이오와, 루이지애나, 오하이오, 웨스트버지니아 등 7개 주에서는 아직 책임형 CM방식이 적용되지 않고 있다. 또한, 책임형 CM방식을 허용하고 있는 대부분의 주에서도 토목사업보다는 주로 건축사업을 중심으로 허용하고 있어 현재까지 책임형 CM 시장은 제한적인 상황임을 알 수 있다. 국내의 경우 1997년 건설산업기본법을 통해 CM방식을 도입하였지만, 이는 여러 CM 발주방식 중 일부 방식에만 국한된 도입이었으며, 아직까지 국내에서 책임형 CM방식이 적용된 사례는 매우 드문 상황이다. 그러나, 최근 국토해양부에서는 건설 발주방식의 다원화와 건설산업 글로벌 스탠다드의 확보를 위한 목적으로 '시공책임형 건설사업관리' 라는 명칭으로 건설산업기본법에 대한 개정을 추진 중에 있다.[7]

한미글로벌에서는 그동안 홈플러스 신축공사, 부산 화물차 휴게소 등의 프로젝트를 책임형 CM방식으로 수행하여 평균 공사기간 20% 단축, 사업비 10% 절감을 달성하였으며, 최근에는 서울대 마에스트로와 부천 심곡동 등지에서의 도시형 생활주택 프로젝트를 책임형 CM방식으로 수행하고 있다.

7) 미국 CM협회, 김한수, 한미글로벌 공저(2010), "미국 Construction Management A to Z", 7장 참고.

chapter

03 홈플러스 논산점의 책임형 CM 수행 업무

3.1 프로젝트 추진 계획

1) 사업추진 조직 구성

프로젝트의 수행을 위해 본사와 현장 CM단 간의 협력체계를 구축하여 사업추진 조직을 구성하였다. CM사가 보유하고 있는 프로젝트관리 전문인력을 바탕으로 본사에 PM 1인을 선임하여 발주자의 요구사항(owner' s requirements)에 대한 신속한 의사결정을 수행하고 프로젝트를 총괄 지휘할 수 있도록 권한을 부여하였으며, 본사 엔지니어링팀과 지원체계를 구축하여 현장 지원 및 관리, 통제 및 조정의 업무를 수행할 수 있도록 하였다. 또한, 엔지니어링팀에 발주자의 트레이드 패키지(trade package)별 계약업무 지원과 원가분석 기능을 갖춘 계약 및 구매파트를 구성함으로써 현장 업무지원체계를 구축하여 운영토록 하였다. 이들의 주요 업무로는 설계일정관리 및 설계검토(design review), 공법 검토 및 시공성 검토, 공정관리, 발주 및 계약 지원 등이 있었다.

현장인력은 CM단장을 필두로 하여, 공무 1인, 건축 2인, 품질 1인, 기계 1인, 안전 1인으로 구성(CAD 1인, 현장반장 1인, 전공 1인, 사무보조 1인)하였다. 본 현장은 타 현장 시공조직의 절반 수준 인원만이 투입된 매우 슬림한 조직으로, 현장 책임자인 CM단장을 홈플러스 프로젝트를 수행한 유경험자로 배치함으로써 보다 효율적인 업무관리가 이루어질 수 있

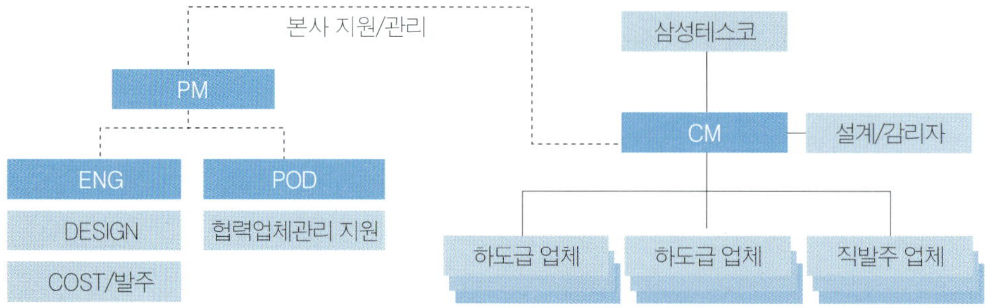

그림 3-1 사업추진 조직 구성

도록 하였다.

2) 초기 업무 계획 수립

2004년 7월, 사업의 추진을 위해 부지를 매입한 이후로 3년여의 시간이 지난 후에야 공사에 착수하였던 것은, 홈플러스 논산점의 건축허가 과정에서 해당관청과 2년간의 분쟁과 소송이 진행되었기 때문으로, 공사가 착공된 이후에도 논산시 관련부처와의 유기적인 협력이 요구되었다.

2006년 11월 18일 삼성테스코로부터 정식 공사착수통보공문을 접수 받아 공사 착공 준비에 들어갔으며, 초기단계 업무 계획을 수립하기 위해 현장 세팅 계획, 착공신고 준비, 업체 선정 등을 수행하였다. 이 과정에서 당사의 책임형 **CM(CM at Risk)** 매뉴얼을 바탕으로 초기 업무 분장을 실시하였다〈표 3-1〉.

표 3-1 홈플러스 논산점 업무 분장표

단 계	세부 업무 내용	설계	CM	발주자
기본설계	설계변경 건축 심의 및 허가	주도		지원
	설계 검토 1차	변경	검토	지원
실시설계	최종 도면 납품	제출	검토	승인
	설계 검토 2차	변경	검토	지원
	설계변경	변경	검토	승인
시공단계	공정보고		보고	검토
	품질관리		점검	점검
	기성신청 및 지급		신청	지급
	설계변경		변경	지시
	설계변경에 의한 계약금액 조정		변경신청	승인
	인테리어 관리		시공, 관리	변경, 승인
	테넌트와 시공사 업무조정 및 관리		조정, 관리	
준공단계	소방, 건축 준공		준공	
	As-Built Dwg, O&M 매뉴얼, 보증서		작성, 검토	인수
핸드오버(hand over) 단계	직원시설, 매장, 각종 계량기		인계	인수

3.2 할인점 프로젝트 중점 검토사항

홈플러스와 같은 대형할인점은 다중이용시설로 창고, 매장, 무빙워크 설치 등과 같이 일반 오피스 공사에 비해 고려할 요소들이 많으며, 그 중에서도 비상탈출, 방재시설 및 보안시설은 매우 중요하다. 또한 고객들이 진열된 상품들을 시각적으로 쉽게 인식하여 구매충동을 느끼도록 유도해야 하는 등 일반 건축물에 비해 복잡하고 많은 요구사항들이 존재한다.[8)]

할인점의 공간은 영업공간(selling area), 작업시설(operating facility), 고객시설(customer facility), 직원시설(employee facility) 등으로 구분된다. 할인점의 배치계획을 위해서는 건물의 주 이용대상인 고객이 사용하는 공간과 매장 내 직원들이 사용하는 공간이 분리되어야 하며, 상품의 반입을 위한 하역장, 작업장, 매장에 이르는 물류 동선이 확보되어야

8) 한미글로벌(2006), "CM Best Practices 1", 271쪽.

하기 때문에 공간계획단계에서의 다양한 고려가 필요하다. 또한, 할인점은 일반 건축물에 비해 에너지 소비량이 많기 때문에 계획단계에서부터 에너지 절감에 대한 충분한 준비도 해야 한다. 냉동 · 식품 등의 보관 및 진열을 위한 냉동 및 냉장 설비 구축과 적정온도 유지는 주요 고려 사항이며, 이를 위해 CM단은 건물의 총생애주기비용(LCC) 측면에서의 비용절감 계획을 검토하였다.

3.3 프로젝트 단계별 주요 과업 내용

1) 기획단계 및 시공 전(前) 단계

홈플러스 논산점 프로젝트는 발주자와 시공 전(前) 단계의 CM 계약이 체결되어 있었기 때문에 본사에서 발주자와 통합팀을 구성하여 시공 전(前) 단계의 업무를 담당하는 프로그램 매니지먼트(program management) 조직이 구성되었다. 프로그램 매니지먼트 조직은 발주자와 건설사업관리자의 인원으로 구성되어 있으며, 시공 전(前) 단계의 기획, 설계, 조달단계의 업무를 완료하고, 시공 전(全) 단계의 모든 업무는 시공팀에게 철저한 업무이관 및 업무회의 등을 통하여 공유하는 방식으로 진행하였다.[9)]

2) 시공 단계

시공 단계에서 가장 중점적으로 관리하였던 부분은 촉박한 일정 내에 모든 공사를 성공적으로 마무리하는 것으로, 각 공종 간의 공정충돌(crash)을 방지하기 위해 철저한 사전 검토에 따른 공정표를 작성하였으며, 선후 공종 간에 리드타임(lead time)을 최소화하기 위해 현장 진행 현황을 수시로 점검하여 보완하였다. 또한, 자재 및 인력을 사전에 준비하여 시공여건이 되면 즉시 후속공종의 작업에 착수할 수 있도록 자재 및 인력계획을 수립하였으며, 작업자들이 로스 타임(loss time) 없이 연속작업이 가능하도록 조닝(zoning) 계획을 세워 관리하였다.

---

9) 한미글로벌(2006), "CM Best Practices 1", 278쪽 참조.

안전관리 측면에서도 노동부기준에 따라 안전시설 설치와 안전교육을 철저히 실시하였고, 동바리 구조계산 등과 같은 기술적인 안전관리에 만전을 기하여 CM이 직접 시공관리를 하는 효과를 극대화하였다.

3) 시공 후(後) 단계

시공이 완료된 이후에는 시설물 인수인계(hand-over) 절차에 따라 발주처에 준공도면 및 유지관리 매뉴얼을 전달하였으며, 발주처의 입주점포 관리업무를 추가적으로 지원하였다. 인수인계 단계에서는 명확한 업무 전달과 관계자 간의 의견 조율을 통해 불필요한 시간이 낭비되지 않도록 철저히 관리하였다.

표 3-2 CM 업무 수행 범위

단 계	CM의 업무
시공 전 단계	• 착공계 작성 • 프로젝트 수행체계 설정(set-up) • 설계검토 및 공기 단축 방안의 설계 적용(VE 포함) • 하도급 발주 착수 • 토목공사 업체 선정 및 공사관리 • 예상민원 검토 및 발생 전 협의 • 프로젝트 예산 및 GMP 확정
시공 단계	• 현장여건에 따른 실시간(real-time) 시공관리 수행 • 공기 단축 일정 관리 • 전문건설업체와 공급업체 발주 및 관리 • 세부 공법 및 시공계획 검토 • 예산집행에 대한 정기 보고서(open book)를 작성하여 발주자에게 제출 • 기성관리 및 공사비관리 • 설계변경 관리
시공 후 단계	• 시설물 인수인계 • 발주자에게 준공도면 및 유지관리 매뉴얼 전달 • 전문건설업체 및 공급업체에 기성지급 확인 및 이행종료 확인 • 발주자 입주 지원 • 하자보수 계획 수립 및 시행 • 최종공사비 정산 실시

3.4 기타 업무 사항

1) 직발주 자재관리

지급자재의 직발주 방식은 비용절감과 더불어 직발주 자재에 대한 장기 유지관리의 필요성에 의해 실시한다. 직발주 자재들은 보통 중장비 항목으로서 지속적인 보수와 부품교환을 필요로 한다. 따라서 직발주 자재관리를 통해 운영 및 유지관리단계에서 제품의 유용성 및 호환성을 보장할 수 있다.

그러나 지나치게 많은 자재를 직발주 하게 될 경우 통합관리가 어려우며 이로 인해 시공과정에서 비효율이 발생하게 된다. 프로젝트 관리자로서 CM단은 발주자가 제시한 직발주 품목의 직구매 절차에 따라 직발주와 관련한 각종 설계도서 및 업체선정에 대한 합리적인 문서화 작업을 완료하였고, 이를 통해 순조로운 직발주 착수 및 실행관리를 실시하였다.

직발주 자재관리는 프로젝트의 계약 공기에 영향을 미치지 않는 범위 내에서 적용되어야 하며, 냉각기, 비상용 발전기, 무빙워크, 엘리베이터 등의 롱 리드 아이템(long lead item)의 경우 제작 소요기간 및 납품기간이 약 3~6개월 가량 소요되기 때문에 사전에 구체적인 조달계획의 수립과 검토가 필요하다. 현장에서는 믿을 수 있는 협력업체를 선정하기 위해 직원들로부터 추천받은 업체를 바탕으로 리스트를 작성하였으며, 이를 대상으로 입찰을 실시하여 최종 업체를 결정하였다.

표 3-3 홈플러스 프로젝트의 직발주 항목내역

• 냉온수 Units • Transformer • 무빙워크 • 자동제어(설비,전력,조명)	• 분전반 • CHU • UPS • 냉각탑 • 조명기구	• 엘리베이터 • TAB 공사 • CCTV • AHU • 수배전반	• 비상용 발전기 • MCC • 각종 펌프류 • 변압기 • 에스컬레이터

2) 매장 계획

할인점은 상품의 이동 및 판매가 발생하는 곳으로 효과적인 매장 계획을 수립하기 위해서는 고객의 이동 동선을 고려하여 적절한 상품을 배치하는 것이 중요하다. 할인점에서 사용자의 주동선은 통상 2.7~3m 이상, 부동선은 1.8~2.4m 정도를 확보하는 것이 일반적이며, 공간 레이아웃의 종류에 따라 주동선을 확보한 후 부동선을 확정하게 된다.

매장 계획시 필수적으로 고려하여야 할 서비스 시설은 피팅룸(fitting room), 창고, 직원휴게시설, 자동판매기, 공중전화, ATM기 설치장소, 매점 등이 있으며, 거시적인 측면에서 주요 테넌트와 세부시설을 확정하여야 한다. 일반적으로 영업 전략상 중요한 업종의 테넌트는 동선이 유리한 저층부에 배치한다. 또한, 고객의 체류시간 정도에 따라 매장 내에서 장시간으로 소요하는 시설(식당 등)은 고층부에 배치하는 것이 일반적이다.

chapter

04 홈플러스 논산점의 책임형 CM 주요 관리사례

4.1 공사비관리

1) 시공 VE(Value Engineering)에 따른 공사비 절감

VE는 제조업에서 출발한 생산성 향상 기법으로 건설분야에도 수십년간 적용되어 국내에서도 그 효과가 이미 입증된 우수한 관리기법이다. 건설 공사에서의 VE란 설계 및 시공의 운영 체계를 종합 분석하고 개선함으로써, 공사비를 절감함과 동시에 품질을 향상시키기 위한 기법으로 크게 설계 VE와 시공 VE로 나뉜다. 시공 VE는 공사계약 후 CM 혹은 시공사가 설계도서나 계약내용 등을 검토하여 공사비를 절감할 수 있는 대체안을 작성하여 발주자에게 계약의 변경을 제안하는 것이다. 발주자는 그 제안을 심사한 후 변경에 의하여 당초 계약시 요구한 프로젝트의 기능이 저하되지 않으면서도 공사비를 절감할 수 있는 안을 채택하게 된다. 본 프로젝트에서 CM단은 시공 VE를 실시하여 기존의 설계안을 검토함으로써 공기 단축 방안을 제시하였으며, 그 결과 〈표 4-1〉과 같은 공사비 절감을 이룰 수 있었다.

할인점은 영업을 위한 MD(merchandising) 계획에 맞춰 모든 공사가 이루어지기 때문에 시공과정 중 MD 변경이 빈번히 발생하며, 본 프로젝트에서는 당초 설계 계획과의 차이로 인해 시공 과정 중 많은 VE를 실시하였다. 영국 본사에서는 MD 계획 이후에 매대에 의해 가려지는 부분 등에 대해 적극적으로 VE를 실시하여 공사비를 절감하고 있는 사례가 있다.

표 4-1 VE 시행 성과표

공종	항목	절감액
(1) 토건 소계		98,345,000
설비	원격검침 삭제	11,260,000
설비	하역장 에어커튼 삭제	12,200,000
설비	콤프실 PAC 중복 삭제	4,210,000
설비	수처리기 중복반영 삭제	7,500,000
(2) 설비 소계		35,170,000
전기	매장 레이스웨이 간격 변경	2,000,000
(3) 전기 · 소계		2,000,000
총 계 (1+2+3)		135,525,000

다음은 본 프로젝트에서 시행한 시공 VE의 대표적인 사례이다.

(1) 흙막이 가시설 삭제

초기 설계에서는 흙막이 공법에 〈그림 4-1〉과 같이 경사 버팀식(racker) 공법을 실시하도록 되어 있었으나, 설계 검토를 통하여 이를 오픈 컷(open cut) 방식으로 변경함으로써, 20일의 공기 단축과 공사비 1,170 만원의 예산 절감 효과를 볼 수 있었다. 흙막이 공법변경이 가능했던 이유는 흙막이 시공 시 인접부지 토지주와 토목업체가 적정한 비용을 협의하여 경사 터파기가 진행되었기 때문으로, 이에 따라 공기를 단축하고 공사비를 절감할 수 있었다.

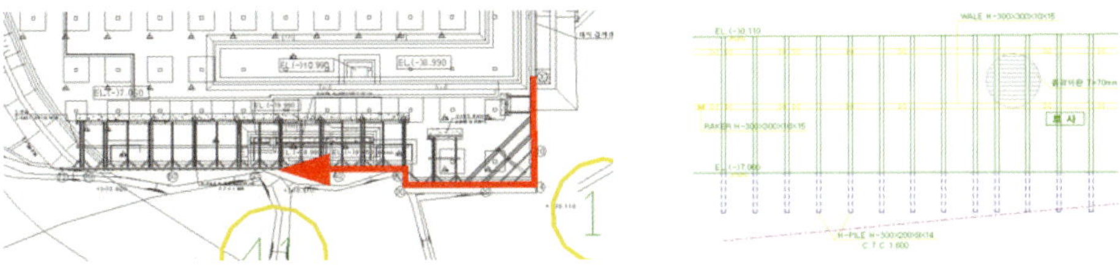

그림 4-1 흙막이 가시설 설계 변경 사례

(2) 한전선로 이설 및 가공선로 보호대 삭제

기존 계획에서는 홈플러스 전면 한전 가공선로를 지중화할 계획이었으나, 사전에 실시한 한국전력과의 가공 전선로 협의 과정에서 지중화 방법 대신에 이설 설치하는 방법으로 협의하였다. 이를 통하여 가공선로를 홈플러스 매장 도로 건너편으로 이설 설치할 수 있었으며, 기존 계획 대비 5,152만원의 예산을 절감할 수 있었다. 또한, 이설 설치한 한전 가공선로의 2회선 중 아래쪽 중앙 부위의 보호대를 삭제함으로써 추가적으로 1,985만원의 예산을 절감하였다.

한전선로를 지중화하기 위해서는 토목공사가 어느 정도 완료된 후, 포장작업에 들어가기 직전에 지중화 공사를 하여야 하므로 공사와 간섭이 발생하여 공기에 영향을 주나, 한전선로를 길 건너편으로 이설하는 경우는 독립적인 작업이 가능하여 공기 단축의 효과를 거둘수 있었다.

그림 4-2 전주이설(좌), 가공선로 보호대(우)

2) 오픈 북 방식을 통한 투명한 사업비관리

책임형 CM방식의 프로젝트에서는 발주자와 책임형 CM 수행업체와의 신뢰관계를 전제로한 투명한 사업비관리가 가능하다. CM단은 본 프로젝트의 전체 공종에 대한 하도급 계약금액을 모두 공개하여 투입원가에 대한 오픈 북 방식(open book policy)을 도입하였다. 직접, 간접공사비에 대한 실비용의 증빙, 근거서류를 발주자에 공개함으로써 공사비 집행의 투명성을 확보하고자 노력하였다.

4.2 공정관리

홈플러스 프로젝트는 개점일정을 준수하여야 하며, 대부분의 경우 프로젝트의 공기가 매우 촉박하고(점포 건설 공사기간 평균 약 11.6개월), 평균 연면적(프로젝트당 14,460평)이 넓기 때문에 공정관리의 중요성이 매우 높다[10]. 더욱이, 본 프로젝트는 시공사 없이 CM에 의해 시공관리가 이루어지는 책임형 CM 현장이었기 때문에 효과적인 공정관리가 되기 위하여 업무 누락이 발생하기 않도록 초기 업무 공정표를 작성하며 지속적인 검토과정을 거쳤다. 공사 기간은 매출과 직결되는 매우 중요한 요소이기 때문에 공사일정을 얼마나 합리적이고 효율적으로 운영하느냐가 당 현장의 가장 큰 이슈였으며, 이는 공사의 성패를 좌우하는 중요한 키(key)가 되었다.

공사 진행관련 마일스톤(mile stone)을 할인점 개점일로부터 역순으로 작성하여 초기에 해야 할 일정을 명확히 파악하고 그 일자를 준수하였으며, 각 담당별 업무 분장표를 작성하여 업무가 중복되거나 누락되는 것을 방지하고, 일일 작업 내용 및 2주 마일스톤을 서류화하여 일일 회의 시 지시할 수 있도록 하였다.

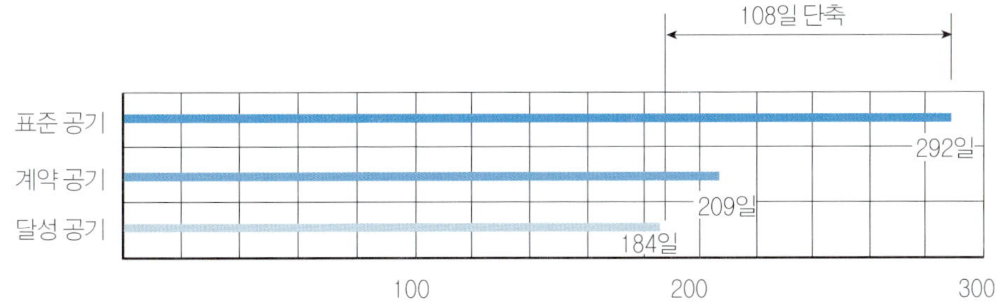

그림 4-3 공기 단축 성과

10) 한미글로벌(2006), "CM Best Practices 1", 285쪽.

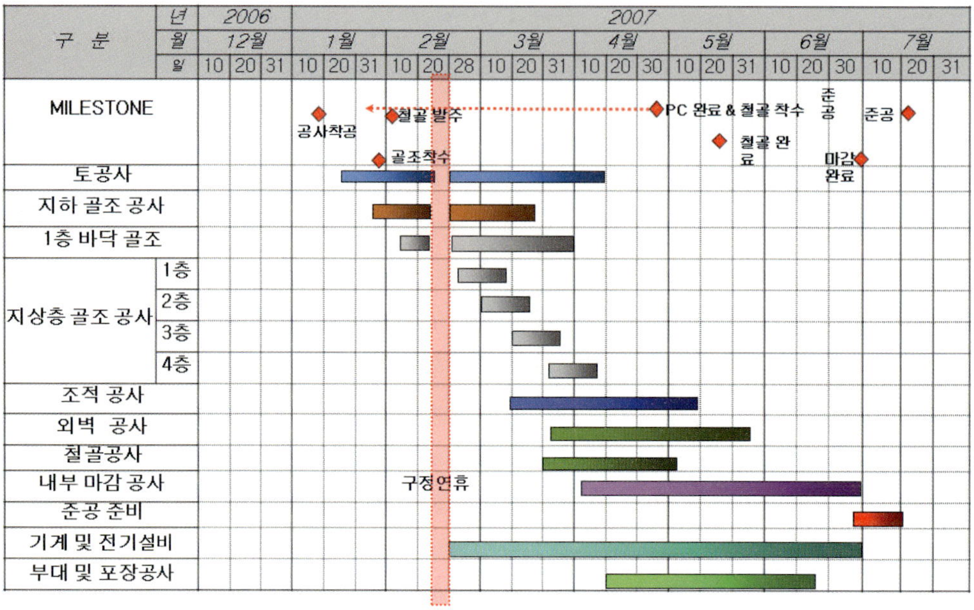

그림 4-4 프로젝트 진행 공정표

그 결과 계약기간보다 오히려 단축된 공기를 확보할 수 있었으며, 당초 계획보다 매장 오픈일을 3개월 앞당겨 발주자에게 추가 운영수익을 확보할 수 있도록 기여하였다.

1) 공종간 작업 여유시간 관리

과거에는 골조공사시 철근 배근이 완료된 직후에 콘크리트를 타설하였으나, 최근에는 철근 완료 후 1일 정도 전기, 설비 작업시간을 확보하는 경향이 있다. 그러나, 당 현장은 철근 완료 후 1일 씩 전기, 설비 작업시간을 소요하게 될 경우 골조 공기가 늘어져 공기 단축이 불가능하다는 판단을 하였고, 이에 따라 설비, 전기 업체에 철근 작업과 병행작업을 요청하고 철근 완료 후 3시간 이내에 설비 및 전기 작업이 완료되도록 관리하였다. 또한, 마감공사 일정을 고려하여 골조완료 마일스톤을 별도로 작성하여 키(key) 마일스톤으로 관리하였고, 그 결과 골조 완료시점을 당초 계획보다 20일 가량 단축할 수 있었다.

2) 도면 검토 및 시공성 개선

본 프로젝트 공기 단축의 가장 큰 요인은 철저한 도면 검토 및 이에 따른 시공성 향상에 있었다고 볼 수 있으며, 그 주요 내용은 다음과 같다.

(1) 상징 매스(Mass) 골조 조적을 RC로 변경

초기 계획은 홈플러스 할인점의 상징 매스[11] 외부를 조적으로 시공하게 계획되었으나 옥상 바닥으로부터 13m 높이까지 6인치 블록을 올려 시공하기가 매우 어려운 상황이었다. 또한, 상징 매스 도면상의 오류로 인해 4군데에 설치되어야 할 RC기둥이 구조상 3군데만이 설치가 가능한 상황이었다. 이러한 문제점을 해결하기 위하여 CM단은 상징 매스조를 블록에서 RC옹벽으로 변경하는 제안을 하였으며, 그 결과 조적용 발판 설치, 조적공사, 비계해체기간 등을 포함하여 총 30일 이상의 공기를 획기적으로 단축할 수 있었다.

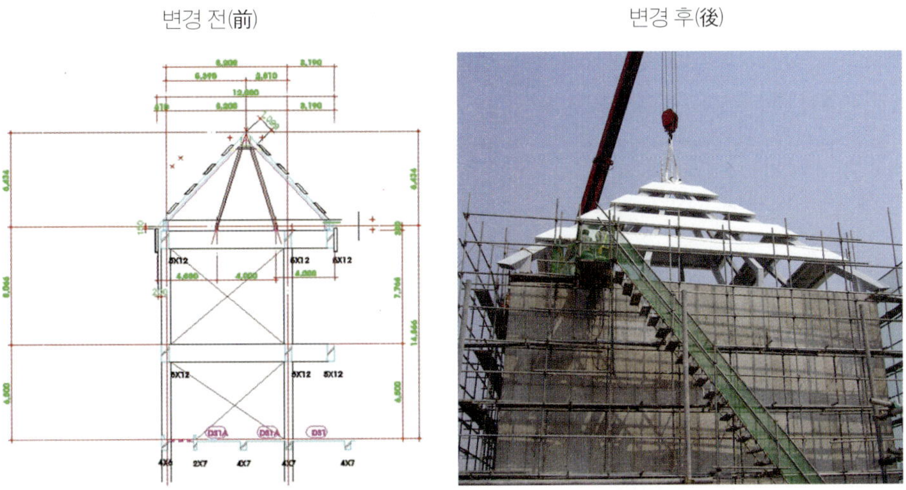

그림 4-5 상징 매스(Mass) 시공성 개선 사례

(2) 지하 외벽 조적 선(先) 시공

당초 도면에는 무근콘크리트 위에 방수턱을 설치한 후 지하 외벽 조적을 하도록 계획되었으나 무근 타설 시까지 기다리려면 많은 공기가 소요되는 상황이었으며, 지하 조적공사는

11) 홈플러스 건물을 상징하는 지붕탑을 의미함.

그림 4-6 지하 방수턱 선(先) 시공 사례

본 공사의 크리티컬 패스(critical path)로서 공기 단축이 전체 공정에 큰 영향을 미칠 수 있는 요소였다. 따라서, 골조공사 완료 직후 방수턱을 설치하여 조적공사를 실시함으로써 지하 조적공사의 70%를 선(先) 시공하고 크리티컬 패스에서 제외시켜 결과적으로 공기 단축의 효과를 얻을 수 있었다.

(3) 직원동 PS(Pipe Shaft) 조적 시공을 골조 시공으로 변경

직원동 PS 내·외부를 조적 시공으로 공사하려던 기존의 계획으로는 외부 조적 시공 및 양생 이후에 설비 덕트와 배관을 설치하고, 그 이후에 내부 조적을 하게 되기 때문에 많은 공사기간이 소요되었다. 이에 기존의 조적 시공 대신 외부를 골조방식으로 변경함으로써 외부 드라이비트 시공 및 내부 배관에 영향을 미치지 않도록 조치하여 외부 골조와 내부 설비가 동시에 작

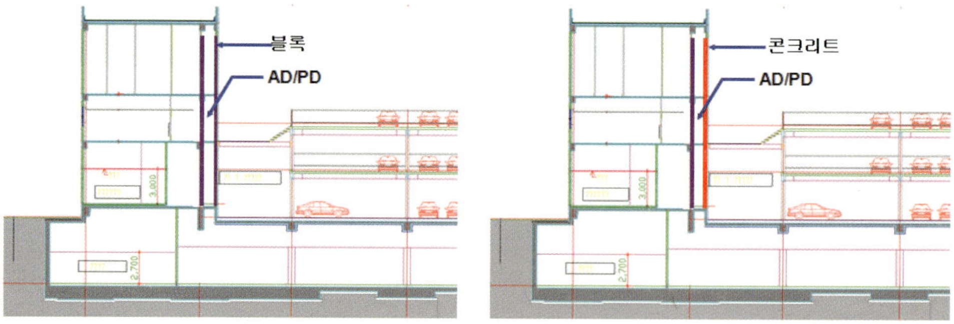

그림 4-7 직원동 PS 시공 변경 사례

업될 수 있도록 변경하였고, 그 결과 공종의 단순화로 공기 단축의 효과를 얻을 수 있었다.

4.3 설계변경관리

홈플러스와 같은 대형할인점은 제한된 공기와 예산 내에서 공사를 수행해야 할 뿐만 아니라, 최적의 MD계획을 수립하여 발주처의 영업이익을 확보하기 위해 전략을 수립하게 된다. 이 과정에서 다수의 설계변경이 발생하게 되며, 이러한 설계변경사항들을 적절히 관리하지 못하면 프로젝트 수행에 막대한 차질이 발생한다. 따라서, 본 프로젝트에서는 설계변경사항들을 적절히 관리하여 재시공을 예방함으로써 프로젝트가 원활히 수행되기 위한 관리방안을 제시하였다.

철저한 설계변경관리를 위하여 먼저, 설계변경의 주된 요인을 파악하였다. 할인점은 시설 내 매장이 차지하는 정도가 크며, 효과적인 매장계획에 따라 판매수익이 결정되기 때문에

표 4-2 건축분야 설계변경 사항

구 분	변경사유	주요 변경내용
주차장 및 하역장 카스토퍼 추가설치	품질개선	주차장 외곽부위, 소화전 부위, 하역장 펜스설치 부위 카스토퍼 추가설치
2층 테넌트 천정 추가 시공	테넌트요청	2층 임대매장 천정 흡음텍스 시공(446㎡), 석고보드 시공(357㎡)
하역장 진입부위 단열셔터 폭 확대 시공	품질개선	하역장 경사로쪽 단열셔터의 폭이 2.4m로 좁게 계획되어 있어 지게차 사용 시 어려움이 예상되어 폭을 3.5m로 확대 시공함
커튼월 슬래브 마감 추가시공	품질개선	커튼월 보에 슬래브가 돌출되어 마감의 질이 떨어지므로, 미관향상을 위하여 마감공사를 추가 시공함
3층 가정의학 미입점으로 바닥타일 추가시공	테넌트요청	3층 가정의학 미입점에 따라 바닥타일 시공 후 ANTIQUE 임시입점으로 매장수익 증대
매장 바닥타일 변경	MD변경	MD변경에 따라 당초 갤런트 타일에서 갤런트로얄, VIP, VIP POST, 데코타일로 변경시공
1층 푸드코트 및 테넌트 변경 시공	MD변경	1층 푸드코트 천정 흡음텍스 시공(435㎡), 푸드코트 창고 및 휴게실 천정 흡음텍스 시공(37㎡), 임대매장 천정 흡음텍스 추가시공(183㎡)
지하 1층 매장입구 단천정 변경	MD변경	MD변경(FLOWER, 바나나 매대, S/C 등)에 천정라인 변경 시공

매장의 위치 및 크기 등의 변경으로 인해 잦은 설계변경이 발생한다. 따라서, MD변경사항에 대한 적절한 대응 및 관리가 필요하다.

표 4-3 도면 누락부분 검토 사례(건축)

<table>
<tr><th>NO</th><th>내 용</th><th>비 고</th></tr>
<tr><td>1</td><td>• 석고보드 천정 또는 마이톤천정의 면적이 클 경우 350~450㎡마다 천정 조인트 설치
• 조인트의 형태는 여러가지이므로 시공 전 발주처와 필히 협의 필요
</td><td>설계단계
부터
확인 필요/
매뉴얼 숙지</td></tr>
<tr><td>2</td><td>• 직원계단실 바닥 논스립(황동논스립 적용)
• 도면상으로는 SST(Stainless Steel) 논스립에 고무패킹이 들어간 제품을 쓰도록 되어 있으나, 고무는 불연재가 아니므로 사용불가
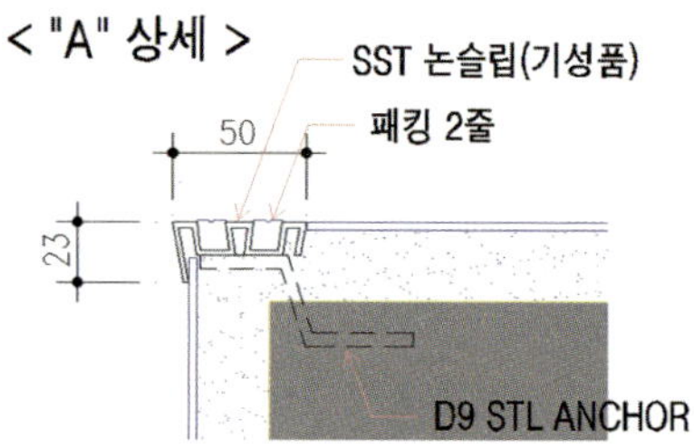
</td><td>설계단계
부터
확인 필요/
건축법
확인</td></tr>
<tr><td>3</td><td>• 작업장 후방 제연 누락
• 방화구획도에 누락된 부분에 대한 석고보드벽체 설치
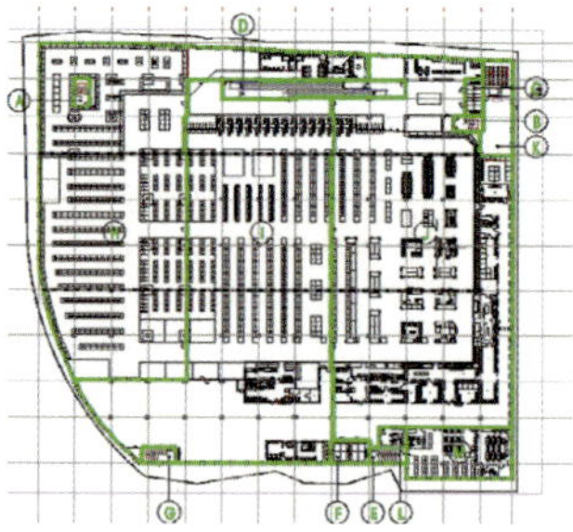</td><td>설계단계
부터
건축/소방
상호확인
필요</td></tr>
</table>

표 4-4 도면 누락부분 검토 사례(설비)

NO	내 용	비 고
1	• 공조기, 팬등 각종 급배기구 마감에 해당하는 건축 루버가 전체 수량의 50%만 반영, 50%는 누락 • 건축도면 수량 : 10개 • 실 설치수량 : 19개 	설계단계 부터 설비/건축 상호확인 필요
2	• 1층 외부의 COMP실 급배기 타워(DA) 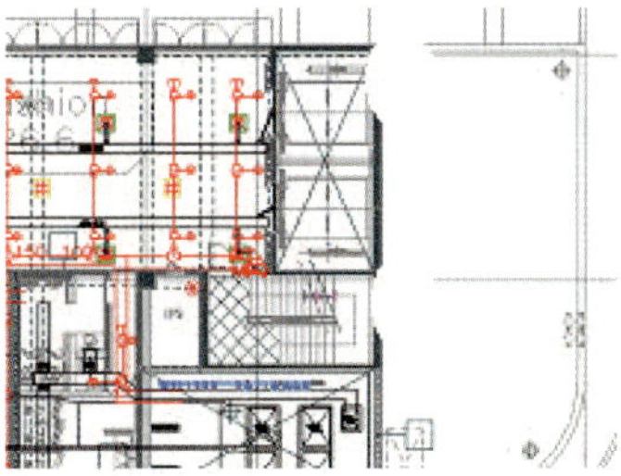 	설계단계 부터 설비/건축 상호확인 필요
3	• 상징탑 하부와 옥외 fan yard에 설치될 AD 벽체 및 지붕 	설계단계 부터 설비/건축 상호확인 필요
4	• 기계실 장비반입구 • 장비반입구로 활용토록 양개도어 설치 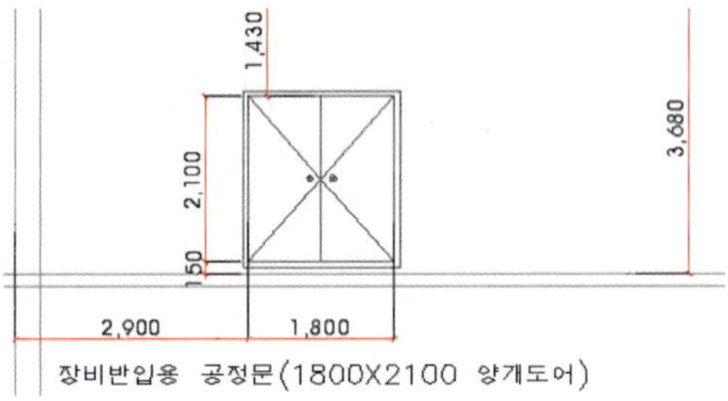	설계단계 부터 설비/건축 상호확인 필요

표 4-5 예산 누락부분 검토 사례(건축)

NO	내 용	비 고
1	• 농산작업장, 선처리작업장, 델리작업장, 김초밥실, 취반실의 그라스보드 • 그라스보드의 설치위치는 대부분 조적벽체이므로 조적면의 평활도에 신경을 써야 하며, 필요시 미장 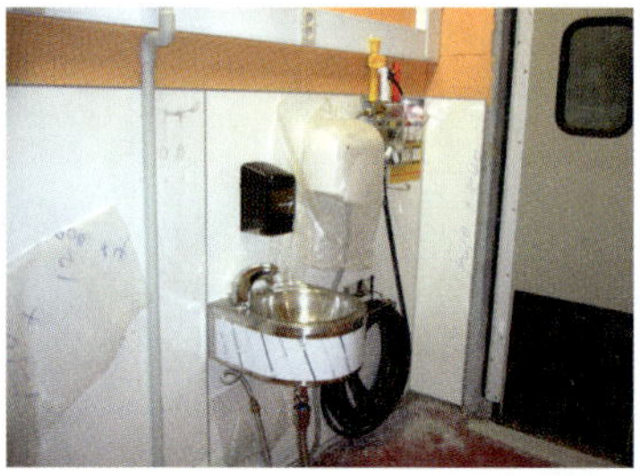	MD도면상에 표현이 되어 있으므로 매뉴얼을 숙지하여 견적누락 없도록 확인
2	• 작업장(수산, 축산, 델리, 베이커리)벽체 SUS 재료분리대(타일, 도장) • 높이 1,700mm를 기준으로 하부는 타일, 상부는 도장면이므로 타일 작업 전 설치 완료해야 함 	MD도면상에 표현이 되어 있으므로 매뉴얼을 숙지하여 견적누락 없도록 확인
3	• 직원화장실(남, 여) 벽체 SUS 재료분리대(타일, 도장) • 바닥에서 1,400mm를 기준으로 타일 공사 전 설치해야 함 	마감도면상에 표현이 되어 있으므로 매뉴얼을 숙지하여 견적누락 없도록 확인
4	• 매장바닥 피타일과 레진몰탈과의 SUS 재료 분리대 • 피타일과 레진몰탈의 경계부위에 SUS 재료 분리대설치(레진몰탈 시공 전 완료) 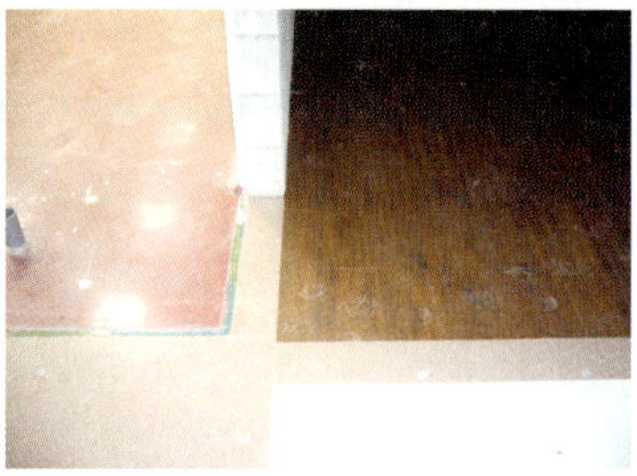	마감도면상에 표현이 되어 있으므로 매뉴얼을 숙지하여 견적누락 없도록 확인

표 4-6 예산 누락부분 검토 사례(설비)

<table>
<tr><th>NO</th><th>내 용</th><th></th><th>비 고</th></tr>
<tr><td>1</td><td>• 기계실, 공조실, 방음, 방진용 PO-MAT
<table>
<tr><th>구 분</th><th>설 계</th><th>시 공</th></tr>
<tr><td>기계실</td><td>602 ㎡</td><td>165 ㎡</td></tr>
<tr><td>공조실</td><td>232 ㎡</td><td>100 ㎡</td></tr>
<tr><td>계</td><td>832 ㎡</td><td>265 ㎡</td></tr>
<tr><td></td><td>바닥전체 설치</td><td>공조기, FAN, PUMP기초에만 설치</td></tr>
</table></td><td></td><td>설계완료 단계 변경 도면 확인 후 견적누락 없도록 확인</td></tr>
<tr><td>2</td><td>• 옥외 노출덕트 케이싱 및 보온, 가대
<table>
<tr><th>구 분</th><th>설 계</th><th>시 공</th></tr>
<tr><td>보온</td><td>18T 고무 발포+칼라 함석</td><td>10T 아티론+칼라함석 1,200 ㎡</td></tr>
<tr><td>가대</td><td>앵글고정</td><td>찬넬 100×50×5T 3.7TON</td></tr>
</table></td><td></td><td>도면에 언급된 시방 숙지하여 사전 견적 필요</td></tr>
<tr><td>3</td><td>• 판매동 배기그릴, 원형 디퓨져
• 600×600 300A, 그릴 90개, 디퓨져 20개 견적 누락</td><td></td><td>도면의 실수량 파악 후 견적 필요</td></tr>
</table>

chapter

05 맺음말

홈플러스 논산점의 성공적인 개점으로 인해 CM사의 책임형 CM 프로젝트 수행능력을 확인할 수 있는 좋은 기회가 되었다고 생각한다. 프로젝트 초기단계에서는 CM사의 홈플러스 프로젝트 담당인원에 의해 수행된 시공 전(前) 단계의 설계 검토, 공사비 검토 및 일정 검토 과정을 거쳐 프로젝트의 실질적인 계획이 수립될 수 있었다. 또한, 프로젝트 진행단계에서는 본사 직원과의 지속적인 협업을 통해 협력업체 선정 및 주요 의사결정단계에서의 실무지원을 얻을 수 있었다.

현장의 CM단을 구성하는 과정에서는 할인점 공사 경험이 있는 직원을 위주로 선발하여 공사의 전반적인 내용을 이해하고 진행할 수 있도록 하였으며, 각 요소 기술마다 분야별 전문 인력을 투입하여 기술적인 문제에 대응할 수 있도록 하였다. 또한, 지역 업체를 공사의 협력업체로 선정하여 민원을 최소화하면서 지역사회와 유대를 강화하기도 하였다.

본 프로젝트의 주된 의의는 다음과 같이 정리할 수 있다.

첫째, 책임형 CM방식을 바탕으로 시공 이전단계에서 CM의 역할을 확대하였다는 점이다. 수행능력을 보유한 적격업체를 선정하기 위해 하도급 발주계획을 수립하고, 시공 이전단계에서의 잦은 미팅과 공정회의를 통해 효과적인 공사관리가 될 수 있도록 계획하였다. 또한, 철저한 설계 검토를 바탕으로 시공단계에서 발생할 수 있는 문제요인들을 관리하였으며,

도면상 누락된 부분을 검토하여 시공성을 확보하였다.

둘째, 프로젝트 공사비의 투명한 관리를 위해 노력했다는 점이다. 투입원가에 대하여 오픈 북 방식을 도입하여 전체 공종에 대한 하도급 계약 내역서를 발주자에게 공개하고, 차액은 반납함으로써 책임형 **CM**방식의 효과를 꾀하였다. 그러나, 건설프로젝트에서의 투명한 공사비관리에 대한 인식과 신뢰가 부족한 국내의 여건으로 볼 때 아직까지 개선의 노력이 많이 필요한 부분이라고 생각한다.

셋째, 소수의 현장 상주인력으로 공기 단축의 성과를 이루었다는 점이다. 공사의 연속성을 최대한 고려하여 작업 단절로 오는 관리상의 문제를 최소화하였으며, 협력업체와의 유기적인 관계를 유지하여 상호 연관업무에 대한 지속적인 모니터링을 실시하였다. 그 결과 표준공기 대비 37%를 단축하며 당초 목표(30% 공기 단축)를 초과달성하는 성과를 거둘 수 있었다.

본 프로젝트는 국내에서도 지속적인 원가 절감과 공기 단축이 가능하다는 것을 보여준 의미 있는 사례로 공정관리나 원가관리에서 선진화를 이룰 수 있다는 것을 입증하였다. 향후 홈플러스와 같은 대형할인점 신축점포의 공기 단축을 위한 좋은 사례가 될 수 있을 것으로 생각하며, 금번 홈플러스 논산점 프로젝트의 성공적인 책임형 **CM** 수행을 통해 기존 건설사업의 관행에서 탈피할 수 있는 새로운 전기가 마련되었다고 생각한다.

Part 09

송도 the # 1st World 프로젝트

C·O·N·T·E·N·T·S

chapter

01 머리말

인천송도 국제업무지구 내에 건설된 송도 the # 1st World는 송도 국제업무지구 사업자인 송도국제도시개발유한회사(이하 NSIC)가 송도지역에 건설한 최초의 분양 프로젝트로서, 준공 당시를 기준으로 국내 최고층, 최대 규모의 순수 철근콘크리트 주상복합 건축물이다. 또한, 각 국의 건설조직이 참여한 국제 건설 시스템(international construction system)이 국내에 도입된 최초의 프로젝트라 할 수 있으며, 2008년에는 대한건축학회로부터 미 준공부문 대한민국 건축대상을 수상하기도 하였다.

본 프로젝트는 2004년 5월 기본설계, 2005년 3월 사업승인 및 공사계약을 거쳐 같은해 5월 착공을 시작으로 2009년 1월 준공까지 총 45개월의 기간 동안 진행되었다. 순 공사기간을 포함하여 전체 사업이 진행된 5년여 기간 동안 노조 파업으로 인한 공사 중단 위기, 미국발(發) 금융위기로 인한 실물경제 불황, 불안정한 지반조건과 협력업체의 잦은 부도 등의 불리한 사회적 여건과 위기상황 속에서도 모든 참여조직의 헌신적인 노력에 힘입어 성공적으로 완료한 프로젝트이다.

본 프로젝트를 수행하기 위하여 국내외 유수의 조직들이 프로젝트에 참여하였다. 프로젝트 사업자인 NSIC와 시공사 포스코건설을 비롯하여 CM, QS(Quantity Surveyor), 감리와 다수의 국내외 설계사 및 컨설턴트가 참여하였다. 일반적으로 다수의 조직이 참여하는 건설 프로젝트에서는 성공적인 프로젝트 완수를 위해 사회적, 외부적 환경요인이 충족되어야 할 뿐 아니라, 내부적으로는 각 단계별 조직 간의 원활한 커뮤니케이션이 이루어져야 한다. 그러나 본 프로젝트의 경우 설계 단계에서부터 다수의 조직이 참여하게 됨에 따라 조직 간 원활한 커뮤니케이션이 이루어지지 못하였고, 결국 설계도서의 품질 및 완성도가 기대에 미치지 못하는 결과를 초래했다. 게다가 미완성 설계를 기준으로 공사계약이 체결됨에 따라 공사 진행 단계 전반에 걸쳐 설계와 관련한 여러 가지 문제가 발생하였다. 설계정보의 부족, 각 도서 간의 불일치, 설계내용의 누락 등이 그 대표적인 사례이며, 설계내용의 변경이 공사비에 직접적인 영향을 미치는 도급공사의 특성으로 인해 공사기간 전반에 걸쳐 이를 둘러싼 각 조직 간의 분쟁이 계속되었고, 이의 해결을 위한 코디네이션업무가 지속적으로 이루어졌다. 한미글로벌은 본 프로젝트의 CM으로서 초기설계가 완료되는 시점에 프로젝트에 참여하여 공사 종료시점까지 송도 the # 1st World 프로젝트의 성공을 위해 많은 노력을 기울였다.

CM단은 설계 단계에서 국내외 다수의 설계사 및 컨설턴트 간의 코디네이션을 통해 설계 진행관리를 실시하였으며, 각 설계안의 검토를 바탕으로 설계완성도의 향상을 위해 노력하였다. 그러나, 발주자와 시공사가 동일조직인 특수한 여건과 급박한 프로젝트 일정으로 말미암아 설계로 인한 문제 발생여지를 완전히 해소하지는 못한 채 많은 부분을 후속 단계의 숙제로 남겨둬야 했다.

공사 착수단계에서는 효율적인 시공관리를 위하여 각 참여조직의 계약상 업무 범위 및 책임을 고려한 각종 업무 기준을 정하였다. 뿐만 아니라 공사초기에 발생할 수 있는 시행착오에 의한 프로젝트의 손실을 최소화하기 위하여 각 분야별 기술검토를 실시하고, 전반적인 공사계획을 작성하여 시공사가 원활하게 공사에 착수할 수 있도록 지원하였다. 공사 진행단계에서는 공사 착수단계에서 정의한 기준에 따라 성공적으로 프로젝트를 관리하였으며, 이외에도 공사 중 발생되는 설계상 혹은 공사상의 여러 분쟁사항의 해결을 위하여 발주자를 대신하여 검토 및 코디네이션 업무를 지속적으로 수행하였다.

chapter

02 프로젝트 개요

2.1 프로젝트 소개

본 프로젝트는 지난 2003년 국내 최초로 송도와 청라, 영동지구가 경제자유구역으로 선정된 이후 추진된 세계 최대 민자개발 프로젝트인 송도 국제업무단지 최초의 주거 프로젝트로서 송도 컨벤션 센터(Convention Center) 프로젝트와 함께 송도개발사업의 첫 걸음이라

그림 2-1 조감도

는 상징적인 의미를 지니고 있으며, 준공 당시 기준 국내 최고층(229m), 최대 규모의 순수 철근콘크리트조 건축물이다.

1) 프로젝트 개요

본 프로젝트는 송도국제도시 내 중심상업지역, 특별계획구역에 위치한 주거, 업무, 판매, 운동시설 등의 다기능 복합시설물로서 공동주택 총 1,596세대, 오피스텔 1,058세대, 지하 2층 지상 64층의 초고층 복합시설 건립 사업이다. 2005년 3월 사업계획 승인을 취득한 후 본격적인 사업 수행을 시작하였으며, 2008년 1월 31일까지 총 45개월에 걸쳐 진행되었다.

2) 프로젝트 조직 구성

본 프로젝트는 CM단을 비롯하여, 감리사, 설계사, 시공사, 컨설턴트 등이 참여하였다. 발주자인 NSIC는 게일 인터내셔널 코리아(Gale International Korea, 이하 GIK)가 포스코 E&C와 합작(joint venture)하여 송도 국제업무단지를 개발하기 위해 설립한 회사로, CM계약은 지분참여자인 포스코 E&C가 GIK에 CM서비스를 제공하는 형식으로 체결되었다. 당해 사업의 시공사는 포스코 E&C이며, 포스코 E&C는 CM기능을 강화하기 위해 한미글로벌로부터 CM서비스를 지원받았다.

감리는 티씨엠씨 건축사사무소에서 담당하였으며, 설계사는 설계 단계 구분에 따라 담당 설계사를 구분하여 미국의 KPF사가 기본설계를 담당하였고 국내업체인 건원건축에서 실시설계를 수행하였다. 이 외에도 구조설계는 창민우, 아웃리거(outrigger) & 수직부재 축소(column shortening)는 마이다스 IT, 전기는 대일, 기계는 우원에서 담당하였다. 분야별 설계사 운용에 따라 CA(Construction Administrator)업무는 실시설계를 담당했던 각 설계 업체에서 수행하였다.

발주자의 지분사인 GIK는 각종 특수 분야의 컨설턴트를 고용하여 프로젝트를 지원하였으며 특히 QS[1)]사인 DLSK(Davis Langdon & Seah Korea)는 공사비관리를 담당하였다.

---

1) QS : Quantity Surveyor를 의미함. Quantity Surveyor의 경우 국내 건설산업에서는 그 위상 및 역할이 널리 알려져 있지는 않으나,

표 2-1 프로젝트 개요

구 분			프로젝트 개요
설계개요	프로젝트명		송도 The # 1st World 주상복합 신축공사
	대지위치		인천광역시 연수구 동춘동 991-88번지 일대
	지역지구		중심상업지역, 특별설계구역
	용도		주거시설/업무시설/판매시설/운동시설
	대지면적		103,154.00m^2 (31,203.94평)
	규모	세대수	공동주택 1,596 세대
			오피스텔 1,058 세대
		층수	지하 2층 지상 64층
	연면적		531,606.312m^2 (160,810.19평)
	지상 연면적		369,594.612m^2 (111,801.87평)
	지하 연면적		162,011.700m^2 (49,008.32평)
	용적률		358.29% (적용 용적률 : 362.49%)
	건축면적		27,369.53m^2
	건폐율		26.53 % (법정 80%)
	조경면적		31,061.60m^2 (법정 15,473.10m^2)
	공개공지 면적		10,503.16m^2 (법정 10,315.40m^2)
공사개요	공사기간		2005년 5월 ~ 2009년 1월 (45개월)
	발주자		송도국제도시개발유한회사(NSIC)
	설계자		KPF(미), 건원
	시공사		포스코 건설
	감리사		티씨엠씨 건축사사무소
	기준 층고(천정고)		3,100mm (2,400mm)
	구조 형식		철근콘크리트조
	외장 마감		GFRC + AL+ 복층유리
	최고 높이		229.3m

해외에서는 널리 활용되는 제도임. 일반적으로 QS는 발주자가 직접 임명하여 건설원가관리(cost management) 및 계약관리(contract management)를 수행함.

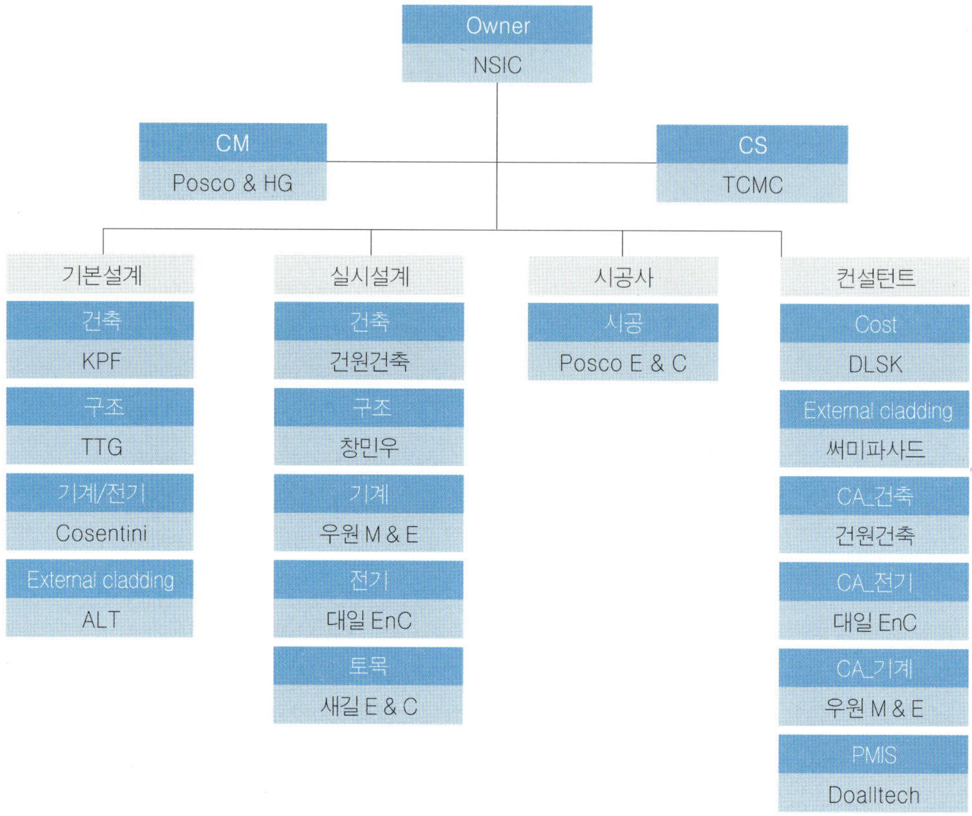

그림 2-2 조직도

3) 설계 개요

(1) 도시계획 및 주변 환경

지난 2007년 인천시 트라이포트(triport)[2]의 한 축을 담당하기 위해 개발계획이 수립된 송도신도시는 거시적 개발계획을 구체화하기 위한 일관된 관점의 상세 실천계획을 수립하고자 특별계획구역 내의 125블록에 대한 개발계획을 수립하였다. 따라서 125블록은 기존 특별계획구역의 타 추진 사업(송도 1구역, 송도지식정보산업단지)에 대한 지원 주거복합시설로서 신개념 주거 및 상업시설 등 각종 지원 기능을 함께 계획하여 직장과 주택을 근접시키는 직주근접과 원스톱 시티(one stop city)의 개념을 제고하였다.

2) 국제공항(airport), 국제항만(seaport), 정보화 신도시(teleport)의 합성어로, 인천과 인천 앞바다 일대를 국제교류의 중심축으로 정비한다는 구상임.

그림 2-3 도시계획 개념도

그림 2-4 프로젝트 대지 조감도

(2) 배치계획

125블록에 계획된 송도 the # 1st World 프로젝트는 기존 주상복합과는 달리 중앙공원을 기점으로 4개의 코트야드(courtyard)로 분리하여 배치함으로써, 기본 생활단을 구성할 수 있도록 계획하였다(주거+오피스+판매).

또한, 송도신도시(센트럴파크)로부터 125블록(중앙공원)에서 중정(courtyard)에 이르기까지 하나의 모티브가 변형하여 오픈스페이스가 서로 관입하는 형태의 배치계획을 수립하였다.

본 프로젝트의 단위건물은 초고층동(64F), 중층동(22~26F), 저층동(7F) 및 별도의 상가동(2F)으로 구성되어 있다.

그림 2-5 배치계획 개념도

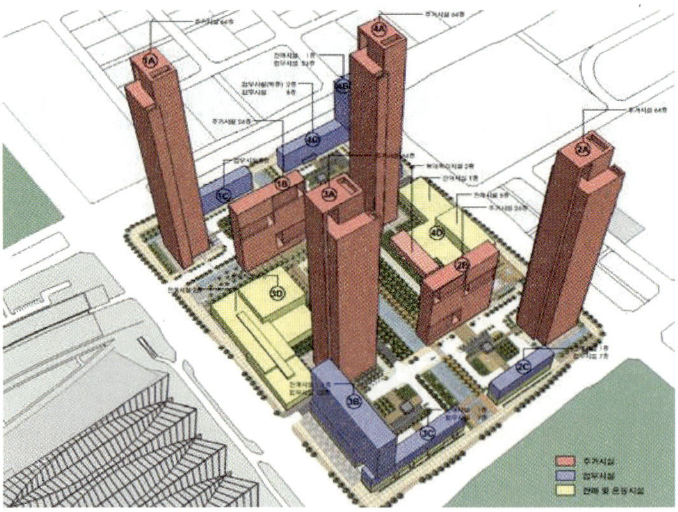

그림 2-6 배치계획 Massing Diagram

2.2 주요 CM 업무 및 프로젝트 주요 관리 요소

본 프로젝트에서 CM단은 프로젝트 전반에 걸친 설계관리, 원가관리, 공정 및 각종 기술관리, 품질관리를 비롯하여 인천경제자유구역(Incheon Free Economic Zone, 이하 IFEZ)과의 지속적인 협력을 통해 공사 진행을 원활히 수행하기 위한 건설사업관리자의 역할을 담당하였다.

본 사업은 앞서 언급하였듯이 미국의 설계사인 KPF가 기본설계단계까지 설계를 완료한 이후에 국내 설계사인 건원건축에서 실시설계를 수행하였다. 이 과정에서 국내의 법적 요건 및 건설시장의 환경요인과 해외설계사의 건축의도 사이에서 의견 조율의 어려움을 겪었으며, 언어에 따른 의사소통문제도 장애요인이었다. 하지만 공사일정 내에 성공적인 프로젝트를 수행할 수 있었던 것은 실시설계단계 및 시공단계에서의 지속적인 설계변경을 통하여 국내 현장상황에 적합한 설계안을 완성하고자 한 모든 참여주체의 노력이 바탕이 되었기 때문이다.

발주자인 NSIC의 프로젝트 매니저(project manager)는 국내 건설사업에 익숙하지 않은 해외업체 소속이었기 때문에 국외공사에서 적용하던 프로젝트 관리 툴(tool)을 본 사업에 그대로 적용하는 과정에서 일부 어려움이 있었다. 국내 여건과 다른 점을 고려하여 프로젝트관리 툴로 모든 참여자를 관리하는 것이 사업초기의 주요 포인트였다.

설계사는 초기 설계업무와 CA업무를 병행하였기 때문에 설계안대로 시공여부를 지속적으로 확인하고 수정하는 과정이 반복되었다. 이에 따라 설계와 시방서상의 모든 사항에 대해 사전 협의된 절차에 따라 승인 업무가 진행되었으며, 그에 대한 관리는 업무 조정회의 시 보고 및 협의되었다.

뿐만 아니라, TLCD(Tuned Liquid Column Damper)[3], RC 아웃리거(outrigger), 유리섬유보강콘크리트(Glass Fiber Reinforced Concrete, GFRC)+커튼월 시스템, 수냉식 공기

3) 국내에 최초로 도입된 특수 제진시스템으로 U자형 관 형태의 물기둥 통로가 있는 액체탱크를 조정해 진동을 제어하는 방식임.

조화 시스템 등 국내에서는 많이 사용하지 않던 공법을 적용하기 위한 최적의 대안을 찾아냄으로서 프로젝트 진행에 문제가 발생하지 않도록 하는 것 역시 주요 관리 요인 중 하나였다.

2.3 적용시스템 및 공법 소개

1) 외장 공사 설계시스템

송도 the # 1st World 프로젝트의 각 건물 외장은 미국의 외벽전문 설계회사인 KPF가 송도 국제업무단지의 이미지에 부합하게 디자인하고, 세계적인 파사드(facade) 엔지니어링 회사인 ALT가 그 성능을 검증하여, 기존의 주거용 건축물에서 볼 수 있었던 획일적인 단조로움과 차별되는 미려한 외관을 구성하였다. 외장재의 주요 구성재료는 알루미늄 창호, 유리섬유보강콘크리트, 석재가 사용되었으며 조합된 외관의 형태는 〈그림 2-7〉과 같다.

그림 2-7 주상복합시설 외장

알루미늄 창호는 바람이 많고 공기 중에 염소이온의 함유 가능성이 높은 해안지역의 지리적 여건을 감안하여 시공 당시 사용가능한 재료 중 가장 내구성이 높은 3중 코팅 불소수지 도장을 적용하였다. 또한, 경량이며 성형성과 내구성이 좋은 컬러 유리섬유보강콘크리트를 복합적으로 적용하여 다양한 외관을 연출하고, 저층부에는 천연석재를 사용하여 안정감 있는 외관을 구현하였다. 사용자의 단열성능, 방수 및 기밀성능 등 거주성 증대를 위해 두 차례에 걸친 모크업(mockup) 테스트를 통해 외벽의 성능을 확인한 후에 외벽 시스템을 결정하였다.

외벽공사는 전문공사업체 선정에서부터 사용되는 모든 재료와 도면의 제작, 그리고 공장제작에 이르기까지 외국의 파사드 엔지니어의 관리를 거쳐 시행되었으며, 공사방법 또한 현장의 여건을 감안하여 최신의 공법으로 시공되었다. 시공 중 품질관리도 국내 감리사뿐 아니라 해외설계사 KPF와 컨설턴트의 정기적인 품질점검을 통해 최상의 외벽 시스템 품질을 확보하기 위해 노력했다.

2) 냉난방 및 공조설비 시스템

냉난방 및 공조설비 시스템 계획은 주거시설, 업무시설, 운동 및 판매시설로 분류하여 수립하였다.

주거시설은 세대별 수냉식 에어컨을 설치함으로써 외부 루버를 별도로 설치하지 않아도 돼 미려한 외관 확보와 더불어 초고층에 따른 바람의 영향을 최소화하였다. 또한, 냉각수를 이용하여 냉방 신뢰성을 향상시키고 부하에 따른 풍량을 조절하도록 계획하였다. 난방은 바닥복사난방을 사용하고 각 존(zone)별 유량조절밸브 부착형 온수분배기를 설치하였으며, 디지털 실내온도조절기에 의한 냉난방 컨트롤이 가능하도록 하였다. 신선한 외기를 공급하기 위해 중앙식 환기조화기를 도입하고, 화장실과 주방은 중앙집중식 배기방식을 사용하였다.

업무시설에는 내부공간의 제약을 덜 받는 천정카세트형 팬코일 유닛과 천정매립형 팬코일 유닛의 적용을 고려하였고, 주거시설과 마찬가지로 중앙식 환기조화기를 도입하여 신선한 외기를 공급할 수 있도록 계획하였다.

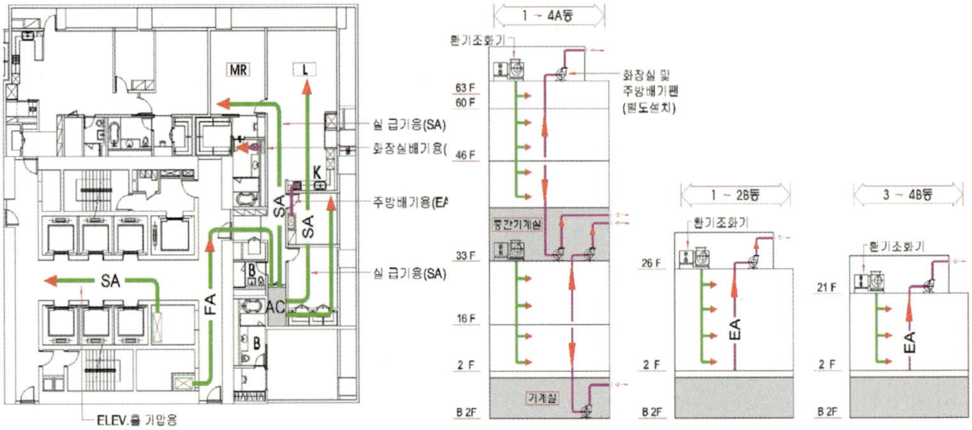

그림 2-8 주거시설 환기시스템

대형할인매장이나 운동시설의 경우에는 충분한 외기를 공급하여 쾌적성을 향상시키고, 중간기 동절기에는 외기냉방으로 에너지를 절감하는 계획을 수립하였다.

3) 아웃리거 & 벨트 트러스(Outrigger & Belt truss)

아웃리거 및 벨트 트러스는 초고층 건물에서 코어월(core wall)과 외주부를 연결시켜 건축물의 안정성을 높이는 역할을 수행하는 구조재이다. 아웃리거 및 벨트 트러스는 거대한 단면을 가진 부재로 시공되는 만큼 그 품질관리 또한 어려운 부분이다. 따라서 시공에 앞서 시공방법에 대한 면밀한 검토를 실시하여 정밀한 시공이 되도록 해야 한다. 본 프로젝트 역시 〈그림 2-9〉와 같이 고층동의 33층과 60층에 아웃리거 및 벨트 트러스 월이 설치되어야 하기에 상세 검토를 실시한 결과, 당초 설계안인 철골부재를 사용하는 스틸 아웃리거 & 벨트 트러스의 경우 시공과정에서 다음과 같은 몇 가지 문제가 예상되었다.

- 메인 스트럭처인 RC와 복합공정 계획으로 인한 시공 난해
- 중량부재의 운반으로 인한 거대 양중장비 사용
- 자재비 인상으로 인한 공사비 부담 증가
- 복합공정으로 인한 공사기간의 과다소요 예상

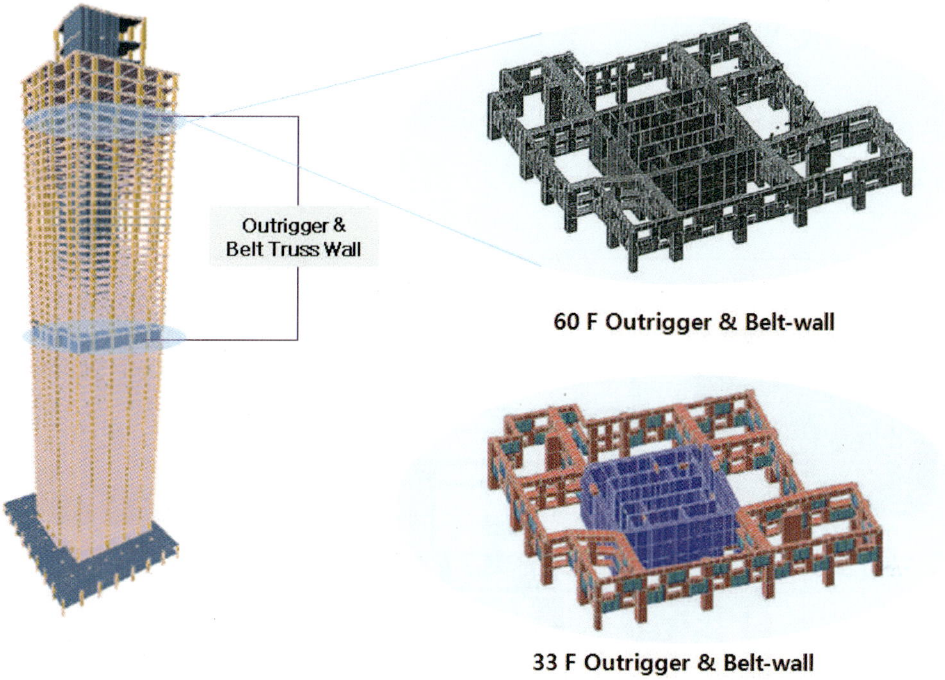

그림 2-9 초고층동 아웃리거 & 벨트 트러스 적용

따라서, 이러한 예상 문제점을 해결하기 위해 골조공사 착수 후 철근콘크리트조로 변경하는 대안을 검토하였고 해당공사 착수 전인 2006년 9월 타당성 검토를 거쳐 2006년 11월에 설계를 완료하였다.

기존의 철골부재 사용계획에서 철근콘크리트조로 변경됨에 따라 구조 부재의 매스가 커지고, 철골조 아웃리거 & 벨트 트러스에 맞춰 설계된 MEP 라인과 외장공사와의 간섭이 발생하게 되었고, 이를 해결하기 위한 주요 간섭발생 부위에 대한 처리방안을 다음과 같이 제시하였다.

- 욕실 및 주방의 배관, 덕트 라인이 철근콘크리트 아웃리거 & 벨트 트러스 월과 간섭이 발생 ⇒ 배관 및 덕트의 라인 조정
- 건물의 외부를 철근콘크리트 벨트 월로 감싸게 되어 외장공사를 위한 앵커링(anchoring) 및 설치를 위한 엑세스(access)용 공간 부족 ⇒ 체스판(chessboard) 형식

의 벨트 월로 설계를 진행하고, 커튼월의 높이에 맞춰 h=3,000 부위에 앵커 설치 및 이동을 위한 빔을 설치

변경된 설계를 진행하면서 관련공정인 MEP와의 간섭사항을 검토한 내용을 요약하면 〈그림 2-10〉과 같다.

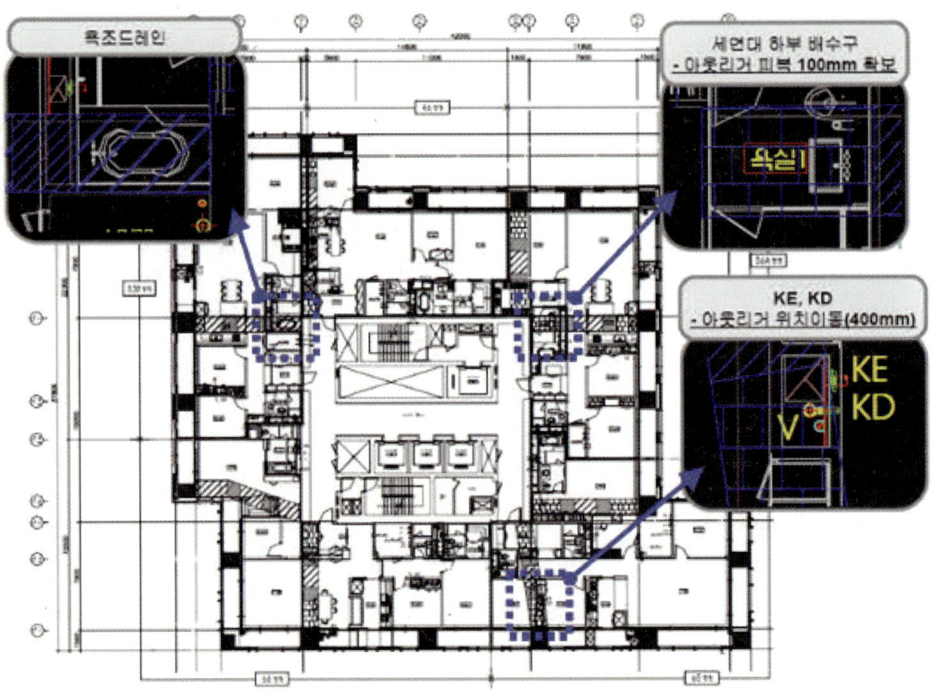

그림 2-10 변경설계와 MEP와의 간섭사항 검토

변경된 설계안을 바탕으로 철근콘크리트 아웃리거 & 벨트 트러스 월의 시공이 진행되었고, 이 과정에서 중점 관리사항은 철근 배근과 매스 콘크리트의 관리였다. 아웃리거 & 벨트 트러스는 철근비가 과다하기 때문에 HD32, HD35 등 HD29 이상의 굵은 철근이 주로 사용되었다. 따라서 철근의 접합부가 대부분 기계식이음(coupler)으로 계획되었으며, 이에 철근의 이음부 관리는 상당히 중요한 품질관리 포인트 중의 하나였다.

아웃리거층의 부재는 최대 1,200mm의 단면을 가진 거대한 부재이다. 사용되는 콘크리트는 80Mpa의 고강도 콘크리트이며, 아웃리거층의 공사시점이 동절기(2006년 12월~2007년 2월)이므로 매스 콘크리트로 관리되어야 하는 상황이었다. 이에 당 현장의 아웃리거층 골조공사는 2겹의 버블 시트(bubble sheet)와 보양막으로 보양을 실시하고, 3일간 가열양생을 시행하였다.

chapter

03 프로젝트 관리 방식

본 사업은 프로젝트 관리자(PM), 건설사업관리자(CM), 설계사(DG), 감리자(CS) 및 컨설턴트와 같은 많은 조직이 발주자와 각각 계약을 맺고 있었기 때문에 계약관계에 따라 조직의 권한과 책임, 업무프로세스가 복합적으로 얽혀 있어, 이해관계 상충에 따른 갈등상황이 발생할 여지가 높았다. 따라서 성공적인 프로젝트의 수행을 위해서는 이와 같은 역할과 업무에 대한 정의가 필수적이며, 초기단계에서 프로젝트 관리기준을 명확히 설정하고 이를 위한 적절한 관리 방식의 적용이 요구되었다.

이에 본 프로젝트에서는 책임할당매트릭스(Responsibility Assignment Matrix, 이하 RAM[4])와 표준업무절차(Standard Work Procedure, 이하 SWP)를 적용하여 여러 조직 간의 효과적인 의사소통을 지원하고 역할과 책임을 사전에 명확히 정의하였으며, 이에 따른 정보관리 체계를 구축하여 PMIS를 통해 관리하였다. RAM과 SWP를 통한 프로젝트 관리방식은 조직 간 업무충돌을 미연에 방지하고 효율적인 의사소통을 지원하는데 효과적이며, 이와 같은 관리방식이 잘 운영되어 정착된다면 향후 프로젝트에 효과적으로 활용될 수 있을 것으로 생각한다.

4) Responsibility Assignment Matrix(RAM)는 프로젝트 업무를 수행하기 위해 다양한 역할(role)을 분배하기 위한 도구로 사용되며, 복합적인 프로젝트에서 다양한 역할과 책임을 명확히 정의하는데 효과적임.

3.1 책임할당매트릭스(Responsibility Assignment Matrix)

RAM은 시공 전 단계와 시공 단계로 구분하여 설계, 사업비, 공정, 구매, 품질, 안전, 행정에 이르기까지 프로젝트 운영 전반에 걸쳐 규정하였다. 다음은 각 조직에 부여된 권한과 책임을 정의한 표이다.

표 3-1 시공 이전 단계 RAM 예시

	ITEMS	PM	CM	CS	DG	CC	MC	REMARKS
A	DESIGN							
	Design(CD / SD / DD)	P	R		A			
	Design Review	P	A		A			
	Workability Review	P	R		R			
	Value Engineering	P	A/R		A/R			
B	COST							
	Cost Plan	P	R			A		
	Cash Flow Forecast	P	R			A		
	Cost Estimate at Each Design Phase	P	A/R		R	A/R		
	Cost(Budget) Control	P	A/R		R	A/R		
	Cost Estimate for Specific Alt Design	P	A/R		R	A/R		
C	SCHEDULE							
	Develop Master Schedule	P	A		R			
	Master Schedule Update	P	A		R			
	Progress Report	R	A		R			

P: Approval, R : Review, A : Action, S : Assist

표 3-2 시공 단계 RAM 예시

	ITEMS	PM	CM	CS	DG	CC	MC	REMARKS
A	DESIGN							
	Issue of Construction Drawings	P	R	R	A/P	R		
	Issue of Specification	P	R	R	A/P	R		
	Design Change Request by Contractor	P	R	R	R/P		A	
	Design Change	P	R	R/P	A/R	R	(R)	
	Shop Drawings			R/P	R/P		A	
	Materials Approval	(P)	R	R/P	R/P		A	
	Value Engineering	(P)	R	R	R	R	A	
	As-Built Drawings	(P)		R/P	R		A	
B	COST							
	Cost Control and Update Cost Plan	R/P	A/R			A/R		
	Change Order Directive	P	A		R	R		
	Change Order	P	A		R	R	R/P	
	Interim Payment Certificate					R/P	A	
	Claim Resolution	P	R			R	A	
	Final Account Settlement	P	R			R	A	

P: Approval, R : Review, A : Action, S : Assist

3.2 표준업무절차(Standard Work Procedure)

SWP는 발주자, 설계사, 시공사 및 관련 컨설턴트 간의 업무 절차와 각 작업별 처리 기간을 사전 협의한 후 공식화하여 업무의 처리 속도를 높이고 책임을 명확히 하는데 목적이 있다. 본 사업에서 SWP는 관련 당사자 간의 협의를 통하여 총 4회에 걸쳐 개정되었으며, 관련된 모든 업무는 PMIS를 통하여 이루어졌다.

〈그림 3-1〉은 설계변경요청 업무에 대한 SWP 예시이다. 설계변경요청의 수신대상은 CM단으로, 설계사의 업무진행사항을 모니터링하고 발주자의 의사를 적극 반영할 수 있도록 하였으며, CM단의 의견이 첨부된 최종 검토사항을 PM에게 전달하면 PM이 최종 승인하는 절차를 거치게 된다.

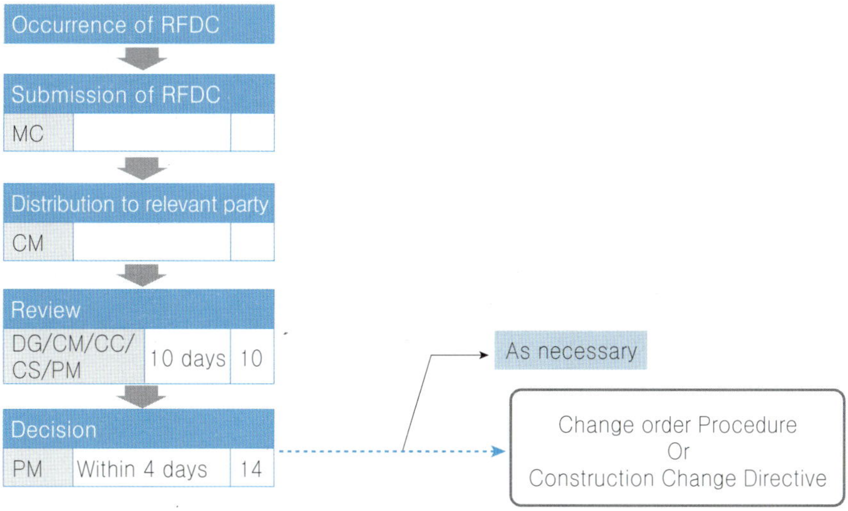

그림 3-1 설계변경요청 업무 절차

3.3 문서관리(Document Control)

RAM과 SWP 구축을 통해 프로젝트에서 발생하는 모든 문서의 종류와 업무흐름이 결정되었고, 이를 토대로 프로젝트 문서를 배포 관리할 수 있는 틀이 갖추어졌다. 이를 바탕으로 체계적인 문서관리를 위해 권한과 책임, 업무 흐름에 따라 문서의 종류별로 각 조직의 수신자, 참조자를 결정하여 매트릭스를 작성하였으며, 이 과정에서 문서의 작성, 배포, 검토, 승인의 프로세스는 PMIS를 통해 이루어졌다. 또한, 문서관리 매트릭스상에 변경사항이 발생하게 되면 CM단은 이를 즉각적으로 반영하며, 정해진 절차와 일정에 따라 업무가 진행되고 있는지를 수시로 모니터링 하고, 발주자와의 주기적인 미팅을 통해 모니터링 결과를 보고한 후 문제점을 수정함으로써 문서관리업무를 수행하였다.

문서관리의 주요업무는 크게 프로젝트 문서 분류(Project Document Distribution), 제출문서 등록 & 일지(Submittal Register & Packaging Log), 제출문서 아이템(Submittal Item) 관리로 분류되는데, 가장 먼저 프로젝트를 통해 발생하는 모든 문서를 유형별로 분류하여 매트릭스로 만드는 프로젝트 문서 분류 작업이 수행되었다. 그런 이후, 제출문서 등록

& 일지를 통해 시공사가 발주처, CM사, 설계사, 감리사 측에 제출해야 할 각종 제출물을 결정하고 그 제출일정을 확정하게 되는데, 이는 시방서 및 설계도서에 명시된 제출 및 승인 항목을 모두 정리하고 일정관리를 할 수 있는 중요한 툴로 활용되었다. 이 과정에서 제출물의 일정 준수 여부, 제출물에 대한 검토와 승인 현황, 지연 제출물의 공정 영향 여부 등의 확인이 이루어지면 CM사는 RAM에서 정의된 역할에 따라 감리, CA업무를 맡은 설계자에게 검토 및 의견을 제출하도록 한다. 마지막으로, 승인된 제출문서 등록에 의한 관리를 위하여 격주 공정회의 시 미제출 항목에 대한 현황 및 제출된 아이템에 대하여 발주처에 진행상황을 보고하였으며 추후 진행을 위한 협의를 수행하였다.

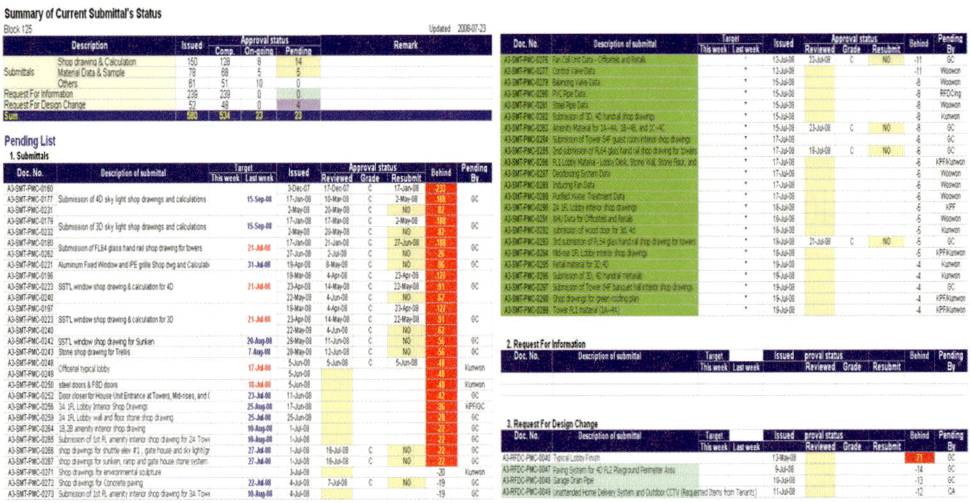

그림 3-2 제출문서 아이템(Submittal Item) 관리 사례

3.4 PMIS(Project Management Information System)

본 프로젝트의 발주자인 NSIC는 송도 국제업무지구의 종합적 개발을 담당하기 때문에 단일 건축물에 대한 프로젝트가 아닌 다수의 사업이 동시에 진행되는 복합 프로젝트를 종합적 관점에서 관리해야 하는 특성을 지니고 있다. 각각의 프로젝트 역시 사업의 특성상 다국적 업체에서 설계 및 CM, 시공이 수행되는 경우가 대부분이기 때문에 상호간에 동일한 관리 방식에 의한 의사소통이 이루어져야 한다. 따라서 PMIS 구축을 통한 체계적 사업관리가 필요하였으며 그 기능 역시 영문과 국문이 동시에 지원되는 시스템이 필요하였다. 이에 일반적으로 국내에서 많이 사용되고 있는 단일 프로젝트 중심의 시공사와 감리자를 위한 정보 보관 및 관리시스템이 아닌, 프로젝트 매니지먼트 관점에서 당해 사업의 성공을 위해 필수적으로 관리해야 하는 기능을 중심으로 PMIS를 구축하였다.

본 프로젝트의 PMIS는 9개의 메인 모듈에 각각 서브 디렉토리(sub-directory)를 구성하고 있으며, 추가적으로 6개의 부가기능을 포함한다. PMIS 도입에 따른 사업관리 주요 업무효율 개선사항은 자료공유, 업무프로세스의 체계화, 그리고 크로스체크(cross check)를 통한 오류 최소화이다. 자료의 공유는 설계도서 및 사업참여자들의 정기 보고서, 회의록 등 프로젝트 추진에 따른 각종 자료를 PMIS를 통하여 공유 · 전파되도록 하여 각 자료에 대한 접근 권한이 주어진 인원에 대해서는 모든 자료에 대한 검색이 가능하도록 하였다. 업무 프로세스의 체계화는 RAM와 SWP을 근간으로 하여 PMIS를 구성하였으며, RFI, RFDC, Submittal 등 관련된 모든 문서는 PMIS를 통하여 요청, 보고, 승인되는 것으로 하여 사업관리자가 의도한 업무 프로세스대로 관련업무가 진행될 수 있는 체계를 구축하였다. 마지막으로 크로스체크를 통한 오류 최소화는 시공사로부터 공식 문서가 등록되면 해당 공종을 포함한 관련된 사업참여자가 함께 검토해야 하는 체계를 PMIS를 통해 구성하여, 개개인 간의 유선통화 또는 업무협의 등을 통해 진행될 경우 발생 가능한 오류를 최소화하는 체계를 구축하도록 하였다.

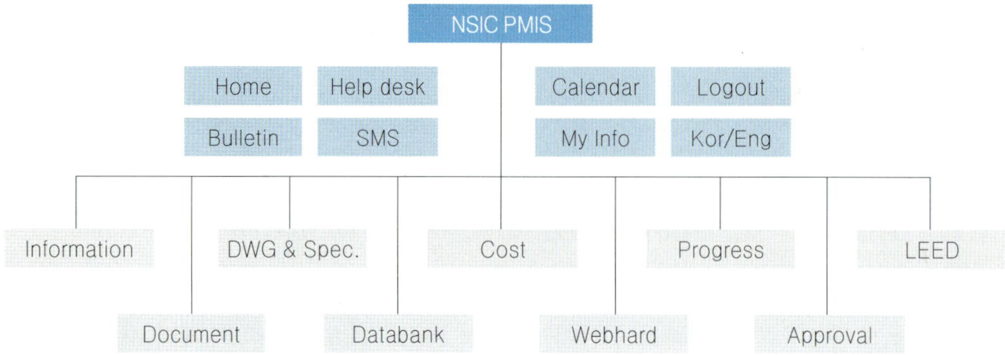

그림 3-3 NSIC PMIS 시스템 구성도

3.5 정기회의 및 보고

본 프로젝트는 일반 건설프로젝트에 비해 다국적의 사업주체가 각 사업단계 및 분야별로 참여하는 복합 프로젝트이기 때문에 조속한 의사결정과 이슈가 되고 있는 현안에 대한 공유를 위하여 정기적인 회의체계 및 보고체계를 수립하여 운영하였다. 정기회의는 프로젝트 주체가 모두 참여하는 격주 협의 회의와 LEED 인증체계 도입과 관련한 협의 진행을 위한 LEED 회의가 주기적으로 실시되었으며, 프로세스 진행상황에 대한 모니터링 내용을 발주처에 정기적으로 보고하는 공정회의가 실시되었다.

1) 정기 회의

격주로 진행되던 협의 회의는 초기에 월간회의로 실시되던 차수를 포함하여 총 57회가 실시되었다. 회의의 아젠다(agenda)는 지난 회의에서 이슈가 되었던 항목에 대한 진행현황 확인과 신규 이슈사항, 정기적인 현황보고로 나누어진다. 지난 회의에서 이슈가 되었던 항목은 PMIS상에 기록된 회의록이 근간이 되며, 지난 회의 대비 완료된 사항과 단순 보고로 끝나는 항목 외의 사항에 대하여 재협의의 과정을 거치게 된다. 또한, 신규 이슈 아이템은 각 항목별로 1차 실무회의를 거친 후 최종 확정을 위한 첨부자료로 설명이 이루어지게 된다.

회의시 협의된 안건을 공식 문서화하기 위하여 각 항목에 대하여 어떤 업무를, 누가, 언제까지 완료할 예정인지 정확하게 기록한다. 작성된 회의록의 초안은 PMIS를 통하여 참석자 및 관련자에게 배포되며 협의된 기간(7일) 내에 승인, 조건부 승인 및 반려를 할 수 있다. 조건부 승인 시에는 코멘트를 남기게 되는데, 회의록 작성자는 이 코멘트가 적정하다고 판단할 경우 회의록을 수정하며, 수정된 회의록이 공식적인 문서의 역할을 하게 된다. 작성된 회의록은 다음 회의에서 아젠다로 사용이 되며, 진행현황을 지속적으로 업데이트하여 관리되도록 하였다.

2) 정기 보고

격주로 진행되는 정기 보고서는 공정현황을 중심으로 작성이 되며, 제출현황 및 주요 이슈사항에 대해서도 간략하게 보고되도록 규정하였다. 정기보고서는 CM단의 공정관리 담당자가 문서분류 매트릭스를 기준으로 작성하여 배포하게 되며, 공정현황은 마스터 스케줄을 기준으로 공정진행 형황 및 상황에 따라 catch up 스케줄이 함께 고려되어 보고되도록 관련 체계를 구성하였다. 그 밖에 PMIS를 통해 보고된 자료는 Progress, Biweekly progress 모듈에 자동으로 저장되어 지난 공정현황도 함께 검색이 가능하도록 하였다.

chapter

04 프로젝트 주요 수행사례 및 실적

4.1 설계관리 업무실적

1) 설계도서 검토

설계상 오류로 인한 설계변경은 대부분 공사비 증가를 수반하며 그로 인해 계약 상대자 간의 분쟁을 유발하기도 한다. 만약 이러한 분쟁의 요소가 설계 초기단계부터 검토되고 관리된다면 시공단계에서의 많은 설계변경을 사전에 방지할 수 있을 것이다.

본 프로젝트에서 CM단은 철저한 설계검토를 통하여 설계안에 대해 신속하고 정확한 의사결정 지원의 이점과 더불어 설계도서의 전반적인 완성도를 향상시켰으며, 사업일정의 준수는 물론 시공성 확보, 공사원가 절감, 품질 향상 등의 효과를 얻을 수 있었다.

설계 검토는 건축, 구조, 기계, 전기 등의 전 분야에서 기본설계 진행 50%, 100%, 실시설계 진행 100% 단계에 걸쳐 수행하였으며, 각 단계별 설계검토 내용을 요약하면 〈표 4-1〉과 같다.

표 4-1 설계 검토 진행 내용

단 계		설계검토 내용
기본설계 50%	건축	• 지하층 : 차량동선검토 • Tower 동 : 엘리베이터 사양, 발코니 면적, 외벽유리사양 검토 • Mid Rise 동 : 직통계단, 채광창, 비상용 엘리베이터 검토 • Low Rise 동 : 피난계단, 계단실, Expansion Joint 검토
	구조	• 아웃리거 층 : 구조시스템, Fin wall, Link beam검토
	기계	• 급기덕트, 화장실 및 주방배기검토
	전기	• 변압기 및 차단기검토
기본설계 100%	건축	• 지하층 : 차량출입 램프 • 연결 브릿지 계획변경 검토 • 각 동 방화구획검토
	구조	• Pile 및 Pile cap 검토, 주요부재검토
	기계	• 각종 배관 및 공조설비검토
	전기	• 지하주차장 전열 수구형식 및 항공장애등 검토
실시설계 100%	건축	• 공사용 설계도면으로의 적합성 검토 • 교통영향평가사항 반영여부 검토
	구조	• 아웃리거 철골기둥 단면검토
	기계	• 공조조닝 및 단위세대 계통도 검토
	전기	• 주차관제시스템 및 동력부하 검토

또한 설계진도율 산정 역시 설계검토단계를 통해 설계도면 수량의 정량적인 성과검토뿐만 아니라, 프로세스 진행단계별로 완성도 판단 기준에 따라 진도율을 산정하는 것이 바람직하다. 이에 본 프로젝트에서는 〈표 4-2〉와 같은 기준을 바탕으로 단계별 설계 검토를 실시

표 4-2 설계 검토 단계별 완성도 판단기준

설계단계	단계별 완성도 판단기준
기본도면 확정단계	– 기본설계 심의시 지적된 내용에 대한 검토 – 건축기본도면(배치계획, 평면, 입면, 주단면)의 확정 – 각 분야별 기본도면 확정
50% 단계	– 각 분야별 중간 진행단계의 검토 및 확인 – 기본설계와 대비하여 변경된 내용의 반영
75% 단계	– 수량산출 및 시방서 작성이 가능한 수준의 완성 – 각 분야별 연관 내용의 상호확인 완료
승인단계 100%	– 75%단계 검토 시 지적 사항에 대한 수정, 보완 완료 – 계약도면으로서의 최종승인 완료

하였다.

2) 설계변경관리

설계변경은 시공상의 다양한 내외부 여건변화 및 설계미비사항 등의 원인으로 인해 기 승인된 설계결과 문서 및 변경서류에 규정된 기술적인 요건의 개정 또는 변경이라 정의할 수 있다. 따라서 개정 또는 변경된 문서 및 서류에 대한 타당성, 적용 가능성 여부, 공기의 영향 및 공사비 등을 종합적으로 검토 · 관리하여 프로젝트의 원활한 진행을 돕는 것이 CM단의 업무였다.

(1) 설계변경관리 업무 프로세스

시공이 진행되는 동안에 발생하는 설계변경 사항에 대해 시공사 또는 설계사는 PMIS를 통하여 설계변경요청(Request For Design Change, 이하 RFDC)을 제안하도록 관련 체계를 구성 · 운영하였다. 설계변경(RFDC)이 요청되면 CM은 그 제안된 내용에 대한 타당성 여부를 해당 컨설턴트 또는 CA와 함께 종합적으로 검토하게 되며, PM이 합리적인 최종 의사결정을 내릴 수 있도록 기술적인 지원을 실시하였다. PM의 최종 의사결정에 의하여 승인된 설계변경은 공사비, 공사기간 등의 변경사항에 대한 설계변경을 통하여 계약에 반영되는 체계를 구축하였다.

(2) 설계변경 현황

사업 진행과정에서 총 110건의 설계변경이 제안되었으며, CM단에서는 공기 영향의 최소화를 위해 설계변경 제안내용의 적정성과 해당 컨설턴트의 신속한 검토 및 답변을 얻기 위해 노력하였다.

표 4-3 설계변경 제안 현황

공종별 제안비율		제안 주체별		승인 현황 (09.01.30)	
건 축	55%	PCM	2건	Approved	57건
기 계	25%	PMC	100건	On-going	10건
전 기	15%	CA	7건	Rejected	43건

3) 설계 협업(Design Coordination)

본 프로젝트와 같이 다양한 주체에 의해 수행되는 사업일수록 모두가 만족하는 설계를 도출한다는 것은 매우 어려운 작업이다. 따라서 참여주체 간의 협업은 프로젝트의 성공을 위해 매우 중요하며, 이러한 협업은 여러 상황 및 조건이 계속적으로 발생 · 변화하는 건설 프로젝트의 진행과정에서는 필연적으로 발생하게 된다. 이는 공사 진행단계에서 CM의 주요업무이기도 하다. 다음은 설계 협업에 필요한 항목을 요약한 것이다.

- 설계내용에 누락된 항목
- 설계내용 중 공사를 시행하기에 정보가 부족한 항목
- 설계도서 간 불일치 내용
- 설계착오 및 실수로 인해 시공이 불가한 항목
- 제품의 품절, 단종 등으로 설계내용에 따라 시행이 불가한 항목
- 불량시공으로 인한 재시공이 필요한 항목
- 시간부족으로 설계내용을 유지할 수 없는 항목
- 설계내용보다 좋은 설계안으로 변경이 필요한 항목

본 프로젝트는 외국설계사의 기본설계 및 해외 컨설턴트의 의견을 바탕으로 짧은 시간 안에 국내 설계사가 시공도서를 완성할 수 있도록 만들어야 하는 상황이었다. 따라서 공사의 진행을 위해서는 많은 부분의 설계 협력업무가 필요하였다. 설계의 완료시점에 본 프로젝트에 참여하게 된 CM사는 이러한 협력 업무를 공사기간 전체에 걸쳐 시행하였으며, 주기적인 회의를 통해 시공사, 각 설계사 및 컨설턴트와의 협의를 시행한 후 그 결과에 따라 발주자의 동의를 얻고 공사를 진행하였다. 본 내용에서 설명하는 사항은 유사 프로젝트에서 발생할 수 있는 사항으로 이는 향후 프로젝트 진행 시 많은 도움이 될 것으로 판단한다. 설계 협업은 앞서 기술한 대로 공사기간 전체에 걸쳐 정기 혹은 비정기적인 회의 및 워크숍을 통해서 이뤄졌다.

- 참석자 : CM, 설계사(KPF 등 해외설계사, 건원 등 국내설계사), 시공사(포스코 E&C), 각 컨설턴트(ALT, TTE등 해외 컨설턴트와 서미파사드 등 국내 컨설턴트), Q/S

• 업무수행 형식 : 정기/비정기 회의 및 워크샵
• 수행 빈도 : 4~5회/월
• 수행 방식 : 회의 및 워크샵 결과(회의록)를 PMIS에 등재하여 참석자 및 관련자의 동의를 구한 후 공지

건설 프로젝트의 성공적인 사업관리를 위해 협업은 여러 가지 이유에서 필요하다. 이에 따라 CM단에서는 협업업무가 필요한 사유를 유형별로 요약하여 사업참여자에게 공지함으로써 관련 사항에 대한 종합적인 관리를 수행하였다.

표 4-4 협업 발생유형

발생 유형	발생원인자	참여자
설계누락 항목	D	All
설계 정보부족 항목	D	O, CM, C, D, CO
도서간 불일치	D	O, CM, C, D, CO
시공불가(설계착오)	D	O, CM, C, D, CO
시공불가(자재변경)	D	All
불량시공	C	CM, C, D, CO, Q
시공준비 불량	C	CM, C, D, CO, Q
변경 필요 항목	D, C, CM, CO	CO, C, CO, D
기타	All	

O : Owner, CM : CM, C : Contractor
D : Designer(Architecture, Mechanical, Electrical, Civil, Landscape)
CO : Consultant(Each area), Q : Quantity Surveyor

4) 설계관련 문서 처리실적

(1) RFI(Request For Information)

설계도서만으로 설계에 대한 이해가 충분하지 않을 경우, 시공사는 설계의도를 묻기 위해 PMIS에 RFI를 제출하게 된다. RFI가 제출되면, CM은 질의내용에 따라 해당 컨설턴트를 지정하여 설계의도를 설명하도록 하거나, 설계도서의 오류, 불일치, 누락 등이 발생한 경우에는 설계도서 등을 보완할 수 있도록 모니터링을 실시하게 된다. 이 때, 컨설턴트의 응답이 적절하다고 판단되는 경우에는 CM이 RFI에 대한 공식적인 답변을 준다. CM의 최종 답변에

의해, 필요한 경우 설계변경을 제안하거나 시공변경지시(construction change directive)를 통해 시공사가 해당 공사를 진행할 수 있다.

본 사업에서는 총 304개의 RFI가 시공사에 의해 제출되었으며, 프로젝트 초기에는 PMIS가 활성화 되지 않은 이유로 인해 PMIS를 통한 공식 답변 비율은 매우 저조한 편이었다. 이는 설계사나 시공사 모두 PMIS에 대한 이해가 깊지 않고 영어사용, 생소함 등으로 인해 사용상 부담을 가졌기 때문인 것으로 보인다. 그러나 발주처와 CM이 PMIS의 사용을 강력히 추진한 이후로는 답변 비율이 100%에 이를 만큼 PMIS 사용이 정착되었고, 더불어 RFI의 효율성도 높아졌다.

(2) RFDC(Request For Design Change)

설계변경 사유가 발생할 경우 설계사 또는 시공사는 PMIS를 통해 RFDC를 제안할 수 있다. RFDC가 제안되면, CM은 제안내용에 따라 해당 컨설턴트를 지정하여 타당성, 적용여부, 공기 영향, 공사비 영향 등을 종합적으로 검토하도록 모니터링하며 최종적으로는 PM이 의사결정을 할 수 있도록 기술적 지원을 하였다. PM의 최종 의사결정에 의해 수락된 설계변경은 공사비, 공사기간 등의 변경사항을 CM의 설계변경절차에 따라 계약에 반영하는 과정을 거치게 된다.

4.2 공정관리 업무실적

1) 공정관리 개요

주상복합 현장의 공정관리는 시공사가 제출한 마스터 스케줄에 의해 계획이 수립되며, 격주로 일정을 업데이트하여 진척관리를 실시하였다. 본 프로젝트의 경우 계약에 따라 마스터 스케줄 기준 계획 대비 실적(plan/actual)의 성과가 90%를 넘을 경우 계획상의 일정 만큼 기성이 지급되나, 90%를 넘지 않을 경우 실적만큼의 기성을 지급하는 것으로 설정되어 있었다. 따라서 마스터 스케줄에 의한 계획 공정률을 산정할 경우, 각 단위업무(activity)별로 내역 항목을 세분화(breakdown)하여 각 동별, 공종별 상세 계획을 수립하고, CM은 이를 확인하여 최종확정하는 절차를 거쳤다.

2) 마스터 스케줄

마스터 스케줄은 계약 스케줄 이후 총 3번의 수정과정을 거쳤으며, 승인 절차는 PMIS를 통하여 이루어졌다. 마스터 스케줄이 수정될 경우 일정의 변동에 따른 계획공정(payment schedule)도 함께 변경하여 승인 이후 기성지급의 기준이 될 수 있도록 하였다. 또한, 정기적으로 진행되는 실적 산정 시 계획일정은 가장 최근 변경된 마스터 스케줄의 지급일정(payment plan)을 기준으로 하였다.

3) 일정 검토(Progress Check)

승인된 마스터 스케줄을 기준으로 하여 공정 진행 현황의 업데이트는 격주로 진행되었으며, 공사실적은 각 공종별로 CM단에 의해 요청된 양식 기준을 작성한 이후에 공정관리 전문 프로그램(primavera)을 이용하여 각 액티비티별 일정 및 금액에 대한 업데이트를 실시하고, 이를 CM단에 송부하게 된다. CM단에서는 업데이트된 데이터를 바탕으로 계획대비 실적 및 공정 현황을 분석하여 최종적으로 발주자에 보고하였다.

4) 보고 및 피드백(Reporting & Feedback)

정기 스케줄 업데이트를 통하여 작성된 공정 현황에 대해서는 격주 회의 시 발주자에게 보고하였으며, 부진 원인에 대해서는 회의시간에 시공사의 지연 사유 및 만회방안에 대한 의견을 듣고 미진한 사항에 대해서는 추가적인 자료를 수령하였다. 또한 격주 회의 시 보고된 공정 현황 및 협의된 결과에 대하여 보고서로 발주자 및 관련 인원에게 보고하였다.

표 4-5 스케줄 업데이트 시 주요 검토항목

Critical Path Review

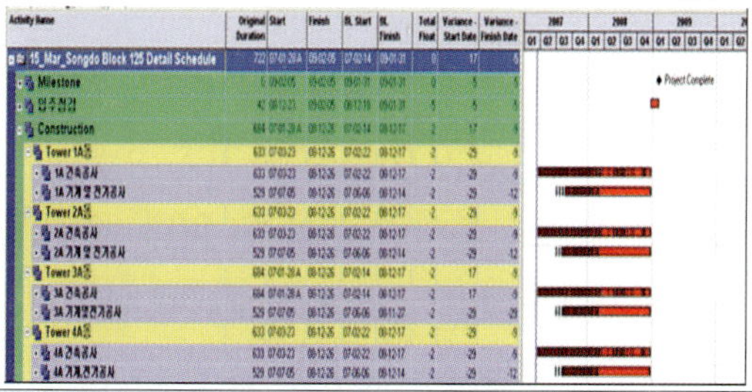

Progress Trend

		25.Apr.	09.May	23.May	06.June	20.June	03.Jul	18.Jul	01.Aug
Progress	Plan	74.0%	75.2%	76.4%	77.7%	78.7%	80.2%	81.6%	83.0%
	Actual	74.1%	75.1%	76.2%	77.6%	78.6%	80.0%	81.6%	82.9%
	Performance	100.1%	99.8%	99.8%	99.9%	99.8%	99.8%	100.0%	99.8%
	Balance	0.0%	-0.1%	-0.1%	-0.1%	-0.1%	-0.2%	0.0%	-0.2%
Behind date		0 days	1 days	2 days	3 days	1 days	1 days	2 days	3 days

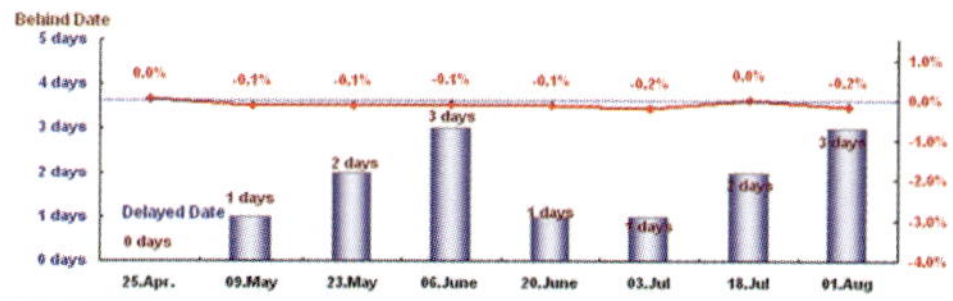

Detailed Progress Review

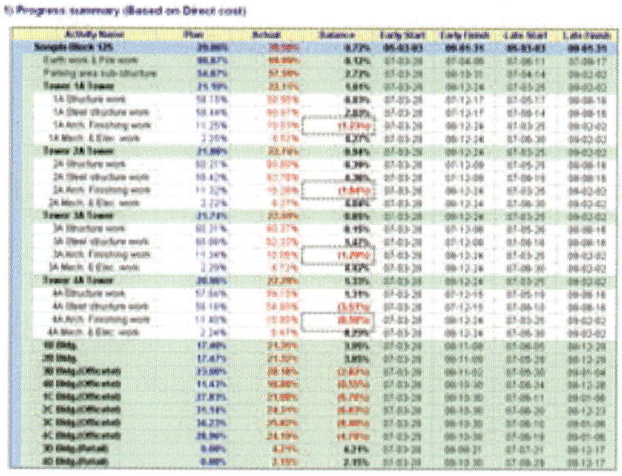

Logic Network Review(behind item)

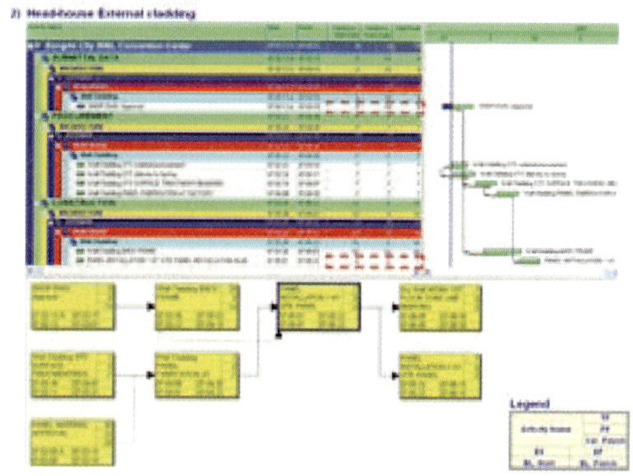

Work Crew Schedule Review

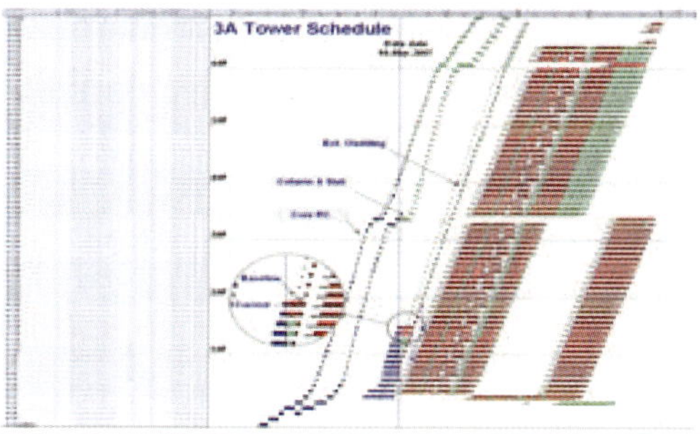

Behind Item Risk Review

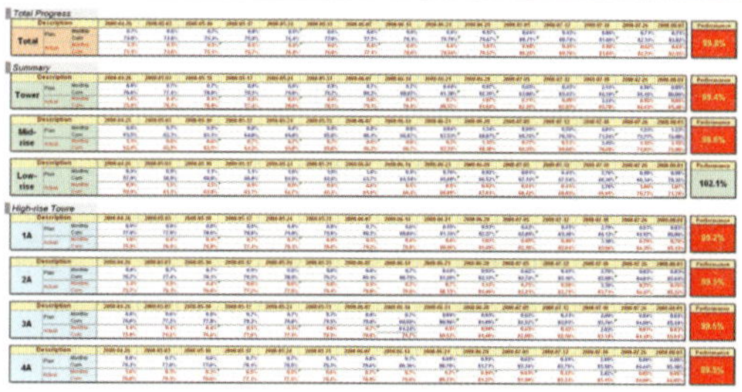

4.3 원가관리 업무실적

1) 개요 및 업무수행 현황

CM단이 발주자를 위해 수행하는 업무 중에서 사업비와 관련한 업무는 매우 중요한 업무이며 가장 밀접하게 협의되고 공감대를 형성하여야 하는 부분이라고 볼 수 있다. 따라서, 설계 단계에서는 설계내용이 프로젝트 예산에 어떤 영향을 미치는지를 지속적으로 관리하여야 하며, 공사 단계에서는 전반적인 공사비관리를 위해서 설계변경관리 등 설계내용의 관리뿐 아니라 품질관리 부분과 일정관리 부분에 이르기까지 프로젝트의 진행 중에 생길 수 있는 모든 상황의 철저한 검토를 실시하여야 한다.

본 프로젝트의 참여조직 및 전체 사업구도상 원가관리 업무를 시행하는 QS 조직이 CM과는 별도로 운영되었다. 그러나 이와 같은 원가관리 업무가 CM의 업무와 별도로 진행될 수 없었으므로, 본 프로젝트에서 CM단은 계약과 관련 없이 발주자의 승인을 받아 QS 업무에 대한 전반적인 관리를 수행하였다.

(1) 설계 단계 원가관리

앞서 언급한 바와 같이 설계 단계에는 설계의 내용이 프로젝트 예산에 미치는 영향을 계속적으로 확인하여 피드백이 될 수 있도록 지원하여야 한다. 본 사업의 경우 대부분의 설계진행이 공사착수 전에 완료되지 않고 공사착수 후에 완료되었기 때문에 설계와 시공이 동시에 진행되는 상황에서 프로젝트 예산에 대한 적정성 확인의 부족으로 인해 예산을 초과하는 사례가 많이 발생하였다. 이에, CM단은 다음과 같은 원가관리 업무를 수행하였다.

- 공사계약을 위한 공사비 검토 및 지급 스케줄 검토
- 설계 진행을 위한 공사비 검토
- 단계별 설계완료 후 공사비의 검토 및 협상

(2) 시공 단계 원가관리

현장 상황에 따른 시공 단계에서의 설계변경은 불가피하다. 이때 변경사항 적용을 위한 판단은 공사비의 적정성을 기반으로 이루어진다. 또한, 공사비 집행을 위한 공사 진척도 및 진행상황을 확인하여 중도금(interim payment)의 적정성 여부를 수행하는 등 공사 단계에서의 원가 관리 매니저의 역할은 중요하다.

본 프로젝트에서 CM단이 프로젝트 예산관리를 위해 수행한 주요 업무는 다음과 같다.

- 설계변경으로 인한 공사비 변경 관리
- 추가설계 진행으로 인한 사업비관리
- 중도금관리
- 공사 중 클레임 관리를 통한 프로젝트 사업비관리
- QS 조직관리 및 기타 사업비관리 지원

(3) 공사완료 단계 원가관리

공사완료 단계에서는 시공 단계에서 발생한 설계변경 및 시공관련 변경으로 인한 공사비의 증감과 공사시행 중 발생한 클레임(claim) 관련 공사비 증감에 대한 사항을 정리하여 프로젝트의 종료를 위한 총 비용의 정산 업무가 시행되었다. 공사완료 단계에서 이루어진 원가관리 주요 업무는 다음과 같다.

- 클레임 관리를 통한 공사비 증감의 산정 및 협의 · 결정
- 공사 중 발생한 설계변경 사항에 대한 협의 · 결정
- 전체 공사비의 정산관리

2) 수행 실적

프로젝트의 진행 중 시행한 원가관리 주요업무 실적은 지급 스케줄 검토와 중도금관리로 볼 수 있다. CM단은 공사계약단계에서 지급 스케줄을 작성하여, 시공 단계에서의 공사진척도를 확인한 이후 중도금의 적정성 여부를 검토하였다. 또한, 공사 중에 발생되는 다양

한 유형의 분쟁 사항에 대해 발생원인 및 관련조직 등을 검토하여 공사비 정산 시 감안할 수 있도록 정리하였다.

설계변경 혹은 시공변경 지시 및 공사조건 변경에 의해 계약내용의 변경이 발생할 경우 당사는 QS 조직의 관리, 설계변경의 주요 이슈 및 관리 업무를 실시하였다. 본 프로젝트에서 시행한 설계변경 관련 업무의 절차는 다음과 같다.

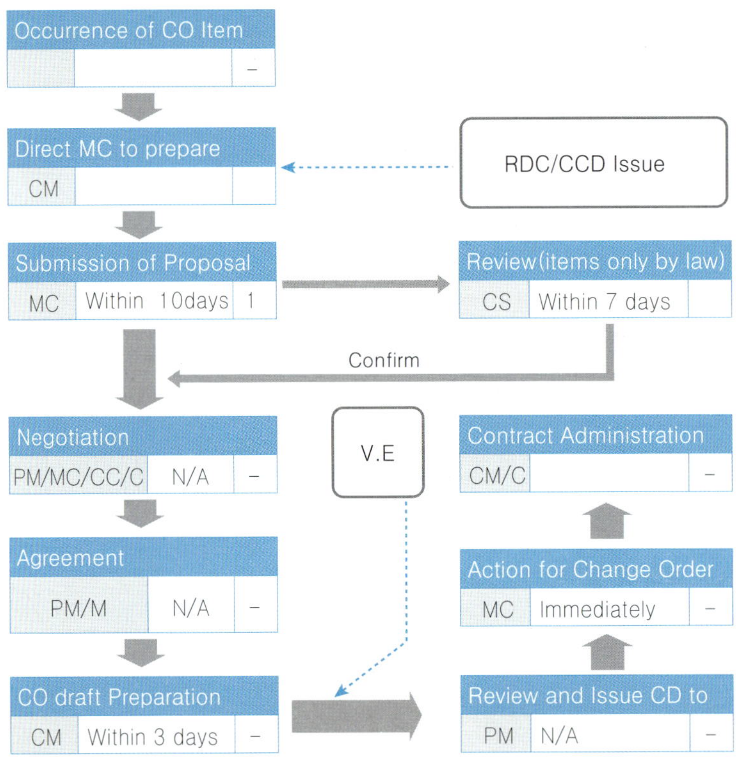

그림 4-1 설계변경 업무 절차

4.4 품질관리 업무실적

CM 및 CA팀에서는 현장의 품질관리 관련 업무 수행을 위하여 정기적으로 품질 검사(quality inspection)를 실시하고, 부적합보고서(NCR)를 발행하여 이에 따른 수정 계획안의 타당성을 검토하였다.

CM 및 CA팀에서는 2008년 1월부터 매월 현장 검측(site inspection)을 실시하였으며 건축, 기계, 전기 각 분야별로 시공사 인원과 함께 점검을 실시하였다. 또한, 프로젝트 종료를 앞둔 2009년 1월 5일부터 1월 9일까지 5일간은 최종 점검을 실시하고 이 내용을 결함보고서(deficiency notice)로 발송하여 시공사에서 후속조치를 취하도록 모니터링 하였다.

품질관리의 업무 수행 흐름은 다음과 같다.

- 매월 현장 검측 실시 이전에 PMIS에 실시 계획을 사전에 통지한 후 점검 실시
- 점검한 결과는 PMIS의 부적합보고서를 통해 작성되며, 각 분야별 담당자의 리뷰를 기준으로 시공사의 수정된 계획 제출됨
- 수정 계획(remedial plan)을 CM단에서 승인한 이후 시공사에서는 수정작업을 거친 후 최종 수정 보고서(remedial report)를 제출
- 수정 보고서가 승인되기 이전까지 부적합보고서가 발행된 작업에 대해서는 기성을 보류하고, 최종 수정 보고서가 승인되면 해당 작업에 대한 기성이 지급됨

chapter

05 맺음말

5.1 시사점

CM단은 송도 The # 1st World 프로젝트에 참여하여 조직 간 코디네이션을 비롯한 발주자의 프로젝트 진행을 위한 체계적인 사업관리업무를 수행하였다. 그러나 본 프로젝트가 갖고 있는 특수성과 예기치 못한 상황발생 등으로 인한 부족한 대처로 인해 일부 아쉬운 점이 남기도 하였다. 예를 들면 당초 지구단위계획의 결정내용에 따라 인근 지역과의 연결통로를 설치하는 과정에서 사업승인변경이 발생한 사안의 경우, 민원발생에 대한 염려 등과 같은 민감한 문제로 인해 신속한 의사결정이 이루어지지 못해 결국 공사 착수의 지연을 초래한 사례였다. 비록 민원발생이 예상되는 사안이라 할지라도 프로젝트의 인허가 조건에 해당되는 항목은 그 시행방안의 조속한 결정을 위해 관련검토를 철저히 시행하고 허가관청과의 긴밀한 협조가 필요하다.

또한, 대관업무 수행과정에서 사업승인 조건 등의 검토를 통한 대관업무일정의 관리부족, 민원사항의 과다, 허가관청과의 유기적인 협조관계부족 등으로 인해 여러 문제를 나타내기도 하였다. 사업승인 조건 등의 인허가 조건과 민원 관련 사항에 대해서는 철저한 검토와 분석이 이루어져야 하며, 허가관청과의 유기적인 관계를 유지하는 것이 업무를 용이하게 하고, 궁극적으로는 효과적인 프로젝트 관리 요인이 된다는 것을 배울 수 있었다.

5.2 결

송도 The # 1st World 프로젝트는 국내외 다수의 업체가 참여한 대규모 복합프로젝트였다. 따라서 프로젝트의 시작부터 종료시점에 이르기까지 여러 주체 간의 지속적인 협업을 위한 코디네이션 업무뿐만 아니라, 예기치 않은 상황에 대한 신속하고 철저한 대응 및 관리 업무가 필수적이었다.

프로젝트의 수행과정을 돌이켜보면, 초기 설계 단계의 기간 부족 및 협업 부족 등으로 인한 설계품질 저하가 프로젝트 전반에 많은 문제를 발생시키기도 하였다. 그러나 이후에 프로젝트 관리 기준을 설정하고 이에 따라 체계적으로 운영해 나가면서, 발생되는 설계상의 문제를 각 조직 간 원활한 조정업무를 통해 해결함으로써 결과적으로 프로젝트를 성공으로 이끈 베스트 프랙티스 사례가 아닌가 생각한다.

본 프로젝트의 업무수행과정에서 얻어진 각종 기준 및 관리 방식은 향후 CM사가 수행할 프로젝트에 적용하여 보다 일반적인 관리방식으로 정착될 수 있을 것이라 생각하며, 프로젝트 수행과정에서 발생한 실패사례 또한 향후 유사한 프로젝트의 수행을 위한 좋은 본보기가 될 것이라 생각한다.

Part 10

오만 조선소 프로젝트

C·O·N·T·E·N·T·S

chapter

01 머리말

오만 조선소 프로젝트는 오만 중부지역의 두큼(Duqm)에 개발 중인 '오만 두큼단지 개발' 프로젝트의 일부로, 대우조선해양(Daewoo Shipbuilding & Marine Engineering)과 오만 정부(Ministry of Transport and Communications Sultanate of OMAN, 이하 MOTC)가 프로젝트 컴퍼니(ODC, Oman Dry Dock Company)를 세워 추진 중에 있다. 두큼은 오만의 수도 무스카트(Muscat)에서 550km 떨어진 사막으로 오지이지만, 오만의 제 2의 도시인 최남단 살랄라(Salalah)와 무스카트 사이에 위치하고 있어 국토균형발전계획 지역으로 선정돼 개발에 박차를 가하고 있는 곳이다.

오만 정부는 본 프로젝트를 시작으로 도시 개발, 관광 지역 개발, 공항 등의 프로젝트를 점차적으로 진행할 예정이며〈그림 1-1〉, 오만 조선소 프로젝트는 공공 개발사업의 선두 프로젝트로서 그 역할이 매우 크다고 할 수 있다.

본 프로젝트는 오만 정부의 발주로 시작된 조선소 건립프로젝트로, 대우조선해양은 수리조선소의 설계와 건설, 장비구매 등에 대해 컨설턴트(consultant) 업무를 수행하고 있다. 최근 외국 자본 유치에 사활을 걸고 있는 오만 정부는 본 사업이 완료된 후 10년간 조선소의 건설과 운영에 대한 권한을 대우조선해양에 장기 위탁하는 계약을 체결하였다. 대우조선해양은 그동안 선박이라는 하드웨어 중심의 수출에서 조선 운영기술이라는 지식 수출로 새로운 수익원을 창출하게 되었으며, 본 사업을 통해 새로운 분야로의 진출로를 확보하였다는 점

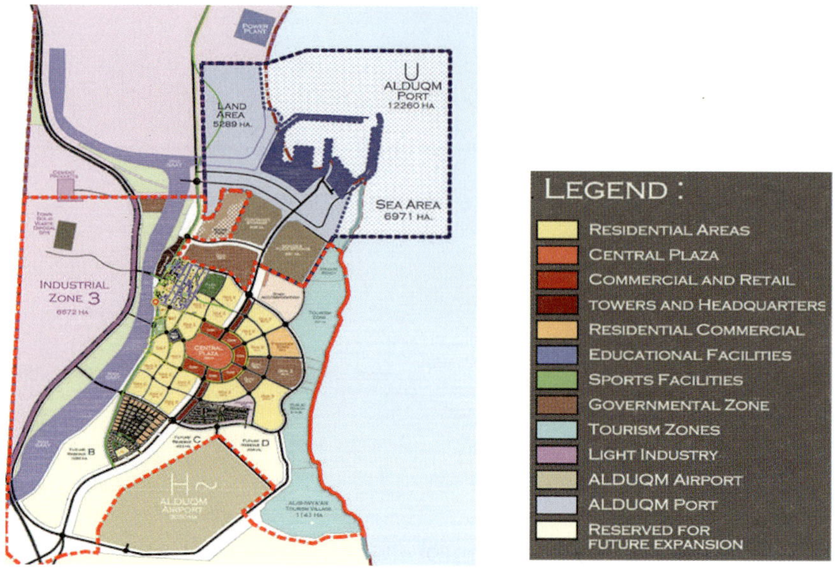

그림 1-1 오만 도시개발 프로젝트

에서 큰 의미를 찾을 수 있다.

CM사는 이러한 구도 하에서 오만 정부의 국책 사업이자 대규모 해외 공공프로젝트에 대우조선해양의 구성원으로 참여하여 시공 컨설턴트(construction consultant) 및 감리팀(construction supervision team)의 역할을 수행하고 있으며, 설계 단계부터 시공 단계 및 유지관리 단계에 이르는 사업전반에 대한 관리를 담당하고 있다. 한미글로벌은 필리핀, 말레이시아 등 많은 해외 조선소 건설에 참여했던 구성원과 항만 건설과 관련한 경험이 많은 전문가들을 투입하여 발주자로부터 초기 프로젝트 단계부터 신임을 얻을 수 있었다.

또한, CM으로서 수리 조선소 인프라 단계의 건설 컨설팅 업무를 원활하게 수행하여, 발주자로부터 수리조선소에 필요한 각종 설비, 플랜트 등 장비계약에 대한 감리 계약까지 관리 권한을 위임받게 되었다. 당시 장비 계약을 담당했던 해외컨설턴트사의 업무 추진력 부족으로 시공사와 오만 정부관계자들과의 업무 수행과정에서 어려움이 많은 상황이었다. 그러나, CM이 프로젝트에 참여한 이후 이러한 부분이 해소되었고, 조선소 준공에 맞추어 모든 장비들이 차질 없이 준비되었다. 업무 수행 중 발생한 모든 상황에 대한 신속한 보고와 계약의 정확한 이해, 해외경험을 바탕으로 한 철저한 업무 처리는 발주자의 만족을 얻기에 충분하였다. 오만 정부는 CM사와 맺은 공사 기간 동안의 컨설턴트 계약뿐만 아니라, 준공 후 보증 기간에 대한 컨설팅 업무 수행을 추가 계약하도록 요청하였고, 준공 후 1년간 업무를 수행하게 되었다.

chapter

02 지역적 특성 이해와 프로젝트 개요

2.1 중동지역 개발사업 특징

도시를 개발하기 위해서는 개발하고자 하는 도시의 개발 컨셉(concept)과 규모(scale), 도시의 주요 기능(function)을 확정한 후 그에 맞는 개발 방법을 결정해야 한다. 즉, 국가나 지방 자치단체가 개발을 주도할 것인지 혹은 민간에게 개발을 위탁하고 공공기관은 관리업무만을 할 것인지에 대한 결정이 있어야 한다.

전통적인 도시개발 방식은 국가가 개발을 기획하고 사회간접자본시설을 구축한 후 개인이 소유한 토지를 수용하고 개발 컨셉에 맞도록 부지를 조성하는 것이다. 우리나라의 경우는 국토해양부에서 20년 마다 국토종합계획을 작성하여 지침을 하위로 수렴시키고 있다. 그러나 중동지역 도시개발의 경우는 조금 다른 양상을 보인다. 이는 토지의 소유권이 개인에게 귀속되어 있는 자본주의 국가의 특성과 달리, 권력의 정점에 있는 국왕이 모든 국가의 토지를 소유하고 있는 왕권적 구조에서 파생된 것으로 볼 수 있다. 이것은 국왕이 개인적으로 소유하고 있는 회사 또는 대부분의 소유권과 경영권이 국왕에게 귀속된 민관합동 방식의 기업체를 전면에 내세워 도시 또는 국가를 개발하게 되는 변형적인 구조를 보여주는 계기가 되었으며, 현재 대부분의 중동지역 개발 사업이 강력한 왕권을 바탕으로 한 이와 같은 구조 하에서 진행되고 있다.[1)]

1) 한미글로벌(2009), "대우조선해양 오만 프로젝트 개발사업 컨설팅 보고서".

2.2 오만 지역의 특성

오만은 아라비아반도 동남단에 위치한 이슬람 국가로 사우디아라비아, 아랍에미레이트(UAE), 예멘과의 접경지역에 있고, 연중 고온 건조한 날씨로 남부 일부 지역을 제외한 전 국토가 사막지대이다. 국토의 3%만이 해안 평야지역이며, 무스카트와 같은 주요 도시들은 해안선을 따라 형성되어 있다. 5월부터 9월은 오만의 우기이며, 연평균 강우량은 40~250mm로 해마다 편차가 큰 편이다. 또한, 비가 오는 경우 단시간 폭우를 동반하는 경향이 있기 때문에 장기간 진행되는 건설프로젝트의 경우 기후의 영향을 최소화할 수 있도록 철저한 대비가 필요하다.

그림 2-1 오만의 지리적 위치

오만의 경제는 GDP의 25%, 정부 재정수입의 70%, 총 수출의 80%를 차지하는 석유산업에 의존하는 구조를 갖고 있으며, 정부는 석유산업을 대체할 성장 동력으로서 LNG를 비롯한 천연가스 산업을 중점 육성하고 있다. 천연가스 산업이 활성화됨에 따라 안정적인 재정수입원이 확보되었고, 노후화된 경제 인프라 개·보수를 비롯한 각종 공공부문의 투자가 확대되고 있는 실정이다.

우리나라와 오만과의 관계는 1983년 항공협정을 시작으로 1994년 문화협정, 1996년 중동 담수화 연구소 설립협정 등이 체결되었고, 2000년대 이후에는 플랜트 사업의 참여 기회가 확대됨에 따라 국내업체의 오만 진출이 활발한 상황이다. 또한, 2004년 11월 1일부터 오만 내 무비자 입국이 가능해지면서 보다 활발한 교류가 이루어질 수 있는 계기가 마련되었으며, 2005년 9월 말에는 양국 간 이중과제방지협정도 공식적으로 성사되었다.[2)]

한국수출입은행(KBC)에서 제공하는 자료에 따르면 2007년 12월 기준으로 한국 기업 16개사가 오만에 지분 참여, 현지법인 설립 등의 형태로 진출해 있으며, 업종별로 보면 광업 1건, 제조업 6건, 건설 7건, 서비스 1건, 부동산 및 임대업 1건으로 제조와 건설분야의 진출이 높은 것을 알 수 있다(2008년부터는 한국수출입은행에서 개별기업의 투자내역을 미공개 함).

표 2-1 연도별 對 오만 투자 현황

(단위: USD 천)

연도	신고건수	신고금액	투자건수	투자금액
1999	4	6,000	39	2,763
2000	0	0	48	4,774
2001	3	3,000	39	2,699
2002	5	48,000	55	27,406
2003	0	0	49	21,297
2004	2	40,571	51	20,625
2005	4	69,000	49	20,815
2006	4	67,455	41	53,427
2007	17	30,183	36	46,872
2008	10	204,436	32	66,212
2009	3	3,230	25	48,673
2010	3	31,388	13	21,557
Total	64	553,884	546	385,670

자료 : 한국수출입은행

2) 코트라(KOTRA) 웹사이트(http://www.kotra.or.kr) 내 무스카트 코리아비즈니스센터 정보 참고.

2.3 프로젝트 개요

1) 공사개요 및 규모

2008년 6월에 시작된 본 프로젝트는 현재 진행 중으로 대우조선해양이 감리사로 참여하고 있으며 한미글로벌은 감리사인 대우조선해양과 컨설턴트 계약을 맺고 시공 전(前) 단계부터 설계 검토업무를 수행하며 시공단계의 시공 품질확보를 위한 업무를 수행한다.

표 2-2 공사의 개요

구 분	내 용
공사명	Construction of Ship Repair Yard & Drydock Complex at DUQM Port
공사비	Infrastructure: 170,168,229 Oman Rials Superstructure: 65,891,604 Oman Rials
공사 기간	2008. 06. 08 ~ 2010. 12. 07 (현재 Variation Order 진행 중, 2011년 6월 말 종료 예정)
발주자	Ministry of Transport and Communications Sultanate of OMAN(MOTC)
시공사	Daewoo-Galfar Consortium(DGC)
감리사	대우조선해양(DSME)

조선소의 시설을 구성하는 시설물로는 건조 도크(dry dock)[3], 안벽(quay wall) 등의 주요시설과 생산설비, 기타 운반 장비 및 지원시설이 있다. 오만 두큼 조선소 프로젝트는 초대형 유조선의 수리가 가능한 410m 길이의 건조 도크 2곳과 안벽 2.8km, 작업동 및 건물 36개동과 수리조선관련 시설이 들어서는 대형 개발사업으로 토목, 건축, 전기, 기계 분야별 프로젝트 규모는 〈표 2-3〉과 같다.

3) 수심이 충분한 바다나 강에 접한 육안에 인공적으로 연못을 파고 주위 벽과 바닥을 돌, 시멘트 콘크리트 등으로 단단하게 축조한 다음, 입구에는 철재의 도크 게이트(dock gate)를 설치한 것으로 입거시설의 대표적 사례로 볼 수 있음.

표 2-3 공사 규모

구 분	규 모
토목 공사	• 건조 도크(dry dock) : 2개 시설(410mx95m, 410mx80m) • 안벽(quay wall) : 2,800m • 배수 및 도로 포장 등
건축 공사	• 숙소 : 57,356m² (2,500명 수용) • 관리자 시설(메인 오피스 & 8개 빌딩) : 23,000m² • 생산 설비, 창고 및 작업장 : 약 50,000m² • 공장(Dock Pump Room, 변전소 등) : 7,500m²
기계 공사	• 송전시설(AC, CO_2, OX 등) • 펌프, 크레인 레일 & 빔 등
전기 공사	• 변전소(주 시설 1개소, 지원시설 9개소) • 통신 시설
시설 장비	• 도크 게이트 2대(95m, 80m) • 도크 펌프(29,000m³/hr) • 지브크레인 14대(40ton~100ton) • 환경 설비 플랜트, Nix 재처리 플랜트, 폐유 재처리 플랜트 • 가스 및 공기 공급 플랜트 • Shop 크레인 35대(1ton~50ton) • 선박 가공 장비, 도장 장비 등

그림 2-2 오만 조선소 Shipyard 전경

2) 현장 구성 및 조직구조

본 프로젝트 현장은 Shipyard Area〈그림 2-3〉와 Dormitory Area〈그림 2-4〉로 나누어지며, 현장조직은 조선소 시설물 시공분야를 담당하는 인프라스트럭처팀(infrastructure team)과 조선소 운영을 위한 장비 감리분야를 담당하는 수퍼스트럭처팀(superstructure team)으로 나누어 구성하여 통합적으로 조직이 운영되고 있다. 전체 조직에서 CM단이 담당한 업무는 시공 컨설팅 및 감리로, 발주자인 오만 정부와 최종 사용자 측인 오만 드라이도크 컴퍼니(ODC)의 의사를 반영하고 수렴하는 것이었다.

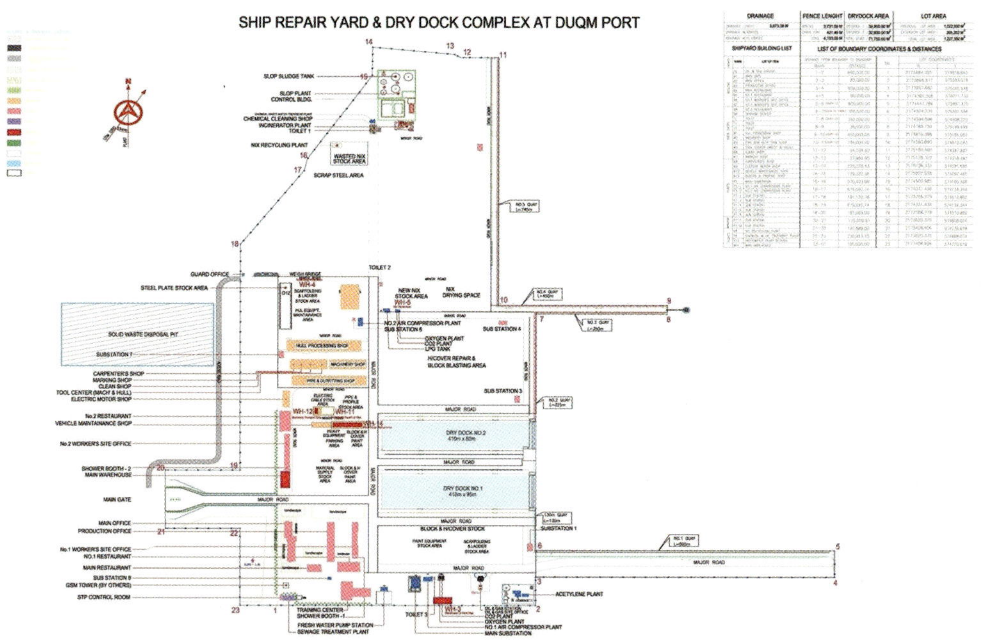

그림 2-3 오만 조선소 Shipyard Area 배치도

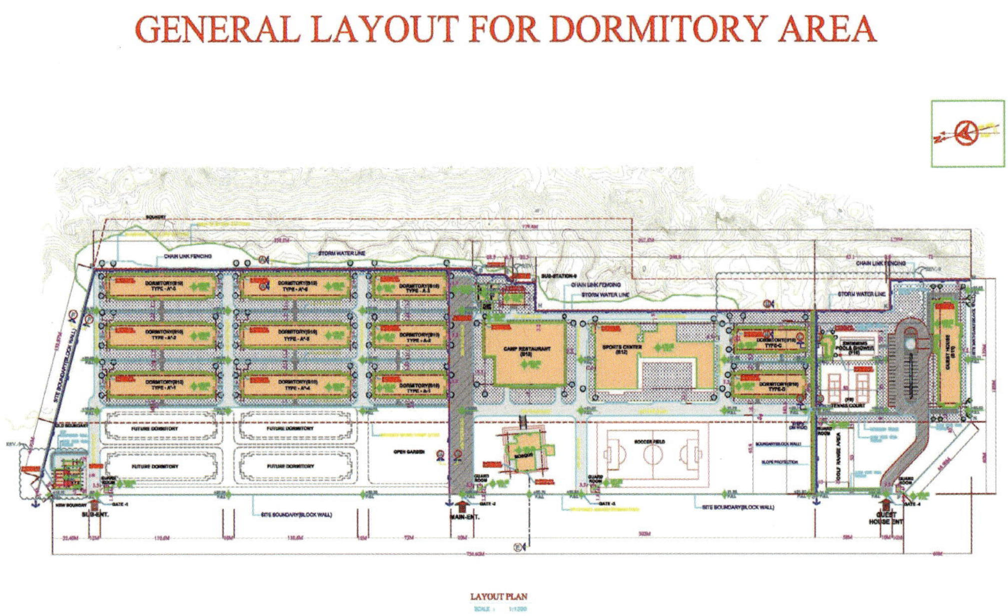

그림 2-4 오만 조선소 Dormitory Area 배치도

On Site T/O									
Description	PD	DPM	Mgr	S.Eng	S.Sup'v	Sup'v	Adm.	Other	Total
Korean	1	1	2	5					9
TCN				3	7	4	1	1	16
Total	1	1	2	8	7	4	1	1	25

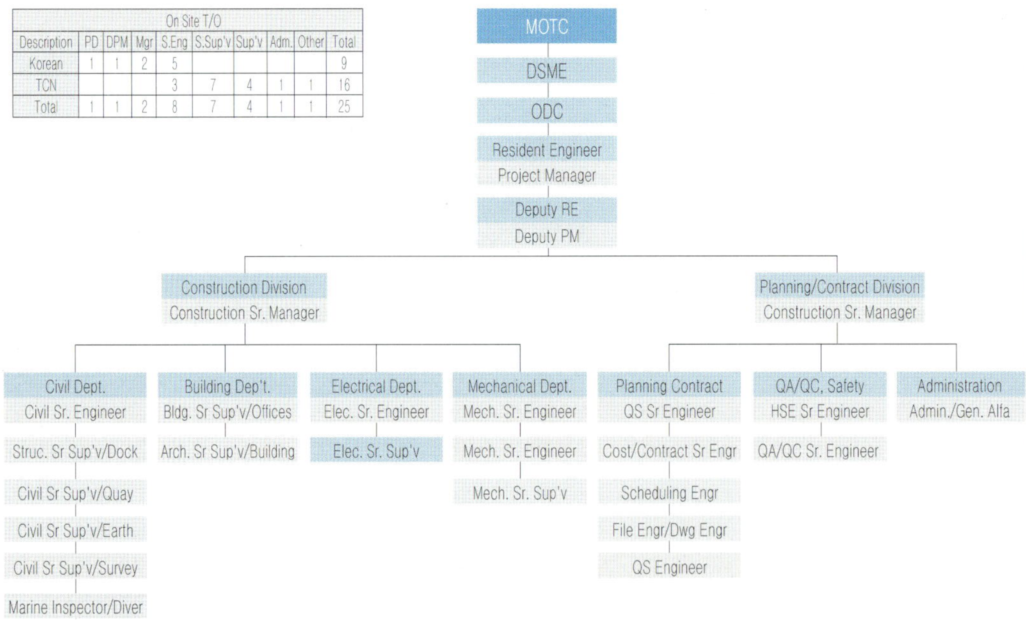

그림 2-5 오만 조선소 조직도 – 인프라스트럭처팀(infrastructure team)

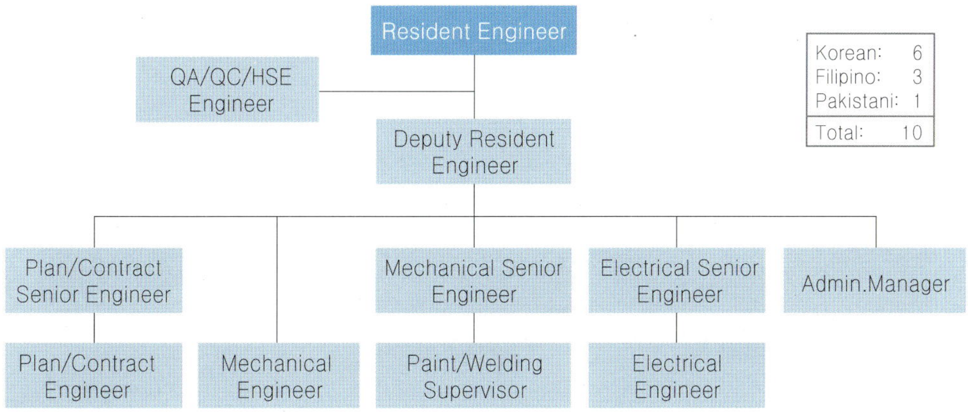

그림 2-6 오만 조선소 조직도 – 수퍼스트럭처팀(superstructure team)

2.4 설계 반영 사항

수리조선소의 가장 주요한 기능 중 하나는 건조 도크의 품질확보와 선박 안벽의 수리 및 유지관리를 위한 철저한 안전, 품질관리로 선주의 만족을 극대화하는 것이다. 본 프로젝트인 수리조선소의 모든 설비와 레이아웃(layout)은 이러한 요구사항과 수리 조선운영 기술을 접목한 기본 개념 안에서 결정되고 설계되었다. 또한, 각종 작업장(workshop), 공장(plant), 판매시설(stores), 오피스(offices) 및 부대설비들을 수용하기에 충분한 공간과 기능을 확보하였는지에 대한 검토와 함께 최적의 시스템을 갖추도록 고려하였다. 본 사업에 채택된 주요 레이아웃에 대한 기본 개념은 다음과 같다.

건조 도크는 중동 지역의 최대 주력 선종 중의 하나인 30만 톤급 초대형 유조선(VLCC) 또는 LNG carrier와 소형선인 handy size급의 선박이 동시에 입거되어 수리가 가능하도록 고려하여 설계하였다. 또한 최신의 Dock Operating Pump System을 적용하여 3~4시간 이내에 도크의 주 · 배수가 가능토록 함으로써 수리 조선의 가장 중요한 설비인 건조 도크의 회전율을 극대화하였다. 뿐만 아니라, 최대 100톤까지 운반할 수 있는 지브 크레인(jib crane)을 배치하여 대형 수리 및 개조 작업 시 블록(block)을 대형화하여 도크 공정을 단축할

그림 2-7 건조 도크(dry dock) 1, 2기

수 있도록 설계하였으며, 향후 신조선 등의 신규 사업 확장을 고려하여 800톤 급의 문형 이동 크레인(goliath crane)이 설치될 수 있도록 충분한 하부 기초를 고려하였다.

안벽은 수리 조선의 특성상 빈번한 선박 이동 및 도크(dock)의 입 · 출거 상황을 고려하여 선박이 정박하기 편리하도록 고려하였으며, 최대 붐(boom) 길이 70m 이상의 지브 크레인을 배치하여 두 척의 선박이 동시에 접안하여도 크레인의 지원이 가능하도록 설계하였다.

그림 2-8 1번 안벽(quay wall)

돌핀(dolphin)[4] 안벽은 주로 탱크 샌딩(tank sanding) 및 페인팅(painting) 작업이 실시될 수 있도록 도장 장비 등의 배치에 적합한 구조를 갖추고, 70m 길이의 지브 크레인이 3번, 4번 안벽에 동시 지원하도록 하여 최적의 물류 지원이 가능토록 하였다. 5번 안벽에는 탱커(tanker) 등의 탱크 정화작업 및 각종 기름수(oily water) 처리 작업을 수행할 수 있는 처리 시스템을 도입하여 가장 많은 수요가 예상되는 탱커선 등에 적절한 설비를 제공할 수 있도록 고려하였다.

중장비 및 거대 구조물 적재 가능 장소(heavy zone)는 향후 오프쇼어(offshore), 철골 구조물(steel structure) 등의 신규 사업 등을 고려하여 제반 설비 라인(utility line) 및 150톤 모빌 크레인(mobile crane)을 통한 중량물 지원이 가능토록 하였으며, 최대 10,000톤까지의 철골 구조물의 하중에 견딜 수 있도록 해당 안벽에 충분한 강도의 구조를 고려하여 설계하였다.

그림 2-9 안벽 바닥 준설

수리 조선의 주요 자재인 스틸 플레이트(steel plate)와 닉스(copper slag, nix)의 원활한 하역 작업과 적재를 위하여 2번과 5번 안벽 주변에 필요 설비들을 갖추었으며, 특히 스틸 플레이트의 경우 하역, 스톡 및 전처리가 동일 지역에서 처리된 후 hull processing shop(모듈화된 배 외형 구조물을 제작하는 공장)으로 이송, 가공 처리될 수 있도록 설계하였다. LNG

4) 배를 매어두기 위한 시설.

carrier의 원활한 수리 작업 수행을 위한 필수 설비인 클린샵(clean shop)과 전기모터 샵(electric motor shop)을 비롯한 각 직종별 작업장과 최신의 가공 장비를 도입하여 가장 경쟁력 있는 수리 조선의 설비를 고려하였다.

그림 2-10 안벽 130m 연계 작업

필수 송전시설의 원활한 공급을 위하여 산소, 아세틸렌, 이산화탄소 및 압축 공기의 자체 생산 공장 설비를 도입하였고, 각 도크, 안벽 및 작업장 등에 최적의 네트워크를 구성하여 공급하도록 하였다. 타운의 파워 플랜트(power plant)로부터 33KV의 전원을 공급받아, 메인 변전소(main substation)의 최신 수전 설비로부터 9개소의 야드(yard) 내 각 변전소에 11KV의 전력으로 변환 공급토록 하였으며, 특히 많은 수리선이 필요로 하는 440V/60Hz의 전원 공급도 가능하도록 설계하였다.

수리 조선의 특성상 가장 중요하게 고려하여야 할 요소 중의 하나인 환경(environmental care) 부문의 보완을 위하여 다음과 같은 환경 관련 설비를 반영하였다.

• 화학 및 석유 처리 공장(Chemical & Oil Treatment Plant)

5번 안벽에 위치한 탱크 정화 시설(tank cleaning facility)로부터 발생되는 각종 오 · 폐수 및 화학물질 등을 최신의 처리 과정을 거친 후 오만 내규에 적합한 수질로 처리토록 하였다.

그림 2-11 Shop Buildings

• 닉스 재활용 공장(Nix Recycling Plant)

도크 내 수리선박의 탱크 및 홀드(**hold**)에서의 사용 후 발생하는 폐 구리 슬랙(**copper slag, nix**)을 **1**회 재사용토록 하여 원가 절감 및 폐 닉스 발생을 최소화할 수 있도록 계획하였다.

• 하수 처리 공장(Sewage Treatment Plant)

오피스 및 숙소 등에서 발생하는 각종 생활하수를 일일 최대 **800**톤까지 처리 후 각종 조경수 등으로 재사용할 수 있도록 하였다.

• 소각로(Incinerator)

각종 수리선박 및 숙박시설에서 발생하는 쓰레기 등의 소각 설비로, 이 때 발생하는 폐열을 활용하여 작업자 숙소에 온수를 공급할 수 있도록 고려하였다.

• 담수 펌프 스테이션(Freshwater Pump Station)

타운 내의 담수화 플랜트(**desalination plant**)로부터 공급되는 신선한 용수의 저장 설비로 **2,000**톤 가량의 저장 용량의 탱크 **2**개를 갖추어 일일 최대 **4,000**톤까지의 용수를 저장하

그림 2-12 도크 게이트

여 조선소 운영에 필요한 담수 및 소방용수를 공급하도록 고려하였다.

그 밖에 두큼 지역의 지리적 특성상 선주 고객 및 종업원의 편의를 위한 복리후생 시설을 다음과 같이 고려하였다.

- 작업자 숙소(Worker's Dormitory)

최대 2,500명까지 수용 가능한 감독관 및 작업자 전용 숙소로서 총 14개 동의 2층 건물이며, Shipyard에서 가장 근접한 위치에 배치하여 종업원들이 도보로 출퇴근 가능하도록 설계하였다.

- 게스트 하우스(Guest House)

입거한 수리선의 공무 감독 및 VIP의 거주를 위한 건물로 수영장, 피트니스 센터, 레스토랑 등을 포함한 각종 편의 시설을 갖추어 고객들에게 편의를 제공할 수 있도록 고려하였다.

- 체육 센터(Sports Center)

종업원들의 건전한 여가 활용을 통한 생산성 향상 복지 정책의 일환으로 실내 체육관, 수영장, 사우나 설비 등을 갖춘 종합 후생 복지관을 계획하였다.

• 구내 식당(Canteen)

종업원의 근무 시간 중 식사를 제공하기 위하여 메인시설, 도크 1, 2기, 숙소 등 총 4개소에 구내식당을 배치하였으며 특히 1번과 2번의 구내식당은 작업자들의 주 작업 장소인 도크 및 안벽에 가깝도록 배치하여 이동거리를 최소화하였다.

• 운동장(Sports Ground)

종업원들의 근무시간 외 체육활동을 위한 실외 운동장을 계획하였다.

그 밖에도 트레이닝센터를 통하여 종업원들의 기술 교육 및 시청각 교육이 가능하도록 하였으며 영업, 인사, 자재 등의 부서가 배치된 메인 오피스와 생산 및 기술관련 부서가 배치된 생산 오피스, 각 작업반별 사무실인 작업자 오피스 등을 설계하였다.

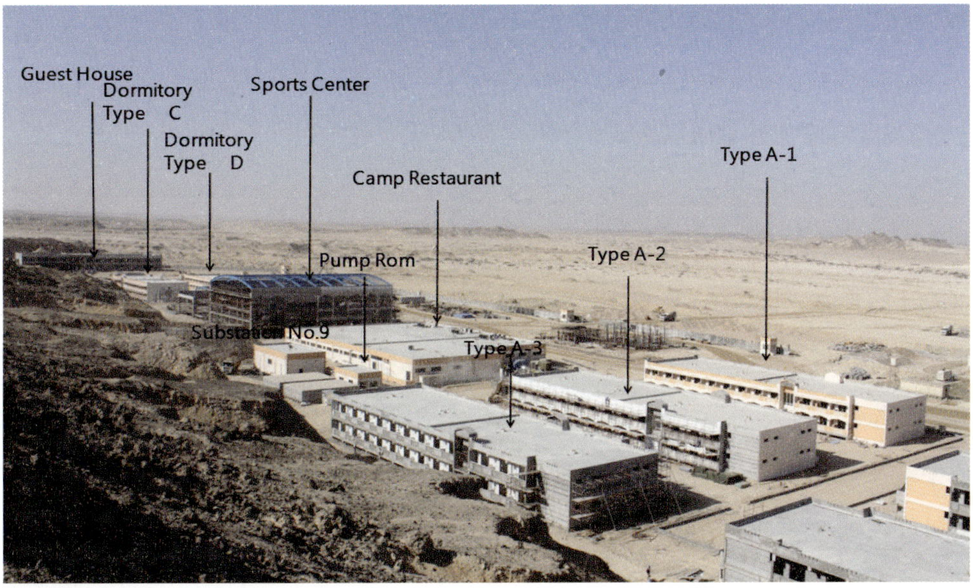

그림 2-13 숙소 및 체육센터

chapter

03 초기단계 CM 업무 수행 내용

3.1 오만 조선소 프로젝트 참여를 위한 중점 추진전략 수립

CM단은 대우조선해양의 오만 조선소 프로젝트 참여를 위한 컨설팅 업무를 제공하였다. 다음은 CM단이 수행한 컨설팅보고서[5]에서 제시한 중점 추진전략을 정리한 것이다.

1) 중장기적으로 필요한 사업인지에 대한 판단

CM조직은 본 사업이 대우조선해양의 신성장 동력인지에 대한 판단이 섰다면 과감하게 또한 신중하게 접근해야 할 필요가 있음을 강조하며, 대규모 이익잉여금을 재투자하지 않으면 공격적으로 투자를 하는 신규 업체에게 시장 선점 기회를 빼앗길 가능성이 크므로 안정적이고 수익이 높은 사업을 만들어 대규모의 자본을 투자하는 것이 미래 회사의 존립에 큰 영향을 미칠 것이라는 점을 명확히 하였다.

2) 경쟁력을 갖추기까지의 보호전략

오만 조선소 프로젝트와 같은 대규모 해외항만공사는 글로벌 기술력 확보 측면에서 반드시 필요한 사업이지만, 현지에서 아직까지 경쟁 우위를 얻지 못한 상태라면 경쟁력을 확보할 때까지 보호하는 전략이 필요하다. 따라서 본 프로젝트를 수행하기에 앞서 예상되는 리스

5) 한미글로벌(2009), "대우조선해양 오만 프로젝트 개발사업 컨설팅 보고서".

크 요인들을 정리하였다.

- 오만 정부와의 불화로 인한 개발사업 중단
- 개발사업에 대한 노하우 부족으로 인한 사업의 지연
- GCC 국가와 문화에 대한 이해 부족으로 개발사업 진행상 난항
- 개발사업 초기 고정비용의 지출로 회사의 재무상황 악화
- 개발수요 예측의 실패로 인한 투자비 회수 지연

이와 같은 예상되는 난관을 극복하는데 가장 좋은 방법은 오만 정부와 적절한 협상을 통하여 사업을 진행하는 것이며, 적절한 재원을 조달하기 위해 재무투자자 유치로 초기 자본금을 최소화하고 향후 PF 자금조달 구조를 안정화시키는 것이 중요하다. 또한, 재무투자자를 유치하기 위해서는 건설기간 중 일정 수준의 수익을 실현할 수 있는 상품구조를 만드는 것이 필요하다는 판단에 따라 투자 수익률을 보장할 수 있는 수익모델에 대한 검토가 이루어졌다.

3) 자체 경쟁력을 갖추고 난 후의 글로벌 사업으로 전략적 이용

본 프로젝트를 바탕으로 오만 시장에서의 성공적인 기반을 다진 후에 이를 이용하여 인접국가 및 하부시장에서 확실한 우위를 점할 수 있도록 새로운 비즈니스 모델의 확립이 필요하다. CM사의 발주자인 대우조선해양이 세계 최대의 건설시장인 중동과 아시아에서 대규모 개발사업에 성공적으로 진입한 회사라는 사실을 부각시키고 중동, 아시아 시장 뿐 아니라 세계시장에서 성공한 비즈니스 모델을 접목시켜 조선소 도시 건설의 표준이 되는 등 패러다임의 변화를 유도할 수 있음을 강조하였다.

3.2 주요 검토사항 분석

본 프로젝트는 Royal Haskoning(영국, Duqm Port Consultant), Parsons Brinckerhoff(미국, Duqm Development PM), MOTC(오만 정부) 국장이 주관하는 오만 두큼단지 개발 프로젝트 회의 시 대우조선해양과 ODC가 상기 2개사와 함께 참석하여 각 사가

수행하는 프로젝트와 관련한 다양한 보고 및 자료를 제출토록 하였다. 대우조선해양은 상기 2개 사 이상의 업무 수준(보고자료)을 요구받았으며, MOTC는 당초 미흡한 설계에 따른 부실 시공 방지를 위하여 높은 수준의 품질관리를 요구하였다. 또한, 설계 부실에 따른 공사비 상승을 최소화하고 대우조선해양에 대한 오만 정부의 신뢰를 얻기 위하여 높은 수준의 VE(Value Engineering) 및 VO 보고서가 요구되었다. 시설 장비에 대한 감리 업무에서는 별도 15개 계약관계를 맺은 다수의 계약자들 간의 이해관계와 공기 일정들로 인해 의사 결정에 어려움이 발생하기도 하였다.

그림 3-1 도크 게이트

그림 3-2 지브 크레인

그림 3-3 가스 시설

그림 3-4 해비 리프팅(Heavy Lifting) 장비

1) 발주자 요구사항(Owner's Requirements)에 대한 중점 실천사항

CM단은 발주자의 요구사항에 대한 효율적인 업무를 수행하기 위해 다음과 같이 중점 실천사항을 수립하고 진행하였다.

(1) 보고서 수준 제고

MOTC, ODC, 대우조선해양 등 다양한 발주(상급)기관의 요구에 맞춘 보고서를 제출(발주처 및 담당자별 요구 양식, 제출 일시 등)하고, 프로젝트의 각종 현황을 신속하게 업데이트하여 최상급기관 보고자료는 간단명료한 포맷을 사용하도록 하였다.

(2) 품질관리 수준 제고

설계 품질을 제고하여 최적화된 설계로 재검토 및 검증을 실시하였으며, 품질 저해요인을 사전에 발췌하여 변경을 추진하였다. 혹서기 시공 및 해양구조물에 대한 중점관리를 위해 해양(수중) 및 측지 감리원을 집중 배치하고, 채석장 골재 및 사석기초 생산관리를 철저히 실

그림 3-5 Shipyard Payment Monitoring

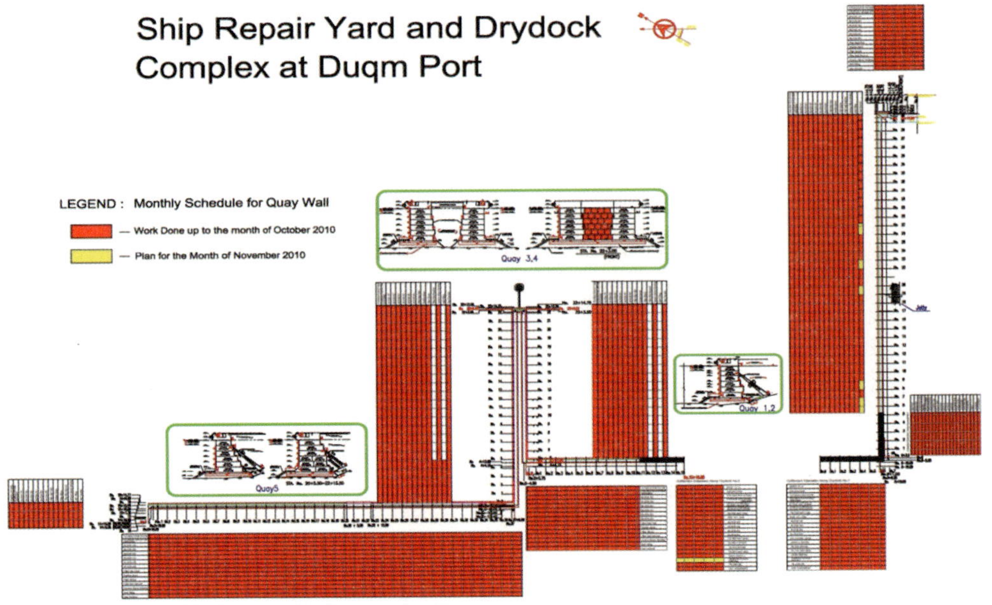

그림 3-6 Status of Quay Wall Monitoring

시하기 위해 상주 인원을 배치하였다.

(3) VE & VO 수준 제고

공종별 계약 및 설계도서를 검토하여 불일치 및 누락 아이템에 대한 대응방안을 제시하였다. 구조계산에 대한 재검증을 통해 철근 및 파일수량을 절감하고, 과다하게 설계된 부분을 재검토하여 안벽 뒤채움 사석을 절감하는 효과를 얻었다. 또한, 발주자 요구사항을 반영한 설계변경을 추진하되 추가공사에 대한 시공사 요구사항의 적정성을 검토하였고, VO에 대한 체계적인 보고 · 승인계획을 수립하여 실천하였다.

2) 해외 조선소 건설공사의 특성 고려

조선소 건설공사는 준공 시점에 맞추어 선박이 수주되어야 하므로, 모든 시설물 및 장비들이 사용자에게 제때 전달되지 않으면 경제적으로 많은 손실을 입게 된다. 특히 해외의 경우 관계자들 간의 이해관계는 더욱 복잡하기 때문에 이러한 구도를 잘 이해하고, 대처해 나가야 한다.

당 현장의 경우는 발주처인 오만 정부와 사용자측인 ODC와의 입장을 수렴하고 건설업체 및 시설 장비 업체들과 계약 및 현황의 정확한 이해를 통해 서로의 의견을 조율하였다. 그 결과 준공 검사 및 각 장비별 테스트/커미셔닝(commissioning), 사용자의 트레이닝 프로그램(training program)을 협의하여 첫 번째 soft operation(본격적인 선박 수리 용역을 위한 예비 운영)을 4월말에 성공적으로 마칠 수 있었다.

chapter

04 분야별 CM 수행 사례

4.1 기본적인 프로젝트관리

본 프로젝트는 당초 설계의 완성도가 매우 부족하여, 아이템 누락 및 보완 설계에 대한 갈등으로 분쟁이 발생하였다. 대부분이 계약서의 완성도 부족으로 인해 애매하고 독소적인 포괄적 조항 해석에 따른 것이었다. 이러한 민감한 사안에 대한 갈등으로 각 관계사 간의 커뮤니케이션 단절이 우려되었다.

이에 CM단은 신뢰 구축을 통한 갈등 해소를 위해 다음과 같이 노력하였다.

- 발주자, 시공사 및 제 3자의 다각적 관점에서 갈등과 분쟁 요인 분석
- 시공사가 우선 발주처의 신뢰를 회복하도록 유도
- 모든 설계변경 추진 과정에서 공정하고 객관적으로 업무를 처리하여 양자(발주자 & 시공사)간 신뢰구축의 기틀을 마련함
- 양자(발주자 & 시공사) 모두 만족할 수 있는 '윈윈(win-win) 대안 제시'를 최상의 목표로 실천
- 커뮤니케이션 활성화 : 매월 시공사 주관 바비큐 석식 모임 실시(Dawoo, Galfa 병행 주관), 동호회 활동 및 행사에 발주처와 시공사 모두를 참여토록 하여 친화 유도

그림 4-1 Cable Pulling Work in Utility Box

- 무스카트(발주처(MOTC, ODC))와 두큼 간 약 600km의 물리적 한계로 인한 커뮤니케이션 단절 극복을 위해 발주처 직원의 분야별 현장출장 업무 협의 유도

4.2 설계관리

초기 불완전한 기본설계 및 발주처 직발주로 인한 설계 지연으로 프로젝트 전반의 품질 저하가 우려되었다. 이에 대해 기존 설계를 재분석하고, 시설물에 대한 구조계산을 재검증하도록 하였으며, 그 결과로 품질확보와 철근 및 파일(pile) 수량의 절감 효과를 얻을 수 있었다. 또한, 과다 설계된 부분은 재검토하여 품질확보 및 안벽 뒷채움을 위한 사석을 절감하였다. 기 제출된 도면, Spec., 내역서 간의 불일치 및 누락 아이템, 그리고 발주자 요구사항을 반영한 설계변경을 추진하여 총 공사비의 증액 요인을 최소화하였다.

4.3 시공관리

오만 정부는 특히 해양 구조물에 대한 엄격한 품질 수준을 요구하였다. 품질요구 수준을 맞추기 위해 중동의 혹서에 대비한 공사와 해양 구조물을 위한 매스 콘크리트 특성을 파악하고 가장 적합한 공법을 적용하도록 노력하였다. 특히, 정밀 시공을 위한 해상측량을 실시하기 위해 측량 검측원을 집중 배치하여 확인하도록 했다. 해양 수중 검측 감리원 장비는 항상 업그레이드되도록 관리하고, 안벽 사석 기초 원재료 및 그레이딩 관리를 철저히 하였으며, 해양 구조물의 양생, 보관, 인양, 거치 과정 중 손상을 방지하도록 관리하였다.

그림 4-2 Mooring Dolphin

그림 4-3 Amour Stone Installation

4.4 공정관리 및 진도관리

현지 시공 업체 및 장비 조달 업체의 공정지연 및 간섭에 따른 품질 저하가 우려되었다. 이로 인해, 일부 부지 핸드오버(hand-over) 지연, 발주처의 설계 아이템 추가와 변경 및 결정 지연 또한 적지 않았다. 이 과정에서 직발주로 체결된 19개의 시공사와의 공정 간섭은 매우 복잡하게 돌아가고 있는 상황이었다.

이에 CM단은 공정 저해 요소를 사전에 발췌하여 설계변경을 추진하였다. 준설(out of work scope)지연에 대비한 안벽 시공 공법을 변경(cofferdam 연장 후 육상 작업 진행)하고, 부지매립(out of work scope) 지연에 대비한 레이아웃을 조정하였으며, 시공사 제출 서류는 72시간 내 검토 완료를 목표로 시행하였다. 또한, ODC 및 수퍼스트럭처 감리단과 정기 설계 미팅을 실시하고 예상 문제점을 발췌하여 ODC에 신속하게 확인할 수 있도록 조치하였다.

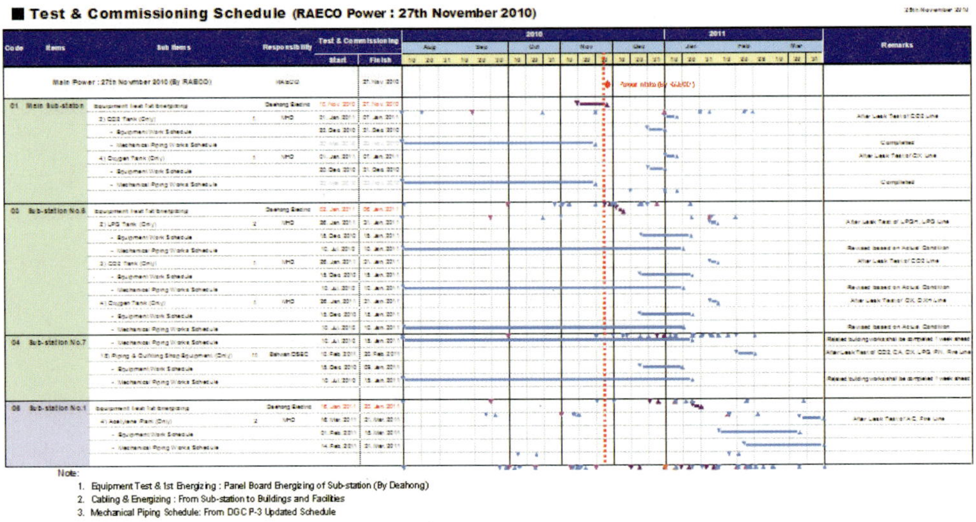

그림 4-4 테스트와 커미셔닝 일정표 예시

4.5 VE

오만 정부(MOTC)의 잦은 업그레이드 설계변경 지시로 VE/VO 수준의 제고가 절실히 요구되었다. 오만 정부는 주요건물 입면의 변경(오만 양식), floor elevation(1st)의 상향 조정, 메인 게이트 및 주변 시설물에 대한 업그레이드 지시 등 준공 시점을 얼마 남겨 두지 않았음에도 많은 요구를 하였다. 조선소의 운영시스템 변경(수리 조선 → 수리 및 신조선)에 따른 추가 공사 부분에 대한 정확한 공사비 산정 및 VE를 요청하기도 하여, 문형 이동 크레인 추가, 슬로프 플랜트(slop plant) 추가 등을 검토해야만 하였다.

입찰 도면(tender drawing)과 BOQ(Bill of Quantity)상의 불일치가 발생하고, 누락 항목들이 발견됨에 따라 부분 핸드오버(partial hand-over)에 따른 추가 공사비가 예상되었기 때문에, 이에 대한 공사비 영향을 최소화하는 것에 대한 요구가 있었다. CM단은 공종별 계약 내역을 검토하여, 누락 및 수량 부족 아이템에 대한 대응 방안을 발주처에 제시하였다.

검토 내용을 바탕으로 설계누락, 변경 및 추가 사항에 대한 VE 및 최적 금액을 산출하여

표 4-1 공종별 계약 내역 검토사항

공 종	검토 사항	VE 제안
토목	• 시트 파일(sheet pile) 건 • shipyard 포장 금액 최적화 • 구조물 backfill 금액 산정	• Igloo block 변경 • 안벽 backfill 금액 절감조치
건축	• 바닥마감 누락 금액 산정 • shop 정반 누락물량 산정 • 기숙사 변경 공사비 비교 검토	• 건물기초 변경 금액 산출 • 입면변경에 따른 금액 산출
설비	• 기숙사 에어컨 물량 누락 • 각종 외부 배관 누락분 산정	• 공동구 연장, 소방 설비 보완 • utility 배관 라인 재설계 • 기숙사 temporary 시설
전기	• 옥외 cable tray 누락분 산정 • 옥외 접지공사 누락분 산정	• 단지옥외조명 재설계 및 금액산출 • 정문야간조명 재설계 및 금액산출 • 건물내부 등기구 타입 재선정

발주처로 보고하였다. 이외에 시공사 추가공사비 요청에 대해 검증하고 적정성을 검토하여 보고하였으며, 오만 표준공사 계약 조건에 대한 검토를 실시하여 설계변경 조건의 적정성을 지속적으로 검토하여 보고하였다. 그 결과 관계 기관 및 계약자들 간에 보다 정확하고 효율적인 의사소통이 될 수 있도록 하였다.

4.6 기타 사항

본 프로젝트를 진행하면서, 업무 범위 이외의 서비스 요청에도 추가적인 지원을 하였다. 발주자는 현지에 단지 개발 계획을 수립하는 과정 중 자체조직에서 검토 불가한 사안에 대하여 CM단에 지원을 요청하였다. 발주처는 설계조직을 보유하고 있지 않았기 때문에 CM단에 기본 설계의 보완 및 설계변경 관련 업무(사업부지 및 부지 레이아웃 변경과 이에 따른 단지, 플랜트, 건물 등) 등을 요청하였다.

또한, 직발주 공사에 있어 업체 선정 이전 단계의 포괄적 기술검토와 시공 단계 중 전기, 기계 설비 부문의 특정 분야 기술 지원을 요청하였으며, 이에 대해 CM단은 발주처의 요청 시 '업무 범위(scope) 이외의 업무임'을 명확히 하고 긍정적 자세로 수용하여 만족할만한 보고서를 작성 · 제출하였다.

또한, 사업부지의 위치좌표 검토, **GPS survey** 및 측량 기준점 설치, 현장조사 수행과 각 사업후보지의 장 · 단점을 검토하여 보고하였으며, 기숙사의 부지 이전과 건물 구조 변경에 따른 레이아웃, 플랜트, 건물별 기본설계를 수행하였다.

chapter

05 맺음말

오만 조선소 프로젝트는 현재 진행 중이다. 본 프로젝트는 국내 공공사업과 마찬가지로 사업기간 중 발생한 다양한 변경 및 조정 등의 이유로 발주자의 수많은 요구사항을 반영해야만 했다. CM단은 미흡했던 기본 설계안과 현지 설계 기술을 점검하고 보완하여 우수한 설계안을 확보하고, 오만 정부의 지역 법규 등 인허가 과정에서 발주자의 다양한 요구사항을 충분히 반영하여 양질의 시공 품질을 확보할 수 있도록 노력하였다. 또한, 오만 개발 사업의 선두 프로젝트라는 사업 특성에 따라, 일회성으로 마무리가 될 사업이 아니라는 것을 고려한 상태에서 업무를 진행하였다. 이는 추후 개발 예정인 관광 단지 사업 및 조선소 확장 프로젝트, 공항 건설 등의 사업 추진에 영향을 줄 수 있으므로, 이에 대한 지원과 관련 전문 조직의 인력 확보가 필요하다.

본 프로젝트는 해외사업 및 항만시설의 설계 · 시공분리발주에서 발생하는 사례에 대한 검토를 바탕으로 CM 업무의 이해를 돕고, 유사 CM 프로젝트 수행에 도움을 주는 것을 목적으로 하였다. 본 프로젝트 수행경험을 바탕으로 향후 유사 프로젝트를 수행할 경우 고려해야 할 주요 요소들을 정리할 수 있었다.

첫째, 해외 발주자와 계약 시 정확한 업무 내용 및 근무 조건의 확인이 매우 중요하다. 일반적으로 행해지는 건설 감리 계약은 한정된 인원 투입으로 발주자가 요구하는 모든 업무를 소화할 수 없으며, 해외 근무에 따른 휴가 등이 계약 내용과 맞지 않아 발주자 측을 설득시키는 데 많은 어려움을 겪었다. 추후 다른 프로젝트에서는 이런 오류를 사전에 인지하여 조정하여야 할 것이다.

둘째, 본사의 해외 현장 상황에 대한 이해와 노력이 매우 필요하다. 국내 현장과 달리 본사에서 해외 현장의 어려움을 파악하기 위한 방문은 현실적으로 매우 어렵다. 그러므로 본사에서는 현장 단원들의 지원을 위해 더 이해하는 노력이 필요하고 현장의 지역적 특수성에 따라 통신 및 인터넷, 전력, 금융 기관 등 지역기반시설의 사정에 대한 고려가 필요하다.

셋째, 해외 현장의 수주 정보에 대한 본사의 적극적인 대처가 필요하다. 해외 현장의 특성상 글로벌 회사들과 관련 국가의 많은 관계자들을 상대하게 되고, 양질의 정보를 접하게 된다. 당 현장의 경우, **Parsons, Royal Haskoning** 등 미국, 유럽 등지에서 활약 중인 컨설턴트들과 함께 업무를 수행하게 되었고, **Bahwan, Khimji Ramdas, MHD** 등 오만의 대기업들이 용역 업체로 참여하여 본 프로젝트 이외에도 많은 기회를 만들 수 있는 조건을 가지고 있었다. 그러므로 해외 프로젝트 수주에 대한 적절한 위험성 평가 및 대처를 포함한 프로그램이 마련되어 현장에서 발생한 유익한 정보들에 대한 적극적인 대처와 지원이 필요하다.

오만은 중동 지역의 국가 중 정치적으로 가장 안전한 지역 중 하나이다. 오만 정부는 국가 경제 개발 계획을 수립하고 차근차근 진행해 나가고 있으며, 앞으로 많은 사업 아이템들이 가시화 될 것으로 예상된다. 본 프로젝트의 성공적인 수행을 통해 오만 정부로부터 CM사에 대한 믿음을 확보하고 추후 프로젝트에 대한 수주 가능성을 높이는 계기가 되었다. 또한 세계적인 회사들에서 함께 업무를 수행하길 요청 받고 있다.

본 프로젝트는 한미글로벌이 수행하는 해외 프로젝트 중 가장 큰 조선소 프로젝트로서, 다른 해외건설 프로젝트를 성공적으로 추진하기 위한 밑거름이 되었다. 오만 조선소 프로젝트를 시작으로 한미글로벌은 중동 및 아시아지역 일대의 조선소 프로젝트를 추가 수주할 수 있었으며, 향후에는 토목, 플랜트 등 공종의 다변화를 추진할 수 있는 계기가 될 것이라 기대한다.

Part 11

삼성전자 헝가리 공장 프로젝트

C·O·N·T·E·N·T·S

chapter

01 머리말

헝가리의 수도 부다페스트에서 동쪽으로 75km 정도 떨어진 야스페니사루(Jaszbenyszaru) 시에 위치한 삼성전자 헝가리 공장은 삼성전자의 TV 생산 전진기지로서, 서유럽, 동유럽 및 중앙아시아에 이르는 유럽 텔레비전 시장의 심장부 역할을 담당하는 곳이다. 삼성전자 헝가리 법인은 유럽 지역의 LCD TV 수요 확대에 따라 기존의 제 1공장이 생산량의 한계에 다다르자 제 1공장 부근에 2만 3,000여 평의 부지를 마련하고 제 2공장(이하 V2 공장)을 신축하기로 결정하였다. 삼성전자 헝가리 법인으로서는 유럽 지역의 TV 수요가 급증하는 상황에서 생산량 확보를 위하여 그 무엇보다 공기 단축이 절실하였고, 한정된 예산 내에서 공사를 완료해야만 하는 상황이었기 때문에 CM단의 역할은 무엇보다 중요했다.

한미글로벌은 헝가리 현지 업체 및 현지에 진출한 국내 시공사와의 경쟁에서 공사비 경쟁력의 우위를 얻어 프로젝트 수행자로 최종 선정되었고 혁신적인 원가절감을 통해 목표한 예산 내에서 프로젝트를 완수하였다. 또한 패스트 트랙(fast track)방식 등의 도입을 통해서 당초 예정공기인 8개월보다 1달 이상 단축한 6.8개월만에 공사를 완료함으로써 발주자의 만족을 얻을 수 있었다. 본 프로젝트의 성공적인 수행을 통해 발주처인 삼성전자에서는 사업관리형 CM방식에 신뢰를 갖게 되었으며, 이를 계기로 멕시코 및 러시아 공장 프로젝트의 수주에도 긍정적인 영향을 미치는 등 발주자 만족을 바탕으로 한 지속적인 성과창출에 크게 기여한 의미 있는 프로젝트라 할 수 있다.

본 프로젝트는 한미글로벌이 수행한 해외 프로젝트 중에서 중국이나 동남아 권역을 벗어나 동유럽지역에서 완수한 첫 프로젝트인 동시에 선진 건설사업관리 방식인 사업관리형 CM을 성공적으로 적용한 사례로서도 그 의의가 있다.

chapter

02 사업관리형 CM(CM for Fee)의 적용

2.1 사업관리형 CM 개요

사업관리형 CM은 CM사가 발주자의 권한위임을 통해 건설사업관리 업무를 수행하는 방식으로 '용역형 CM', 'CM for Fee', 'Agency CM' 등 다양한 용어로 불리우고 있다. 사업관리형 CM은 적용방식에 따라 크게 설계시공분리기반, 턴키기반, 다중시공(multiple prime)기반의 3가지 유형으로 구분되며, 국내에서는 주로 설계시공분리기반의 사업관리형 CM과 턴키기반의 사업관리형 CM이 주로 적용되고 있다. 국내에서 CM제도가 제정되던 1990년대 중반 당시 주로 활용되는 조달방식은 설계시공분리방식과 설계시공일괄방식이었기 때문에 사업관리형 CM도 이러한 조달 방식 중심으로 적용되었다[1].

다중시공방식은 우리나라에서는 아직 낯선 발주방식으로 최근 보금자리주택사업에서 일부 시범적으로 활용되고 있는 '직할시공제'와 유사한 형태이다. 이 방식은 종합건설사의 역할을 담당하는 주체가 사라지며, 발주자가 시공을 담당하는 주체 즉, 다수의 전문업체와 직접계약 관계를 맺게 된다는 점이 특징이다. 이러한 발주방식은 종합건설사의 역할이 사라진 상황에서 다수의 전문업체를 발주자가 직접 관리하여야 하므로 상대적으로 발주자의 사

1) 국내에서는 설계시공분리기반 사업관리형 CM과 턴키기반의 사업관리형 CM이 일반적인 CM으로 통용되고 있으며, 사업관리형 CM이라 함은 다중시공(multiple prime)기반의 사업관리형 CM을 지칭하는 것이 보통임.

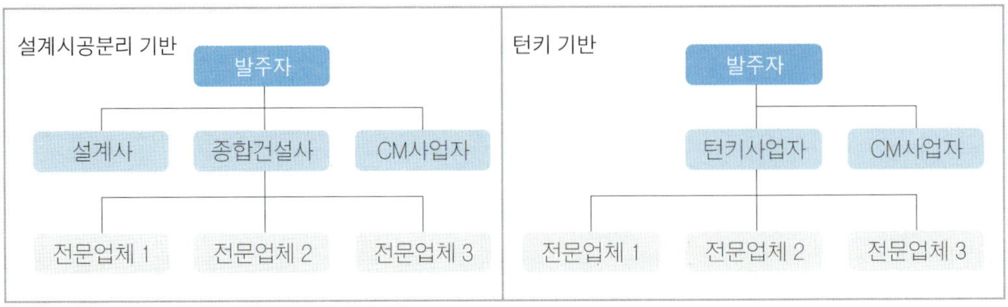

출처: 미국 CM협회, 김한수, 한미글로벌 공저(2010), "미국 Construction Management A to Z"

그림 2-1 사업관리형 CM방식 : 설계시공분리 기반 및 턴키 기반

업관리 부담이 높아지게 된다. 이러한 이유로 미국에서는 발주자가 다중시공방식으로 사업을 발주할 경우, 전문적인 사업관리를 위한 CM사를 프로젝트에 참여시키는 경우가 대부분이며 이러한 CM방식을 다중시공(multiple prime)기반 사업관리형 CM이라고 한다.

본 프로젝트에 적용한 사업관리형 CM은 위에서 언급한 다중시공방식에 기반한 사업관리형 CM의 형태로 사업주가 직접 공사를 수행하되 전체공사를 공종별로 나누어서 다수의 전문건설업자에게 분리 발주하고 전문능력을 갖춘 CM사가 사업주의 대리인으로 분리 발주 업무를 지원하며 공사수행 과정을 통합관리하는 방식으로, 사업비 절감과 패스트 트랙을 통한 공기 단축의 효과를 얻을 수 있는 선진 계약방식이다. 다중시공기반 사업관리형 CM은 기존의 일반적인 CM방식과 업무범위(scope)에 있어서는 기본적으로 동일하나 구매 및 발주 방식에서 차이가 있으며, 선진국에서는 프로젝트 기간 및 공사비 부담을 줄일 수 있다는 장점 때문에 이와 같은 발주 방식을 많이 채택하고 있다.

2.2 기존 발주방식과 사업관리형 CM 발주방식 비교

전통적인 시공사 일괄도급 방식은 발주자와 시공사 간에 도급 계약을 맺어 모든 공사를 단일 주체가 일괄 시공토록 하는 계약방식이다. 이 방식은 시공사가 공사비 및 공기에 대한 책임을 지고 공사를 수행하게 되므로 과도한 일반 관리비 및 이윤 발생에 따른 발주자의 비용부담이 증가하는 단점이 있다. 또한, 시공사 위주의 공사수행 방식으로 인해 사업주의 의사를 반영하기 어려울 뿐만 아니라 계약 후 잦은 설계변경으로 인하여 분쟁이 빈번히 발생하여 최종 사업비가 증가하는 경향이 있다.

이에 비해 사업관리형 **CM**은 사업주가 전문건설업자와 공종별 분리 발주를 통해 직접 계약을 맺는다. 이 방식은 **CM**사가 사업주의 대리인으로 공사를 통합관리함으로써 획기적인 공사비 절감이 가능할 뿐 아니라, 설계 및 시공단계에서 사업주의 의사 반영이 가능하며 궁극적으로 사업주의 이익을 극대화 시킬 수 있다.

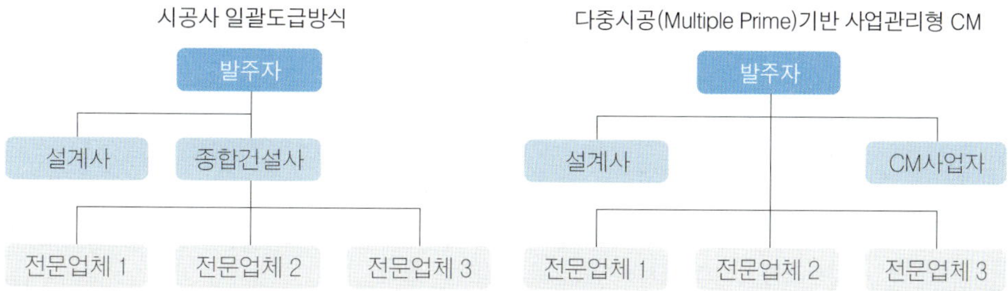

그림 2-2 기존 발주방식과 다중시공기반 사업관리형 CM 비교

공사비 절감 및 공기단축 효과 이외에도 사업관리형 **CM**은 **CM**사가 발주자의 프로젝트 감독업무 뿐만아니라 기존 일반건설업체에서 담당했던 전반적인 공사수행 계획/조정/관리, 감리자의 감리 업무까지 통합하여 수행하므로 발주자, **CM**사, 시공사, 감리사의 중복 업무를 최소화하여 업무 효율성을 향상시킬 수 있다.

기존 방식에서는 계획, 설계, 입찰 및 계약, 시공 등 각 프로젝트 단계별로 업무가 분절되어 프로젝트의 일관성이 결여될 수 있지만 사업초기부터 **CM**이 적용될 경우 설계관리 및 검토과정을 통해 발주자의 요구사항에 맞춘 일관성 있는 프로젝트 추진이 가능하다. 종합건설업체의 프로젝트 관리 초점은 시공단계에 국한되어 있기 때문에 공정, 품질, 원가관리에 큰 영향을 미칠 수 있는 설계에 대한 관리가 거의 이루어지지 않지만, 사업관리형 **CM**방식은

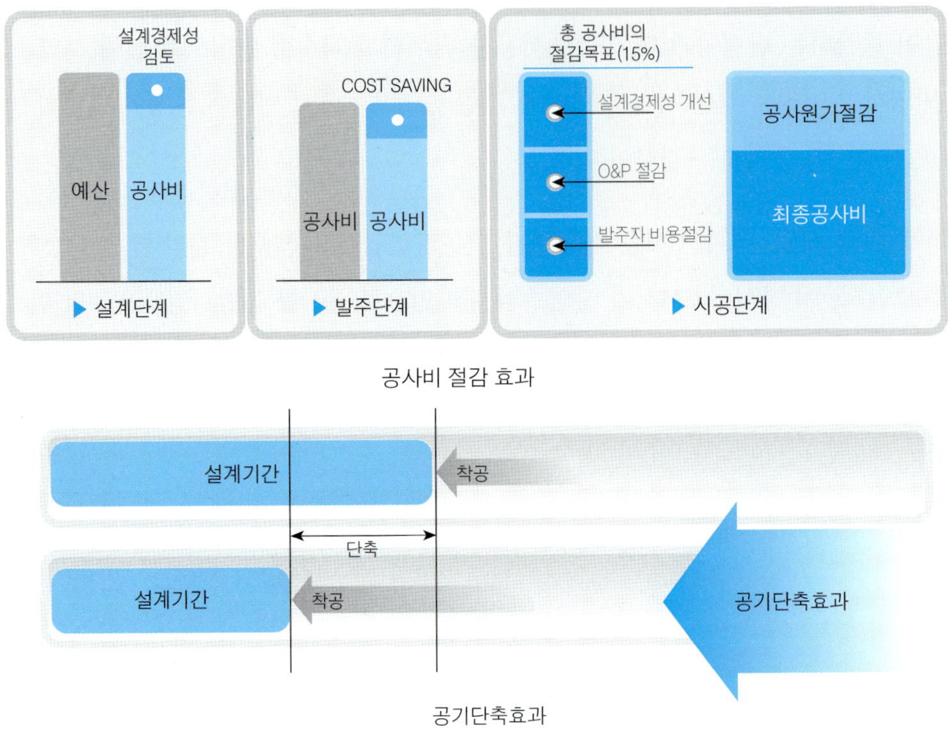

그림 2-3 사업관리형 CM의 공사비 절감 및 공기단축 효과

CM이 설계관리를 통하여 발주자의 요구사항, 설계지침, 설계기준, 각종 설계조건에 대한 사전 지식을 바탕으로 LCC(Life Cycle Cost: 생애주기비용) 관점에서 VE(Value Engineering) 및 시공성 분석 등 다양한 기법을 이용하여 사업비를 최소화하고 관리 효율을 극대화 시킬 수 있다.

2.3 삼성전자 헝가리 V2공장 프로젝트 사업관리형 CM 적용

1) 프로젝트 개요

55개의 SMD[2] 라인과 19개의 PBA[3] 생산라인으로 구성된 삼성전자 헝가리 V2공장은 71,649m²의 대지에 생산동을 포함한 총 27,903m²의 공장 시설로서 PC(precast concrete)[4] 및 철근콘크리트 구조의 건물이다. 본 프로젝트는 전자산업 설비 공장이라는 특성상 공장 설비 및 전기 시스템의 적기 설치가 프로젝트 성공에 매우 중요한 요소이기 때문에 최적의 시스템 선정/조달/설치 등 체계적인 관리가 요구되었다.

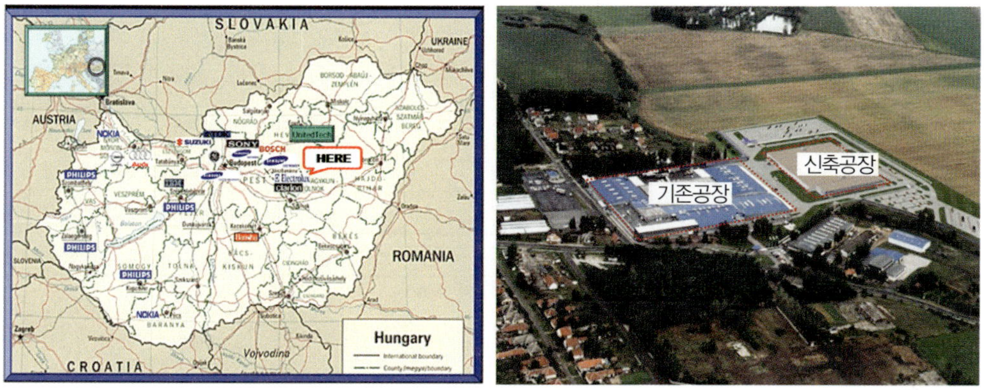

그림 2-4 프로젝트 위치 및 대지 전경

---

2) SMD(Surface Mounted Device) : 표면 실장 장치, TV 부품을 생산하는 설비의 일종.

3) PBA(Printed Board Assembly) : TV메인보드 접합.

4) PC(precast concrete) 구조 : 공장에서 고정 시설을 가지고 기둥, 보, 바닥판 등의 부재(部材)에 철제 거푸집을 만들어 양생시킨 기성 콘크리트 제품을 현장에 설치하는 구조 형식.

표 2-1 프로젝트 개요

구 분	내 용	
공사명	SAMSUNG Electronics Hungary(SEH) V2 Factory Project	
발주처	삼성전자(주)	
CM사	한미글로벌(주)	
사업 기간	예정공기 : 2007년 1월 ~ 2007년 8월(8개월) 최종공기 : 2007년 1월 16일 ~ 2007년 8월 9일(6.8개월)	
공사 금액	USD 25,800,000	
대지 면적	71,649㎡(외부 트럭 주차장 포함)	
건물 연면적	27,903㎡(8,430평)	
	생산동	22,317㎡(6,751평)
	세관 및 경비동	192㎡(58평)
	재활용 창고 및 위험물 적재소	1,814㎡(548평)
	경비실	52㎡(15평)
	소방탱크 및 펌프실	800㎡(242평)
	유틸리티(압축기 및 전기실)	670㎡(202평)
구조 형식	PC 및 철근콘크리트 구조	
층고	공장동 5.1m/사무동 4.9 m	
용도	SMD 및 PBA 생산 라인	

2) 사업관리형 CM 적용 배경

본 프로젝트는 삼성전자에서 동유럽을 중심으로 증가하고 있던 **LCD** 및 **PDP TV** 수요에 대응하기 위하여 기존의 헝가리 **V1** 공장과 슬로바키아 공장 **K2**와 **K3** 외에 신축한 공장(**V2**)이다. 발주처인 삼성전자에서는 헝가리 **V2** 공장의 신축을 위하여 현지 업체 및 현지에 진출한 국내 시공사에 공사비 견적을 의뢰하였고, 그 결과가 당초 예산보다 상회하자 당사에 공사비 제안을 의뢰하였다. 이에 한미글로벌은 국내외의 각종 **CM** 공사 수행경험을 바탕으로 공사비를 검토하였고, 기존의 시공일괄발주 방식으로는 발주처에서 제시한 공사비를 만족시키기 어렵다는 결론을 내렸다.

공사비를 획기적으로 절감하기 위해서는 일반건설업체와의 도급계약보다는 발주처가 전문건설업체에 공종별로 직발주하는 방안이 최적 대안으로 판단되었으며, **CM**사는 **2007**년 당시 국내에서는 다소 생소한 개념이었던 분리 발주를 기반으로 한 사업관리형 **CM**의 적용을 전제로 공사비를 제안하였다. V2 공장은 전체적으로 SMD 라인으로 구성되어 있기 때문에 일반적인 생산라인에 비해 유틸리티 시설 및 냉난방 환기설비공사(HVAC, Heating Ventilation and Air Conditioning)의 금액 증가가 예상되었다. 이를 해결하기 위해 유사사례인 슬로바키아의 K2 및 K3 공장의 공사비를 비교하여 사업비 예측을 하면서, 공사비 산정을 위한 출장 등을 통해 시공사들로부터 공사비 관련 정보 및 환율의 변동 추이 등 각종 자료를 면밀히 분석하였다. 그 결과 한미글로벌은 현지에 진출한 국내의 1군 시공사보다 33% 낮고, 현지 시공업체 보다도 15% 더 경제적인 공사비를 제시할 수 있어 발주처와 사업관리형 CM 계약이 성사될 수 있었다.

표 2-2 프로젝트 수주 시 공사비 제안 현황

구 분	국내 시공사	현지 업체	한미글로벌
공사비 제안금액	USD 39,000,000	USD 32,000,000	USD 26,000,000
비율(최고가 대비)	100 %	82 %	67 %

프로젝트 초기, 한미글로벌이 제안한 공사비는 국내 시공사 및 헝가리 현지업체에서 제시한 금액과 비교했을 때 매우 파격적인 제안이었으나, 당사와 프로젝트 수행경험이 없던 발주자로서는 공기 내에 모든 업무를 완수할 수 있는지에 대한 우려를 나타냈다. 특히, 야간 및 휴일작업을 하지 않을 것이라는 현지 업체에 대한 부정적 인식 때문에 국내업체를 선호하는 의견이 지배적이었으나, 공사를 수행한 후 하자보수 및 유지관리에 대해 CM사가 책임을 질 수 있는지에 대해서는 의문을 제기하였다.

이러한 문제를 해결하기 위해 CM사는 헝가리 업체로부터 단가자료를 수집하고 국내 단가와 비교 제시함으로써 당사가 제시한 초기 공사금액으로 충분히 프로젝트 수행이 가능하다는 것을 발주처에 설득하였다. 또한, 발주처 현지직원의 도움을 받아 선정한 현지 도급 순위 상위권의 전문건설업체의 우수성을 제시하여 현지업체 선정에 대한 발주자의 우려를 해결하였다.

유지관리 측면에서 발주자의 염려를 불식시키기 위해서 CM단은 입찰서에 유지관리보수 기간을 국내보다 길고 명확하게 명기하여 향후 일어날 수 있는 하자 등에 대하여 선정된 업체가 책임질 수 있도록 하였다. CM단 인원이 투입된 이후에는 킥오프미팅(kick off meeting)을 실시하여 사업관리형 CM과 CM사의 사업관리 수행능력에 대하여 충분히 설명하였고, 발주자가 가장 고민하고 있는 예산, 공기 등을 포함한 마스터플랜을 작성하여 CM사의 사업능력에 대한 발주처의 신뢰를 얻고자 노력하였다.

3) 프로젝트 조직 구성 및 분리 발주 체계

본 프로젝트는 공사비 절감을 목표로 사업관리형 CM방식에 따라 공종별 분리 발주를 실시하였다. 당 현장은 약 31개(건축/토목:15, 기계설비:12, 전기:4)로 나누어서 공사가 진행되었기 때문에 여러 시공사를 동시에, 독립적으로 관리해야 하는 조직화된 관리체계가 요구되었다. 개별 발주방식은 공기와 원가에 직접적인 영향을 미치는 중요한 부분으로 CM단은 많은 시간과 노력을 투입하여 원활한 발주가 이루어지도록 지원 및 주관하였다. 입찰은 촉박한 공사일정을 고려하여 패스트 트랙(fast track)방식으로 설계와 시공을 병행하여 진행하였다.

해외 프로젝트에서 시공사와 일괄계약이 아닌 분리 발주를 추진할 경우는 발주자, CM사 그리고 현지 설계사 상호 간에 유기적인 협력이 유지되어야만 단기간에 효율적으로 업무를 수행할 수 있다. 당사는 CM단을 중심으로 각 관련조직의 적극적인 참여를 바탕으로 한 통합관리 협력체계를 구축하였다. CM조직은 CM단장을 중심으로 토목, 건축, 기계설비, 전기설비 및 소방업무를 공종별로 구성하여 전체 프로젝트의 사업관리를 수행하였다.

CM단은 삼성전자 한국본사에서 파견된 2명의 직원과, 삼성전자 헝가리 법인에서 배치된 2명의 현지 직원들과 함께 근무하면서 발주처와 분리 발주된 시공업체들 등 다수의 참여자들 간에 불협화음이 발생하지 않도록 유기적인 협력체계를 구축하였다.

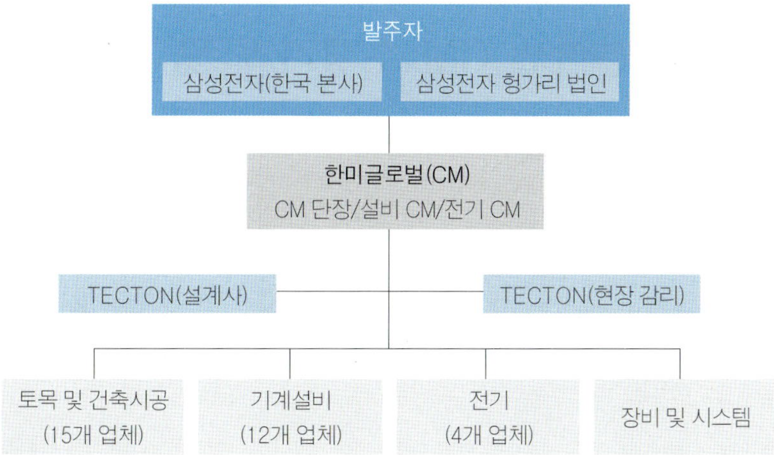

그림 2-5 프로젝트 수행조직

chapter

03 관리 분야별 CM 수행사례 및 성과

3.1 CM 업무 개요

1) CM 업무 범위

CM사는 공사 전반에 걸쳐 발주자, 설계 및 감리업체 그리고 전문건설업체 간의 의사소통 창구 역할을 담당함으로써 각 분야의 건설사업관리를 수행하였다. 분리 발주방식의 특성상 독립적인 여러 전문건설업체를 동시에 관리하기 위해서는 체계적인 CM 업무 수행이 필수적이기 때문에 사업초기단계부터 프로젝트 각 단계별 수행업무에 대하여 상세한 계획을 수립하고, 주요 관리 항목을 선정하여 사업관리 업무를 수행하여야 한다. 삼성전자 헝가리 공장 프로젝트에서 CM사가 수행한 업무는 시공 전(前) 단계와 시공 단계, 시공 후(後) 단계로 구분할 수 있다.

시공 전(前) 단계에는 설계 진행 과정에서 발주자의 요구조건에 부합하는 설계안을 도출하기 위한 설계 관리 업무와 프로젝트 전반의 공정계획 수립 업무 등을 담당하였다. 패스트트랙 방식 도입에 따라 설계, 업체 선정, 시공이 유기적으로 수행되도록 체계적인 마스터 스케줄(master schedule)을 계획하였다. 뿐만 아니라, 성공적인 공종별 분리 발주 적용을 위해 공사범위 검토, 전문건설업체 입찰 및 계약관리를 중점 관리 항목으로 설정하여 업무를 수행하였다.

시공 단계에서는 공정관리, 원가관리, 품질관리, 안전관리, 인허가관리 등 전반적인 CM 업무를 수행하였으며, 플랜트 사업의 특성상 기계 및 전기 설비 시스템이 큰 비중을 차지하기 때문에 이에 대한 생산, 반입, 설치에 대한 밀착관리를 실시하였다.

시공 후(後) 단계에는 사전 인수인계 계획을 수립하고, 시설관리자 사전 교육 실시 및 1개월간 초기 공장가동을 위한 관리 지원업무를 통하여 준공 후 신속한 공장가동이 가능하도록 철저한 준비를 하였다.

표 3-1 프로젝트 단계별 주요 CM 업무

단계 구분	주요 CM 업무
시공 전(前) 단계	• 설계 협업(coordination), 최적 공법, 시스템 및 VE 제안 • 프로젝트 예산 및 공사비 예가 산정 • 프로젝트 수행 계획서 작성 • 마스터 스케줄 작성 • 입찰에 따른 공사범위 검토, 입찰 시공사 선정 검토 • 입찰 결과분석 및 계약 업무 추진
시공 단계	• 발주자를 대행한 CM 현장관리 업무 추진 • 설계 및 감리자 업무조정 역할 • 설계도면 검토, 문제점에 대한 해결안 및 VE 제시 • 일정관리, 공기지연 시 만회대책 수립 • 시공도 및 시공방법 검토 및 제안 • 인허가 업무 지원 • 자금 관리 업무, 기성관리 및 설계변경에 따른 공사비 변경관리 • 자재 및 시스템 관련 사양 검토 • 현장 시공관리 • 현장 설계변경 발생 시 설계도서 검토 및 최적 예산 산출, 대안제시 • 시공자의 안전관리 점검 및 확인 • 정기적인 관리보고서 작성 • 기술적 측면에서의 발주처 보조 수행 • 자재 및 공법 검토
시공 후(後) 단계	• 유지관리 지침서 작성 검토 및 확인 • 인수, 인계 계획수립 및 주관 • 발주자의 최종공사비 정산 지원 • CM 완료보고서 작성 • 시설관리자 사용교육 및 1개월 초기가동 관리 지원

2) CM 관리 방침

CM단은 건설사업관리 업무 수행을 위해 각 분야별 CM 관리 방침을 수립하여 관리의 효율을 도모하였다. 해외 건설공사의 특성을 파악하여 현지 업체와의 협력체계를 구축하기 위해 발주처의 헝가리 현지 직원과 유기적인 관계를 유지하였으며, 매주 화요일 9시와 수요일 오후 2시에 주간공정회의를 실시하여 모니터링체계를 구축하였다.

프로젝트 초기 단계에서 수립한 CM 관리 방침은 〈표 3-2〉와 같다.

표 3-2 분야별 CM 관리 방침

분 야	CM 관리 방침
공정관리	• 공사 일정계획 수립 시 고려사항 – 우기, 명절, 휴가, 인허가 소요일 등을 제외한 절대공기 관리 – 장비 및 기구 반입일정에 따른 존(zone) 핸드오버(hand-over) • 마스터 스케줄 관리 – 전체 및 골조 후 마감공사, 인테리어 및 잔여공사 – 계약 마일스톤 추적관리 – 주요공정의 단계별 마일스톤 설정
원가관리	• 월 기성 관리 • 설계변경 : 발주처 지시에 의한 작업지시서(FI)로 통보 및 기록 유지 • 제반경비 : 각종 인허가, 교통영향평가비용, 공통경비, 기타 등
품질관리	• 품질 보증 : 공인된 자재 사용 및 시험 관리 • submittal : 자재, 하도업체, 시공도면, 시험 등 도면 및 시방서 기준 • 주요 관리항목 설정 : 공장바닥 평활도 및 방수, 건물외장 • 공종별 시공계획 검토 및 작업 확인
안전관리	• 안전 계획서 • 주간 안전점검 실시 • 현장 내 청결 : 쓰레기 수거, 기계 및 자재반입에 따른 집기류 포장 처리 • 화재 예방 : 소화기 비치, 흡연 구역 지정
타 시공사와의 협조	• 인테리어 공사 : 대전 타일 및 비닐 타일 • 기계장비 및 집기류 투입 관련 내부 마감공사 • 핸드오버

3.2 설계관리

헝가리 현지 현장에 CM단이 투입된 것은 설계사가 건축허가를 신청하기 위해 허가도면을 준비하고 있던 시점으로, 변경된 토목/구조도면을 바탕으로 철거 및 토공사, 파일공사 등을 신속히 진행시켜 예정된 공기 내에 남은 프로젝트 일정을 완료하도록 하는 것이 최대 관건이었다. 결국 패스트 트랙 방식에 따라 철거공사를 필두로 하여 토공사와 파일공사 계약을 진행하는 동시에 변경된 도면으로 시공을 진행하였으며, 이에 따라 정해진 준공 및 오픈 일정을 달성하기 위해서 인허가 일정 및 절차를 집중 점검하였다.

CM단은 효과적인 설계관리를 위해 다음과 같은 사항에 중점을 두고 업무를 진행하였다.

- 기존공장과 신축공장의 바닥 레벨(level) 차이를 1.5m 확보하기 위한 성토량 조절 및 진출입로 동선검토
- 유틸리티 건물 내 장비류 제원을 파악하여 각 출입문 크기 검토
- 공장동의 냉난방 환기 시스템을 루프 탑 유닛 타입(roof-top unit type)[5]으로 검토
- 운영 관리 차원에서 보일러실의 위치를 건물 내로 이동 검토
- 공장동 난방 시스템을 전기와 가스 타입으로 비교 검토
- 냉난방 시스템의 덕트(duct) 크기와 루트, 장비류 설치에 따른 배관설치를 위한 PC 골조부재 반영
- SMD 라인의 냉난방 환기 및 배기 시스템에 대해 에너지 절감 및 유지관리 차원에서 단순화 요구
- 소방 시스템이 기존 공장과 통폐합하여 사용 가능한지 검토
- 공장동 건물 구조 형식의 프래캐스트 콘크리트에 따른 공조장비 위치 검토
- 롱 리드 아이템(long lead item)에 대한 상세설계 단계부터의 집중 관리

설계 검토는 건축, 기계, 전기, 구조, 설비 등 각 분야별 도면을 검토하여 시공 단계에서

5) 일반적인 중앙 공조시스템에서 나타나는 문제점 및 단점을 보완한 시스템으로 마이크로 컨트롤에 의해 냉방, 난방, 환기의 모든 공조시스템을 한 대의 유닛으로 자동 컨트롤하며, 내구성 및 장비효율이 뛰어남.

발생할 수 있는 문제요소들에 대해 사전 확인과 기술 검토를 함께 실시함으로써 계획된 설계가 기술적으로 반영될 수 있도록 하였다.

건축 공사에서는 공장 내부 도면 및 기획설계, 입찰도서를 검토하여 향후 공장의 확장이나 변경이 발생할 경우를 고려한 내부평면의 적정성을 검토하였고, 이 검토내용은 구조, 설비 및 전기 변경도면에 반영되었다. 또한 건축 마감공사 도면의 검토를 통하여 마감사양이 발주자의 요구조건에 부합하는지를 확인하고, 최종적으로 발주자와의 협의를 통하여 바닥, 벽, 천정 마감을 구획별로 정리한 후 건축마감 입찰도면에 반영하였다.

기계설비 공사에서는 기본설계 검토를 바탕으로 공장동 생산라인에 최적의 냉난방 환기 및 배기 시스템과 공기 압축기(air compressor)시스템 도입 등 초기투자비와 유지관리 비용을 고려한 경제적이고 효율적인 대안을 검토하여 V2 신 공장에 적합한 시스템을 제시, 적용하였다.

전기공사는 현지 법규에 대한 이해를 바탕으로 기본설계의 적합성을 검토하였으며, 전원 공급 방법 및 각 영역별 조도 검토, 변압기 위치 검토 등을 실시하였다. 그 밖의 구조, 설비 및 전기 도면 검토는 본사의 엔지니어링팀에 의해 전문적인 검토가 이루어졌다.

이 과정에서 발생하는 설계변경 사항은 발주자에 의한 설계변경과 CM단의 기술검토에 의한 설계변경으로 구분하여 관리절차에 따라 조치하였다.

발주자에 의해 설계변경이 요청된 경우에는 CM단이 1차적으로 적정성 검토를 실시하였으며, 필요사항에 대해서는 설계사에 변경 지시를 내려 발주자로부터 설계변경승인을 얻었다. 설계변경승인이 완료된 사안에 대해서는 설계사에 통보하고 대관청에 설계변경허가신청을 하도록 함으로써 최종 허가통보를 받은 후 변경작업을 실시하였다.

CM단의 기술검토에 의해 설계변경이 요구되는 경우는 CM단이 발주자에게 설계변경을 제안한 후 발주자의 설계변경승인이 이루어지면 설계사에 변경을 통보한 후 대관청에 변경신청을 하게 된다. 일부 설계변경 사항에 대해서는 대관청과 CM단이 허가와 관련한 협의를 진행하기도 한다.

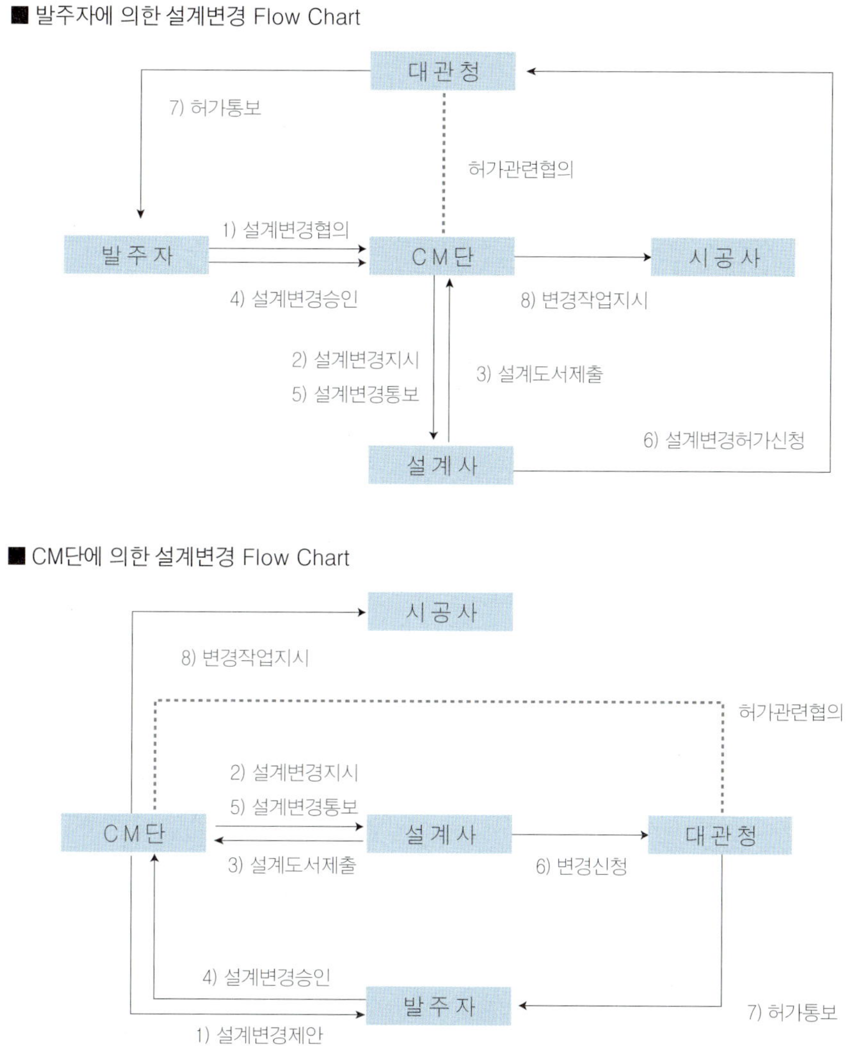

그림 3-1 **설계변경 업무 절차**

3.3 계약관리

계약관리는 프로젝트의 성패를 좌우하는 중요한 업무이다. 그러나, 국제적 기준에 부합하지 않는 계약 및 조달 규정, 발주자 위주의 계약 관행, 계약관리의 전문성 부족 등으로 국내 건설 산업의 계약관리는 가장 취약한 분야로 판단된다.[6] 시공사 일괄도급방식의 경우에는 시공사 선정을 위한 단일 계약만 실시하지만, 사업관리형 CM으로 진행된 본 프로젝트의 경우는 31개의 공종별 전문건설업체와 별도의 계약이 이루어져야 했기 때문에 특히 철저한 계약관리가 요구되었다.

본 프로젝트에서는 패스트 트랙 방식을 적용하기 위하여 건축허가를 취득하기 전부터 철거공사를 진행시켰다. 또한, 최종 설계도서가 완성되기 전에 건축허가도면 상태에서 발주 및 계약을 진행함으로써 허가 이후 즉시 토공사 및 건축공사가 수행되도록 하였다. 동구권은 지역의 특성상 영어가 통용되는 곳이 아니기 때문에 계약서 작성과정에서 어려움이 많았다. 이러한 문제를 해결하기 위해 초기 토공사 및 건축공사를 수행할 현지 업체 선정과 계약 조건 등은 발주처와 협의를 통해 확정하고, 이를 반영하여 설계사가 헝가리어와 영어로 계약서를 작성한 후 CM사가 최종적으로 재검토 및 확정하는 방식으로 계약업무를 수행하였다. 이후의 전기 및 설비 등 장비류 발주는 헝가리 현지 업체들 대신에 전 유럽을 거래하는 업체들과의 계약을 통하여 국제적 기준에 부합하는 영문 계약서를 사용하였다.

이 과정에서 설계도면, 현장 여건 및 헝가리 현지 정서 등을 감안한 추후 설계변경 요소들을 최소화하기 위한 조건과 사업비와 연계된 요소들을 계약조건에 포함함으로써 추후 발생할 수 있는 사업비 변동 사안들에 대비하였다. 이러한 계약 내용들은 결과적으로 CM단이 시공과정에서 관리하여야 하는 요소의 증가로 이어졌지만, 다수의 업체가 참여하는 분리 발주 공사에서는 철저한 계약관리가 프로젝트 성공을 위한 필수 요소라는 인식하에 계약사항에 따라 모든 공사일정이 원만히 이루어질 수 있도록 노력하였다.

〈표 3-3〉은 분리발주가 이루어진 주요 공종의 계약 현황으로, 선행 공종의 업체 선정과 계약이 완료된 후 시공을 진행하면서 동시에 후속 공종의 발주를 준비하는 등 전반적인 공사 일정을 준수할 수 있도록 계약을 진행하였다.

---

6) 한미글로벌(2006), "Construction Management A to Z" 426쪽.

표 3-3 주요 계약 현황

공 종	공사 착수일	공사 완료일	공 종	공사 착수일	공사 완료일
토 공 사	2007.01.16	2007.04.20	일반 전기	2007.03.27	2007.07.13
파일 공사	2007.01.26	2007.02.28	소방 펌프	2007.03.01	2007.05.10
골조 공사	2007.02.05	2007.05.10	공기 압축기	2007.05.20	2007.06.10
수로 이설공사	2007.02.19	2007.03.18	소방 배관	2007.03.15	2007.06.10
외장 공사	2007.02.28	2007.05.05	위생,난방,가스	2007.03.22	2007.06.15
Site Utility	2007.03.12	2007.06.10	덕트 및 우수	2007.03.22	2007.06.15
건축 마감공사	2007.04.23	2007.06.20	Roof top unit	2007.03.22	2007.06.10
외부 마감공사	2007.05.22	2007.06.20	DVM	2007.04.02	2007.06.15
UPS	2007.03.01	2007.06.05	UPS실 냉방	2007.04.11	2007.06.10
수배전반	2007.02.27	2007.06.10	옥외 가스	2007.04.25	2007.05.30

3.4 공정관리

공정관리에서 가장 주안점을 둔 사항은 헝가리 현지규정이나 법적사항들을 파악하여 상황에 맞는 일정관리를 수립하는 것이었다. CM단은 삼성전자 헝가리 법인의 파견직원의 지원을 받아 건축허가, 소방검사 및 전기 인입, 준공필증 등의 인허가관리를 수행하였다. 또한, 〈표 3-4〉와 같이 다양한 주변 유럽국 소재의 업체에 발주 및 공급 받아야 하는 주요 기계, 전기 공사의 롱 리드 아이템에 대해 생산, 현지 공장검수 및 반입일정을 고려하여 집중적인 관리를 실시하였다.

표 3-4 롱 리드 아이템 현황

항 목	반입 국가	항 목	반입 국가
Transformer	스페인	SAMSUNG DVM	한국
UPS	이탈리아	Cooling equipment in UPS room	이탈리아
Air-compressor	벨기에	Boiler	네덜란드
Sprinkler pump	독일	Humidifier	스위스
Rooftop Unit	터키	AHU	이탈리아

공정표는 CM단에서 작성한 마스터 스케줄과, 이를 기반으로 시공사에서 작성한 시공

스케줄(construction schedule), 시공 스케줄에 따라 예정공정과 실적공정의 비교검토를 위해 작성한 월간 스케줄(monthly schedule), 주 단위 공정관리를 위한 주간 스케줄(weekly schedule)로 분류된다〈그림 3-2〉.

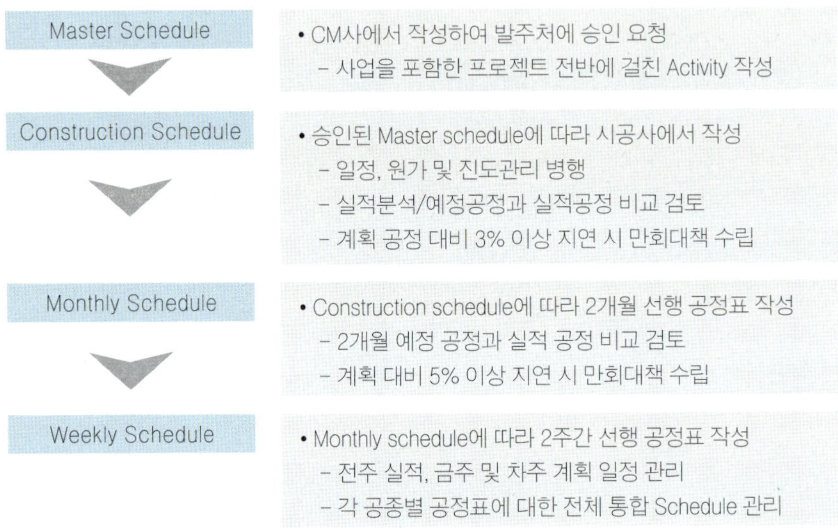

그림 3-2 공정표 작성

촉박한 공사일정에 대응하기 위해 발주자와 CM단이 참여하는 공정회의를 매일 실시하여 공사 진척도에 대한 검토와 협의를 진행하였으며, 일일보고를 통해 발주자와의 유대관계를 유지하였다. CM단, 설계사, 시공사가 참여하는 공정회의는 매주 화요일에 실시하여 현지 법규에 대한 적정성 검토와 상호 간 커뮤니케이션을 증진하였다. 장비 납품업체라 할지라도 공정상 필요한 경우 회의에 참석토록 입찰서에 명기함으로써 세부 공정에 대한 관리에도 주의를 기울였다.

공사를 진행하는 과정에서 예기치 않은 문제로 인해 일부 공사가 지연되기도 하였는데, 토공사에 착수할 무렵 헝가리 현지 유물관련 허가청으로부터 유틸리티/세관 주차장에 유물이 있을 것으로 추정된다는 이유로 공사중단 공문이 접수되었다. 이 때문에 당초 마스터 스케줄보다 약 2달 정도가 지연되서야 공사에 착수할 수 있었으며, 현지 시공업체와의 집중 작업을 통해 부진 공정을 만회할 수 있었다.

본 프로젝트는 2007년 1월 1일에 사업에 착수하여 8월 31일까지 8개월 내에 모든 공사를 완료하는 것이 당초 계획이었으나, 이를 단축하여 약 6.8개월만에 성공적으로 프로젝트를 완수하였다. 이는 어려운 여건에서도 시공사로 하여금 야간작업 및 휴일근무를 강화시키고, 설계변경에 대해 공기를 단축할 수 있는 기술적 방안을 제안하는 등의 노력이 뒷받침되었기에 가능한 성과라 생각한다.

3.5 원가관리

프로젝트 착수 전 발주자 측의 사업예산은 현지에 진출한 국내 시공사의 공사비 제안금액을 기초로 USD 39,000,000를 계획하고 있었으나, 당사에서는 현지 설계사가 제시한 금액인 USD 32,000,000보다 적은 USD 26,000,000를 제안하여 예산대비 67%의 금액으로 사업예산을 절감함으로써 CM 프로젝트를 수주하게 되었다. 따라서, CM사가 제시한 비용 내에서 효율적으로 사업비를 운영할 수 있는 원가관리가 무엇보다 중요한 이슈였으며, CM단은 현지 상황과 프로젝트의 성격을 고려하여 원가관리계획을 수립하였다.

SMD 라인으로 구성되어 있는 당 현장의 특성상 일반적인 생산라인과 상이한 점이 많기 때문에 유틸리티 공사금액이 상대적으로 증가할 것으로 예상하였고, 현지 건설업체의 동향 및 물가 파악 등을 위해 현지 1~2군 건설업체들과의 회의를 토대로 공사비 예가를 반영하였다. 최종적으로 확정된 공사비 예산인 USD 25,800,000를 관리하기 위해 패스트 트랙으로 진행되는 각 공종별 계약을 지명경쟁 입찰방식으로 실시하였으며, 누락되거나 추후 클레임이 예상되는 항목이나 조건 등을 검토하여 계약서에 반영하였다. 또한 CM단은 현장개설 이후 예산 확정을 위한 프로젝트 발주 계획(project procurement plan)을 작성하고, 플랜트 공사에 요구되는 기계 설비 시스템 등의 검토를 통해 본 프로젝트의 예산을 발주처에 제출, 확정 받았다.

프로젝트 수행기간 동안의 원가관리는 매주, 매월단위로 계약금액 및 설계변경 등의 추이를 관리하였고, 시공사나 자재업체와의 설계변경 항목 협의를 위하여 관련도면 및 계약조건을 철저히 검토하여 변경사항을 사전에 최소화하도록 노력하였다. 이런 노력으로 인해 조기 준공에 따른 조기 공장가동이 가능하였고, 결과적으로는 제품의 조기 판매실적 달성이라는 성과를 거둘 수 있었다.

3.6 품질관리

본 프로젝트는 글로벌기업인 삼성전자의 동구권 공장 설립을 위해 추진된 공사이기 때문에 기계, 전기설비 등에 대한 품질관리가 무엇보다 중요하였다. 이를 위해 기계설비 기획설계의 시스템 구성을 전반적으로 파악하여 검토하였으며 검토결과를 근거로 작성된 기본설계, 특히 SMD 라인, PBA 라인의 HVAC시스템 및 공기 압축기 설계를 중심으로 경제적인 최적의 시스템을 찾고자 하였다.

뿐만 아니라, 삼성전자의 자체 품질보증(Quality Assurance, 이하 Q/A)심사규정에 적합하게 품질을 관리하여 해당기준을 만족하는 품질을 확보하였으며, 이 과정에서 헝가리 법적사항을 준수하기 위해 노력하였다. 헝가리 법규 사항에 대해서는 설계사와의 질의 응답을 통해 발주처에 정보를 제공하였으며, 헝가리 법규 사항과 발주처 자체의 Q/A 기준을 크로스체크하여 최대한 반영토록 기술적으로 접근하였다. 예를 들어, 헝가리 법규에는 외부 소화전을 100m마다 설치하는 것이 가능하였지만 발주처 Q/A 기준에서는 50m마다 설치되도록 규정하였기 때문에 강화된 기준에 맞춰 적용하였다. 결과적으로는 Authority on Site Inspection을 통과하고 임시 사용 허가(temporary using permit)를 접수할 수 있었다.

3.7 특징적 CM 수행 내용

전자 산업설비 공장의 건립에 있어서 가장 핵심이 되는 업무는 설비 및 전기 시스템의 설치라고 할 수 있다. 삼성전자 헝가리 공장의 경우 설비 및 전기 시스템의 주요설비와 특징을 시공사 일괄도급방식과 비교하여 효율 및 투자비를 산정하면 〈표 3-5〉와 같다. 본 프로젝트에서는 장비 및 시스템의 성능은 고효율을 갖추고, 유지관리 보수비용을 최소화할 수 있는, 즉 LCC 측면에서 유리한 성능을 확보할 수 있도록 하였다.

표 3-5 장비/시스템 효율 및 투자비

구 분	사업관리형 CM	시공사 일괄도급방식
장비/시스템 품질	검증된 Global Vendor 최상 품질의 장비 발주 및 시설	시공사 실행 예산 범위 내 장비 발주 및 시설(일반적)
발주처 투자비	100%	100%
결과	고성능 및 저유지보수 비용	평균 성능 및 고유지보수 비용

- HVAC 설비 : TV 생산라인의 온도 및 습도 유지를 위한 냉·난방 환기시설은 필수 설비이며 루프탑(rooftop) 공조기와 천정형 DVM에어컨, 가습시스템 및 보일러로 이들 부하를 담당하도록 시설함. 특수실인 UPS room, 통제실(control room)에는 별도 쿨링시스템(cooling system)을 구축하여 전기, 전자 및 통신장비를 보호토록 함
- 공기 압축기 공급설비 : 생산라인 장비에 안정된 압축공기 공급은 안정된 전기공급 만큼이나 필수적인 설비임
- 위생 및 가스설비 : 공장 내 급수, 급탕, 오배수설비, 옥외 조경설비용 심정설비 및 보일러용 가스설비를 시설함
- 수변전설비 : 25km 떨어진 변전소로부터 2MW, 3MW, 5MW를 각각 수전하여 생산장비, 동력 장비 및 조명설비에 전원을 안정적으로 공급함. 우리나라의 한국전력에 해당하는 회사인 EMASZ와, 전기안전공사와 같은 기관인 TMBF로부터 검사를 받음
- UPS설비 : 3상 220V용 1.6MW, 1상 230V용 1.2MW를 설치하여 정전 시에 대비하여 생산 장비에 안정적인 전원을 공급하여 생산차질을 방지함
- 조명설비 : 각 천정 모듈에 맞는 조명기구설치(생산동–FPL55W/4), 가로등은 수은등으로 설치함
- 전열설비 : 각 장소에 맞는 전열기구 설치. 특히, 화장실과 같이 물기가 있는 장소에는 방수형 및 고감도 전류 부착형 콘센트를 사용함
- 피뢰침 및 접지설비 : 기존의 건물과도 연접하여 등전위 접지를 시설함

- 방송설비 : 스피커 8W 설비를 설치함
- 소화설비 : 용력동 소화 물탱크에 저장된 소화 용수를 소화 펌프를 통하여 스프링 클러 및 소화전 시스템에 공급토록 상시 가동 대비함. 특수실인 전기실 및 UPS실, 통제실(control room)에는 이너젠(inergen) 소화가스설비를 완비하여 비상 시 대비함. 자탐설비를 구축하여 화재 시 건물 전체의 모든 전원을 차단할 수 있는 장치를 정문에 설치, 공장동의 스카이라이트에 대해 화재 시 오픈할 수 있는 시스템을 설치하였으며 아날로그 감지기를 부착함
- TV생산 장비의 핵심인 SMD와 PBA장비에 대한 전원이 다양(전압이 상이)하기 때문에 각 장비별로 일목정연하게 제시하여 공사에 차질이 없도록 하였음

표 3-6 주요 설비 시스템

구 분			담 당
HVAC설비	공장동	Rooftop AHU	생산설비 냉난방 부하 및 환기 60%
		DVM air-con.	생산설비 냉난방 부하 40%
		Humidifier	생산설비 가습
		Exhaust fan	생산설비 장비 배기
		Boiler	창고, 사무 zone 온열원 장비
		Heating Unit	창고 난방
		UPS cooling	UPS실, Control room 냉방
		Radiator	공장내 사무실, 회의실, 기계실 난방
	사무존	AHU	사무실, 회의실 냉난방 부하 및 환기
		DVM air-con.	사무실, 회의실 냉난방 부하(내주부)
		Radiator	사무실, 회의실 난방 부하(외주부)
	부속동	Split unit	부속동 냉난방
Compressed Air 설비	공장동	Air-compressor	용력동 Air-compressor 설비에서 생산된 Compressed air를 공장동 생산설비에 압축공기 공급
Transformer 설비	공장동	수변전 설비	공장동 및 용력동 전기실의 수변전 설비에서 생산된 전기를 공장동 간 선별로 공급
UPS 설비	공장동	UPS설비	공장동에 UPS를 설치하여 정전 시 공장동 생산 장비를 가동하기 위해 각 기기별로 무정전 전원을 공급하여 생산차질 방지
소화설비	공장동	스프링클라 이너젠가스설비 자탐설비	공장동 스프링클러설비, 옥내소화전 설비, 옥외소화전 설비 담당. 전기실 및 UPS실, Control room에 이너젠 소화가스설비 완비 자탐설비를 구축

chapter 04

맺음말

삼성전자 헝가리 공장 프로젝트는 한미글로벌이 CM을 수행한 대표적 해외공사라고 할 수 있다. 비록 건물의 사용승인 과정에서 당초 예상과 달리 다소 차질을 보이기도 하였으나, 공장 생산기계 반입, 설치 및 가동 등 모든 일정이 무리 없이 진행되었다.

공사 마무리 단계인 2007년 6월 15일에는 V2 신축공장에서 Jaszbenyszaru City 시장, 주 헝가리 한국대사 등이 참석한 삼성전자 헝가리 공장 법인설립 18주년 기념식이 거행되었으며, CM사는 V2공장의 성공적 준공 공로를 인정받아 삼성전자 헝가리 법인장으로부터 감사패를 받기도 하였다.

본 프로젝트의 주된 의의는 다음과 같이 정리할 수 있다.

첫째, 혁신적인 원가절감을 바탕으로 파격적인 공사비관리를 실시하였다. CM사가 경쟁사에 비해 현저히 낮은 공사비로 프로젝트를 수행할 수 있었던 이유 중의 하나는 현지 업체와의 네트워크 구축을 기반으로 한 각 공종별 분리 발주방식의 적용이었다. 공종별 분리 발주방식(다중시공방식)은 시공 단계를 종합적으로 관리하는 종합건설사의 역할이 부재하기 때문에 발주자가 시공 담당주체인 전문업체와 직접계약을 체결하게 되며, 이 때문에 발주자는 다수의 전문업체를 관리해야 하는 부담을 안게 된다. 따라서, 이와 같은 발주방식에서 CM의 역할은 결정적이라고 할 수 있으며, CM의 사업수행능력 여하에 따라 전체프로젝트 품질이 결정된다고 볼 수 있다. 반면, 종합건설사 역할을 하는 주체가 부재하기 때문에 전체 공사비 측면에서 상당한 절감효과를 얻을 수 있으며, 이로 인해 본 프로젝트는 계획된 예산 내에서 목표한 바를 달성할 수 있었다.

둘째, 발주자, 시공사, 설계사 등 프로젝트 참여자와의 긴밀한 협력관계를 유지하여 시너지효과를 창출하였다. 발주자와 매일 공정회의를 실시하여 공사 진척도 및 검토사항들을 일일보고 하였으며, 각 협력업체와는 매주 공정회의를 실시하여 현지 법규에 대한 적정성 검토를 실시하였고, 커뮤니케이션에 대한 이해를 높이고자 설계사도 함께 참여하도록 하였다. 공사를 진행하던 중 예기치 못한 현장 내 유물발견으로 인해 유틸리티동의 골조공사가 약 2주정도 지연되는 사례가 발생하였음에도 불구하고 당초 예정된 8개월의 공사일정을 6.8개월만에 완료할 수 있었던 것은 CM단과 여러 업체들의 노력이 있었기에 가능하였다.

셋째, 헝가리 현지 법규와 발주처의 기준을 만족시켜 높은 수준의 품질관리를 달성하였다. 당 현장은 헝가리 현지법규 뿐만 아니라, 이보다 엄격한 삼성전자의 자체 테스트에도 충분히 만족하는 품질을 확보하였다. 또한, 매주 안전관리 체크리스트와 부적합한 안전관리 시정조치서를 적용하여 전직원의 안전관리 의식을 고취시켰으며, 특히 현지업체의 안전불감증을 해소하기 위해 안전 전담인력을 고용하여 철저한 관리가 이루어지도록 노력하였다. 그 결과 단 1건의 경미한 안전사고도 발생하지 않은 무재해 현장으로 프로젝트를 마무리할 수 있었다.

넷째, 발주자에게 CM의 필요성과 효과를 입증하였다. 본 프로젝트를 수행할 당시만 해도 발주처는 CM에 대한 인식이 부족하였을 뿐 아니라, CM이 수행하는 업무와 역할에 대해서도 의문을 갖는 경우가 많았다. 때문에 당사가 초기에 제시한 공사비가 달성 가능한 목표치인지 우려를 표하였으며, 이러한 우려를 불식시키기 위하여 CM의 장점과 역할에 대해 발주처를 충분히 이해시켰고 신뢰관계를 구축하기 위해 최선의 노력을 다하였다. 프로젝트를 수행하면서 발주처 내부 간의 이견, 즉 본사와 현지법인의 상충되는 요구제시 등으로 인해 CM단의 현장관리에 어려움을 겪는 부분이 있었지만, 이러한 커뮤니케이션 관리 역시 CM단의 역할이었기 때문에 중간자의 역할로서 원만한 관계형성을 위해 여러 지원을 하였다.

다섯째, 해외 현장의 지역적 특수성을 고려하여 사전준비를 철저히 하였다. 동유럽권은 CM사에게는 다소 생소한 지역이었기 때문에 현지 실정에 적합한 고품질의 성과를 얻기 위해서는 철저한 사전준비가 필요하였고, 이를 위하여 인근의 유사한 건축물들을 벤치마킹하였다. 또한, 시설물의 기능상 필요한 시설인 경우에는 발주자를 설득하여 품질향상이 우선시 되도록 유도하였으며, 사업에 대한 의사결정이 필요한 경우 CM단은 항상 발주자 측면에서 영향을 분석하고 보고서를 작성하여 결과적으로 발주자가 원하는 건축물에 부합하도록 진행하였다.

삼성전자 헝가리 V2공장 프로젝트는 당사의 성공적인 해외 건설사업관리 수행이라는 성과 외에도 여러 측면에서 많은 시사점을 남긴 프로젝트이다. 본 프로젝트에 적용한 분리 발주방식 기반의 사업관리형 CM의 장점을 활용하여 국내 건설프로젝트에도 확대 도입될 수 있는 기회가 되기를 바라며, 향후 유사 프로젝트 수행 시 본 프로젝트가 조금이나마 도움이 되기를 기대한다.

Part 12

싱가포르 마리나베이샌즈 복합리조트 프로젝트

C·O·N·T·E·N·T·S

chapter

01 머리말

싱가포르는 동남아시아에 위치한 도시국가로, 국가의 총 면적이 대한민국의 서울크기 정도에 불과하지만 강한 정부조직을 통해 계획적인 거시 경제를 실현하고 있다. 싱가포르는 지속적인 경제성장을 위해 인구성장계획을 수립하고 있으며, 기존의 물류, 금융 외에 관광산업분야의 개발을 추진하면서 다양한 리조트, SOC사업(남북 지하철 공사, 도심 통과 지하도로)을 바탕으로 최대의 건설 호황을 맞고 있다.

싱가포르 마리나베이샌즈 종합리조트(Marina Bay Sands Integrated Resorts) 프로젝트는 싱가포르 금융 및 상업 중심지역에 인접한 마리나베이(Marina Bay) 매립지역의 개발사업으로, 싱가포르 정부의 관광산업 활성화 및 외국인 투자 유치 정책에 따라 경제성장을 목표로 추진된 사업이다. 싱가포르 정부는 인구 증가를 위한 신성장동력의 전략적 사업의 일환으로 미국의 호텔 및 카지노 사업의 선두 주자인 라스베가스 샌즈(Las Vegas Sands, 마카오 베네치안 호텔 투자사)와 전략적 제휴를 맺고 본격적인 사업 추진에 돌입하였다.

마리나베이샌즈 리조트의 핵심이라고 할 수 있는 호텔사업은 이스라엘 출신의 건축가 모쉐 사프디(Moshe Safdie)에 의해 설계되었으며, 기존에 시도하지 않았던 창의적인 디자인으로 세계 건축계에서 '기적'으로 불리고 있다. 더구나, 현실적으로 불가능해 보이던 설계안을 가능하게 한 국내의 시공기술력은 전 세계의 주목을 끌기에 충분했다. 피사의 사탑(5.5도)보다 약 10배 더 기울어진(최고 기울기 52도) 건물과 3개동 호텔 최상층의 스카이파크(sky park) 공사는 본 프로젝트의 가장 큰 화두였으며, 이제껏 시도해보지 않았던 다양한 측면에서의 노력이 필요하였다. '세계에서 가장 짓기 어려운 프로젝트' 로 불릴 만큼 난공사였던 본 프로젝트는 다년간의 건축기술 노하우를 바탕으로 한 선진 기술력의 쌍용건설과 사업관리 업무조정자이자 협업파트너인 한미글로벌의 전문성이 결합되어 최상의 시너지를 창출한 프로젝트라 하겠다.

chapter

02 프로젝트 개요

싱가포르 마리나베이샌즈 복합리조트 프로젝트는 호텔, MICE(Meeting, Incentive, Conventions, Exhibition), 극장, 카지노, 박물관 등이 신축되는 총 4조 3천억 규모의 대형 프로젝트이다. 공사 수행 방식은 라스베가스 샌즈가 수행한 마카오 투자 사업 방식과 동일한 방식으로 진행되었으며, 발주자의 CM조직은 한미글로벌과 같은 연합조직(alliance partner)이 협업을 위해 파견되었다. 호텔, 카지노, 컨벤션, 예술 박물관 및 인프라 시설 등의 5개 공구로 분할

그림 2-1 바다에 접한 마리나베이샌즈 복합리조트 프로젝트 전경

하여 수행되는 이번 공사는, 다수의 현지 및 해외 시공업체가 참여한 대규모 복합프로젝트이다.

한미글로벌은 본 사업에서 가장 중요하다고 할 수 있는 호텔프로젝트에서 주 시공사인 쌍용건설을 관리하는 발주자 CM조직의 협업 파트너로서 원활한 업무 조정을 통해 사업관리의 효율을 높이고, 프로젝트의 조정자이자 발주처 사업관리조직의 일원으로 참여하였다.

표 2-1 프로젝트 개요

구 분	내 용
프로젝트 명	마리나베이샌즈 복합리조트 프로젝트(Marina Bay Sands Integrated Resort Project)
발주자	라스베가스 샌즈(Las Vegas Sands Corporation)
대지면적	155,000m² (46,888평)
건축 연면적	581,400m² (175,873평)
투자 사업비용	사업 전체 : S$ 5,050,000,000(한화 4조 3천억, 토지 및 건설비 포함) 호텔 공사 : S$ 1,400,000,000
사업기간	2006년 6월 30일~2010년 3월 29일
공사기간	2006년 12월 1일~2010년 3월 29일
구조	철근콘크리트(지하 5층 지상 57층)

마리나베이샌즈 복합리조트는 41,000m² 규모의 전시공간과 48,000m²의 회의공간, 9,200m²의 볼룸이 계획된 MICE와 2,000석 규모의 대형극장과 3,700m² 규모의 카지노, 20,000m² 규모의 예술과학 박물관 등을 통해 다양한 프로그램과 이벤트를 위한 레저공간을 제공하고 있다.

표 2-2 층별 규모 및 용도

Area	용 도	층수	건축면적	연면적
포디엄 (Podium)	상점, 식당, 카지노, 전시장, 컨벤션센터 및 회의실, 극장	B5 – 5F	44,380m²	304,600m²
호텔 (Hotel)	2,650 객실	B3 – 57F	9,915m²	256,600m²
파빌리온 (Pavilion)	바다 수중 식당	B2 – 1F	760m²	4,000m²
예술박물관 (Art Museum)	박물관	B2 – 3F	1,280m²	16,200m²

싱가포르 뿐만 아니라 전 세계적인 건축 조형물이 된 세 개의 경사진 고층 호텔은 다이내믹한 외관에 2,600여개의 호텔 객실마다 별개의 조경된 발코니 정원을 두어 호화 호텔로 설계되었다. 특히, 세 개의 호텔을 연결하여 건설된 10,000m² 규모의 호텔 옥상 스카이파크(sky park)에는 마리나 바다를 조망할 수 있는 환상적인 뷰(view)가 제공된다.

그림 2-2 마리나베이샌즈 호텔 스카이 파크

뿐만 아니라, 마리나 바다 수중에 건설되는 2개의 정자식 파빌리온(pavilion)은 수중 터널식 복도로 연결되어 다양한 분위기를 연출하고 있으며, 박물관 지붕에 마련된 3천석 규모의 관람석에서는 야간 조명 워터 쇼(water show)를 관람할 수 있다.

그림 2-3 마리나베이샌즈 복합리조트 야간 조감도

2.1 프로젝트 조직

본 프로젝트가 갖는 규모와 상징성으로 인해 싱가포르 현지 업체뿐만 아니라 한국, 미국, 중국, 영국 등 국제적으로 기술력을 확보한 다양한 업체들이 사업에 참여하였다.

분야별 참여업체를 정리하면 다음과 같다.

- 원가관리(cost consultant) : RHLB(Rider Hunt Levett & Bailey) 싱가포르
- 건축설계(architect) : Aedas 미국
- 구조설계(structure engineers) : ARUP 영국
- 조경설계(landscape architect) : Peter Walker & Associate 미국
- 기계전기설비설계(service engineer) : Parsons Brinkerhoff 미국
- 호텔공사 : 쌍용건설 외 19개 지명 하도급사
- 포디엄공사 : 현지 및 중국 업체 외 다수의 지명 하도급사

본 프로젝트는 발주처 산하에 프로젝트 건설사업관리단을 두고, 설계 컨설턴트와 다수의 시공 업체를 포함한다. 설계와 시공을 병행(fast track)하는 대형 프로젝트로서 단계별 공정에 준하여 각 공구별로 서로 다른 시공업체에 의해 공사가 진행될 뿐만 아니라 다수의 전문시공업체(specialty)에게 분할 발주하는 다중시공방식(multiple prime contract)을 도입하였다. 다중시공방식은 종합건설업자의 역할을 담당하는 주체 없이 발주자가 선정한 건설사업관리자(CM)에 의해 공사가 수행된다. 이와 같은 계약방식은 복합적이고 규모가 큰 공사에 효율적이며, 발주자로서는 시공사와의 관계에서 발생할 수 있는 문제를 효과적으로 해결할 수 있는 수단이기도 하다.

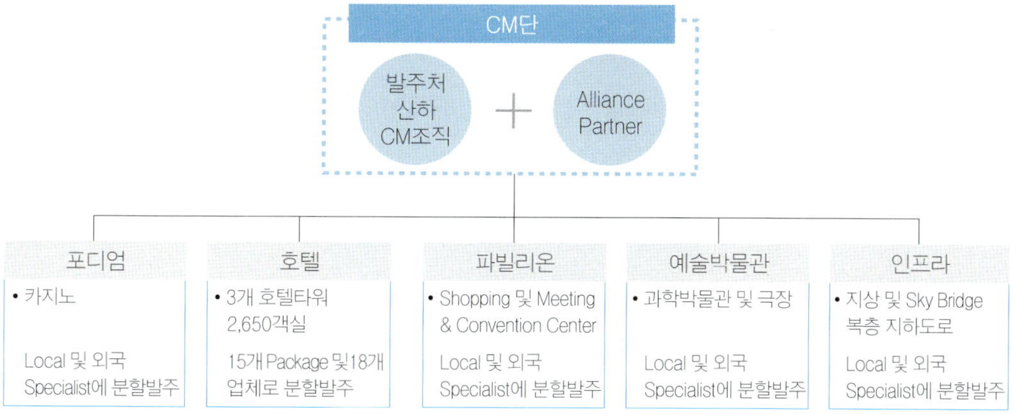

그림 2-4 공사 수행조직

〈그림 2-4〉는 본 프로젝트의 수행조직으로, 발주처 산하의 CM조직과 연합조직(alliance partner)의 CM조직이 전체 공사를 관리하며, 각각의 단위 공사는 다수의 패키지로 분할 발주되었다.

2.2 사업관리(CM) 업무 개요

1) 사업관리(CM) 조직

싱가포르는 건설장비, 인력, 건설자재 및 기계설비 대부분이 제 3국에서 수입되기 때문에 대형 사업관리에 수반되는 공정계획과 기자재 조달계획이 매우 중요하다. 본 프로젝트가 다른 프로젝트의 사업관리와 다른 점은 사업관리 업무를 전문업체에 일괄 용역계약 하지 않고, 발주처가 직접 운영하는 조직으로 구성했다는 점이다. 사업 투자자인 라스베가스 샌즈 그룹은 마카오에서 본 프로젝트와 유사한 호텔 및 카지노 건설 실적 및 노하우를 갖고 있었기 때문에 마카오에서 베네치안 호텔 및 카지노 건설을 수행한 직원들을 본 프로젝트에 투입함으로써 사업관리 효과를 얻게 되었다. 이 과정에서 추가로 요구되는 부족한 CM 전문 인력에 대해서는 개별 채용, 한미글로벌 및 다른 외국의 건설사업관리 기업으로부터 지원을 받아 발주처 산하 CM조직의 협업파트너인 연합조직으로 구성하였다.

2) 대형 사업관리조직 운영 방식

초대형 프로젝트 관리를 위한 사업관리 조직만 265명의 인원이 참여하는 본 프로젝트는 국내뿐만 아니라 해외 여타 프로젝트 관리조직과는 차별된 특성을 갖고 있다.

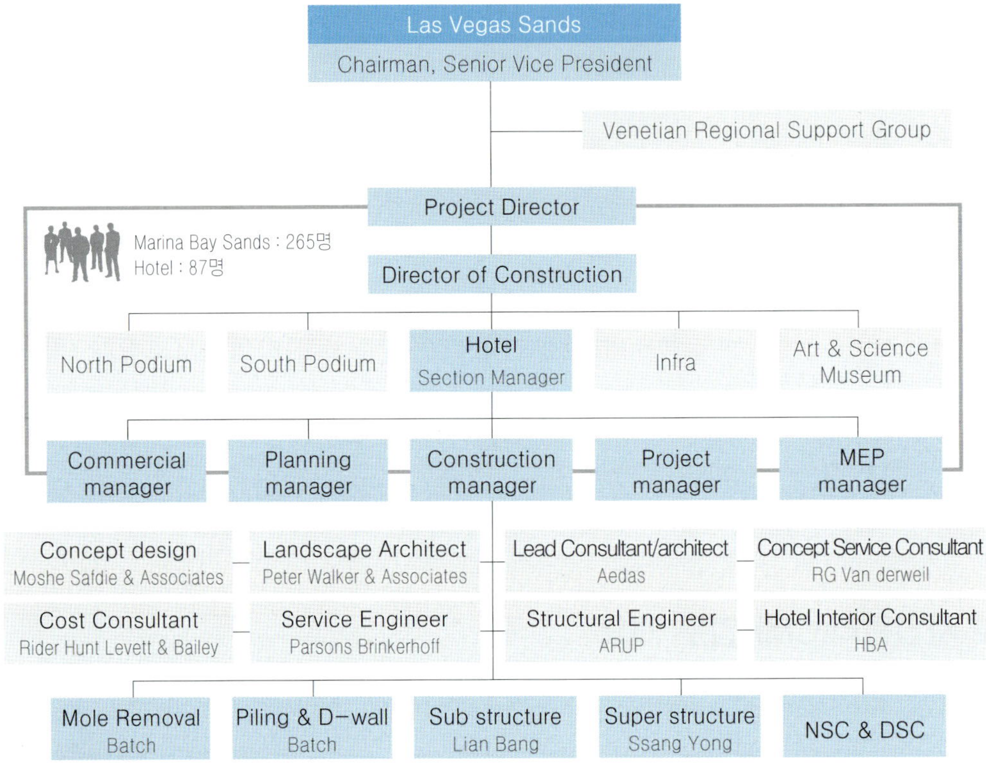

그림 2-5 사업관리조직

(1) 발주처 본사 간의 핫라인(Hot Line) 구축

본 프로젝트는 진행되는 주요업무의 사안에 따라 최종의사결정자에게 즉시에 전달되도록 핫라인 체계를 구축하였다. 즉, 사안에 따라 싱가포르 법인에서 결정해야 할 사항, 마카오 상주 동남아 본부장의 의사결정 사안, 라스베가스 본사 프로젝트 총괄담당 부사장 내지는 회장의 결정이 필요한 사안들에 대한 권한이임 및 전결규정을 분명하게 정의함으로써 의사결정의 혼선과 실기로 인한 프로젝트 지연요소를 최소화하였다.

(2) 프로젝트 통합조직에 의한 원타임 서비스(One Time Service)

현장의 건설프로젝트 조직 내에 인사 및 총무, 경리 및 자금, 물류 및 자재 조달팀과 건설, 법률, 회계 전문가를 현장 지원 부서에 배치 운영함으로써 업무와 관련된 모든 사항들이 건설현장에서 제공되어 즉시 지원될 수 있는 체제를 유지하였다.

(3) 발주처 직원과 협업파트너 간의 의사소통(Key Member 와 Alliance Partner)

다국적 다자회사 소속의 인력 투입에 따른 문화적 격차와 개별 기업의 업무방식에 의하여 발생될 수 있는 문제점 및 기타 관리상 발생될 수 있는 문제를 최소화하기 위하여, 비록 협업방식에 의하여 일시적으로 파견된 직원이라 하더라도 발주처 인사규정에 준하여 별도의 파견형식의 고용계약을 체결하도록 하였다. 곧, 전 구성원에게 동일한 조건으로 일관된 인사관리규정을 적용함으로써 서로 다른 소속원에 대한 관리상의 혼선을 줄일 수 있었다. 그 밖에도 좋은 일터(Great Work Place) 활동 강화의 일환으로 호프데이, 디너파티 및 스포츠 동우회 등을 통하여 골프와 축구 시합을 수시로 개최하여 동료 간의 커뮤니케이션 활성과 친목을 도모하였다.

(4) 프로젝트 보안 및 홍보

프로젝트의 기술유출 방지와 준공 후의 보안을 위하여 외부 인터넷 접속 및 USB 메모리를 사용할 수 없도록 하고, 외부 방문자는 직원의 안내에 의하여 현장 출입을 허용하는 엄격한 보안통제를 하였다. 또한, 공사현장을 진 · 출입하는 직원이나 기능공은 지문 인식 출입 보안용 스피드게이트(speed gate)를 통해서만 사무실이나 건설공사장에 진입하도록 통제하였다.

(5) 업무의 복수담당 배치

대부분의 업무는 복수로 담당자를 두어 휴가 및 출장, 이직으로 인하여 발생될 수 있는 업무 공백을 없애고 업무의 연속성을 유지하도록 하였다. 또한, 외국인과 현지인을 적절히 배치함으로써 현지규정과 관행에 준하여 업무가 추진되도록 하여 업무 혼선을 최소화하였다.

(6) 다중시공방식(multiple prime contract)방식의 적용

〈그림 2-5〉에서 보는 바와 같이 초대형 프로젝트에 준하는 직영체제의 사업관리(CM) 조직은 통합지원조직과는 별개로, 5개 공구로 분할하여 공구별 사업관리 조직을 두고 있다. 또한, 각 공구의 건설규모에 따라 다수의 건설업체를 선정하여 투입함으로써 단일 업체로 인한 리스크를 줄이고, 전문성을 바탕으로 전문건설업체를 개별 계약함으로써 공사의 효율성을 높여 일괄계약으로 낭비될 수 있는 원가를 절감하도록 하였다. 다만, 호텔 공구와 같은 대형 건축프로젝트에는 원도급(main contractor)의 관리와 계약적인 책임을 부여함으로써 각 건설사 간의 업무조정역할을 하도록 하였다. 이와 마찬가지로 설계관련 컨설턴트 역시 각 분야별 전문 컨설턴트에게 분할하여 발주하되 그에 대한 통합적인 조정 역할을 건축설계 컨설턴트에게 책임을 부여하였다.

CM단이 사업관리업무에 참여한 호텔 공구의 경우 다음과 같은 공사에 대하여 분할 발주를 실시하였다.

- 몰(mole) 제거 및 파일링(piling) : 매립지역의 돌 제거와 파일 기초 공사
- 지하연속벽 공사(diaphragm wall)
- 토공사 및 저층 바닥 골조를 포함한 기초 공사(sub-structure work)
- 원도급사로 지상 골조를 포함한 지명 하도급 관리(main contract work)
- 지명 하도급사 다수로 분할되는 전문하도급(nominated sub-contract)
- 외벽 공사(exterior cladding)
- 옥상 정원 철골공사(sky park steel structure)
- 일반 건축 마감공사
- 인테리어 공사(interior work) : 인테리어 공사는 호텔 타워별로 3개사에 분할 발주
- 소방시설 공사(fire fighting work)
- 냉난방 공조설비 공사(ACMV)
- 설비배관 및 위생설비공사(plumbing & sanitary)
- 빌딩 자동화 설비 공사(Building Management System, BMS)
- 전기공사(electrical work)

• 엘리베이터 및 에스컬레이터 공사(lift & escalator)
• 화재 경보 설비(fire alarm)

위와 같이 패키지로 분할하여 18개사에 발주하였다.

3) 호텔 공구의 사업관리조직

호텔공사는 지하 3층 지상 57층의 3개의 건물로 구성된 가장 중요한 공구로써 거대한 사업관리조직으로 운영되었다. 호텔공사의 사업관리를 담당하는 주요 키 멤버의 조직과 업무는 다음과 같이 정리할 수 있다.

(1) 호텔담당 매니저(hotel section manager)

호텔공사와 관련된 모든 사업관리 업무와 공사 진행에 따른 주요 공종별 지명하도급사(nominate sub-contractor)의 선정 등 사업관리 전반을 총괄한다.

(2) 계약담당 매니저(commercial manager)

계약팀은 지명하도급사의 선정 및 중간기성금 사정, 설계변경 및 공기와 연관된 추가공사 금액에 대한 검토 및 집행 업무를 수행한다.

(3) 공정담당 매니저(planning manager)

프로젝트 총괄 공정팀과 연계한 호텔 공구 공정팀은 공정계획의 수립 및 각 시공사의 공정별 진도관리와 지연공정에 대한 만회대책의 검토 및 조정 업무를 수행한다.

(4) 공사담당 매니저(construction manager)

시니어 공사매니저 아래로 각 호텔 타워별 3명의 공사담당 매니저와 각 타워별 공사관리팀을 조직하여 주로 공사 현장에 상주하면서 공사 시공계획, 공사 진도관리, 안전 및 품질 전반에 대한 업무를 수행한다.

(5) 프로젝트 매니저(project manager)

호텔 공사의 사업관리 전반을 수행하는 총괄 시니어 프로젝트 매니저와 원도급 시공사 간의 업무조정 역할을 하는 시니어 프로젝트 매니저, 2명의 프로젝트 매니저 및 팀원에 의하여 사업관리에 수반되는 전반적인 업무를 수행한다.

(6) 패키지 매니저(package manager) 및 기타 업무 담당

다중시공방식에 의하여 공정 단계별로 분할 발주를 하게 됨에 따라 주요 분할 도급 업무를 수행 할 패키지 매니저는 외벽공사(external cladding), 옥상공원(sky park), 내부 마감공사(interior work) 등을 전담하여 수행한다. 그 외에 기계설비 담당 매니저, 설계관리 담당 매니저, 품질관리 담당 매니저 및 안전관리 담당 매니저가 각 팀원과 함께 관련사업 관리 업무를 수행한다.

chapter

03 프로젝트 주요 과업 내용

3.1 주요공사 추진 계획 및 공법

한미글로벌 CM단이 참여한 호텔 공구 프로젝트는 사업관리 수행 업무 중 가장 핵심적인 공사로 볼 수 있다. 본 장에서는 쌍용건설이 시공하고 한미글로벌이 사업관리에 참여한 호텔공사를 중심으로 프로젝트 수행사례를 소개하고자 한다.

사업관리자로서 CM단은 시공사와 발주처와의 원활한 조정자 역할을 수행하는 업무를 맡았으며, 시공사 간의 각종 회의 참여 및 코디네이션 업무 수행, 시공사 직원 보강 및 투입 협의, 협력업체 인력 충원 타절 여부 검토, 주요 크리티컬 이슈(공정만회 대책, 품질개선방안, 착공 클레임, 설계변경 클레임 등)에 대한 조정, 문화적 차이에 대한 문제 완화 등의 업무를 담당하였다.

싱가포르는 지진이 발생하지 않는 지역으로 대부분의 초고층 건물은 철골구조가 아닌 철근콘크리트구조로 설계되어 있다. 이러한 추세에 따라 마리나베이샌즈 호텔에서도 철근콘크리트구조로 공사를 진행하게 되었다. 마리나베이샌즈 호텔의 주요 공사 추진계획 및 공법은 다음과 같다.

1) 지하연속벽(Diaphragm wall) 방식의 지하 토공사 추진

3개의 고층 빌딩으로 구성된 지하공사는 타워 3구역의 일부를 제외하고는 각각 지하연속벽을 축조하여 지지대(strutting) 없이 공사를 수행할 수 있도록 시공성을 높였다. 〈그림 3-1〉과 같이 지하연속벽 중간에 띠 형태의 링빔(ring beam)으로 보강하여 중간 지지대 없는 오픈공간에서 토공사 및 골조 공사를 추진할 수 있었다.

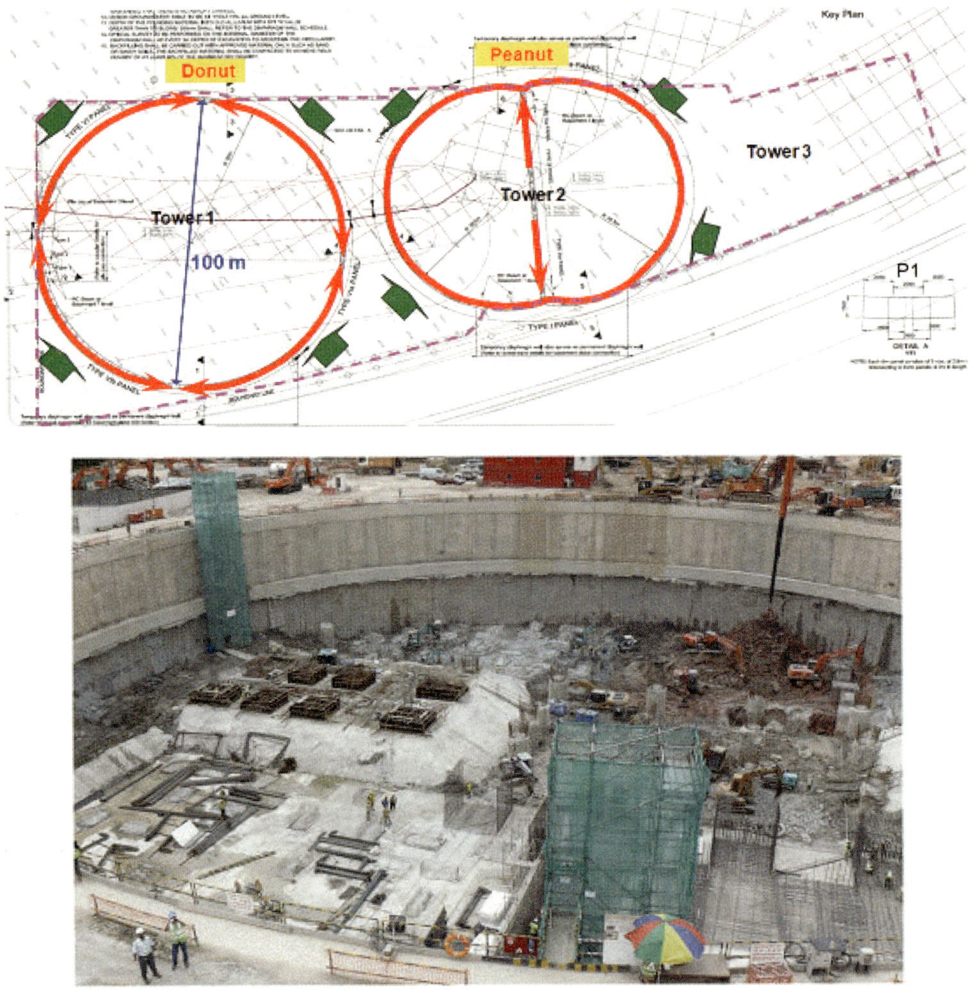

그림 3-1 지하연속벽 및 바닥기초 공사

도넛(donut)과 피넛(peanut) 형태의 지하연속벽은 그 기하학적 형태로 인해 3개층의 지하 토압을 스트러트 없이 지지할 수 있는 공법으로, 작업을 위한 대공간을 확보할 수 있어 자재와 장비 진입이 원활하며, 타워 골조공사를 먼저 진행하면서 별도로 토목공사를 진행하므로 공기단축의 효과를 거둘 수 있다.

본 프로젝트에서는 타워 1과 타워 2에 도넛과 피넛 형태의 지하연속벽을 설치하여 스트러트 없이 공사를 수행였으며, 고속도로와 인접한 타워 3의 경우 지하가 깊지 않고 불규칙한 지형으로 충분한 토압을 받기 어려운 상황이었기 때문에 지지대를 사용하여 기초공사를 진행하였다.

2) 골조공사의 시스템 거푸집 적용

RC 골조공사는 ACS(Auto Climbing System) 거푸집을 이용한 코어선행공법을 적용하고 기준층은 층당 4일 공정으로 계획하여 26개월의 짧은 작업 공기를 준수하고자 하였다. 4일 공정을 위해서 슬래브거푸집은 테이블거푸집을 2벌 사용하여 슬래브 타설 후 7일째까지 거푸집을 존치시켜 싱가포르 시방서를 만족시켰으며, 슬래브 콘크리트 타설 하중을 위하여 하부 4개층까지 동바리를 설치하여 타설하였다. 슬래브 포스트텐션은 콘크리트 타설

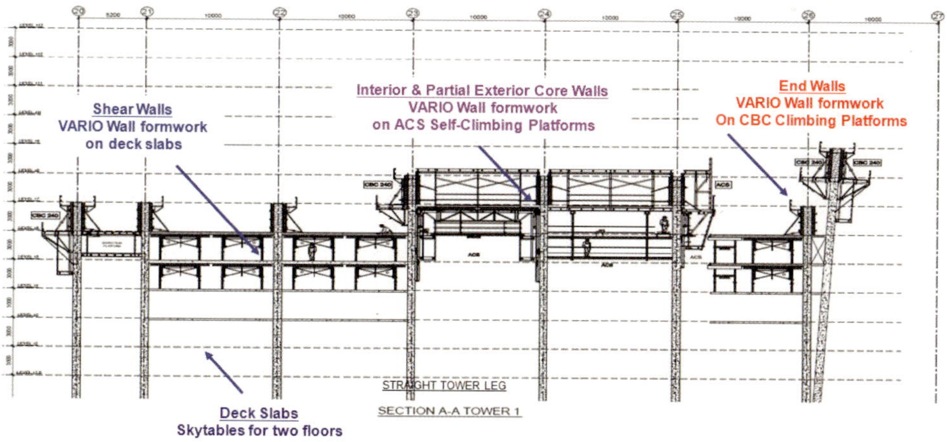

그림 3-2 호텔 골조공사 시스템폼(System Form)

후 강도 25MPa 발현된 이후에 긴장시켰다.[1)]

(1) 외벽 및 격벽

외벽 및 격벽은 페리폼(peri form)을 사용하였으나 공정이 지연될 경우 대형 패널을 지상으로 내려 보내야 하는 양중문제로 인해, 지상 8층 공사진행 중 국내에서 생산되는 알루미늄 패널폼으로 변경하였다. 그 결과 전환 양중 문제를 해결하고 패널 폼타이(panel form tie) 주변의 품질 문제를 개선하여 계획된 공정을 맞출 수 있었다.

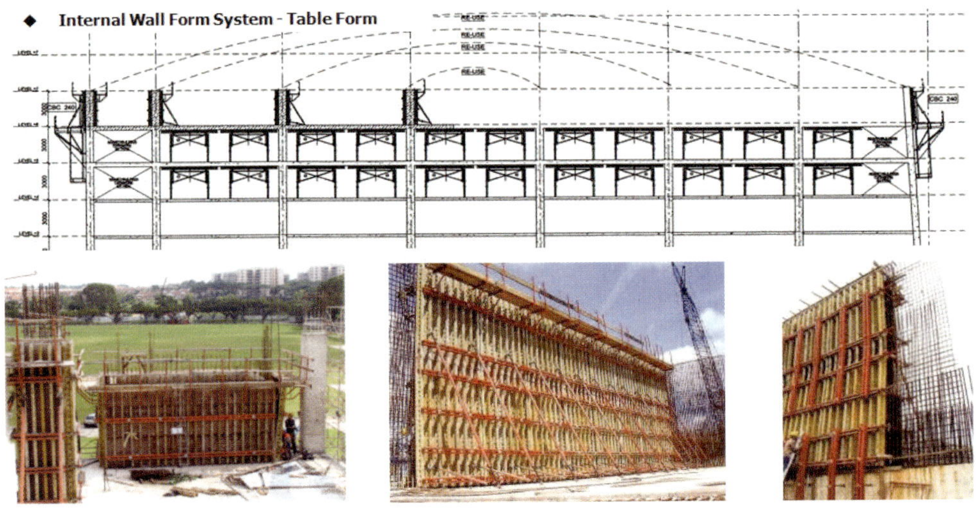

그림 3-3 격벽 쉬어월폼(Shear Wall Form)

1) 장동운, 안국진, 이병구, 채승윤(2009), "싱가포르 Marina Bay Sands IR 호텔의 설계와 시공 - 콘크리트 품질관리와 경사구조물 시공", 콘크리트학회지 제21권 5호.

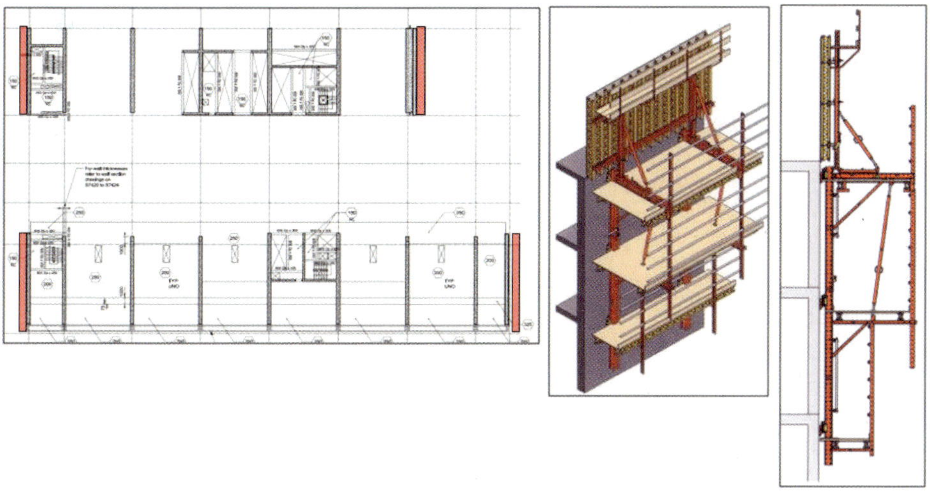

그림 3-4 외벽 앤드월 크라이밍폼(End Wall Climbing Form)

(2) 슬래브폼(slab form)

슬래브는 스카이테이블폼(sky table form)으로 슬라이딩폼을 사용함으로써 4일 사이클 공정을 맞추도록 하였다.

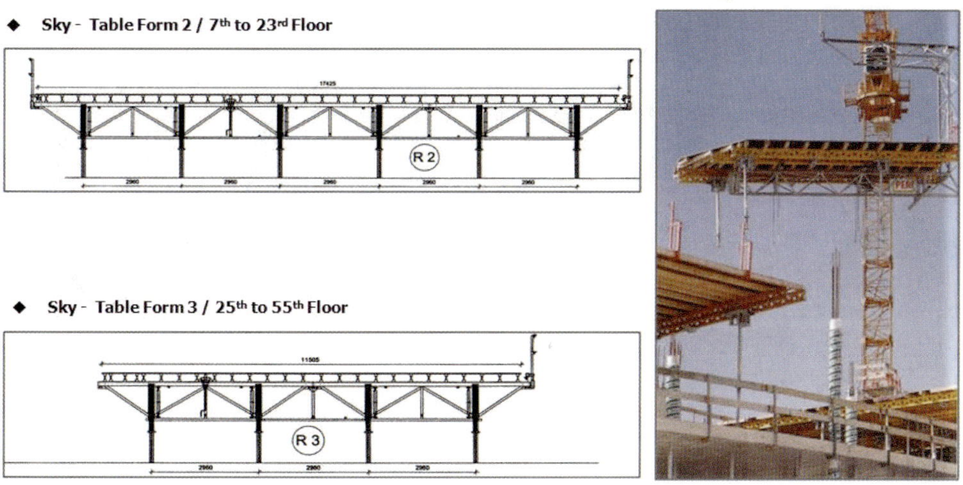

그림 3-5 슬래브 스카이테이블폼(Sky Table Form)

(3) 코어월 폼 시스템(Core Wall Form System)

코어월은 오토크라이밍 시스템폼(auto climbing system form)을 적용함으로써 양중문제 해결과 계획된 공정을 맞춰 갈 수 있었다. 오토크라이밍 시스템폼은 일반옹벽부분에 적용되는 대형 거푸집 형태로서 한층씩 타설하는 일종의 jumping form system으로 양중장비로 양중 · 설치되는 것이 아니고 거푸집에 부착되어 있는 유압잭에 의하여 자동적으로 한 층씩 상승되는 것이 특징이다. 따라서 오토크라이밍 시스템폼을 사용할 경우에는 타워크레인과 같은 양중장비의 지원 양이 적어지기 때문에 타워크레인을 타 공정 즉 철골이나 외벽, 마감재 등을 양중하는데 좀 더 투입할 수 있는 여유가 생기게 되어 타 공정들의 속도가 상승하는 효과를 얻을 수 있다.[2)]

그림 3-6 코어월 오토크라이밍폼(Core Wall Auto Climbing Form)

2) 권상문(2009), "특별기획-초고층 건축물 시공을 위한 ACS(Automatic Climbing System) Form 시공기술", 한국건축시공학회지, v.2 n.1.

3) 경사 구조물의 가설 지지 공법

마리나베이샌즈 복합리조트 호텔은 지상에서 약 52도 기울어진 독특한 형태로 인하여 하중 불균형을 고려한 안정성 확보가 무엇보다 중요하였다. 경사진 구조체의 시공을 위해 지상 골조공사 진행공정에 준하여 철골부재로 임시 지지대(temporary strutting)를 설치하면서 공사를 진행하였다〈그림 3-7〉.

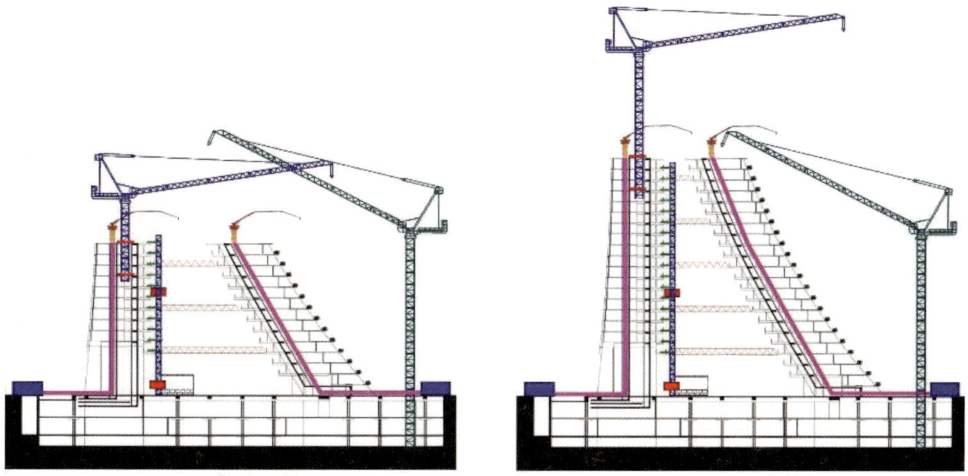

그림 3-7 저층부 가설 지지방법(Low Floor Strut Method)

경사진 구조물이 이어지는 23층 트랜스퍼가드(transfer girder)가 설치되기 전의 하단 구조물은 공정에 따라 공사 단계별로 경사와 수직 방식으로 6차의 가설 철골 지지대를 설치하였다.

〈그림 3-8〉과 같이 2개의 경사진 구조물이 만나게 되는 23~25층간에 설치되는 철골부재의 트랜스퍼가드 공사가 완료되기까지 가설 지지대를 설치하여 공사를 진행하였으며, 칸막이벽인 격벽과 슬래브에는 포스트텐션(post tension) 공법을 적용하여 격벽을 따라 설치된 강선에 인장력을 주어 구조물이 전도되는 힘을 줄임으로써 시공 중 안정성을 확보하였다.

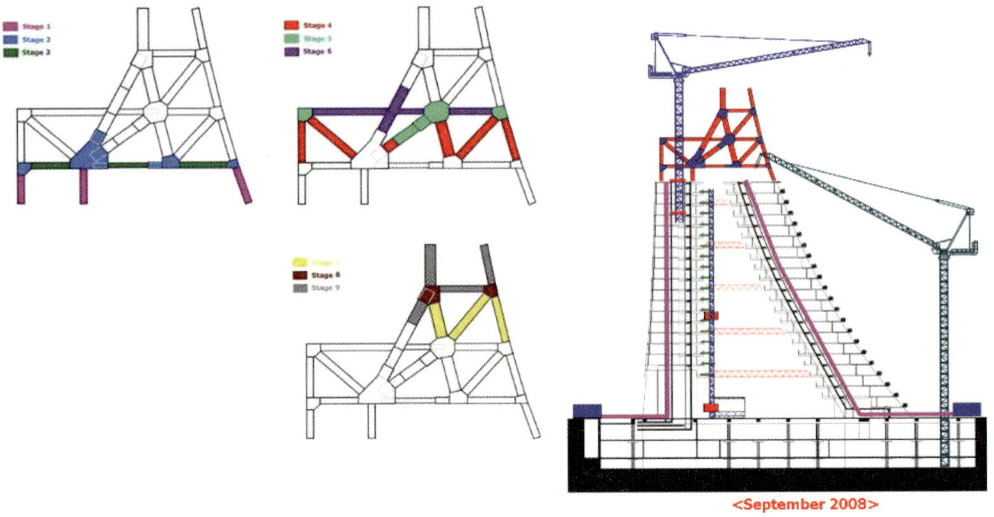

그림 3-8 23층 트랜스퍼가드(Transfer Girder) 설치공사

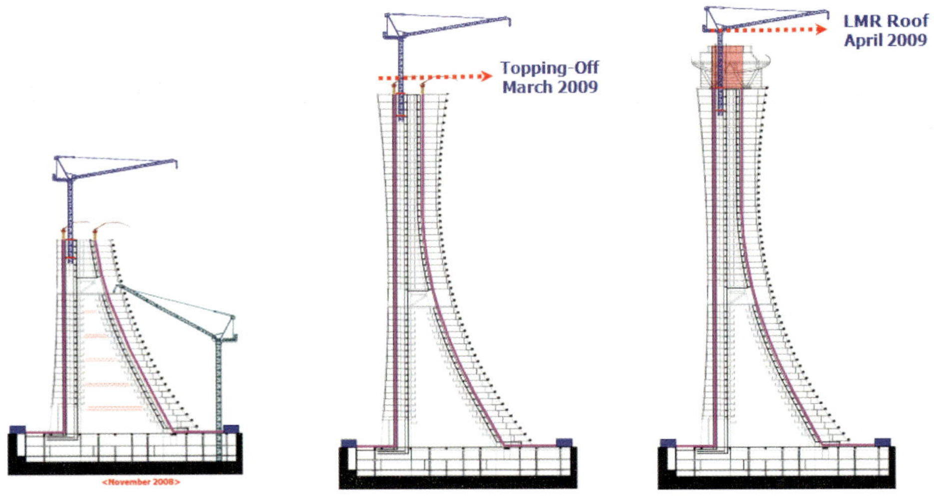

그림 3-9 지상골조공사(Super-structure Construction)

4) 스카이파크(Sky Park)의 철골 구조물 설치

호텔 3개 타워의 옥상을 이어 설치되는 스카이파크(sky park)는 각 타워 간 철골 브리지(bridge) 연결과 75m 길이의 캔틸레버(cantilever) 구조물 등 약 5,700톤의 철골이 설치되었

다. 따라서 공장에서 부분적으로 제작되는 가장 큰 양중 구조물 중 750톤을 인양하여 설치하기 위한 대형 갠트리 리프트(mega lift gantries)가 설치되었으며, 다음과 같은 순서에 의하여 구조물이 설치되었다.

표 3-1 스카이파크(Sky Park) 철골 구조물 설치 과정

Step 1. 대형 갠트리 리프트 설치
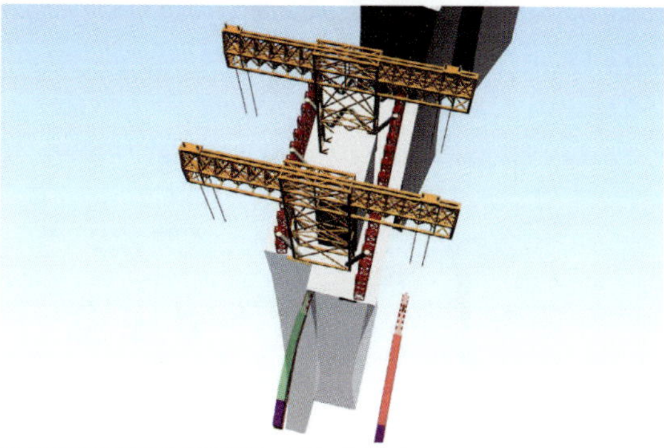
Step 2. 제작된 철골구조(Pre-fabricated Steel-Structure)
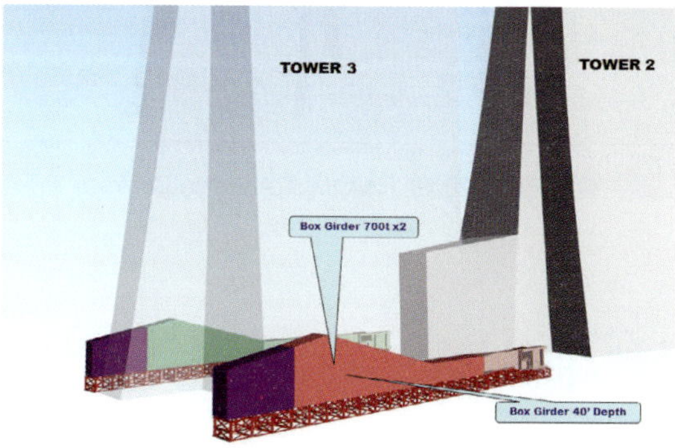
Step 3. 구조물의 인양 및 설치
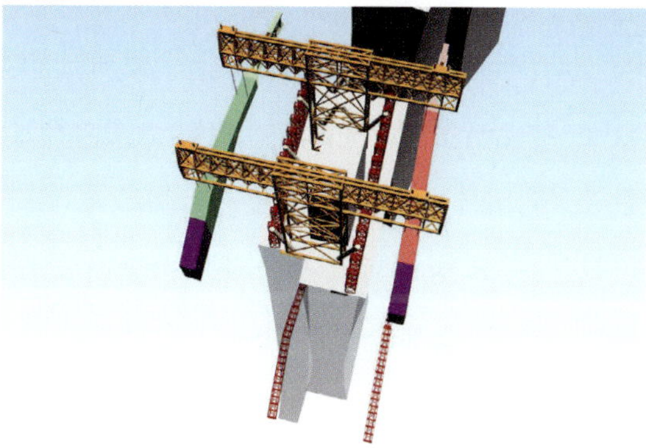

Step 4. 구조물의 설치

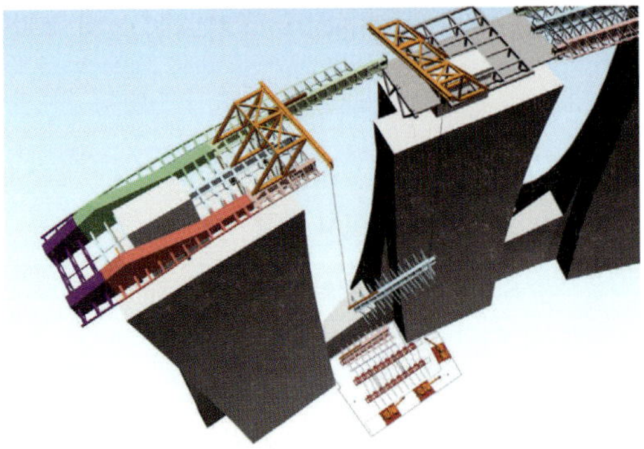

Last Step. 완성된 철골 구조물

출처: 김세연(2009), "MPC(Multiple Prime Contract) 발주방식의 해외대형사업 CM 수행사례".

3.2 분야별 업무 수행사례

1) 공정관리

호텔공사의 단계별 공정관리는 프로젝트 전체 공정과 연계된 마스터 공정계획에 준하여 총 18개 업체가 투입되었다. 각 공종별, 업체별로 제출된 공정스케줄을 검토 및 승인하여 승인된 공정표에 따른 주간공정회의를 진행함으로써 지속적으로 모니터링(monitoring)과 피드백(feedback)을 실시하였다. 주요 공종별로 제출되는 마스터 스케줄과 공종 및 공정 단계별로 상세하게 작성된 서브 마스터 스케줄에 의하여 공정관리가 수행되었으며, 주간회의용인 3주 공정표(3 week rolling schedule)에 의하여 인력, 자재 및 기자재, 장비투입계획 등 전반에 대한 관리가 이루어졌다. 또한, 지연사항이 발생할 경우에는 사업관리단 내부 주간 회의 시 보고되어 대책을 수립하도록 하였다. 지연 사항에 대해서는 시공사에 경고서한(warning letter)을 보내 시정조치계획을 받았으며, 사안에 따라 사업관리단장 및 시공사의 상위 관리조직(top management)에 전달하여 필요한 회의를 갖도록 하였다.

공정관리를 위해 활용한 주요 관리도구(tool) 및 관련 프로그램 스케줄은 다음과 같다.

- 프로젝트 마스터 프로그램(project master program)
- 호텔 마스터 프로그램(hotel master program)
- 공종별, 공정별 서브렛 프로그램(sublet program)
- 층별/존(zone)별 스케줄, 4일 사이클(cycle) 스케줄, 호텔 기준층 스케줄, 일일 보고서(daily report), 주간 공정 보고서(weekly progress report), 3주 롤링 스케줄(3weeks rolling schedule)
- 시공도면 납품 스케줄(시공사의 샵 드로잉 등)
- 조달 스케줄(자재 및 기자재 투입계획, 인력투입계획 등)
- 진행 보고서 및 photographic progress report

호텔공사는 별도 패키지로 분리하여 발주한 선행 공정 토공사와 기초공사의 지연으로 인해 지상골조공사 일정에 차질을 빚어 당초 예정보다 3개월 정도가 지연되었다. 따라서 지연된 공정을 만회하기 위해 24시간 돌관공사 및 별도 공정관리 계획을 수립하여 부진공정을 만회하였다. 돌관 작업을 위해서 시공사는 직원조직을 기존의 2배로 보강하였고, 품질 및 시공능력이 부족한 골조공사 하도급사를 2차례에 걸쳐 교체하였다. 또한, 전단벽의 대형 패널폼을 알루미늄폼으로 전면 교체하고 추가로 양중용 호이스트(hoist)를 보강하였다. 당 현장의 이러한 노력의 결과로 다른 공구의 포디엄 및 인프라 공사보다 먼저 준공될 수 있었고 결과적으로 추가 돌관 작업에 소요된 비용을 적정하게 보상 할 수 있었다.

2) 공사관리

공사관리는 공사담당부장(senior construction manager)이 3개의 호텔타워별로 타워

공구장(construction manager)과 공사관리팀으로 운영하는 방식이었다. 공사팀의 주요 업무는 공사 중 수반되는 시공계획서의 검토 등 다음과 같은 업무를 주로 수행하였다.

- 시공계획서의 검토
- 기자재 승인검토(주로 PM이 수행)
- 공정계획의 검토
- 주간 및 월간 공정회의
- 안전점검 및 안전관리회의
- 공종별 착공회의(kick off meeting)
- 품질점검 및 관련 회의와 품질개선 보고서(결함통지서 등)
- 현장점검 및 공정 확인(공정, 인력, 장비 등의 점검 등)
- 지시 및 시정서 작성 및 송부
- 현장검측

3) 품질관리

품질관리는 QA(Quality Assurance)/QC(Quality Control) 매니저 및 품질관리팀에 의하여 공사관리팀과 협조를 통해 관리하였다. 품질관리는 필요한 계획과 절차서에 대한 검토와 주간 품질관리 회의를 실시하여 공사팀에서 발급한 결함통지서(defect notice) 및 부적합보고서(non compliance report)등에 대한 처리현황과 계획을 협의하였다.

품질관리 주요 업무는 다음과 같다.

- 호텔 품질관리계획서의 검토
- 각 공종별 품질관리계획서 및 시험 및 검측(ITP)계획의 검토
- 모크업(mockup) 및 샘플 시공계획 등
- 시험 및 품질 결과 확인
- 결함통지서 및 부적합보고서의 발급 및 시정방법과 일정에 대한 관리
- 현장 품질점검

• 주간 품질관리 회의

품질관리 과정에서 골조 표면마감 품질이 가장 문제가 되었는데, 시방 규정에 의하면 모든 골조표면의 마감은 Fair Face Finish(F4 Class)로 규정되어 외벽 커튼월이나 내부 천정 마감이 있는 부위의 골조 표면처리에 대해서는 완화해 줄 것을 요구한바 있었다. 그러나 원가의 절감보다는 고품질을 유지하겠다는 발주처의 강한 의지에 따라 골조 표면마감 품질에서 발생된 결함의 개선작업을 수차례에 걸친 샘플 시공을 거쳐 처리하게 되었다. 이는 결함 개선을 위한 방안으로 대형 패널폼을 알루미늄폼으로 바꾼 또 다른 사유이다.

4) 안전환경관리

싱가포르의 건설 안전환경관리는 정부의 강한 의지에 의하여 철저하게 관리되고 있다. 싱가포르 정부는 토공사 계획검토 등 안전과 연관된 주요 특수 공정에 대해서는 정부 관련기관으로부터 시공계획의 승인을 득한 후에 공사를 추진하도록 하고 있다. 또한, 안전사고에 대한 벌점 및 벌과금 제도를 도입하여 누적 벌점이 일정수준을 초과하면, 공사입찰에 참여할 수 없도록 하며 반복적인 안전사고에 대한 벌과금은 사안에 따라 2배수로 증가하기도 한다. 시공사의 프로젝트 매니저 및 안전관리 담당자와 사업 관리단 직원을 포함한 공사관리에 참여하는 모든 엔지니어는 일정기간 동안 교육과 시험을 통하여 취득할 수 있는 안전관리 수료증 및 안전위험예지평가 수료증을 소지하지 않으면 관련 업무를 수행할 수 없도록 규정하고 있다.

싱가포르 정부에서는 사전통지 없이 비정기적으로 현장을 방문하여 불시에 안전환경 점검을 실시하며, 이 때 기준을 만족하지 못한 불안전한 시설은 벌점을 부과하게 된다. 또한, 환경관리와 연관하여 현장에서 발견된 모기장구벌레 발생 시에는 벌과금 부과와 필요한 시정조치를 취하도록 요구하고 있다.

정부의 엄격한 규제 못지 않게 본 프로젝트의 안전관리 및 보안관리는 공정에 영향을 줄 정도로 엄격하게 관리되었고, 그 결과 공사 중 단 한 건의 중대형 인사사고도 발생하지 않았다. 프로젝트 전체를 관장하는 안전관리팀과 연계된 호텔안전관리팀은 공사관리팀과 협조하여 공사 중 발견되는 불안전한 상황의 시정조치를 즉각적으로 반영하였으며, 위험이 예상되는 사항은 조치가 완료될 때까지 프로젝트 전면 작업 중단 내지는 부분적인 작업 중단 지시를 수시로 내렸다.

안전관리를 위한 주요 검토사항은 다음과 같다.

- 안전환경관리 계획서의 검토
- 시공계획서의 안전환경 및 위험예지평가계획에 대한 검토
- 건설장비의 안전관련 사항 검토
- 장비설치 계획, 장비의 상태, 정기점검 및 일일점검리포트, 운전자의 자격 검토
- 진출입 인력 및 장비의 출입통제, 외국 직원 및 기능공의 업무 허가(work permit) 소지 여부, 진출입 인력 및 차량의 출입증 소지여부 검토
- 현장점검 및 안전시정조치 요청
- 보고서관리(일일, 주간, 안전교육, accident report 등)
- 안전관리 회의(일일, 주간, 월간 등)

5) 설계관리

설계도면의 납품이 지연되거나 설계도면의 완성도가 떨어지게 되면 공사 단계에서 추가 비용이 발생할 뿐만 아니라 공사 지연을 초래하여 직·간접적으로 공사비에 미치는 영향이 매우 크다. 본 프로젝트의 설계관리는 프로젝트 전체 설계를 관리하는 시니어 매니저와 각 공구별 설계관리팀으로 구성하여 공구별 공사용도면 발급 진도관리와 시공상세도(shop drawing) 및 RFI(Request for Information)를 관리하도록 하였다. 또한, 선두(leading) 컨설턴트인 건축설계사의 직원이 현장에 상주하여 공사 중 불명확한 도면에 대한 검토나 공사에 시급하게 필요한 크리티컬 도면을 제공하여 공사일정에 지장을 주지 않도록 코디네이션 역할을 하였다. 특히, 공사도면 발급 지연이나 설계변경으로 인하여 추가금액이 발생하지 않도록 역점을 두고 중점관리를 실시하였다.

주요 설계관리 사항은 다음과 같다.

• 설계관리 계획서의 검토
• 공사도면 발급계획서의 검토 및 진도관리 보고서
• 시공사의 설계 관리 계획 및 샵 드로잉 제출계획 등의 검토 및 진도관리
• RFI의 접수 및 답변에 대한 일정 및 진도관리 보고서
• 공사도면의 접수 및 배포
• 준공도면 관리
• 설계회의, 설계사간의 진도관리 회의, 시공사 간의 진도관리 회의(시공상세도, RFI 등), 설계 기술회의

6) 시공사 간의 업무 조율(Project Coordination)

CM사의 주요 업무는 발주사와 시공사 간의 코디네이션이었다. 본 프로젝트의 가장 핵심적인 호텔 공사의 시공업체인 쌍용건설과 발주자 간의 업무조율을 통하여 공사추진의 효율을 높이고, 궁극적으로는 발주자와 시공사 간에 상호 협조적인 공조체제를 유지하여 성공적으로 프로젝트가 준공되도록 하였다. 사업관리의 핵심 업무인 공정, 품질, 공사, 안전 등의 관리 업무에 수반하는 모든 영역의 담당자 간의 업무협조와 필요한 업무지원 및 회의 참여를 통하여 원활한 커뮤니케이션 라인을 만들었다. 또한, 문서로 해결할 수 없는 사안들에 대해서는 양사 간의 입장을 조정하거나 시공사간의 탑 매니저들 간 필요 회의를 주선하도록 하였다. 공사 중에 크게 이슈화 되었던 공기문제나, 돌관공사에 필요한 보충 인력 및 장비투입 등에 대한 조정역할이 CM사의 주요 업무였다.

원활한 조정자 역할을 수행하기 위하여 전 공정에 대한 업무 관여와 다음과 같은 다양한 회의에 참여하여 업무지원을 하였다.

• 호텔 각 타워별 주간 공사관리 회의
• 주간 설계관리 회의
• 주간 품질관리 회의
• 주간 안전관리 회의
• 주간/월간 공정관리 회의

- 사업관리단 회의(호텔 공구 전 직원참여)
- 주간 발주회의(발주처 직발주 공사 및 설계진도)
- 호텔팀 전략회의(시니어 **PM** 및 **CM**만 참석)
- 주간 업무 조율 회의(**PM** 및 **CM**과 시공사 간부급 참여)
- 월간 회의(**CM**단장 및 호텔 매니저와 시공사 소장 및 회장 참여)

chapter

04 맺음말

싱가포르 정부의 경제성장을 목표로 추진한 마리나베이샌즈 복합리조트는 호텔, MICE(컨벤션센터, 전시관, 회의실 등), 극장, 박물관 등 다양한 문화 공간을 신축하는 프로젝트이다. 마리나베이샌즈 복합리조트 공사의 꽃이라 할 수 있는 호텔 신축공사는 세계에서 가장 짓기 어려운 프로젝트라고 할 만큼 까다로운 기술력이 요구되는 고난도 공사로, 설계단계부터 시공완료까지 신중한 의사결정을 바탕으로 한 혁신적인 기술력과 관리능력이 요구되었다.

본 프로젝트에서 발주처 산하의 CM단과 연합조직으로 참여하면서 얻은 주요 시사점은 다음과 같다.

첫째, 해외 건설사업의 적절한 사업 관리를 위해서는 해당 지역의 현지규정과 실정을 잘 아는 지역전문가의 참여가 필수적이다. 특히 싱가포르는 모든 건설자원이 외국으로부터 수입되어야 하는 특수 조건을 갖고 있기 때문에 다양한 국가의 서로 다른 회사 조직과 통합된 조직을 효율적으로 운영하기 위해서 인사, 총무 등 해외 프로젝트관리 규정의 정립과 현지근무 경력이 필수적이라고 할 수 있다.

둘째, 핵심 전문인력의 확보가 중요하다. 국내 대부분의 프로젝트 사업관리는 공정, 품질, 안전, 원가 관리 전문가를 배치할 수 있는 환경이 마련되지 못한 실정이기 때문에 해외 프로젝트의 사업 관리 분야의 경쟁력을 확보하기 위해서는 핵심전문가의 육성이 시급하다. 특히, 프로젝트 이해관계자 간에 발생하는 각종 클레임에 대처할 수 있는 원가 관리와 계약 관리 전문가의 확보가 필요하며, 현장에서의 사업관리단장은 프로젝트 전반의 업무에 대한 식견과 능력을 고루 갖춰야 한다.

셋째, 영어 능력 확보의 필요성이다. 글로벌 건설시장에서 경쟁력을 확보하기 위해 영어 능력을 갖추는 것은 가장 기본적이지만 중요한 부분이다. 더구나, CM 업무의 특성상 다양한 주체와의 커뮤니케이션과 코디네이션 업무가 큰 비중을 차지하기 때문에 원활한 의사소통을 바탕으로 한 사업 관리능력의 확보가 필요하다. 업무 수행 과정에서 거의 매일처럼 이어지는 각종 회의를 자유롭게 주도하고 관련 기업 간에 발생하는 쟁점들에 대해 영어 문서 작성능력을 확보하는 것은 글로벌기업으로 거듭나기 위한 우리의 숙제이다.

본 프로젝트의 수행경험은 국내시장뿐만 아니라 앞으로 세계건설시장에서 한미글로벌의 해외 건설사업관리 경쟁력을 확보할 수 있는 계기가 되었다. 본 프로젝트의 수행사례가 해외로 진출하려는 관련업계에 도움이 되어 국내 건설산업 발전에 도움이 되기를 바란다.

<부록>

한미글로벌 수행프로젝트

<부록> 한미글로벌 수행프로젝트

1996. 7 ~ 2011. 6

No	프로젝트	발주처	계약일자	유형
1	삼성생명 노블카운티실버타운	삼성생명보험㈜	1996. 10. 19	CS
2	도곡 시너지파크	삼성전자㈜ 외	1996. 11.	CM
3	삼성코닝 Star Project	삼성코닝㈜	1996. 11. 26	CM
4	삼성생명 보정리 휴먼센터	삼성생명보험㈜	1996. 12. 27	CS
5	순화동 재개발빌딩	삼성생명보험㈜	1997. 01. 03	CS
6	삼양 본사사옥	삼양사	1997. 01. 20	CM
7	에스원 천안연수원	에스원	1997. 01. 27	CS
8	삼성전자 구주본사사옥	삼성전자㈜	1997. 02. 03	CM
9	삼성생명 제주사옥	삼성생명보험㈜	1997. 03. 24	CM+CS
10	삼성생명 원주사옥	삼성생명보험㈜	1997. 03. 24	CM+CS
11	삼성화재 대구범어동사옥	삼성화재해상보험㈜	1997. 04. 16	CS
12	삼성생명 포항사옥	삼성생명보험㈜	1997. 05.	CS
13	보광 휘닉스파크	㈜보광	1997. 07.	CM
14	캐리비언 베이 호텔	중앙개발㈜	1997. 08.	CM
15	원주 E-Mart	㈜신세계	1997. 08. 01	CM+CS
16	성균관대 의과대학	성균관대	1997. 09.	CM+CS
17	주택공사 을지로2가 도심재개발빌딩	대한주택공사	1997. 09. 20	DM
18	시화 E-Mart	㈜성담	1997. 10. 06	CM+CS
19	국민은행 본점신축	㈜국민은행	1997. 10. 23	DM
20	교보 군산사옥	교보생명	1998. 01. 06	CS
21	전주 E-Mart	㈜신세계	1998. 04. 30	CM+CS
22	서초프로젝트 C 신축공사	삼성중공업㈜	1998. 05. 01	CS
23	남대문 Fashion MESA	미성교역㈜	1998. 05. 18	CM+CS
24	국세청 청사신축 설계기술관리용역	국세청	1998. 07. 16	DM
25	상암동 월드컵 주경기장	서울특별시	1998. 09. 07	CM+CS
26	의주로 원방빌딩	원방도시개발㈜	1998. 12. 11	CM
27	분당 금곡동 코오롱 트리폴리스	코오롱건설㈜	1998. 12. 14	CM
28	도곡동 타워팰리스 II	삼성중공업㈜	1999. 04. 08	CM
29	부산신항만 개발사업	부산신항만㈜	1999. 05.	CM
30	수원축구전용경기장 및 종합스포츠센터	(재)경기도 2002년 월드컵 수원경기 추진위원회	1999. 05. 07	CM+CS

CM : Construction Management
PM : Project Management
R&R : Reconstruction & Remodeling (정비사업)
DD : Due Diligence (건물기술심사)
PF : Project Financing (금융조달 컨설팅)
CS : Construction Supervision
DM : Design Management
FMS : Facility Management System (시설관리시스템구축 용역)
LTA : Lender's Technical Advisor (대주단 기술자문)
OTH : Others (기타 기술용역)

No	프로젝트	발주처	계약일자	유형
31	해운대 E-Mart	㈜신세계	1999. 05. 10	CS
32	㈜강원랜드	㈜강원랜드	1999. 05. 11	CM
33	도곡동 타워팰리스 I	삼성전자/삼성SDI	1999. 05. 30	CS
34	수원정보통신연구개발센터	삼성전자㈜	1999. 07. 28	CM
35	농심메가마켓 동래점	삼성중공업㈜	1999. 08. 01	CS
36	까르푸 가양점	한국까르푸㈜	1999. 10. 31	CM+CS
37	삼성동 현대 I-Park	현대산업개발㈜	1999. 12.	CM
38	콘티낭 목동점	콘티낭코리아	2000.02.	CM
39	홈플러스 김해점	삼성테스코㈜	2000.03. 31	CM+CS
40	홈플러스 안산점	삼성테스코㈜	2000.03. 31	CM+CS
41	홈플러스 영통점	삼성테스코㈜	2000.03. 31	CM+CS
42	부산 Marriot Hotel 리노베이션	Archon Group	2000.04.	CM
43	홈플러스 김포점	삼성테스코㈜	2000.07. 15	CM+CS
44	PDP공장 신축공사	삼성SDI㈜	2000.07. 16	CM
45	월마트 울산점	월마트코리아	2000.08.	CS
46	홈플러스 간석점	삼성테스코㈜	2000.08. 01	CM+CS
47	홈플러스 성서점	삼성테스코㈜	2000.08. 01	CM+CS
48	홈플러스 작전점	삼성테스코㈜	2000.08. 01	CM+CS
49	서울대 연구동 설계검토용역	SK텔레콤㈜	2000.08. 28	CM
50	전지2공장 증축공사	삼성SDI㈜	2000.09. 01	CM
51	탕정 테크노컴플렉스 지방산업단지	삼성전자㈜	2000.09. 25	CM+CS
52	까르푸 시흥점	한국까르푸㈜	2000.10. 01	CM+CS
53	SK C&C 연구동	SK C&C㈜	2000. 11. 28	CM
54	동천리전원주택	생보부동산신탁	2000. 12.	CM
55	유화빌딩	유화개발	2000. 12.	CM
56	아산정밀유리공장	삼성코닝정밀유리㈜	2000. 12. 01	CM+CS
57	홈플러스 영등포점	삼성테스코㈜	2000. 12. 01	CM+CS
58	홈플러스 울산점	삼성테스코㈜	2000. 12. 01	CM+CS
59	SK 을지로빌딩 설계감리용역	SK텔레콤㈜	2000. 12. 19	CM
60	분당 미켈란쉐르빌	삼성중공업㈜	2000. 12. 29	CM
61	삼성SDI 연구소 신축이전	삼성SDI㈜	2001. 01. 04	CM+CS
62	분당 로얄팰리스 하우스빌	㈜신영	2001. 01. 19	CS
63	새한종금빌딩	명동개발㈜	2001. 02.	CM
64	동덕여자대학교 공연예술센터	동덕여자대학교	2001. 02. 05	CM+CS
65	까르푸 문화점	한국까르푸㈜	2001. 02. 06	CM+CS
66	까르푸 안산점	한국까르푸㈜	2001. 02. 06	CM+CS

CM : Construction Management
PM : Project Management
R&R : Reconstruction & Remodeling (정비사업)
DD : Due Diligence (건물기술심사)
PF : Project Financing (금융조달 컨설팅)
CS : Construction Supervision
DM : Design Management
FMS : Facility Management System (시설관리시스템구축 용역)
LTA : Lender's Technical Advisor (대주단 기술자문)
OTH : Others (기타 기술용역)

No	프로젝트	발주처	계약일자	유형
67	홈플러스 대구칠곡점	삼성테스코㈜	2001. 03. 08	CM+CS
68	삼성SDI 복지동	삼성SDI㈜	2001. 03. 16	CM
69	광림교회 교육관/목자관	광림교회	2001. 03. 31	CM+CS
70	장천생활관 신축공사	광림교회	2001. 03. 31	e집
71	도곡동 타워팰리스 III	삼성생명보험㈜	2001. 04. 01	CS
72	헤이리아트밸리 단지조성	헤이리아트밸리	2001. 04. 16	CM
73	홈플러스 수원인계점	삼성테스코㈜	2001. 04. 25	CM+CS
74	로담코 인사동 프로젝트	㈜로담코 인사	2001. 05. 30	CM+CS
75	논노빌딩	Archon Korea	2001. 06. 30	CM
76	홈플러스 수영만점	삼성테스코㈜	2001. 06. 30	CM+CS
77	분당 파크뷰	SK/POSEC	2001. 07. 31	CM
78	삼성화재 부천사옥 신축공사	삼성화재해상보험㈜	2001. 07. 31	CS
79	센터블 스파	영진개발㈜	2001. 08. 14	CM+CS
80	안양 Project 500&240 Tower 신축	㈜일번가	2001. 09. 01	CM+CS
81	홈플러스 광주두암점	삼성테스코㈜	2001. 10. 01	CM+CS
82	홈플러스 부산가야점	삼성테스코㈜	2001. 10. 01	CM+CS
83	중앙하이츠 뚝섬	중앙건설	2001. 10. 19	CM
84	중앙하이츠 신사동	중앙건설	2001. 10. 19	CM
85	잠실한화갤러리아팰리스	㈜한화	2001. 10. 04	CS
86	경인정밀 아파트형공장	경인정밀㈜	2001. 10. 10	CM+CS
87	문래동 메가트리움	벽산건설㈜	2001. 10. 11	CM
88	서초동 복합빌딩 신축	삼성물산㈜, 삼성전자㈜, 제일모직㈜, 삼성코닝㈜	2001. 10. 19	CM+CS
89	파주 출판문화정보산업단지 2차 상업지구(이채쇼핑몰)	㈜파펙	2001. 10. 23	CM+CS
90	금강대학교	금강불교학원	2001. 11.	CM
91	울산 달천동 아파트	대한토지신탁㈜	2001. 11. 01	CM
92	인천 만수동 근린상가 신축	개인	2001. 11. 06	e집
93	SK Telecom 을지로빌딩	SK텔레콤㈜	2001. 11. 22	CM
94	BAT 사천공장 신축	BAT Korea Ltd.	2001. 11. 26	CM+CS
95	FMI 기숙사 증축공사	SK C&C㈜	2001. 12. 10	CM+CS
96	부산 Marriot Hotel	Marriot Hotel	2002. 01. 24	CM
97	한림포스빌	포스코개발㈜	2002. 01. 30	CS
98	강남 아카데미타워	라성건설㈜	2002. 01. 31	CM+CS
99	그랜드 하얏트호텔	그랜드하이야트호텔	2002. 01. 31	CM
100	SK 을지로빌딩 신축공사수행계획 수립 컨설팅	SK건설㈜	2002. 02. 01	CM
101	양평동 E-Biz Center	우림건설㈜	2002. 02. 26	CM+CS

CM : Construction Management
PM : Project Management
R&R : Reconstruction & Remodeling (정비사업)
DD : Due Diligence (건물기술심사)
PF : Project Financing (금융조달 컨설팅)
CS : Construction Supervision
DM : Design Management
FMS : Facility Management System (시설관리시스템구축 용역)
LTA : Lender's Technical Advisor (대주단 기술자문)
OTH : Others (기타 기술용역)

No	프로젝트	발주처	계약일자	유형
102	성균관대 기숙사	성균관대	2002. 02. 28	CS
103	르노삼성자동차 물류센타 증축	르노삼성자동차㈜	2002. 03. 08	CM
104	부산센텀시티아파트 설계 및 공정관리용역	㈜포스코건설	2002. 03. 20	CM
105	툴랜드 신축공사	툴랜드㈜	2002. 03. 20	CM+CS
106	홈플러스 동대문점	삼성테스코㈜	2002. 04. 01	CM+CS
107	왕십리 민자역사	비트플렉스	2002. 04. 30	CM
108	홈플러스 부천상동점	삼성테스코㈜	2002. 04. 30	CM+CS
109	드림멀티프라자	드림멀티프라자	2002. 05. 15	CM+CS
110	까르푸 방학점	한국까르푸㈜	2002. 05. 30	CM+CS
111	까르푸 유성점	한국까르푸㈜	2002. 05. 30	CM+CS
112	빈첸시오 클리닉빌딩	김보용	2002. 06. 19	e집
113	단성사 신축공사	㈜단성사	2002. 07. 18	CM+CS
114	가산동 아파트형공장	㈜마리오	2002. 07. 25	CM+CS
115	한강로 메가트리움	벽산건설㈜	2002. 08. 20	CM
116	부천 로담코 플라자	로담코부천㈜	2002. 09. 01	CM+CS
117	이수역 주상복합 프로젝트	델코디자인	2002. 09. 03	CM+CS
118	기독교 TV 멀티미디어센터 신축현장	조은닷컴	2002. 09. 06	CM+CS
119	전지 2기동 증축	삼성SDI㈜	2002. 09. 10	CM
120	신세계본점 본점 재개발	㈜신세계건설	2002. 09. 23	CM+CS
121	한국훼스토㈜ 사옥신축	한국훼스토㈜	2002. 10. 02	CM+CS
122	신세계본점 본점 재개발	㈜신세계	2002. 10. 15	CM+CS
123	the# 센텀파크 아파트	㈜포스코건설	2002. 10. 22	CM
124	거평빌딩 D/D	KSO Securitization Specialty	2002. 10. 31	DD
125	파크스위트 주상복합	리앤리에셋㈜	2002. 11. 01	CM+CS
126	하비에르 국제학교	하비에르 국제학교	2002. 12. 05	CM+CS
127	부산 온천동 SK Hub Sky 신축 시공관련 컨설팅	SK건설㈜	2002. 12. 12	CM
128	구리 조여성병원	조여성병원	2002. 12. 24	e집
129	서울 센츄럴빌딩 엔지니어링 실사	한국수출보험공사	2002. 12. 27	DD
130	박경웅 의원 신축공사	박경웅	2003. 01. 06	e집
131	삼성정밀화학 울산공장 메셀로스 D공장 부지 사면안정공사	삼성정밀화학㈜	2003. 01. 06	CM+CS
132	역삼동 601-24 다세대신축공사	송기환	2003. 01. 07	e집
133	(구)아크리스백화점 리모델링공사	㈜나우타건설	2003. 01. 17	CM+CS
134	KTF 대전사업본부 사옥신축 설계CM용역	㈜케이티프리텔 대전사업본부	2003. 01. 20	CM
135	광현교회 교육관 증축 및 성전 확장공사	광현교회	2003. 01. 27	CM+CS
136	조선대 전자정보 공과대학 신축공사 설계검토 및 VE 제안	금호산업㈜	2003. 01. 29	OTH
137	굿모닝시티 개발사업	㈜굿모닝시티	2003. 01. 30	CM

CM : Construction Management
PM : Project Management
R&R : Reconstruction & Remodeling (정비사업)
DD : Due Diligence (건물기술심사)
PF : Project Financing (금융조달 컨설팅)
CS : Construction Supervision
DM : Design Management
FMS : Facility Management System (시설관리시스템구축 용역)
LTA : Lender's Technical Advisor (대주단 기술자문)
OTH : Others (기타 기술용역)

No	프로젝트	발주처	계약일자	유형
138	울산 제2약사초등학교 부지조성 공사 중 그린월	삼성정밀화학㈜	2003.02. 04	CS
139	KO4 C/R 용해로 개보수	삼성코닝㈜	2003.02. 15	CS
140	수지광림교회 증축공사	기독교 대한감리회 광림교회	2003.02. 23	CM+CS
141	사당동 상가빌딩	방명혜 외	2003.02. 24	e집
142	용문동 오피스텔	장옥환	2003.02. 25	e집
143	the# 해운대 아델리스	포스코건설㈜	2003.02. 25	CM+CS
144	삼성화재 청량리사옥	삼성화재해상보험㈜	2003.02. 28	CS
145	SSG 삼성코닝 심천공장	삼성코닝㈜	2003.02. 28	CM
146	마산 메디컬센터 Project 사업관리(PM) 용역	㈜KCD	2003.03. 03	PF
147	앙스모드사옥 신축공사	㈜한아인터내셔날	2003.03. 11	e집
148	중곡동 근린상가 신축공사	이영미	2003.03. 11	e집
149	삼성생명 HSBC빌딩/삼성동빌딩/여의도빌딩 /충무로빌딩 엔지니어링 실사용역	삼성생명보험㈜ Deutsche Bank AG.	2003.03. 14	DD
150	대전 신사옥	SK텔레콤㈜	2003.03. 24	CM+CS
151	포천자혜원 자혜의집 노인전문요양시설	포천자혜원 자혜의집	2003.03. 28	e집
152	PDP #2Line 증설공사	삼성SDI㈜	2003.04. 01	CM
153	홍대 멀티미디어타워 설계검토 및 시공계획 수립	삼성물산㈜ 건설부문	2003.04. 24	OTH
154	서초동 1618-58 주택	이태구	2003.04. 25	e집
155	국립과학관 설계, 시공일괄 입찰안내서 작성용역	과학기술부	2003.04. 30	OTH
156	까르푸 상암점	한국까르푸㈜	2003.04. 30	CM+CS
157	북경 한샘공장	㈜한샘	2003.04. 30	CM
158	여의도 하나증권빌딩 엔지니어링 실사용역	에이오엔어드바이저(유)	2003.05. 06	D/D
159	KTB Network 빌딩 엔지니어링 실사용역	에이오엔어드바이저(유)	2003.05. 06	D/D
160	동진빌딩 D/D	GE Capital	2003.05. 14	D/D
161	길동 양병원	양병원, 양형규	2003.05. 26	e집
162	Desktop Study for Hana Bank Bldg.	MSPK	2003.05. 31	D/D
163	대치동 다세대 주택	김성훈, 김진영	2003.06. 01	e집
164	해운대 우동 프로젝트 해외 COST DATA 조사용역	현대산업개발㈜	2003.06. 01	OTH
165	마포 대흥동 오피스텔 프로젝트 신축공사 PM용역	테크하우징㈜	2003.06. 09	PM
166	U-FMS 통합구축 컨설팅	삼성SDS㈜	2003.06. 19	FMS
167	MBC 기적의도서관 신축공사	책읽는사회만들기 국민운동	2003.06. 23	e집
168	서울 돈암동일하이빌 주상복합	㈜동일하이빌	2003.06. 25	CM
169	초고층기술구축 용역	LG건설㈜	2003.06. 25	OTH
170	신 배광교회	배광교회	2003.06. 26	CM+CS
171	부산-거제간 연결도로 민간투자사업 사업관리 기술지원	랜드마크디벨럽먼트㈜	2003.06. 30	CM
172	분당 타워팰리스	삼성전자㈜	2003.06. 30	CM

CM : Construction Management
PM : Project Management
R&R : Reconstruction & Remodeling (정비사업)
DD : Due Diligence (건물기술심사)
PF : Project Financing (금융조달 컨설팅)
CS : Construction Supervision
DM : Design Management
FMS : Facility Management System (시설관리시스템구축 용역)
LTA : Lender's Technical Advisor (대주단 기술자문)
OTH : Others (기타 기술용역)

No	프로젝트	발주처	계약일자	유형
173	Project Monitoring on Behalf of Funding Consortium for the Venetian Macau	Venetian Macau Ltd.	2003. 07. 08	LTA
174	건축, 토목공사 일반시방서 및 건축공사 시공기술표준지침서 작성기술용역	삼성물산㈜ 건설부문	2003. 07. 09	OTH
175	리젠트 화재빌딩 엔지니어링실사용역	케이원기업구조조정 부동산투자㈜	2003. 07. 22	DD
176	한국생활환경시험연구원	(재)한국생활환경시험연구원	2003. 07. 23	e집
177	일산 로데오존 신축공사	로진산업개발	2003. 07. 28	CM+CS
178	일산 로데오탑 신축공사	로진산업개발	2003. 07. 28	CM+CS
179	일산 MBC부지개발사업 설계컨설팅용역	SK건설㈜	2003. 07. 28	CM
180	정립회관 수영장 신축	정립회관	2003. 07. 29	CS
181	수원 매산로 아파텔 신축공사 도급내역서 검토 및 기성실사용역	㈜상륜개발	2003. 08. 18	OTH
182	신림동 오피스텔 신축공사 기성실사용역	㈜상륜개발	2003. 08. 18	OTH
183	건국대 CM	㈜포스코건설	2003. 08. 21	CM
184	the# 스타시티 주상복합	㈜포스코건설	2003. 08. 21	CM
185	공덕동 한신빌딩 엔지니어링 실사용역	별정우체국연합회	2003. 08. 25	DD
186	중국심양 SR 신성 개발사업 사업성분석 및 금융자문 용역	㈜SR개발	2003. 08. 29	OTH
187	마포 현석동 아파트 프로젝트 신축공사 PM용역	현석개발㈜	2003. 08. 31	PM
188	부산위브포세이돈 II 신축공사 기술연구용역	두산건설㈜	2003. 09. 18	OTH
189	중국 심양 SR신성개발사업	㈜SR개발	2003. 09. 24	CM
190	송파동 주상복합	랜드마크디벨럽먼트㈜	2003. 09. 30	CM+CS
191	팬택계열 R&D Center(중앙연구소)	㈜팬택, ㈜팬택앤큐리텔	2003. 09. 30	CM+CS
192	Fraser Suites Serviced Residences Alterations	Firaser Suites	2003. 09. 30	CM
193	Renovation of the Israel Embassy in Seoul	이스라엘 대사관	2003. 09. 30	CM
194	광주메디컬센터 신축공사	㈜메디프렌드	2003. 10. 01	e집
195	Lin Yi 프로젝트의 건물실사 및 엔지니어링실사	㈜한백알앤씨	2003. 10. 01	D/D
196	마리오 디지털밸리	㈜마리오	2003. 10. 08	CM+CS
197	골드빌딩 D/D	㈜맥쿼리인터내셔날자산운용	2003. 10. 10	DD
198	과테말라 기술교육훈련원 건립사업	한국국제협력단	2003. 10. 10	CM
199	극동빌딩 D/D	㈜맥쿼리인터내셔날자산운용	2003. 10. 10	DD
200	맥쿼리인터내셔날 거양빌딩 D/D	㈜맥쿼리인터내셔날자산운용	2003. 10. 10	DD
201	분당 정자동 주상복합	㈜포스코건설	2003. 10. 10	CM
202	송도 신도시 부지검토용역	GMAC	2003. 10. 10	DD
203	코오롱빌딩 D/D	㈜맥쿼리인터내셔날자산운용	2003. 10. 10	DD
204	해운대 온천 Project	박말불	2003. 10. 10	e집
205	천안사업장 증설	삼성코닝정밀유리㈜	2003. 10. 13	CS

CM : Construction Management
PM : Project Management
R&R : Reconstruction & Remodeling (정비사업)
DD : Due Diligence (건물기술심사)
PF : Project Financing (금융조달 컨설팅)
CS : Construction Supervision
DM : Design Management
FMS : Facility Management System (시설관리시스템구축 용역)
LTA : Lender's Technical Advisor (대주단 기술자문)
OTH : Others (기타 기술용역)

No	프로젝트	발주처	계약일자	유형
206	삼성생명 도곡주상복합 육교설치공사	삼성생명보험㈜	2003. 10. 14	CS
207	까르푸 중계동점 Refurbishment	Carrefour-Korea Limited	2003. 10. 16	CM
208	대흥빌딩 & 시그마타워 엔지니어링 실사용역	케이원기업구조조정 부동산투자㈜	2003. 10. 16	DD
209	모건스탠리 거양빌딩 부지검토	모건스탠리	2003. 10. 16	DD
210	한 · 필리핀 다바오시 직업훈련원	한국국제협력단	2003. 10. 18	CM
211	자혜의집 노인전문요양시설	사회복지법인 포천자혜원	2003. 10. 21	e집
212	스포타임 증축공사	삼정건설㈜	2003. 10. 22	CM+CS
213	강남 Merto Bldg. D/D	HBS investments	2003. 10. 29	DD
214	삼성전자 수원 DM연구소(R4 Project)	삼성전자㈜	2003. 10. 29	CM
215	요소창고 대수선공사	삼성정밀화학㈜	2003. 10. 29	CS
216	한 · 인니 스포츠센타 건립사업	한국국제협력단	2003. 10. 29	FMS
217	탕정 T/C 지방산업단지 폐수종말처리시설 FMS 컨설팅	삼성SDS㈜	2003. 10. 30	OTH
218	장천생활관	광림교회	2003. 11. 05	CM+CS
219	Engineering Survey of Daewoo Telecom Bldg.	MSPK	2003. 11. 06	OTH
220	사회복지법인 순애원 신양전문요양원	순애원	2003. 11. 07	e집
221	홈플러스 소사점	삼성테스코㈜	2003. 11. 11	CM+CS
222	문화콘텐츠콤플렉스 및 종합영상아카이브센터 조성사업	한국문화콘텐츠진흥원 외	2003. 11. 17	CM+CS
223	광명 파보레쇼핑 리모델링	부림비엠㈜	2003. 11. 19	CM+CS
224	남한강연수원시설 리모델링방안 계획 수립	한국방송광고공사	2003. 11. 20	OTH
225	삼성화재 광주사옥	삼성화재해상보험㈜	2003. 11. 20	CS
226	Engineering Survey of Star World Bldg.-Bundang	Westbrook Acquisitions	2003. 12. 01	DD
227	PDP #3Line 증설	삼성SDI㈜	2003. 12. 01	CM
228	한 · 라오스 직업훈련원 건립사업 전문가 파견	한국국제협력단	2003. 12. 03	OTH
229	대구 대봉동부지 공동개발사업	대아건설㈜	2003. 12. 04	CM
230	Engineering Survey of NARA Bldg.	Prudential Assurance	2003. 12. 07	DD
231	주거용 건축물의 리모델링을 위한 시공지침 개발	(재)포항산업과학연구원	2003. 12. 08	OTH
232	제칠일 안식일 예수재림교 묵동교회	재단법인제칠일안식일 예수재림교	2003. 12. 11	e집
233	광진구민체육센터	광진구청	2003. 12. 15	CM+CS
234	세원빌딩 엔지니어링 실사용역	케이원기업구조조정 부동산투자㈜	2003. 12. 15	DD
235	부산 신호동 월더하임 아파트	대한토지신탁㈜	2003. 12. 16	CM
236	탕정 확장단지 프로젝트	삼성전자㈜	2003. 12. 24	CM+CS
237	탕정 T.C 지방산업단지 용수공급시설공사	삼성전자㈜	2003. 12. 24	CM+CS
238	헤이리 The Step 신축공사	헤이리프라자㈜	2003. 12. 29	e집
239	거양빌딩 엔지니어링 실사용역	㈜거원	2003. 12. 31	DD
240	방배동 주상복합 신축공사 기술검토용역	파스텔 CM	2004. 01. 06	OTH
241	수원 서둔동아파트 신축공사 기술용역	㈜중앙건설	2004. 01. 06	OTH

CM : Construction Management
PM : Project Management
R&R : Reconstruction & Remodeling (정비사업)
DD : Due Diligence (건물기술심사)
PF : Project Financing (금융조달 컨설팅)
CS : Construction Supervision
DM : Design Management
FMS : Facility Management System (시설관리시스템구축 용역)
LTA : Lender's Technical Advisor (대주단 기술자문)
OTH : Others (기타 기술용역)

No	프로젝트	발주처	계약일자	유형
242	명륜극장 신축공사	강화산업㈜	2004. 01. 14	CM+CS
243	용인동백지구 쇼핑몰	㈜쥬네브	2004. 01. 19	CM
244	Hannam Hill Side Apartment Remodeling CM&CS	GE Capital	2004. 01. 30	CM+CS
245	Engineering Survey of 2 BRIDGE Security Bldgs.	GE Real Estate	2004. 02. 05	DD
246	방배동 주상복합 구조/토목 설계 VE용역	파스텔 CM	2004. 02. 09	OTH
247	이마트 고잔점 건설관련 건물실사용역	㈜신세계	2004. 02. 11	DD
248	광명 파보레쇼핑 지하철연결통로	부림비엠㈜	2004. 02. 17	CM+CS
249	사회복지법인 순애원 관산동 의료시설	사회복지법인순애원	2004. 02. 18	e집
250	㈜중앙교육진흥연구소 왕십리사옥	㈜중앙교육진흥연구소	2004. 02. 20	CM+CS
251	파주출판유통센터 프로젝트	㈜북센	2004. 02. 27	CM+CS
252	부산부암랜드빌 신축공사 설계검토 및 VE 기술용역	랜드원㈜	2004. 03. 02	OTH
253	삼성에버랜드 마성리 콘도 설계단계 CM	삼성에버랜드㈜	2004. 03. 10	CM
254	대치동 오피스빌딩	이혜원	2004. 03. 11	e집
255	목동 현대 프라자 프로젝트 사업구도화 용역	코리아산업개발㈜	2004. 03. 15	PF
256	서초동 오키즈 리모델링	㈜지플랜	2004. 03. 17	CM
257	역삼동 641 신축공사	배동진	2004. 03. 18	e집
258	삼성코닝 BLU Project	삼성코닝㈜	2004. 03. 25	CM+CS
259	로얄 C.C 클럽하우스	로얄C.C	2004. 03. 31	CM+CS
260	Kukdong Bldg. Remodeling CM	㈜맥쿼리센트럴오피스 기업구조조정부동산투자회사	2004. 04. 06	CM
261	남한강연수원 리모델링	한국방송광고공사	2004. 04. 14	CM+CS
262	천안사업장 PHASE IV 증설	삼성코닝정밀유리㈜	2004. 04. 16	CS
263	이디오피아 참전용사마을 학교 건립사업 건축자문	한국국제협력단	2004. 04. 20	CM
264	논현동 231-9 하오롱센터	벤앤피㈜	2004. 04. 30	CM
265	한 · 필리핀 IT 훈련원 건립공사	한국국제협력단	2004. 05. 11	CM
266	상해한국인학교	상해한국학교	2004. 05. 12	CM
267	방배동 삼호빌라 재건축 추가공사비 검증용역	방배동삼호빌라 재건축조합	2004. 05. 17	OTH
268	천안 성황동 주택재건축정비사업	천안 성황동 주택재건축 정비사업조합	2004. 05. 19	R&R
269	Engineering Survey of Gangnam Metro Bldg.	GE Real Estate	2004. 05. 20	DD
270	부천 중동 위브더스테이트	두산산업개발㈜	2004. 05. 24	CM
271	Homeplus 대구점 Refit & Extension	삼성테스코㈜	2004. 05. 28	CM+CS
272	SCG그룹 충주연수원 설계검토 및 공사비검토 기술용역	서울도시가스㈜	2004. 06. 04	OTH
273	Management of BAT office relocation	BAT Korea Ltd.	2004. 06. 10	CM
274	푸르덴셜타워 로비 리모델링	푸르덴셜생명보험㈜	2004. 06. 11	CM
275	대구 중구 남일동 개발사업	㈜하우저만	2004. 06. 17	PM

CM : Construction Management
PM : Project Management
R&R : Reconstruction & Remodeling (정비사업)
DD : Due Diligence (건물기술심사)
PF : Project Financing (금융조달 컨설팅)
CS : Construction Supervision
DM : Design Management
FMS : Facility Management System (시설관리시스템구축 용역)
LTA : Lender's Technical Advisor (대주단 기술자문)
OTH : Others (기타 기술용역)

No	프로젝트	발주처	계약일자	유형
276	남양주 호평지구 금강아파트	㈜금강주택	2004.06. 25	OTH
277	까르푸 전주/까르푸 인천	한국까르푸㈜	2004.07. 01	OTH
278	대구 대봉동부지 공동개발사업 건설 내역검토	대아건설㈜	2004.07. 01	CM
279	한나라당사 건물실사	한나라당	2004.07. 01	DD
280	China Building Survey	Goldman Sachs	2004.07. 01	DD
281	신안 엘도라도 리조트	㈜한백R&C	2004.07. 07	CM
282	SDI 전지공장 III	삼성SDI㈜	2004.07. 13	CM
283	태안성당 신축공사	(재)대전천주교	2004.07. 14	e집
284	SDI 부산, TR교체(초고압설비 공사)	삼성SDI㈜	2004.07. 21	CM+CS
285	롯데백화점 리모델링 공사비 검토	㈜롯데쇼핑	2004.07. 22	OTH
286	벽산 아스타 프로젝트	벽산건설㈜	2004.07. 23	CM
287	화성동탄 4-1 Block 주택 건설사업	경기지방공사	2004.07. 23	CM+CS
288	창동 아카데미 파크 개발사업	삼영씨앤이㈜	2004.07. 28	PM
289	송도 신도시 GIK 기술지원 용역	송도신도시 개발 LLC	2004.08. 01	OTH
290	GE 20 건물 실사용역	GE Real Estate	2004.08. 05	DD
291	Best Western 국도호텔	㈜국도	2004.08. 10	CM+CS
292	BAT 본사 이전공사	BAT Korea Ltd.	2004.08. 10	CM
293	SK 품질지도점검용역	SK건설㈜	2004.08. 23	OTH
294	홈플러스 강서점	삼성테스코㈜	2004.08. 30	CM+CS
295	홈플러스 대구남구점	삼성테스코㈜	2004.08. 30	CM+CS
296	2001 아웃렛 건물실사용역	㈜이천일아웃렛	2004.09. 01	DD
297	광주 풍향동 주택재개발 정비사업	조합설립추진위원회	2004.09. 01	R&R
298	보그워너TTS오창 공장신축공사	보그워너티티에스오창㈜	2004.09. 20	CM+CS
299	T-Tower 빌딩 건물실사용역	미근개발㈜	2004.09. 20	DD
300	삼성탈레스 용인연구소	㈜삼성탈레스	2004.09. 21	CM+CS
301	롯데백화점 관악점 리모델링 공사비검토	롯데쇼핑㈜	2004.09. 23	OTH
302	동남정밀공업 충주공장 신축공사	동남정밀공업㈜	2004.10. 01	CM+CS
303	송도 125블럭 주상복합 및 36블럭 컨벤션 착공전 CM기술용역	㈜포스코건설	2004.10. 01	CM
304	청암미디어 사옥	㈜청암미디어	2004.10. 01	e집
305	여수 신정일 치과병원 신축공사	정미나	2004.10. 05	e집
306	진하 Blue SPA Condo	㈜대훈종합건설	2004.10. 13	OTH
307	현대자동차 양재동 Y-프로젝트 증축공사	현대자동차㈜	2004.10. 14	CM+CS
308	프레이져스위트, Ph.3 Works	로담코인사㈜	2004.10. 18	CM
309	2001 Outlet 점 건물(2동) 보수 및 보강공사 CM	㈜이천일아울렛	2004.10. 20	CM
310	명동 복합시설 리모델링	㈜하나랜드	2004.10. 20	CM
311	㈜푸드머스 물류센터	엑소후레쉬물류㈜	2004.10. 26	CM+CS

CM : Construction Management	CS : Construction Supervision
PM : Project Management	DM : Design Management
R&R : Reconstruction & Remodeling (정비사업)	FMS : Facility Management System (시설관리시스템구축 용역)
DD : Due Diligence (건물기술심사)	LTA : Lender's Technical Advisor (대주단 기술자문)
PF : Project Financing (금융조달 컨설팅)	OTH : Others (기타 기술용역)

No	프로젝트	발주처	계약일자	유형
312	외국기업창업지원연구센터(IKP)	대한무역투자진흥공사	2004. 10. 28	CM
313	하와이 고층아파트 사업의 CM 컨설팅 서비스	POSCO E&C Co., Ltd	2004. 11. 04	CM
314	부산 초량 수산하버빌 신축공사, 도면검토 및 VE 용역	㈜장훈건설	2004. 11. 09	OTH
315	한국도심공항터미널 푸드코트 인테리어공사	번영회	2004. 11. 16	e집
316	국립과학관	과학기술부	2004. 11. 24	CM+CS
317	비컨물류 물류센터	비컨물류㈜	2004. 11. 30	CM+CS
318	홈플러스 서귀포점	삼성테스코㈜	2004. 11. 30	CM+CS
319	Changsu Zhongjiang Holiday Plaza	Changshu Zhongjiang Propoerty Co.	2004. 12.	CM
320	홈플러스 기획 CM	삼성테스코㈜	2004. 12.	CM
321	Engineering Survey for 13 Bldg.	Cushman & Wakefield	2004. 12. 14	DD
322	Photronics Phatamask 공장 신축	Photronics	2004. 12. 17	CM
323	Engineering Survey of Hanmi Bldg.	ASCENDAS Korea	2004. 12. 21	DD
324	요르단 보건소 건립사업 건축관리 및 기자재공급용역	한국국제협력단	2004. 12. 28	CM
325	한-베 친선 IT대학 설립사업	한국국제협력단	2004. 12. 28	CM
326	센텀스타 주상복합아파트 신축	㈜포스코건설	2004. 12. 30	CM
327	부산신항만 기술지원	파슨스	2004. 12. 31	OTH
328	첨단 IT 콤플렉스 신축공사	한국소프트웨어진흥원	2004. 12. 31	CM+CS
329	탕정 T.C 지방산업단지 용수공급시설	삼성전자㈜	2004. 12. 31	CM+CS
330	탕정 T.C 지방산업단지 폐수종말 처리시설(II)	삼성전자㈜	2004. 12. 31	CM+CS
331	DBPA(HSBC, 충무로, 삼성동, 여의도)		2004. 12. 31	DD
332	Kangnam DD	Macquaire	2004. 12. 31	DD
333	이디오피아 참전용사마을 학교 건립사업(II)	한국국제협력단	2005. 01. 17	CM
334	Engineerinf Survey for Shinyoung Securities Bldg.	Moran Stanley Properties	2005. 01. 20	DD
335	무안 건강보양특구 조성사업 DM용역	서우㈜	2005. 01. 21	PM
336	극동빌딩 수전시설 교체공사 내역검토	맥쿼리 센트럴오피스기업 구조조정부동산투자회사	2005. 01. 24	OTH
337	극동빌딩 수전지설 교체공사	맥쿼리 센트럴오피스기업 구조조정부동산투자회사	2005. 01. 24	CM+CS
338	푸르덴셜 빌딩 실사용역	LG투자증권	2005. 01. 24	DD
339	Engineerinf Survey for Myeongdong Tower Bldg.	Achates Korea Co., Ltd	2005. 01. 27	DD
340	순천향정보직업전문학교 리모델링 기술검토	(사)경찰공제회	2005. 01. 28	OTH
341	삼성전자 R4연구소 FMS 구축 프로젝트 컨설팅	우리젠㈜	2005. 01. 31	FMS
342	인천월드아쿠아리움신축공사 DM용역	동광건설㈜	2005. 01. 31	DM
343	Office Bldg. in Puxi Shanghai, China	Goldman Sachs	2005. 02. 16	DD
344	파주 주차빌딩 신축공사	㈜박영사	2005. 02. 21	e집
345	안산 선부마트	유동근 외	2005. 02. 22	CM+CS

CM : Construction Management
PM : Project Management
R&R : Reconstruction & Remodeling (정비사업)
DD : Due Diligence (건물기술심사)
PF : Project Financing (금융조달 컨설팅)
CS : Construction Supervision
DM : Design Management
FMS : Facility Management System (시설관리시스템구축 용역)
LTA : Lender's Technical Advisor (대주단 기술자문)
OTH : Others (기타 기술용역)

No	프로젝트	발주처	계약일자	유형
346	홈플러스 구미점	삼성테스코㈜	2005.02. 24	CM+CS
347	송도 컨벤션센터 신축공사	송도신도시개발유한회사	2005.02. 28	CS
348	밀양 내이동 신도시 롯데인벤스가	㈜에스앤지	2005.03. 09	CM
349	장지동 오피스 신축공사	새세대육영회	2005.03. 10	CM+CS
350	오륙도 SK VIEW 아파트	SK건설㈜	2005.03. 14	CM
351	명동빌딩 구조검토	Achates Korea Co., Ltd	2005.03. 14	OTH
352	신세계백화점 죽전점	㈜그린시티	2005.03. 14	CS
353	㈜팬택 김포공장 기숙사	㈜팬택	2005.03. 14	CM+CS
354	다음커뮤니케이션 미디어센터 부설연구소	㈜다음커뮤니케이션	2005.03. 15	CM+CS
355	중국심양 한국신성 주상복합	한단성 방지산개발(유)	2005.03. 15	CM
356	중앙기독초등학교 증축공사	학교법인 중앙학원	2005.03. 19	CM+CS
357	캄보디아 국립소아병원 현대화사업	한국국제협력단	2005.03. 19	CM
358	SK M City	SK건설㈜	2005.03. 24	CM
359	관광휴양 펜션형 콘도 조성사업 DM	㈜대원주택	2005.03. 31	PM
360	인천북항 다목적부두(2-1단계) 민간투자사업 기술자문용역	㈜국민은행	2005.04. 01	OTH
361	Hwasung Factory & Office Survey	Hepco-Korea	2005.04. 15	DD
362	2005년 건축프로젝트 일괄 건축관리용역	한국국제협력단	2005.04. 21	CM
363	제칠일안식일 예수재림교 묵동교회	재단법인제칠일안식일예수재림교 한국연합회유지재단	2005.04. 21	e집
364	복합개발 프로젝트 Pre-Con단계	삼성테스코㈜	2005.04. 22	CM
365	Engineering Survey of Rodamco Center Bldg.	Chilbong Industries, LLC	2005.04. 22	DD
366	Engineering Survey of Rodamco Place Bldg.	Rodamco Insa Co., Ltd	2005.04. 22	DD
367	Engineering Survey of Rodamco Tower Bldg.	Rodamco Yeoksam Co., Ltd	2005.04. 22	DD
368	탕정 T.C 지방산업단지 용수공급시설	삼성전자㈜	2005.05. 01	CM+CS
369	125블럭 주상복합 & 36블럭 컨벤션센타 CM기술용역	㈜포스코건설	2005.05. 03	CM
370	성북동 15주택 보수공사	이원형	2005.05. 10	e집
371	성북동 330 주택	안재홍 이예승	2005.05. 10	e집
372	알펜시아 조성사업	강원개발공사	2005.05. 13	CM+CS
373	화성동탄 복합단지 건설사업	메타폴리스㈜	2005.05. 16	CM
374	내외빌딩 DD	DBPA	2005.05. 20	DD
375	공동주택 시공단계별 리모델링 최적화 방안연구	㈜포스코건설	2005.05. 30	OTH
376	대전 엑스포 컨벤션복합센터 개발사업	㈜스마트시티	2005.05. 30	CM
377	스리랑카 함반토타 종합행정단지 건설사업, 마타라 도시개발 3개 사업	한국수출입은행	2005.06. 13	OTH
378	캐슬스파월드 신축공사	㈜셀파인	2005.06. 13	CM+CS
379	상암 DMC(E2-1) 입주신청용 사업계획서 작성용역	㈜그라비티	2005.06. 15	OTH

CM : Construction Management
PM : Project Management
R&R : Reconstruction & Remodeling (정비사업)
DD : Due Diligence (건물기술심사)
PF : Project Financing (금융조달 컨설팅)
CS : Construction Supervision
DM : Design Management
FMS : Facility Management System (시설관리시스템구축 용역)
LTA : Lender's Technical Advisor (대주단 기술자문)
OTH : Others (기타 기술용역)

No	프로젝트	발주처	계약일자	유형
380	에이스침대 사옥 신축공사	㈜에이스침대	2005.06. 16	CM+CS
381	여이도 아일렉스 타워 실사용역	㈜아일렉스아이앤디	2005.06. 21	DD
382	Engineering Survey of CJGLS Bilg.	Ascendas Korea	2005.06. 29	DD
383	삼성IT밸리 신축공사	㈜금성디지탈밸리	2005.07. 13	CM
384	주차빌딩 신축공사	㈜그린시티	2005.07. 18	CM+CS
385	천안사업장 증설공사(KC21~26外)	삼성코닝정밀유리㈜	2005.07. 25	CS
386	FED 121st Hospital Renewal Phase 2	㈜유일엔지니어링	2005.07. 28	CM
387	극동빌딩 입상배관 및 공조배관 교체공사 입찰견적검토 및 품질점검 CM	맥쿼리 센트럴오피스기업 구조조정부동산투자회사	2005.08. 01	OTH
388	홈플러스 신내점	삼성테스코㈜	2005.08. 01	CM+CS
389	Technical Due Diligence Services in Project Trophy	Morgan Stanley Properties Ltd.	2005.08. 01	DD
390	전경련회관 신축방안 컨설팅	전국경제인연합회	2005.08. 12	OTH
391	신세계백화점 죽전점 공사비검토 용역	㈜신세계	2005.08. 24	OTH
392	대우증권 빌딩(여의도) Elevator 교체공사비	엠와이오피일차유동화 전문유한회사	2005.08. 25	OTH
393	무안 통합의학단지 조성사업 PM	서우㈜	2005.08. 26	PM
394	진합 문평동공장 신축공사	㈜진합	2005.08. 30	CM+CS
395	홈플러스 소사점 Refit	삼성테스코㈜	2005.08. 31	CM+CS
396	장항동 청석골 신축공사	김근배	2005.09. 06	e집
397	스리랑카 함반토타 행정단지 건설사업 타당성조사지원 등	한국수출입은행	2005.09. 12	OTH
398	건축공사 공기산정 표준화 및 S/W 개발	㈜포스코건설	2005.09. 22	OTH
399	SKY 텔레텍 여의도 사옥 리모델링	주식회사 SKY 텔레텍	2005.09. 01	CM
400	ING Bldg. Elevator Replacement Cost Reviewing	로담코 역삼 Co., Ltd	2005.09. 01	OTH
401	Building Survey of SK Daesang Building	DB Real Estate Investment GmbH.	2005.09. 02	DD
402	분당 NHN 벤처타워	NHN㈜	2005.09. 28	CM+CS
403	Pusan New Port Consulting	Parsons Overseas Company	2005.10. 06	CM
404	New Moog Korea Factory & Office Facility	Moog Korea Ltd.	2005.10. 11	CM+CS
405	경방 K-Project	㈜경방	2005.10. 12	CM+CS
406	Eng Survey for Exchange, Beijing and CITIC Plaza Secviced Apartment Guangzhou China	Goldman Sachs	2005.10. 12	DD
407	부산 신호/명지지구 공동주택 개발사업 대주단 사업관리 및 기술자문	㈜영조주택 외	2005.10. 13	LTA
408	홈플러스 김포풍무점	삼성테스코㈜	2005.10. 14	CM+CS
409	동일빌딩 실사용역	㈜양진양행	2005.10. 14	DD
410	여의도 대우증권 빌딩 전력설비 개선공사 내역검토	엠와이오피일차유동화전문유한회사	2005.10. 15	OTH
411	Engineering Survey of 명동타워빌딩	Asia Pacific Land Ltd.	2005.10. 20	DD
412	제일모직 의왕연구동 신축공사	제일모직㈜	2005.10. 24	CM

CM : Construction Management
PM : Project Management
R&R : Reconstruction & Remodeling (정비사업)
DD : Due Diligence (건물기술심사)
PF : Project Financing (금융조달 컨설팅)
CS : Construction Supervision
DM : Design Management
FMS : Facility Management System (시설관리시스템구축 용역)
LTA : Lender's Technical Advisor (대주단 기술자문)
OTH : Others (기타 기술용역)

No	프로젝트	발주처	계약일자	유형
413	대현 제2구역 주택재개발정비사업 신축	유리츠개발㈜	2005. 11.	OTH
414	대한예수교장로회 화성교회 새교회당 신축	화성교회	2005. 11.	e집
415	부산 제2롯데월드 프로젝트 수행계획서 작성용역	롯데건설㈜	2005. 11. 01	OTH
416	홈플러스 삼척점	삼성테스코㈜	2005. 11. 03	CM
417	대구 달서구 죽전동 273-25 외 개발기획자문	Honeybee&Co.	2005. 11. 10	PM
418	the # 해운대 아델리스 건설기록지외 2품목 제작	㈜포스코건설	2005. 11. 23	OTH
419	무안기업도시개발사업을 위한 사업관리	무안기업도시개발㈜	2005. 11. 30	PM
420	LVS MACAU Project	The Goldman Sachs Group, INC	2005. 12.	LTA
421	교보생명 본사사옥 리모델링	교보생명보험	2005. 12.	CM
422	대치동 D-Project 신축공사	에이치에스비피에프브이원㈜	2005. 12. 06	CM+CS
423	송도 D13, 14, 15블럭	㈜포스코건설	2005. 12. 07	CM
424	홈플러스 부산감만점	삼성테스코㈜	2005. 12. 15	CM
425	홈플러스 밀양점	삼성테스코㈜	2005. 12. 15	CM
426	대구수성 SK 리더스뷰	SK건설㈜	2005. 12. 15	CM
427	TTL ZONE 및 NEW SHOP	SK텔레콤㈜	2005. 12. 15	e집
428	대전 은행동 도심개발	은행1구역도시환경정비사업 조합설립추진위원회	2005. 12. 22	R&R
429	신세계백화점본관 RM공사 구조감리용역	㈜신세계백화점부문	2005. 12. 26	CS
430	강서그랜드백화점 본동 및 주차장동 빌딩 실사용역	산은캐피탈	2005. 12. 28	DD
431	센텀시티 신세계 UEC 신축 설계단계 원가관리	㈜신세계	2006. 01. 18	OTH
432	홈플러스 청주 중원점 신축공사	삼성테스코㈜	2006. 01. 25	CM at Risk
433	인천 월드아쿠아리움 프로젝트	인천월드아쿠아리움㈜	2006. 01. 26	CM+CS
434	아시아출판문화정보센터 2단계사업 교육연수지원시설	(재)출판도시문화재단	2006. 02. 15	CM+CS
435	다목적체육센터 및 작은도서관 건립공사 입찰안내서 작성용역	광진구청	2006. 02. 16	OTH
436	KOCCA 용도변경 프로젝트	KOCCA	2006. 02. 20	CM
437	역삼동 723 근린생활시설 신축공사	영기획	2006. 02. 22	e집
438	ING Tower Lobby Remodeling	ING Korea Property Investments	2006. 02. 27	OTH
439	신세계백화점 죽전점 인테리어 및 광주점 리뉴얼 설계검토 및 예산검토 기술용역	㈜신세계백화점부문	2006. 02. 28	OTH
440	AM OLED 양산 LINE 건설공사	삼성SDI㈜	2006. 03. 06	CM
441	역삼동빌딩 신축공사	세기정공㈜	2006. 03. 07	CM+CS
442	제주성안교회 100주년 기념성전 신축공사	제주성안교회	2006. 03. 15	e집
443	Devis Tower 신축공사	디비스코리아㈜외	2006. 03. 22	CM+CS
444	대구 수성 두산 위브 더 제니스 신축공사	두산산업개발㈜	2006. 03. 23	CM
445	제주 Golden Park 개발사업	㈜JDS	2006. 03. 24	PM
446	서초동 1588 업무시설 신축공사	이동준	2006. 03. 27	e집

CM : Construction Management
PM : Project Management
R&R : Reconstruction & Remodeling (정비사업)
DD : Due Diligence (건물기술심사)
PF : Project Financing (금융조달 컨설팅)
CS : Construction Supervision
DM : Design Management
FMS : Facility Management System (시설관리시스템구축 용역)
LTA : Lender's Technical Advisor (대주단 기술자문)
OTH : Others (기타 기술용역)

No	프로젝트	발주처	계약일자	유형
447	중국 COSMAX Factory	COSMAX	2006. 04.	CM
448	Yangdong Project	AJIA	2006.04. 05	OTH
449	삼부빌딩 DD	CPI Asia	2006.04 10	DD
450	Motown Project	Bank of Ireland	2006.04. 17	DD
451	중국 Shidai Plaza	Shinil Yueda	2006.04. 19	OTH
452	삼육대학교 종합행정관 및 국제문화교육원 신축	삼육대학교	2006.05. 02	CM+CS
453	팬택계열 R&D센터 신축공사 인테리어 컨설팅	㈜중앙디자인	2006.05. 23	OTH
454	성남 모란 복합상가 개발사업 PM용역	㈜아이샵	2006.05. 31	PM
455	삼성전자 R4 연구소 FMS 프로젝트 컨설팅 용역(추가계약)	우리젠㈜	2006.05.	FMS
456	기흥 Total Distribution Center	프롤로지스평택 유한회사	2007.06.	DD
457	HKC담배공장 구조안전진단	HKC담배㈜	2007. 11.	OTH
458	탕정 T.C 지방산업단지 폐수종말처리시설공사	삼성전자㈜	2007. 11.	CS
459	신세계 UEC 건설지 작성용역신	세계건설㈜	2008. 01.	CM+CS
460	Yantai School	YKS	2006.06.	PM
461	센텀시티 신세계 UEC 신축공사 CM형 감리용역	㈜신세계	2006.06.	CS
462	Cosmax Cosmetic Factory	Cosmax Cosmatic, Shanghai	2006.06. 01.	CM
463	삼성코닝 BLU 주건물 증축공사 CM 및 감리용역	삼성코닝㈜	2006.06. 01.	CM+CS
464	홈플러스 안산선부점 대수선공사 CM용역	유동근 외 4인	2006.06. 05.	CM
465	SPC 한남동 빌딩 신축공사 CM용역	에스피씨㈜	2006.06. 12.	e집
466	홈플러스 거제점 CM용역	삼성테스코㈜	2006.06. 13.	CM
467	오만 조선소 프로젝트 시공업체 조사용역	㈜대우조선해양	2006.06. 14.	OTH
468	개봉동 근린생활시설 신축공사 건설사업관리(CM)용역	대흥공사	2006.06. 20	e집
469	한-인니 기술문화협력센터 건립사업	한국국제협력단	2006.06. 26	CM
470	홈플러스 포천송우점 CM 및 소방감리용역	삼성테스코㈜	2006.06. 26	CM+CS
471	여의도 S-Trenue공사 감리용역	SK네트웍스㈜	2006.07. 04	CS
472	역삼동 오피스빌딩 신축공사 CM 및 감리용역	㈜F&F	2006.07. 11	CM+CS
473	강남, 동산물류 RACK 설비 및 부대공사	㈜SAMS	2006.07. 13	CM+CS
474	송도 125블럭 기술지원 용역	포스코	2006.07. 26	CM
475	홈플러스 진주점 CM용역	삼성테스코㈜	2006.08. 01	CM
476	앙스모드 사옥 신축공사 CM용역	㈜한아인터내셔날	2006.08. 05	CM
477	동강리조트조성사업계획.설계단계 건설사업관리용역	㈜동강리조트	2006.08. 08	CM
478	제일모직 의왕 연구소 및 삼성전자 서초사옥 FMS 프로젝트 CONSULTING용역	㈜우리젠	2006.08. 08	FMS
479	㈜천일국제보세창고 평택 제2물류센터 설계단계 CM	㈜천일국제보세창고	2006.08. 10	CM
480	제일모직 의왕 MCR 실험동 증축공사 CM용역	제일모직㈜	2006.08. 11	CM
481	G-Project	Gongpyung RFV	2006.08. 18	CM+CS

CM : Construction Management
PM : Project Management
R&R : Reconstruction & Remodeling (정비사업)
DD : Due Diligence (건물기술심사)
PF : Project Financing (금융조달 컨설팅)
CS : Construction Supervision
DM : Design Management
FMS : Facility Management System (시설관리시스템구축 용역)
LTA : Lender's Technical Advisor (대주단 기술자문)
OTH : Others (기타 기술용역)

No	프로젝트	발주처	계약일자	유형
482	발리 덴파사르 국제공항 기전부문 엔지니어링 실사	㈜EG아이엔케이	2006.08. 23	DD
483	우한 Minseng		2006.08. 23	DD
484	사랑의 집 신축공사 CM 및 감리용역	대한건설단체총연합회	2006.08. 28	CM+CS
485	㈜풍강 화성공장 신축공사 CM 및 감리용역	㈜풍강	2006.08. 28	CM+CS
486	남경 LGE HUB 물류센터 CM용역	남경LG전자	2006.09. 01	CM
487	중국현지법인-연대LG INNOTECK CM용역	LG INNOTEK, YANTA	2006.09. 01	CM
488	천일국제보세창고 신축공사	㈜천일국제보세창고	2006.09. 07	CM at Risk
489	양재동 Trust Tower 증축공사	㈜골든브릿지자산운용 ㈜국민은행	2006.09. 07	CM
490	제주 테디밸리골프앤리조트 개발사업 기성실사등 용역	㈜제이에스개발	2006.09. 12	OTH
491	공평2지구 건물실사용역	ING Real Estate Investment Management Korea, L.L.C	2006.09. 12	DD
492	대한간호복지재단 노인전문요양시설 신축공사 CM용역	사회복지법인 대한간호복지재단	2006.09. 18	CM
493	대한간호협회 KNA 연수원 리모델링공사 CM용역	대한간호협회	2006.09. 18	CM
494	탕정T.C지방산업단지 폐수종말처리시설공사책임감리용역(3-2단계)	삼성전자㈜	2006.09. 20	CS
495	다산금속 류팅공장 건설 프로젝트 Monitoring Service용역	㈜다산	2006.09. 22	OTH
496	Xiamen Crowne Plaza	Xiamen	2006.09. 26	DD
497	홈플러스 영주점 CM 및 소방감리용역	삼성테스코㈜	2006. 10. 10	CM+CS
498	에콰도르 사전조사 용역	㈜다우데이타시스템	2006. 10. 13	OTH
499	KC23~24 증설공사 설계변경 감리용역	삼성코닝정밀유리㈜	2006. 10. 17	CS
500	신우 CGV 복합상가 개발사업 PM+CM 용역	주식회사 신우D&C	2006. 10. 24	PM
501	SIFC공사감리용역 (AIG Project)	SIFC Tower One Development YH	2006. 10. 24	CS
502	동양제철화학공장부지 도시개발사업 설계조정관리(DC)용역	동양제철화학주식회사	2006. 11.	DR
503	오만 조선소 프로젝트 오만 수리조선소 프로젝트 입찰단계 CM용역	㈜대우조선해양	2006. 11. 09	CM
504	서울 금천구 S-Project 개발계획관리용역	㈜영조, ㈜대완기획	2006. 11. 15	DM
505	홈에버 CM용역	㈜이랜드리테일	2006. 11. 20	CM
506	문정동 콜렉티드빌딩 신축공사 감리 및 CM용역	F&F Co.Ltd.	2006. 11. 22	CM+CS
507	Bundang Office Property (Engineering Survey)	Morgan Stanley Properties korea ltd.	2006. 11. 27	DD
508	Seocho-dong Office (1544)	New City Korea	2006. 11. 27	DD
509	PARC 1 Project	Y22 Project Financing Investment Ltd./ Skylan Properties Korea Ltd.	2006. 11. 28	CM+CS
510	탕정 삼성 트라팰리스 신축공사	삼성전자㈜	2006. 12.	CM

CM : Construction Management
PM : Project Management
R&R : Reconstruction & Remodeling (정비사업)
DD : Due Diligence (건물기술심사)
PF : Project Financing (금융조달 컨설팅)
CS : Construction Supervision
DM : Design Management
FMS : Facility Management System (시설관리시스템구축 용역)
LTA : Lender's Technical Advisor (대주단 기술자문)
OTH : Others (기타 기술용역)

No	프로젝트	발주처	계약일자	유형
511	화성 주상복합부지 개발사업 CM용역	㈜포스코건설	2006. 12. 06	CM
512	우리물류센터 엔지니어링 실사 용역	삼성생명보험㈜	2006. 12. 06	DD
513	KNN 신사옥개발 사업계획 및 현사옥 활용방안 수립용역	㈜KNN	2006. 12. 13	OTH
514	이라크 기획개발협력부 청사개보수사업 CM용역	한국국제협력단	2006. 12. 15	CM
515	기업은행 종합연수원 건설사업관리용역	중소기업은행	2006. 12. 20	CM
516	천안 제3 지방산업단지 확장 조성공사 CM 및 감리	㈜차암사업단	2006. 12. 27	CM+CS
517	송도국제도시 D22블럭 주상복합건립공사 CM기술용역	㈜포스코건설	2006. 12. 28	CM
518	Glostar 청계 Square Garden 신축공사 CM 및 감리	㈜글로스타	2006. 12. 28	CM+CS
519	삼성전자 인도 첸나이 공장 신축사업 CM	삼성전자㈜	2006. 12. 31	CM
520	스리랑카 자히라 칼리지 초등학교	한국국제협력단	2006. 12. 31	CM
521	홈플러스 창원점 증축공사	삼성테스코㈜	2007. 01.	CM+CS
522	홈플러스 영통점 증축공사	삼성테스코㈜	2007. 01.	CM
523	BAT Korea Distribution Center	BAT Korea	2007. 01. 02	CM at Risk
524	홈플러스 논산점 신축공사	삼성테스코㈜	2007. 01. 02	CM at Risk
525	은성교회 성전	다인종합건설㈜	2007. 01. 03	CM
526	삼성전자 헝가리 공장 프로젝트	삼성전자㈜	2007. 01. 03	CM
527	수원농협 하나로마트 봉담점	수원농업협동조합	2007. 01. 05	CM+CS
528	팬택계열 R&D Center CM 및 감리	㈜팬택,㈜팬택앤큐리텔	2007. 01. 05	CM+CS
529	송도 the# 1st World 주상복합	㈜포스코건설	2007. 01. 26	CM
530	홈플러스 밀양점 대수선공사	삼성테스코㈜	2007. 02. 01	CM+CS
531	홈플러스 감만점 증축공사	삼성테스코㈜	2007. 02. 01	CM+CS
532	남대문교회 리모델링공사	남대문교회	2007. 02. 05	e집
533	삼성탈레스 용인연구소 2단계	삼성탈레스㈜	2007. 02. 14	CM+CS
534	Daewoo,Tongyang Securities Building	DB Real Estate Investment GmbH	2007. 02. 16	DD
535	전북 부안 아파트	㈜두꺼비 R&C	2007. 02. 21	CM
536	우면동 B주택 신축공사	방준혁	2007. 02. 21	e집
537	효동기계공업㈜ 화성공장	효동기계공업㈜	2007. 02. 23	CM+CS
538	유천3구역 도시환경정비사업 CM용역	유천3구역 조합추진위	2007. 02. 28	CM
539	방글라데시 국가직업훈련역량강화사업	한국국제협력단	2007. 02. 28	OTH
540	교보생명 본사 외벽타일 개보수 자문	교보생명보험㈜	2007. 03. 02	OTH
541	에콰도르 사전조사 용역	㈜다우데이타시스템	2007. 03. 05	OTH
542	홈에버 리뉴얼 공사비 검토	㈜코크렙엔피엔스제2호 기업구조조정부동산투자회사	2007. 03. 06	OTH
543	미래에셋 판교 벤처빌딩	미래비아이주식회사	2007. 03. 19	CM
544	서울국제금융센터(Ph.1) 기술컨설팅용역	GS건설㈜/㈜포스코건설	2007. 03. 21	OTH

CM : Construction Management
PM : Project Management
R&R : Reconstruction & Remodeling (정비사업)
DD : Due Diligence (건물기술심사)
PF : Project Financing (금융조달 컨설팅)
CS : Construction Supervision
DM : Design Management
FMS : Facility Management System (시설관리시스템구축 용역)
LTA : Lender's Technical Advisor (대주단 기술자문)
OTH : Others (기타 기술용역)

No	프로젝트	발주처	계약일자	유형
545	극동빌딩 공용부 리노베이션	㈜맥쿼리센트럴오피스 기업구조조정부동산투자회사	2007. 03. 23	CM
546	경향신문사옥 재개발 계획 컨설팅	㈜경향신문	2007. 03.26	TH
547	고양 종합터미널 신축공사	종합터미널고양㈜	2007. 03. 29	CM+CS
548	부산남천동 풍림엑슬루타워 신축공사 CM 용역	풍림산업㈜	2007. 03. 30	CM
549	신호명지 C2블럭 사업관리형 CM	㈜영조주택	2007. 03. 30	CM
550	서면 the# 센트럴스타	㈜포스코건설	2007. 03. 30	CM
551	인천 용현학익지구 엑슬루타워	풍림산업㈜	2007. 03. 30	CM
552	홈플러스 삼천포점	삼성테스코㈜	2007. 04.	CM+CS
553	홈플러스 상인점	삼성테스코㈜	2007. 04.	CM+CS
554	울란바타르 주상복합 PF 컨설팅 용역	주식회사 한미테코	2007. 04.	OTH
555	리츠칼튼 호텔 신관 Renewal	전원산업㈜	2007. 04. 05	CM
556	인왕산 휴플러스 설계검토 및 VE	한신공영㈜	2007. 04. 09	DM
557	푸르덴셜타워 지하2층 리모델링공사 PM	푸르덴셜생명보험㈜	2007. 04. 10	CM
558	성남 시청사 및 의회 건립공사	조달청	2007. 04. 13	CM+CS
559	포승 경평종합물류 창고 신축공사	㈜경평종합물류	2007. 04. 19	CM
560	중계동 2001 아울렛 철골주차장 설계도서 검토 및 공사점검용역	분당중계유동화전문 유한회사	2007. 04. 25	DM
561	송도 중앙공원 기술시공	㈜포스코건설	2007. 04. 30	CM
562	신세계 의정부역사 프로젝트	㈜신세계	2007. 05. 01	CM
563	탕정 SCP R PROJECT 증설공사	삼성코닝정밀유리㈜	2007. 05. 01	CS
564	LA Wilshire Hoover 주상복합 개발사업		2007. 05. 03	DM
565	하이닉스 A PROJECT 신축공사	㈜하이닉스반도체	2007. 05. 04	CM+CS
566	China Sunrise Resort(영성욱일 도가촌회관)	영성욱일도가촌유한회사	2007. 05. 08	CM
567	Daewoo Building	MPAK	2007. 05. 10	DD
568	부산 토성동 아쿠아팰리스 신축공사	현대알앤씨건설㈜	2007. 05. 22	CM
569	신도림 복합센터	대성산업㈜	2007. 05. 30	CM
570	설계검토 및 VE용역	금호산업㈜	2007. 05. 31	CM
571	신성건설 두바이 Silicon Gates	신성건설㈜	2007. 06. 01	CM
572	LA & Las Vegas 복합개발	장광훈	2007. 06. 01	PM
573	하나은행 본점 리모델링	㈜하나은행	2007. 06. 01	CM
574	베트남 Binh Duong 경마장 개발사업	㈜VITCO	2007. 06. 01	DM
575	카자흐스탄 성원 상떼빌	(유)상떼빌케이제트티	2007. 06. 01	OTH
576	스리랑카 자프나 기능대학 개선사업	한국국제협력단	2007. 06. 05	CM
577	롯데마트 신규점 설계표준화용역	롯데건설㈜	2007. 06. 10	DM
578	동성고등공민학교 생활관개축 (e집)	(재)동성회 동성고등공민학교	2007. 06. 15	e집

CM : Construction Management
PM : Project Management
R&R : Reconstruction & Remodeling (정비사업)
DD : Due Diligence (건물기술심사)
PF : Project Financing (금융조달 컨설팅)
CS : Construction Supervision
DM : Design Management
FMS : Facility Management System (시설관리시스템구축 용역)
LTA : Lender's Technical Advisor (대주단 기술자문)
OTH : Others (기타 기술용역)

No	프로젝트	발주처	계약일자	유형
579	LG패션 양지연수원	㈜LG패션	2007. 06. 19	CM+CS
580	해태제과 천안공장 엔지니어링 실사 용역	피엘디천안 유한회사	2007. 06. 21	DD
581	SK 부산 화물차 전용휴게소	SK에너지㈜	2007. 06. 22	CM at Risk
582	SK Cargo Complex @ Risk	SK㈜	2007. 06. 22	CM at Risk
583	KOICA Indonesia ICT	한국국제협력단	2007. 06. 28	CM
584	스탠포드호텔 신축공사	스탠포드코리아㈜	2007. 06. 29	CM+CS
585	홈플러스 잠실점	삼성테스코㈜	2007. 06. 30	CM at Risk
586	엘살바도르 교육환경 개선사업	한국국제협력단	2007. 07. 02	CM
587	서안성농협 농수산물유통센터 및 청사 CM용역	서안성농업협동조합	2007. 07. 06	CM
588	포스코 글로벌 R&D센터 CM기술용역	포스코건설㈜	2007. 07. 19	CM
589	중동 주상복합 프로젝트 기술용역	금호산업㈜	2007. 07. 31	CM
590	대한주택공사 Leading up Program CM용역	대한주택공사	2007. 08. 01	CM
591	아산배방지구 PF사업	SK건설㈜	2007. 08. 01	CM
592	제칠일안식일 예수재림교 동중한합회 선교본부 신축공사	제칠일안식일 예수재림교 동중한합회	2007. 08. 07	CM
593	인도네시아 ICT 구축 컨설팅 프로젝트	대영유비텍㈜	2007. 08. 16	CM
594	아모레퍼시픽 ABC프로젝트 CM 및 감리용역 기술제안서 작성 용역	㈜아모레퍼시픽	2007. 08. 16	CM+CS
595	삼환기업 베트남 Bitexco Financial Tower	삼환기업	2007. 08. 17	OTH
596	화성동탄복합단지 건설공사CM(2단계) 용역	포스코건설㈜	2007. 08. 20	CM
597	아제르바이잔 바쿠 프로젝트 DM 용역	바쿠프라이드 주식회사	2007. 08. 24	DM
598	호텔 리츠칼튼 서울 객실 Renovation 건설사업관리용역	전원산업㈜	2007. 08. 25	CM
599	삼육대학교 음악관 신축공사 감리 및 사업관리(CM)용역	삼육대학교	2007. 08. 28	CM+CS
600	홈플러스 대구 상인점 신축공사	삼성테스코㈜	2007. 08. 29	CM+CS
601	인천국제공항 신라면세점 CM 용역계약	㈜호텔신라	2007. 09. 01	CM
602	극동빌딩 옥상 전기실 및 저압반 판넬 교체공사 설계도 및 공사비검토 위탁계약	맥쿼리센트럴오피스기업 조정부동산투자회사	2007. 09. 01	DM
603	판교 실리콘 파크 A-1-4-1 블록 사옥 신축공사 CM 및 감리용역	코아로직㈜/ 테크노세미켐㈜	2007. 09. 07	CM
604	마포빌딩 건립공사 건설사업관리용역	경찰공제회	2007. 09. 13	CM
605	몽골 울란바토르 이스트 주상복합 개발사업용역	주식회사 한미테크	2007. 09. 21	PM
606	기술연구원 제2연구동 증축공사 CM및 감리용역	㈜아모레퍼시픽	2007. 09. 27	CM+CS
607	남서울교회 성전 신축공사 감리 및 사업관리용역	대한예수교 장로회 남서울교회	2007. 09. 30	CM+CS
608	Logit Building Due Diligence	ING	2007. 09. 05	DD
609	해운대관광리조트 개발사업 민간사업자 공모 용역	㈜호라이즌 I&D	2007. 10. 05	PM
610	인천공항 신라호텔 면세점 물류창고 신축공사	㈜호텔신라	2007. 10. 12	CM

CM : Construction Management
PM : Project Management
R&R : Reconstruction & Remodeling (정비사업)
DD : Due Diligence (건물기술심사)
PF : Project Financing (금융조달 컨설팅)
CS : Construction Supervision
DM : Design Management
FMS : Facility Management System (시설관리시스템구축 용역)
LTA : Lender's Technical Advisor (대주단 기술자문)
OTH : Others (기타 기술용역)

No	프로젝트	발주처	계약일자	유형
611	메릴린치 도심 재개발 프로젝트	㈜ SH캐피탈사모부동산 투자신탁6호	2007. 10. 15	CM
612	대구 이시아폴리스 조성사업	㈜이시아폴리스	2007. 10. 16	CM+CS
613	사랑의 집(2차사업) CM및 감리용역 계약	대한건설단체총연합회	2007. 10. 17	e집
614	홈플러스 문경	삼성테스코㈜	2007. 10. 22	CM+CS
615	잠실운동장 관광단지 개발사업 사업기획	Citydream㈜	2007. 10. 24	PM
616	교보생명 본사사옥 리모델링공사 시공관리	교보생명보험㈜	2007. 10. 24	CM+CS
617	동국제강 사옥 신축공사	동국제강㈜	2007. 10. 26	CM
618	인천세계도시엑스포 기념관 건립공사 CM기술용역(공사전단계)	㈜포스코건설	2007. 10. 29	CM
619	향린공원 개발사업 발주관리(Order Management) 지원용역계약	향린공영회	2007. 10. 29	OTH
620	해운대 I-PARK 프로젝트	현대산업개발㈜	2007. 10. 30	CM
621	ING Lotte Mart DD	롯데건설㈜	2007. 10. 31	DD
622	삼성테크윈 R&D 센터 건립공사 건설사업관리용역	삼성테크윈 주식회사	2007. 10. 31	CM
623	싱가포르 마리나베이샌즈 프로젝트		2007. 11. 01	CM
624	T-Project(Process Plant Pre-con CM)		2007. 11. 16	CM
625	천안 전지5기 1차 공사 CM 용역	삼성 SDI㈜	2007. 11. 16	CM
626	알펜시아 조성사업(추가용역)	강원도개발공사	2007. 11. 30	CM
627	판교 실리콘 파크 A-1-2 블록 사옥 신축공사 CM 및 감리	㈜성도이엔지 외4	2007. 12. 03	CM+CS
628	HM Global Partners Financing Consulting	HM Global Partners	2007. 12. 05	PM
629	SK Communications 판교사옥 신축공사	SK커뮤니케이션즈㈜	2007. 12. 06	CM+CS
630	부산해운대 위브더제니스 기술용역(CM)	두산건설㈜	2007. 12. 06	CM
631	팔레스타인 Jenin시 기술고등학교 건립사업 CM용역	한국국제협력단	2007. 12. 07	CM
632	345KV 신탕정 변전소 건설공사 CM 및 책임감리용역	삼성전자㈜	2007. 12. 07	CM+CS
633	삼성코닝정밀 R-Project Phase 1-2증설공사 감리용역	삼성코닝정밀유리㈜	2007. 12. 10	CS
634	KONITEC 사업기획단계 자문용역	㈜인터호라이즌	2007. 12. 13	OTH
635	제천 백운 골프리조트 개발사업관리(PM)	㈜엔바이저코리아	2007. 12. 21	PM
636	송도)D1~4BL근린상가 신축공사 CM용역	㈜포스코건설	2007. 12. 26	CM
637	LG가산디지털 센터 CM형 감리용역	㈜LG	2007. 12. 27	CS
638	송도125기술지원(추가계약) & 송도 1st World	㈜포스코건설	2008. 01. 01	CM
639	분당 First Tower 빌딩 실사용역	㈜골든브릿지자산운용 골든브릿지사모부동산투자신탁3	2008. 01. 02	DD
640	반달마을 리모델링 건설사업관리	반달마을리모델링조합	2008. 01. 07	CM
641	군산신공장 건축공사 CM 및 감리용역	두산인프라코어㈜	2008. 01. 11	CM+CS
642	청진동 오피스 프로젝트 설계검토 및 VE용역	금호산업㈜	2008. 01. 14	OTH
643	부산신호명지 대주단 CM(영조주택)	대한리츠㈜	2008. 01. 14	CM

CM : Construction Management
PM : Project Management
R&R : Reconstruction & Remodeling (정비사업)
DD : Due Diligence (건물기술심사)
PF : Project Financing (금융조달 컨설팅)
CS : Construction Supervision
DM : Design Management
FMS : Facility Management System (시설관리시스템구축 용역)
LTA : Lender's Technical Advisor (대주단 기술자문)
OTH : Others (기타 기술용역)

No	프로젝트	발주처	계약일자	유형
644	용수공급시설 3단계사업 책임감리용역	삼성전자㈜	2008. 01. 21	CM+CS
645	SK에너지 제주 화물자동차 공영정류장	SK에너지㈜	2008. 01. 21	CM+CS
646	Mangrove Place Project DM Service	Oboor Hyodong Construction LLC	2008. 01. 21	OTH
647	비산동 주택 설계 자문 용역	박봉기	2008. 01. 24	DM
648	조광요턴 지사 공장 신축공사	조광요턴	2008. 01. 25	CM+CS
649	WBC 부산 센텀시티 24블록 오피스텔	경남기업㈜	2008. 01. 28	CM
650	홈플러스 조치원점 신축공사	삼성테스코㈜	2008. 01. 31	CM
651	밀양 TSGL 물류창고	프로로지스기흥 유한회사	2008. 02. 01	DD
652	대흥물류센터 DD	프로로지스코리안매니지먼트 유한회사	2008. 02. 08	DD
653	삼성레포츠센터 리모델링	㈜삼성라이온즈레포츠센터	2008. 02. 15	CM
654	동강시스타 조성사업 건축설계분야 건설사업관리 용역(연장)	주식회사 동강시스타	2008. 02. 25	CM
655	KONITEC 개발사업 2단계 자문용역	㈜에미레이츠앤디씨	2008. 02. 27	DM
656	KR-2호 프로젝트 평가 보고서 작성용역	케이알제2호 개발전문 위탁관리부동산투자회사	2008. 02. 27	OTH
657	송도 D1 to 5 Canal Street Mixed Use Housing	송도국제도시개발(유)	2008. 02. 29	CM+CS
658	소주 태양광장 CM용역	Suzhou Poly Sujing Real Estate Co., Ltd.	2008. 02. 29	CM
659	가산동/구로동 아파트형공장 건설사업관리(CM)용역계약	㈜케이리츠앤파트너스	2008. 02. 29	CM
660	탕정T.C지방산업단지 폐수종말처리시설공사 책임감리용역(5단계)	삼성전자㈜	2008. 03. 01	CS
661	아제르바이잔 바쿠 S-Tower개발사업 PM용역	㈜바쿠프라이드	2008. 03. 01	PM
662	Hanoi City Complex(하노이시티 컴플렉스)	CORALIS VIETNAM CO.,LTD	2008. 03. 03	CM
663	성북동 330-377 주택 실사용역	사이토 노리코	2008. 03. 03	DD
664	아사상용가구(광주)2기공장 CM용역	아사상용가구(광주)유한공사	2008. 03. 06	CM
665	서울과학종합대학원대학교 춘천 제2캠퍼스 본관 신축공사	학교법인 서울아카데미	2008. 03. 10	CM at Risk
666	펜타포트 건물 유지관리 컨설팅(SK 아산배방)	㈜펜타포트 개발	2008. 03. 18	FMS
667	필로스 CC 시니어타운 신축공사 CM용역	㈜선운	2008. 03. 25	CM
668	동티모르 우체국본부 건립사업 등 행정제도분야 3개사업 CM용역	한국국제협력단	2008. 03. 27	CM
669	홈플러스 잠실점 대수선공사	삼성테스코㈜	2008. 03. 28	CM at Risk
670	송도 D19 블록 CM 용역	송도국제도시개발(유)	2008. 03. 31	CM+CS
671	판교 안철수연구소 R&D Center	㈜안철수연구소	2008. 03. 31	CM+CS
672	알펜시아 조성사업	강원도개발공사	2008. 04. 01	CM+CS

CM : Construction Management
PM : Project Management
R&R : Reconstruction & Remodeling (정비사업)
DD : Due Diligence (건물기술심사)
PF : Project Financing (금융조달 컨설팅)
CS : Construction Supervision
DM : Design Management
FMS : Facility Management System (시설관리시스템구축 용역)
LTA : Lender's Technical Advisor (대주단 기술자문)
OTH : Others (기타 기술용역)

No	프로젝트	발주처	계약일자	유형
673	동양파라곤 아파트 설계검토 용역	동양건설산업	2008.04. 01	DM
674	대치동 106빌딩 신축공사 COST & FEE	류시원	2008.04. 01	CM at Risk
675	홈플러스 울산동구점	삼성테스코㈜	2008.04. 10	CM
676	홈플러스 천안점 신축공사	삼성테스코㈜	2008.04. 10	CM
677	홈플러스 안양동안점	삼성테스코㈜	2008.04. 10	CM
678	홈플러스 파주문산점	삼성테스코㈜	2008.04. 10	CM+CS
679	홈플러스 충북오창점	삼성테스코㈜	2008.04. 10	CM+CS
680	대천리조트 관광개발사업 CM 1단계	대천리조트	2008.04. 10	PM
681	천안리조트워터파크&콘도신축공사 감리용역	천안리조트피에프브이㈜	2008.04. 11	CM+CS
682	BCG 백신생산시설 및 결핵연구원 신축공사 CM용역	대한결핵협회결핵연구원	2008.04. 17	CM+CS
683	한화증권빌딩 DD	우리투자증권	2008.04. 17	DD
684	평양 조용기심장전문병원	재단법인 순복음선교회	2008.04. 25	CM
685	T-Project phase 2	Tonen Chemical Corporation	2008.04. 30	CM
686	김해 English City 조성공사 CM용역계약서	피지엘플러스㈜	2008.05. 06	CM+CS
687	프로로지스 남양주 물류센터	피엘디남양주 유한회사	2008.05. 08	CM
688	한화손해보험 건물실사 용역	대한생명	2008.05. 08	DD
689	구로동 근린시설 신축공사	㈜쿼츠라인	2008.05. 08	CM+CS
690	한라 Stackpole 오창공장 신축공사	Stackpole Limited	2008.05. 13	CM
691	GS SQUARE 안양점	GS 리테일㈜	2008.05. 15	CM
692	삼육대학교 제3과학관 신축공사	삼육대학교	2008.05. 16	e집
693	EO Techinics Sozhou Project	EO Techinics Co. Ltd. in Korea	2008.05. 21	CM
694	YGS Wuxi Factory	Young Gwang Stainless Steel Co., Ltd	2008.05. 26	CM
695	이시아폴리스 패션스트리트	㈜이시아폴리스	2008.05. 29	CM+CS
696	호텔신라 일류화 프로젝트	㈜호텔신라	2008.05. 30	CM
697	LG 신문로 업무시설 신축공사 CM형감리용역	㈜LG	2008.05. 31	CM+CS
698	Kumho Abu Dhabi Control Tower	금호산업㈜	2008.06. 02	CM
699	Venetian Macau Casino (Extension)	Venetian Macau Ltd.	2008.06. 03	CM
700	대방감리교회 리모델링 e-Jip	대방교회	2008.06. 03	e집
701	풍림 청라지구 주상복합	풍림산업㈜	2008.06. 04	CM
702	삼성테크윈㈜ 창원공장증설공사설계단계 CM용역	삼성테크윈㈜	2008.06. 05	CM
703	ING TOWER 외벽 및 공개공지 Renovation CM 용역	ING Real Estate Investment Management Ko	2008.06. 05	CM+CS
704	홈플러스 송탄점 신축공사	삼성테스코㈜	2008.06. 11	CM at Risk
705	K1 Building	Ajia Korea	2008.06. 26	DD
706	(변경)하나은행 재건축	주식회사 하나은행	2008.06. 27	CM+CS

CM : Construction Management
PM : Project Management
R&R : Reconstruction & Remodeling (정비사업)
DD : Due Diligence (건물기술심사)
PF : Project Financing (금융조달 컨설팅)

CS : Construction Supervision
DM : Design Management
FMS : Facility Management System (시설관리시스템구축 용역)
LTA : Lender's Technical Advisor (대주단 기술자문)
OTH : Others (기타 기술용역)

No	프로젝트	발주처	계약일자	유형
707	청담동 주거시설개발PM	㈜소나무숲	2008.06. 27	PM
708	프로로지스 남양주 물류센터 시공단계 CM 및 감리용역	피엘디남양주 유한회사	2008.06. 30	CM+CS
709	한류우드 공기산정 기술성검토	일산프로젝트주식회사	2008.07. 01	OTH
710	양주 특화 청소년수련관 BTO사업	㈜제이에스원	2008.07. 03	DM
711	오만 조선소 시공단계	대우조선해양㈜	2008.07. 04	CM+CS
712	삼성에버랜드김천태양광발전소건설사업관리	삼성에버랜드㈜이앤에이사업부	2008.07. 10	CM
713	송도 U-City 홍보체험관 및 환승센터	주식회사 웨이브시티개발	2008.07. 14	CM
714	LG패션 서관 신축공사	LG패션	2008.07. 18	CM
715	LocknLock Suzhou 2nd Factory	LocknLock	2008.07. 23	CM
716	Saudi Arabia ITCC	PPA	2008.07. 24	PM
717	삼화인쇄사옥 신축 사업	삼화인쇄	2008.07. 25	CM
718	초당대학교 기숙사D동 증축공사 내역검토	김기운	2008.07. 29	OTH
719	다음 R&D Center	㈜다음커뮤니케이션	2008.07. 31	CM+CS
720	천안제3일반산업단지(PM)	주식회사 케이유피	2008.08. 01	PM
721	대진합긴곤건(곤산)유한공사증축공사설계및CM(JINHAP)	JINHAP	2008.08. 04	CM
722	BTX Korea 군산공장 신축공사	신한BNP파리바자산운용 ㈜SH캐피탈사모부동산투신10호	2008.08. 12	CM
723	부산신항만 남컨테이너 터미널 2-3단계	CH2M HILL	2008.08. 20	OTH
724	초당대학교 체육관 내역/구조검토용역	김기운	2008.08. 22	OTH
725	홈에버 Refit PM기술지원용역	홈플러스테스코㈜	2008.08. 29	CM
726	부산 K병원 신축공사	K병원	2008.09.	CM at Risk
727	T-Project construction phase1	ExxonMobil	2008.09. 09	CM+CS
728	하이퐁 송지아리조트개발 PM	AMCO - MIBAEK VINA	2008.09. 09	PM
729	BHP코리아 C92 Project LTA	세빌스코리아주식회사	2008.09. 11	OTH
730	롯데마트 3개점 하자보수 확인실사	ING Real Estate Investment Management Ko	2008.09. 12	DD
731	삼성전자 멕시코 공장	삼성전자㈜	2008.09. 20	CM
732	과천화훼종합센터 건립공사	과천시청	2008.09. 24	CM+CS
733	남대문 메사빌딩 실사용역	Kayla II Jersey Limited	2008.09. 24	DD
734	홈플러스 천안점 DD	ING Real Estate Investment Management Ko	2008.09. 26	DD
735	신송 디오빌딩 DD	SH 자산운용 ㈜ SH캐피탈사모 부동산투자신탁제6호	2008.09. 26	DD
736	몽골 GRAND 레지던스 CM	몽골 Grand	2008.10. 02	CM
737	송도 GIK Pre-con CM	게일 코리아	2008.10. 06	CM
738	오만 조선소 프로젝트 DM	대우조선해양㈜	2008.10. 07	DM

CM : Construction Management
PM : Project Management
R&R : Reconstruction & Remodeling (정비사업)
DD : Due Diligence (건물기술심사)
PF : Project Financing (금융조달 컨설팅)
CS : Construction Supervision
DM : Design Management
FMS : Facility Management System (시설관리시스템구축 용역)
LTA : Lender's Technical Advisor (대주단 기술자문)
OTH : Others (기타 기술용역)

No	프로젝트	발주처	계약일자	유형
739	금정공업 광주공장 신축공사	금정공업㈜	2008. 10. 17	e집
740	대성산업(소주)액압기계	대성산업(소주)액압기계	2008. 10. 22	CM
741	판교 상업시설	주식회사 알파돔시티	2008. 10. 30	CM+CS
742	대치동 베스티안병원 DD	Angelo. Gordon&Co.	2008. 10. 30	DD
743	Libya Housing & Infrastructure Project	Housing & Infrastructure Board	2008. 10. 31	CM
744	메릴린치 분당 구미동 업무시설	신한BNP파리바자산운용㈜ 캐피탈사모부동산투자신탁5호	2008. 10. 31	CM
745	과천복합관광단지 개발사업	과천시청	2008. 11. 14	PM
746	동소문동 오피스 실사용역	롯데자산개발㈜동소문점	2008. 11. 21	DD
747	장암 아일랜드 캐슬 리츠	㈜피닉스에이엠씨	2008. 11. 24	OTH
748	신세계 영등포점 리모델링 CM	㈜신세계 백화점 영등포점	2008. 11. 26	CM
749	MODA 아울렛 DD	도란캐피탈	2008. 12. 05	DD
750	LG패션 양지연수원 리모델링 및 마스터플랜설계관리	㈜LG패션	2008. 12. 09	DM
751	요르단 수질모니터링 시스템 구축사업	주식회사 엔디에스	2008. 12. 11	CM
752	메타폴리스 2단계	메타폴리스주식회사	2008. 12. 12	CM
753	공세지구 ING Complex 도급계약서 검토용역	ING RE AVF Management Limited	2008. 12. 16	OTH
754	SCFB 실사용역	스탠다드차타드	2008. 12. 17	DD
755	서울대병원 지하공간 개발	서울대학교병원	2008. 12. 30	DM
756	잠실 제2 롯데월드 초고층 공사비 및 공기검토용역	롯데물산㈜	2009. 01. 07	OTH
757	Kunwon Abu Dhabi Navi-Soho	㈜건축사사무소 건원엔지니어링	2009. 01. 14	CS
758	금산군 국민건강보험공단 연수원 유치	금산군청	2009. 01. 19	DM
759	센터원(글로스타) LEED인증 타당성 검토용역	주식회사 글로스타	2009. 01. 22	CM
760	만민기도원 신축공사	만민중앙교회	2009. 01. 22	e집
761	판교 테크노밸리 도시 4-5,4-6,4-7블럭 공사비 검토 용역	주식회사 유원시피엠	2009. 02. 02	OTH
762	홈플러스 남양주 진접점	삼성테스코㈜	2009. 02. 04	CM+CS
763	삼미건설 아부다비 빌라&학교	㈜삼미건설	2009. 02. 16	CM
764	길동 양병원 리모델링 e-Jip용역	길동 양병원	2009. 02. 19	e집
765	포항 동빈내항 개발사업	신원리모델링	2009. 02. 26	DM
766	홈플러스 분당 오리점	삼성테스코㈜	2009. 02. 27	CM+CS
767	LA Wilshire Hoover Shopping Center CM	DAVID CHANG DC PARTNER LLC.	2009. 02. 27	CM
768	남한강골프장 사업검토	벽산건설㈜	2009. 03. 04	OTH
769	길음동 척병원 신축공사 시공전단계 CM용역	서울척병원	2009. 03. 18	e집
770	한남 더힐 신축공사	㈜한스자람D&CM	2009. 03. 19	CM

CM : Construction Management
PM : Project Management
R&R : Reconstruction & Remodeling (정비사업)
DD : Due Diligence (건물기술심사)
PF : Project Financing (금융조달 컨설팅)
CS : Construction Supervision
DM : Design Management
FMS : Facility Management System (시설관리시스템구축 용역)
LTA : Lender's Technical Advisor (대주단 기술자문)
OTH : Others (기타 기술용역)

No	프로젝트	발주처	계약일자	유형
771	죽전 이니지오 신축공사	어반웍스	2009.03. 25	e집
772	마포로 3-3구역 도시환경정비사업	마포로 3-3구역 도시환경정비사업조합	2009.03. 27	CM
773	미군 Housing 설계 CM	U.S. Army Corps of Engineers District	2009.03. 30	CM
774	아일랜드캐슬(캐슬스파월드) 신축공사	㈜유니온브릿지홀딩스	2009.04. 03	CM+CS
775	유니버셜스튜디오리조트개발사업 공사비산정용역	유니버셜스튜디오리조트개발㈜	2009.04. 06	CM
776	동국대 기숙사 BTO 신축	동국대학교	2009.04. 14	DM
777	원광대학교 의과대학병원 설계내역 검토 및 공사비 정산 용역	원광대학교의과대학병원	2009.04. 21	OTH
778	우진빌딩 신축공사 e-Jip용역	이승준	2009.04. 21	e집
779	국립생태원	환경부	2009.04. 27	CM
780	러시아 삼성전자 공장	삼성전자㈜	2009.04. 28	CM
781	초동교회 대수리공사 e-Jip용역	한국기독교장로회초동교회	2009.04. 28	e집
782	한샘 송파전시장 리모델링	㈜한샘	2009.04. 29	CM
783	SK순화빌딩 엔지니어링 실사업무	도이치자산운용주식회사	2009.04. 30	DD
784	GIK 송도아트센터	게일 코리아	2009.05. 06	CM
785	(KOICA)파라과이 교육 및 보건분야 3개사업 CM용역	한국국제협력단	2009.05. 08	CM
786	안양 상쾌한항외과 신축공사 e-Jip 용역	상쾌한항외과	2009.05. 08	e집
787	항공우주박물관	제주국제자유도시개발센터	2009.05. 20	CM
788	락앤락소주공장 개보수 공사관리	락앤락	2009.05. 26	CM at Risk
789	길음동 척병원 Cost+Fee용역	서울척병원	2009.05. 26	CM at Risk
790	진합 대덕공장 증축공사	주식회사진합	2009.05. 29	CM+CS
791	홈플러스 익스프레스 기획CM(09년도)	삼성테스코㈜	2009.05. 29	CM
792	아제르바이잔 S-Tower 2차 PM용역	㈜바쿠프라이드	2009.05. 29	PM
793	마포구청사부지 개발 DM	STX건설주식회사	2009.05. 29	DM
794	해외건설협회 용역조사	해외건설협회	2009.06. 02	OTH
795	SCFB 압구정동로데오지점(1개소) 악취에 대한 조사	Standard Chartered Bank	2009.06. 03	OTH
796	송도 C8-2 Project	게일 코리아	2009.06. 04	CM+CS
797	송도 the First world 내 상가 전기공사 감리용역	송도국제도시개발(유)	2009.06. 05	CS
798	분당 서현동 업무시설 실사용역	도란캐피탈	2009.06. 10	DD
799	PARC 1 VE용역	Y22 Project Financing Investment	2009.06. 12	CM
800	광안리 주상복합	㈜City Up	2009.06. 15	CM+CS
801	글로스타 문화공원 및 기반시설공사	㈜지엘어소시에이츠	2009.06. 16	CM+CS
802	오산물류센터	㈜오산로지스틱스	2009.06. 16	CM+CS

CM : Construction Management
PM : Project Management
R&R : Reconstruction & Remodeling (정비사업)
DD : Due Diligence (건물기술심사)
PF : Project Financing (금융조달 컨설팅)
CS : Construction Supervision
DM : Design Management
FMS : Facility Management System (시설관리시스템구축 용역)
LTA : Lender's Technical Advisor (대주단 기술자문)
OTH : Others (기타 기술용역)

No	프로젝트	발주처	계약일자	유형
803	남해 장포 골프리조트	㈜한섬피엔디	2009.06. 22	CM+CS
804	(KOICA) 팔레스타인 헤브론시, 제닌시 프로젝트	한국국제협력단	2009.06. 24	CM+CS
805	두큼 프론티어 타운 프로젝트	대우조선해양㈜	2009.06. 30	PM
806	중국 위해 장보고CC 호텔신축 프로젝트		2009.07. 01	CM
807	삼성동 OTC빌딩 신축공사	김희언	2009.07. 02	e집
808	콜롬비아 초코주 기초보건의료 향상사업 건축부문 실시협의	한국국제협력단	2009.07. 06	DM
809	2010 상해엑스포 한국관 감리용역	Massstudies	2009.07. 13	CS
810	포항 삼정피앤에이공장 엔지니어링 실사용역	시그노드코리아㈜	2009.07. 13	DD
811	안성 용설리 주택 신축공사(Cost+Fee)	김희숙	2009.07. 15	CM at Risk
812	오만 Dry Dock 대우건설 지원 CTA 용역	㈜대우건설	2009.07. 22	CM
813	제주도 드림타워 사업계획서 작성 용역	동화투자개발㈜	2009.07. 27	PM
814	여수 화물자동차 휴게소 제안서 PM용역	SK에너지㈜	2009.07. 30	PM
815	간석동 주상복합 기성실사		2009.07. 31	CM
816	홈플러스 동탄점	삼성테스코㈜	2009.07. 31	CM
817	송도 G4-1블럭 OK센터 호텔복합시설 신축	에이치앤비디엔씨주식회사	2009.08. 03	CM
818	4대강 살리기 통합사업관리 시스템 구축	국토해양부	2009.08. 17	CM
819	사우디 ERM Project	ZFP	2009.08. 18	PM
820	중국곤산대진합 열처리동 증축공사	JINHAP	2009.08. 21	CM
821	베트남 락앤락 2기 공장신축공사	락앤락	2009.08. 24	PM
822	상암동 조선일보 컨소시엄		2009.08. 31	CM+CS
823	SDS 쿠웨이트 유정관리 Security System	삼성에스디에스㈜	2009.09. 01	OTH
824	Jing An Kerry Centre PMIS - China	Shanghai Ji Xiang	2009.09. 01	OTH
825	부산 신항 북컨테이너 터미널 1단계 실사	부산신항만㈜	2009.09. 07	DD
826	MMHE Yard Optimization PJ	MMHE	2009.09. 11	PM
827	유한양행 본사부지 개발 컨설팅 용역	유한양행	2009.09. 14	DM
828	구로동 세인스톤 신축공사 기성실사용역	㈜하나종합개발	2009.09. 16	OTH
829	삼성테크윈 창원 신공장 증설 프로젝트	삼성테크윈㈜	2009.09. 18	CM
830	삼천리 오산 기술연구소	㈜삼천리	2009.09. 18	CM+CS
831	태백시 종합레져타운 조성 사업타당성 조사	㈜태안디앤아이	2009.09. 18	DM
832	역삼동 707-4 업무시설 및 근린생활시설	정수부동산	2009.10. 09	CM+CS
833	역삼동 KTB빌딩 Renovation공사 CM용역	세빌스코리아주식회사	2009.10. 14	CM
834	회현동 00빌딩 리모델링 DD 용역	코람코자산신탁	2009.10. 16	PM
835	오스템임플란트 신사옥 신축공사	오스템임플란트 주식회사	2009.10. 16	CM
836	잠실 교통회관 재건축 컨설팅	서울시 교통회관	2009.10. 20	DM
837	서울스퀘어 대수선 및 용도변경공사 CM at Risk (대우센터빌딩)	케이원기업구조조정 부동산투자㈜	2009.10. 20	CM at Risk

CM : Construction Management
PM : Project Management
R&R : Reconstruction & Remodeling (정비사업)
DD : Due Diligence (건물기술심사)
PF : Project Financing (금융조달 컨설팅)
CS : Construction Supervision
DM : Design Management
FMS : Facility Management System (시설관리시스템구축 용역)
LTA : Lender's Technical Advisor (대주단 기술자문)
OTH : Others (기타 기술용역)

No	프로젝트	발주처	계약일자	유형
838	신세계 인천점 증축공사	㈜신세계	2009. 10. 26	CM
839	남산 엘리시안 힐(싱글즈하우스)	㈜도시에빛	2009. 10. 27	CM
840	삼성테크윈 창원공장 LEED 인증용역	삼성테크윈㈜	2009. 10. 29	OTH
841	부산 모라동 아파트형공장 신축공사	부산벤처산업단지개발㈜	2009. 11. 06	e집
842	2010 상해엑스포 한국기업관 CS용역	해안건축	2009. 11. 11	CS
843	B-PJT 토건축/유틸리티 부문	에스비리모티브주식회사	2009. 11. 16	CM
844	영산 칼리아 주상복합아파트 신축공사 기성실사용역	㈜영산종합건설	2009. 11. 16	e집
845	서울 팔래스 호텔 객실 리노베이션	서주관광개발㈜	2009. 11. 17	CM
846	쿠웨이트 대사관 PJ	외교통상부 기획조정실 국유재산팀	2009. 11. 19	CM
847	홈플러스 서울 월곡점	삼성테스코㈜	2009. 11. 23	CM
848	스리랑카 교육분야 2개사업 건축부분 전문가 파견 용역	한국국제협력단	2009. 11. 25	CM
849	천안 폐수이송관로 이설공사	삼성전자㈜	2009. 11. 25	CM+CS
850	휴네스트 골프리조트 CM 및 감리용역	미래에셋컨설팅	2009. 11. 30	CM+CS
851	MACAO SOW3	Goldman Sachs (Asia) L.L.C.	2009. 11. 30	CM
852	인의동 오피스 프로젝트 실사보고서 작성용역	한국투자신탁운용㈜ 한국투자사모종로플레이스 부동산 투자신탁 32호	2009. 11. 30	DM
853	NHN 춘천 연구소/연수원 설계관리 및 실시설계 용역	엔에이치엔㈜	2009. 12. 01	CM+CS
854	경도 해양관광단지 조성사업	전남개발공사	2009. 12. 02	CM+CS
855	탕정 북측 확장단지 조성공사 CM용역	삼성전자㈜	2009. 12. 07	CM+CS
856	전남여수 국동 1단지 재건축 사업	국민은행광주여신관리센터	2009. 12. 17	CM8
857	미군 Housing 1단계 CM	HFC	2009. 12. 17	CM+CS
858	나렛테크노 인테리어 증축공사 건설사업관리(CM)용역	나렛테크노	2009. 12. 18	CM
859	평택 · 당진항 서부두 5번선석(시멘트 전용 부두) 설계감리 및 설계 VE	㈜삼표	2009. 12. 22	CM
860	상암동 T3엔터테인먼트	T3 엔터테인먼트	2009. 12. 24	CM+CS
861	R5 Project	삼성전자㈜	2009. 12. 24	CM
862	ABB코리아 Demo Room 전시관 신축공사	㈜ABB 코리아	2009. 12. 28	CM
863	4대강 살리기 통합사업관리 기술지원용역	국토해양부	2009. 12. 31	CM+CS
864	잠실 제2 롯데월드	롯데물산㈜	2009. 12. 31	CM
865	상해 포동 미래에셋 빌딩 구조검토 용역	미래에셋컨설팅	2009. 12. 31	CM
866	Libya 10000 Housing Units & Service BLDG	Hanmiparsons Company Ltd. Tripoli Branch	2009. 12. 31	CM+CS
867	오산 도시관리계획 중 교량경간장 형식 적정성 검토	㈜효성	2009. 12. 31	CM
868	우리들 교회 신축공사	우리들교회	2009. 12. 31	CM+CS

CM : Construction Management
PM : Project Management
R&R : Reconstruction & Remodeling (정비사업)
DD : Due Diligence (건물기술심사)
PF : Project Financing (금융조달 컨설팅)
CS : Construction Supervision
DM : Design Management
FMS : Facility Management System (시설관리시스템구축 용역)
LTA : Lender's Technical Advisor (대주단 기술자문)
OTH : Others (기타 기술용역)

No	프로젝트	발주처	계약일자	유형
869	탕정 사원아파트 2단계 CM용역	삼성전자㈜ 탕정공장	2009. 12. 31	CM+CS
870	인천 용현학익 지구 1BL 실시설계 관리(PM)	동양제철화학㈜	2009. 12. 31	CM+CS
871	용산 센트레빌 신축공사 CM용역	동부건설㈜	2009. 12. 31	CM
872	봉천동 소형 주택 및 근생시설 개발 PM	㈜한미파슨스마에스트로PFV1차	2010. 01. 07	PM
873	안산돔구장	안산도시공사	2010. 01. 12	CM+CS
874	NH투자증권 필리핀 수빅 에듀펠리스 프로젝트	주식회사 에듀팰리스	2010. 01. 20	CM+CS
875	포항 기쁨의 교회 신축공사	기쁨의교회	2010. 01. 29	CM+CS
876	Suzhou Sun Plaza 추가 연장 계약	SUNGROUP	2010. 01. 29	CM
877	포스코 공정혁신 프로젝트	㈜포스코건설	2010. 02. 04	CM
878	서초동 EWR 빌딩 신축공사 CM/CS 용역	EWR빌딩	2010. 02. 08	CM+CS
879	북경 LG생활건강 공장 신축공사	북경LG생활건강	2010. 02. 10	CM
880	부평 오피스텔 신축(LTA)	한국투자신탁운용㈜ 한국투자사모	2010. 02. 19	CM
881	대우자판송도테마파크	㈜ 대우자동차판매	2010. 02. 26	CM+CS
882	SDS카타르 MPLS 네트워크 구축 제안 관련 건설 CM자문용역	삼성에스디에스㈜	2010. 03. 04	CM
883	중학동 업무시설	중학 PFV	2010. 03. 11	CM+CS
884	웅진에너지 대덕2공장 프로젝트 LEED 인증용역	웅진에너지주식회사	2010. 03. 16	OTH
885	송도 애니파크 건립공사	송도애니파크주식회사	2010. 03. 19	CM+CS
886	SK 김천 화물차휴게소	SK에너지 주식회사	2010. 03. 19	CM at Risk
887	락앤락 아산자동화창고 프로젝트	㈜락앤락	2010. 03. 23	CM+CS
888	홈플러스 부천 상동점 증축공사	삼성테스코㈜	2010. 03. 26	CM+CS
889	안암동 근생 및 주거시설 신축	㈜리첸카운티	2010. 03. 26	CM+CS
890	판교테크노벨리 D-4블럭 FMS구축	하니웰	2010. 03. 29	CM+CS
891	영종도 운서역 복합개발 프로젝트	주식회사 피닉스에이엠씨	2010. 03. 31	PM
892	삼성테스코 무의 연수원	삼성테스코㈜	2010. 03. 31	CM+CS
893	사우디 리야드 1111 하우징	EBRAM	2010. 04. 07	CM
894	경인운하(아라뱃길) 조성사업 CM 용역	현대건설㈜	2010. 04. 09	CM
895	쿠웨이트 유정감시 구축사업 본공사 CM(쿠웨이트 유정감시 공정 관리용역)	삼성에스디에스㈜	2010. 04. 09	CM
896	마장동 474-5 근생/오피스텔 신축 공사 기성실사 용역	고운타워	2010. 04. 12	CM
897	중국 소주 CAS Weight Machine 공장 신축 Project	cas	2010. 04. 15	CM
898	현대백화점 청주점 신축공사	한무쇼핑㈜	2010. 04. 19	CM+CS
899	H-Center 건립사업	재단법인 행복나눔재단	2010. 04. 22	CM+CS
900	홈플러스 일산 KINTEX점	삼성테스코㈜	2010. 04. 23	CM+CS
901	국립낙동강생물자원관 건립공사	국립생물자원관	2010. 04. 23	CM+CS

CM : Construction Management
PM : Project Management
R&R : Reconstruction & Remodeling (정비사업)
DD : Due Diligence (건물기술심사)
PF : Project Financing (금융조달 컨설팅)
CS : Construction Supervision
DM : Design Management
FMS : Facility Management System (시설관리시스템구축 용역)
LTA : Lender's Technical Advisor (대주단 기술자문)
OTH : Others (기타 기술용역)

No	프로젝트	발주처	계약일자	유형
902	가평 타운하우스 개발사업 PM용역	IMA	2010. 04. 23	PM
903	울산 매곡동 공동주택 건립사업 대주단(국민은행) CM용역	울산개발㈜	2010. 04. 27	CM
904	SK케미칼연구소 IPMVP수행용역	에스케이건설㈜	2010. 04. 30	CM
905	KAIST 기초과학동 신축공사	KAIST	2010. 05. 06	CM+CS
906	대치동 961-10 근생시설 사전 타당성 검토	남상우	2010. 05. 06	OTH
907	홈플러스 화성향남점 신축공사	삼성테스코㈜	2010. 05. 10	CM+CS
908	글로스타 대주단 CM 용역	주식회사 글로스타	2010. 05. 12	LTA
909	한국금융연수원 리모델링	한국금융연수원	2010. 05. 13	CM+CS
910	용설리 스튜디오 한옥 신축	김희숙	2010. 05. 14	CM
911	구로동 97-4 하나세인스톤(2차) 기성실사 용역	주식회사 하나종합개발	2010. 05. 14	LTA
912	구로동 46-4 하나세인스톤(3차) 기성실사 용역	주식회사 하나종합개발	2010. 05. 14	LTA
913	오만조선소 시설장비 감리 용역	대우조선해양㈜	2010. 05. 18	CS
914	김포공항 Sky Park 조성사업	롯데자산개발㈜	2010. 05. 18	OTH
915	현대미술관 서울관	현대미술관	2010. 05. 19	CM+CS
916	SK케미칼연구소 BEMS 구축용역	에스케이씨앤씨㈜	2010. 05. 20	OTH
917	탕정 TC 일반산업단지 폐수재이용시설공사(1단계)	삼성전자㈜ 탕정공장	2010. 05. 27	CM
918	경주 폐기물매립장 개발사업 CM	경주산업개발	2010. 05. 27	CM+CS
919	송도 BRC 조성사업	BRC주식회사	2010. 05. 31	CM+CS
920	우리기업 성수동 콜센터 신축공사	우리기업	2010. 05. 31	CM+CS
921	정성노인의 집 리모델링 공사	(복)양친사회복지회 정성노인의집	2010. 05. 31	CM
922	헤이리갤러리 신축공사	갤러리 화이트블럭	2010. 06. 07	CM at Risk
923	아모레퍼시픽 대전사업장 증축 및 리모델링 공사	㈜아모레퍼시픽	2010. 06. 07	CM+CS
924	게이트웨이타워 건물실사 용역	동부건설㈜	2010. 06. 15	DD
925	홈플러스 Refit CM	삼성테스코㈜	2010. 06. 16	CM
926	제일모직여수공장 R&D센터 신축	제일모직㈜	2010. 06. 17	CM at Risk
927	핀크스 비오토피아 엔지니어링실사	SK 네트웍스㈜	2010. 06. 18	DD
928	수원정자동 TSP 프로젝트	에스케이건설㈜	2010. 06. 22	CM
929	안산 상록구 사동 주상복합 LTA	㈜한덕개발	2010. 06. 22	LTA
930	서초동 1538-3 근생/주거시설 신축 사전 타당성 검토	오은석	2010. 06. 23	OTH
931	파리크라상 성남공장 신축 CM	㈜파리크라상	2010. 06. 24	CM
932	탕정TC일반산업단지 폐수종말처리시설공사 책임감리용역6단계	삼성전자㈜ 탕정공장	2010. 06. 25	CS
933	포일 인텔리전트 타운 C2블록	디지프리즘㈜	2010. 06. 28	CM+CS
934	PARC 1 현장 기술검토용역	삼성물산㈜	2010. 06. 28	OTH
935	탕정트라팰리스2,3단계	삼성전자㈜ 탕정공장	2010. 06. 30	CM

CM : Construction Management
PM : Project Management
R&R : Reconstruction & Remodeling (정비사업)
DD : Due Diligence (건물기술심사)
PF : Project Financing (금융조달 컨설팅)
CS : Construction Supervision
DM : Design Management
FMS : Facility Management System (시설관리시스템구축 용역)
LTA : Lender's Technical Advisor (대주단 기술자문)
OTH : Others (기타 기술용역)

No	프로젝트	발주처	계약일자	유형
936	홈플러스 익스프레스 CM(10년도)	삼성테스코㈜	2010. 06. 30	CM
937	판교아이포타 건립사업	아이포타 조성사업 컨소시엄	2010. 06. 30	CM+CS
938	여수 대명리조트 복합개발사업	대명건설	2010. 06. 30	CM+CS
939	NHN 용인 동천동 어린이집 신축	엔에이치엔㈜	2010. 07. 06	CM+CS
940	한국몰렉스 안산공장 증축공사	한국몰렉스㈜	2010. 07. 09	CM
941	덕이 신동아 건설 아파트 신축사업 LTA	드림리츠㈜	2010. 07. 12	LTA
942	미래생활㈜ 창원공장 신축	미래생활㈜	2010. 07. 14	CM+CS
943	맥도날드 매장 공사비 검토 용역	한국맥도날드유한회사	2010. 07. 21	CM
944	한국감정원 대구사옥 신축공사	한국감정원	2010. 07. 28	CM+CS
945	가산동 한국훼스토 공장 증축 및 보수공사	한국훼스토㈜	2010. 07. 30	CM
946	이천 Continental Automotive system 사무동 신축	㈜Continental Automotive system	2010. 07. 30	CM
947	학동 홈플러스 익스프레스	삼성테스코㈜	2010. 07. 30	CM
948	기업은행 종합연수원 FMS설비개발 및 구축 컨설팅	중소기업은행	2010. 08. 17	CM
949	키르키즈스탄 아파트 PM 및 LTA	Diplomatic city	2010. 08. 18	PM
950	Jabal Omar Development, Mecca	mecca	2010. 08. 30	CM
951	이태원동 128-13 프로젝트	민생빌딩	2010. 08. 30	CM
952	봉천동 소형주택 개발 CM at Risk	㈜한미파슨스마에스트로PFV1차	2010. 08. 31	CM at Risk
953	부천 심곡동 도시형생활주택	㈜에이치앤디	2010. 09. 13	CM at Risk
954	푸르메재단 프로젝트	재단법인 푸르메	2010. 09. 14	CM
955	동화기업 베트남 MDF공장 프로젝트	동화기업	2010. 09. 15	CM
956	역삼동 678-10 테넌트유치 대행 용역	비엠와이(BMY)역삼타워	2010. 09. 30	PM
957	춘천 더존 디지털벤처단지 조성 사업	주식회사 더존이디원	2010. 10. 06	CM
958	Center 1 에너지 관리 시스템 구축공사	㈜이일엔지니어링	2010. 10. 11	FMS
959	삼성동 나라키움 위탁사업	한국자산관리공사	2010. 10. 14	CM+CS
960	농촌진흥청	농촌진흥청	2010. 10. 15	CM+CS
961	울산 강변 센트럴하이츠 대주단 CM용역	㈜중앙건설	2010. 10. 18	CM
962	동선동 오피스텔 신축공사	동선타워	2010. 10. 18	CM at Risk
963	삼성코닝정밀소재 복지동 LEED 인증 용역	삼성코닝정밀소재주식회사	2010. 10. 19	OTH
964	여의시스템 성남사옥	여의시스템	2010. 10. 26	CM+CS
965	GSCP_SZ Plant Project	GS 칼텍스	2010. 10. 27	CM
966	탕정 Parking Park 건축공사	삼성전자㈜ 탕정공장	2010. 10. 29	CM+CS
967	건강보험심사평가원 수원지원 리모델링	건강보험심사평가원	2010. 11. 08	CM+CS
968	락앤락 베트남 유리공장 신축공사 CM용역	㈜락앤락 베트남법인	2010. 11. 08	CM
969	TLI 판교 사옥	㈜티엘아이	2010. 11. 09	CM+CS
970	신한금융그룹데이터센터	신한은행	2010. 11. 11	CM+CS

CM : Construction Management
PM : Project Management
R&R : Reconstruction & Remodeling (정비사업)
DD : Due Diligence (건물기술심사)
PF : Project Financing (금융조달 컨설팅)
CS : Construction Supervision
DM : Design Management
FMS : Facility Management System (시설관리시스템구축 용역)
LTA : Lender's Technical Advisor (대주단 기술자문)
OTH : Others (기타 기술용역)

No	프로젝트	발주처	계약일자	유형
971	홈플러스 연산점	삼성테스코㈜	2010. 11. 15	CM+CS
972	제주 드림타워 DM	동화투자개발㈜	2010. 11. 15	DM
973	동대문 JW Marriot Hotel 신축공사	㈜동승	2010. 11. 18	CM+CS
974	남극 제2기지 건설공사	극지연구소	2010. 11. 19	CM+CS
975	다우케미컬 천안공장 신축	다우케미컬	2010. 11. 19	CM
976	여수 엑스포 기술제안서 분석용역	여수 엑스포	2010. 11. 22	OTH
977	유진기업 송도 쇼핑몰	유진기업	2010. 11. 24	CM
978	월곡동 유니버스 하우징	유니버스하우징	2010. 11. 25	CM
979	삼성테크윈 창원1공장 ELF증설공사	삼성테크윈㈜	2010. 11. 26	CM+CS
980	NHN 판교 신사옥	엔에이치엔㈜	2010. 11. 30	CM+CS
981	Rusk 부산병원 증축공사 CM용역	러스크 병원	2010. 11. 30	CM
982	한국산업단지 공단 사옥이전	한국산업단지 공단	2010. 12. 06	CM+CS
983	만도 헬라 일렉트로닉스	만도	2010. 12. 09	CM
984	KAIST 기초과학동 LEED	KAIST	2010. 12. 14	CM
985	국방부 T/F CM 용역	국방부	2010. 12. 16	OTH
986	HISEM 공장	HISEM	2010. 12. 17	CM
987	기업은행 남동지점	기업은행	2010. 12. 20	CM+CS
988	롯데마트(인천항동점,제주점) 하자관련 실사용역	롯데마트	2010. 12. 20	PM
989	4대강 살리기 통합사업관리 기술지원용역 2차	국토해양부	2010. 12. 23	CM
990	샘표 식품 오송기술연구원	샘표식품	2010. 12. 24	CM+CS
991	삼성동 업무시설	개인	2010. 12. 27	CM+CS
992	형제전기	형제전기	2010. 12. 30	CM
993	현대비철금속 본사사옥 및 공장동 신축공사	㈜에이치엠시	2011. 01. 07	CM+CS
994	INZI Display 멕시코 공장 CM 프로젝트	INZI Display	2011. 01. 14	CM
995	Suzhou Sun Plaza 증액계약	SUNGROUP	2011. 01. 24	CM
996	팜스그린 청북 생란사업장 CM용역	농업회사법인 ㈜팜스그린	2011. 01. 27	CM
997	늘편한집 리모델링공사 CM용역	늘편한집	2011. 01. 28	CM
998	kt광화문사옥	주식회사 케이티	2011. 01. 31	CM+CS
999	호텔신라 면세점(서울) 매장 확장 공사	㈜호텔신라	2011. 02. 09	CM
1000	대한적십자 헌혈의 집(일산,신도림) 인테리어공사 CM	대한적십자사 서울서부혈액원	2011. 02. 21	CM
1001	홈플러스 평택안중점	홈플러스㈜	2011. 02. 25	CM+CS
1002	북경 MOBIS공장 건설	AMCO 중국법인	2011. 02. 28	OTH
1003	평택 화인물류단지 개발프로젝트	주식회사 화인파트너스	2011. 02. 28	PM
1004	정립회관 교육관 증축공사	사회복지법인 한국소아마비협회 정립회관	2011. 02. 28	CM+CS
1005	호텔신라 가이드라인 작성을 위한 기술검토 용역	㈜호텔신라	2011. 03. 03	CM

CM : Construction Management
PM : Project Management
R&R : Reconstruction & Remodeling (정비사업)
DD : Due Diligence (건물기술심사)
PF : Project Financing (금융조달 컨설팅)
CS : Construction Supervision
DM : Design Management
FMS : Facility Management System (시설관리시스템구축 용역)
LTA : Lender's Technical Advisor (대주단 기술자문)
OTH : Others (기타 기술용역)

No	프로젝트	발주처	계약일자	유형
1006	묵동 아파트 LTA 용역	㈜프름에씨앤씨	2011. 03. 03	LTA
1007	안산시 식물박물관 신축공사 설계단계 CM용역	이풀식물박물관	2011. 03. 03	CM
1008	말레이시아 고려제강 연구소 신축공사	고려제강㈜	2011. 03. 04	CM
1009	ROCKBUND INTERIOR CM SERVICE	ROCKBUND (SHANGHAI)	2011. 03. 07	CM
1010	포천 송우리 원룸 LTA 용역	청정	2011. 03. 07	LTA
1011	㈜델코 구미공장 증설 신축공사 CM용역	㈜델코	2011. 03. 08	CM+CS
1012	역삼동 677-4 복합시설 신축공사	김창환	2011. 03. 11	CM at Risk
1013	OB맥주 청원공장 Inventory 구축	OB	2011. 03. 15	OTH
1014	신광초등학교 인테리어 공사 건설사업관리 용역	신광초등학교	2011. 03. 23	CM
1015	SL&C 방배동 근린생활시설 설계검토 및 내역서 검토	㈜에스엘앤씨	2011. 03. 28	CM
1016	부산 광복동 YZ파크 신축공사	에이엠플러스자산개발㈜	2011. 03. 29	CM
1017	연합뉴스사옥재건축	㈜연합뉴스	2011. 03. 30	CM+CS
1018	송도 GIK 통합관리 CM	게일 코리아	2011. 03. 31	CM+CS
1019	마에스트로 캠퍼스타운	㈜대화앤유	2011. 03. 31	OTH
1020	훼미리마트 도시락 공장	㈜훼미리에프앤비	2011. 04. 04	CM
1021	안성 일죽창고 DD용역	Mapletree logistics	2011. 04. 04	DD
1022	광림교회 사회복지관 신축공사	광림교회 기독교 대한감리회	2011. 04. 11	CM
1023	경남 김해시 어방동 도시형 생활주택 신축공사	㈜고구려씨엔디	2011. 04. 18	CM
1024	용인 구성 리가 아파트 건립사업	㈜프리미어빌	2011. 04. 22	CM
1025	홈플러스 안산점 증축공사	홈플러스㈜	2011. 04. 22	CM+CS
1026	이마트 광명소하점 구조안전 진단 용역	신세계건설㈜	2011. 04. 22	CM
1027	세종마을 푸르메센터 시공단계 CM 및 감리용역	재단법인 푸르메	2011. 04. 22	CM+CS
1028	역삼마에스트로 홍보지원 용역	김창환	2011. 04. 25	OTH
1029	용인드림타워 개발사업 기성실사 용역	드림타워상가조합	2011. 04. 25	LTA
1030	강일지구 상업용지 C4-2 개발사업 기성실사 용역	조양건설㈜	2011. 04. 25	LTA
1031	김포공항 신라 면세점 리모델링	㈜호텔신라	2011. 04. 29	CM
1032	LG패션 양주공장 프로젝트 토목공사	주식회사 LG패션	2011. 04. 29	CM+CS
1033	연신내역 마에스트로 개발사업 AMC	㈜한미글로벌마에스트로PFV2차	2011. 04. 29	PM
1034	신논현역 마에스트로 신축공사(Cost+Fee)	유영	2011. 04. 29	OTH
1035	망우동 LIG 리가 아파트 대주단 CM	㈜다올유씨엘	2011. 05. 02	CM
1036	동탄 DNSC 호텔	㈜비오스	2011. 05. 04	CM+CS
1037	KAIST김병호 IT신축공사 감리용역	KAIST	2011. 05. 09	CM+CS
1038	SK 케미칼연구소 BEMS UPGrade	선진콘트롤엔엑세스	2011. 05. 09	OTH
1039	현대아반시스 오창 태양전지 공장	현대아반시스주식회사	2011. 05. 11	CM+CS
1040	별내지구 준8-3블럭 근린생활시설 기성실사 용역	주식회사 별내도시	2011. 05. 13	LTA
1041	별내지구 5-1/16-1블럭 근린생활시설 기성실가 용역	주식회사 별내공영	2011. 05. 13	LTA

CM : Construction Management
PM : Project Management
R&R : Reconstruction & Remodeling (정비사업)
DD : Due Diligence (건물기술심사)
PF : Project Financing (금융조달 컨설팅)
CS : Construction Supervision
DM : Design Management
FMS : Facility Management System (시설관리시스템구축 용역)
LTA : Lender's Technical Advisor (대주단 기술자문)
OTH : Others (기타 기술용역)

No	프로젝트	발주처	계약일자	유형
1042	시흥사거리 와이즈플레이스 신축공사 도급공사비검토 용역	에이엠플러스자산개발㈜	2011. 05. 17	CM
1043	자유로 아쿠아랜드 콘도미니엄 신축공사 사업기획 용역	진천건설 주식회사	2011. 05. 19	OTH
1044	연신내역 마에스트로 설계단계 CM	㈜한미글로벌마에스트로PFV2차	2011. 05. 20	CM
1045	이대역 마에스트로 설계단계 CM	㈜한미글로벌마에스트로PFV2차	2011. 05. 20	CM
1046	부산 북항 국제여객터미날 건립사업 CM+CS	부산항만공사	2011. 05. 26	CM+CS
1047	한국소비자원 사옥이전	한국소비자원	2011. 05. 30	CM+CS
1048	현대오일 뱅크 인벤토리 구축 컨설팅	㈜세인인포테크	2011. 06. 02	OTH
1049	부산점 리노베이션공사 설계단계 CM 용역	그랜드코리아레저㈜ 부산롯데점	2011. 06. 03	CM
1050	국립생태원 에너지관리	GS네오텍㈜	2011. 06. 08	OTH

참 / 고 / 문 / 헌

1장 | 해운대 I-PARK 프로젝트

1. 김문수(2010), "초고층 건축공사 시공계획 수립방안에 관한 연구".
2. http://www.skyscraper.com

2장 | 분당 NHN 그린팩토리 프로젝트

1. 한미글로벌 NHN 신기술 연구회(2009), "바닥공조시스템 요약보고서".
2. 한미글로벌 CM단(2010), "분당 NHN 신사옥 현장", 한미글로벌 제 1회 고객만족경영 경진대회자료.
3. 한미글로벌 CM단(2005), "NHN 분당 Venture Tower 신축공사 CM 업무수행계획서".
4. 삼우종합건축사사무소(2007), "분당 NHN 벤처타워 설계 설명서".
5. NHN(2010), "NHN이 일하는 27층 빌딩 그린팩토리 디자인북".

3장 | 을지로 Center 1 프로젝트

1. 한미글로벌 CM단(2010), "Center 1 프로젝트 종결보고서".
2. US Green Building Council(2007), "New Construction Reference Guide, Third Edition".

4장 | 경방 타임스퀘어 프로젝트

1. 이호찬 외(2008), "MHS 합성보 건축구조설계편람".

2. 이리형(1983), "Mero System", 월간건축문화사.
3. 한미글로벌 CM단(2009), "경방 K-Project 신축공사 CM 종결보고서".

5장 | 국립과천과학관 프로젝트

1. 교육과학기술부, "국립과천과학관 CM 기록지"
2. 한미글로벌 CM단(2008), "국립과천과학관 건설사업관리 완료보고서".

6장 | 4대강 통합사업관리 프로젝트

1. 한국건설기술연구원(2009), "4대강 살리기 마스터플랜", 국토해양부.
2. 한미글로벌(2010), "4대강 살리기 통합사업관리체계 구축용역 종료보고서", 국토해양부.
3. CMAA, "Construction Management Standards of Practice", CMAA.
4. Kwon, O.K et. al.,(2010), "The Integrated Management System(FIMS) for the Four Major Rivers Restoration Project in South Korea", CECAR5 & ASEC 2010.
5. PMI(2006), "The Standard for Program Management".

7장 | 서울스퀘어 리모델링 프로젝트

1. 정림건축, 아이아크건축(2008), "서울스퀘어 리모델링 설계도서 및 설계 설명서".
2. 대우건설(2009), "서울스퀘어 리모델링 공사지".
3. 한미글로벌 내부자료(2009), "리모델링 CM 매뉴얼".
4. 서울스퀘어 한미글로벌 CM단(2010), "서울스퀘어 리모델링 CM사례(준공 보고서)".
5. 서울스퀘어 한미글로벌 CM단(2010), "고객만족 경진대회 고객가치상 부분(서울스퀘어 리모델링)".
6. 케이알원기업구조조정부동산투자회사(2010), "다시 처음부터, 서울스퀘어(서울스퀘어 탄생 1주년 기념 도서)".

8장 | 홈플러스 논산점 프로젝트

1. 한미글로벌(2006), "CM Best Practices 1".
2. 삼성테스코, 삼성건설, 연세대학교, "Homeplus 프로젝트의 발주체제 개선방안-Partnering 개념을 중심으로".
3. 미국 CM협회, 김한수, 한미글로벌 공저(2010), "미국 Construction Management A to Z".
4. 한미글로벌, "CM Guidebook".
5. 홈플러스 논산점 한미글로벌 CM단(2006), "삼성테스코 논산점 CM at Risk 제안서".

10장 | 오만 조선소 프로젝트

1. 한미글로벌(2009), "대우조선해양 오만 프로젝트 개발사업 컨설팅 보고서".
2. 코트라(KOTRA) 웹사이트, www.kotra.or.kr

11장 | 삼성전자 헝가리 공장 프로젝트

1. 미국 CM협회, 김한수, 한미글로벌 공저(2010), "미국 Construction Management A to Z".
2. 한미글로벌(2006), "Construction Management A to Z".
3. 한미글로벌 CM단(2007), "SEH V2 Project Construction Management Close-Out Report".

12장 | 싱가포르 마리나베이샌즈 복합리조트 프로젝트

1. 장동운, 안국진, 이병구, 채승윤(2009), "싱가포르 Marina Bay Sands IR 호텔의 설계와 시공 - 콘크리트 품질관리와 경사구조물 시공", 콘크리트학회지 제 21권 5호.
2. 권상문(2002), "특별기획-초고층 건축물 시공을 위한 ACS(Automatic Climbing

System) Form 시공기술", 한국건축시공학회지 v.2 n.1.

3. 김세연(2009), "MPC(Multiple Prime Contract) 발주방식의 해외대형사업 CM 수행사례", 대한토목학회 정기학술대회 시공관리위원회 초청논문.
4. 쌍용건설(2009), "싱가포르 Marina Bay Sands IR(복합리조트)-호텔공사", 한국건설기술인협회 세미나 발표자료.